21世纪高等学校物联网专业系列教材

物联网导论（第2版）

◎ 张凯 主编

清华大学出版社
北京

内 容 简 介

本书从物联网工程概述、感知层、传输层、处理层及应用层几个方面介绍了物联网工程专业的课程和相应的知识点。主要内容包括物联网工程专业知识体系、物联网概述、RFID 识别技术、传感器与检测技术、嵌入式系统原理、现代通信技术、计算机网络、无线传感器网、物联网信息安全、数据采集与处理、数据库与大数据、操作系统、软件工程与中间件技术、人工智能及其应用、物联网开发与应用、物联网应用新技术等。本书的重点在于帮助学生理解物联网工程的学科体系。

本书可作为普通高等学校物联网工程专业本科生教材,也可以作为相关专业技术人员的参考资料。

图书在版编目(CIP)数据

物联网导论/张凯主编.—2 版.—北京:清华大学出版社,2022.6(2023.9重印)
21 世纪高等学校物联网专业系列教材
ISBN 978-7-302-60675-8

Ⅰ.①物… Ⅱ.①张… Ⅲ.①物联网-高等学校-教材 Ⅳ.①TP393.4 ②TP18

中国版本图书馆 CIP 数据核字(2022)第 069400 号

责任编辑:闫红梅 薛 阳
封面设计:刘 键
责任校对:徐俊伟
责任印制:杨 艳

出版发行:清华大学出版社
　　　　　网　　　址:http://www.tup.com.cn,http://www.wqbook.com
　　　　　地　　　址:北京清华大学学研大厦 A 座　　　　邮　　编:100084
　　　　　社 总 机:010-83470000　　　　　　　　　　邮　　购:010-62786544
　　　　　投稿与读者服务:010-62776969,c-service@tup.tsinghua.edu.cn
　　　　　质量反馈:010-62772015,zhiliang@tup.tsinghua.edu.cn
　　　　　课件下载:http://www.tup.com.cn,010-83470236
印 装 者:三河市铭诚印务有限公司
经　　　销:全国新华书店
开　　　本:185mm×260mm　　印　张:21　　　　　字　　数:525 千字
版　　　次:2012 年 4 月第 1 版　2022 年 7 月第 2 版　　印　次:2023 年 9 月第 3 次印刷
印　　　数:2501~4000
定　　　价:69.00 元

产品编号:095501-01

第 2 版前言

FOREWORD

　　本书 2012 年第 1 版发行后得到了广大师生的认可,发行量不断增加。为感谢读者的厚爱,现决定修改再版。这次改版在保持原有特色的基础上,总体结构不变,局部结构微调,适度增补新内容,同时删改过时的章节和内容。这次全书的修改工作由主编张凯独立完成。

　　本次修改的内容涉及以下几个章节。

　　第 2 章修改了 2.3 节物联网的发展。

　　第 3 章修改了 3.2 节射频识别技术的应用。

　　第 6 章修改了 6.5.1 节,删除了原 6.5.2 节。

　　第 9 章原 9.2 节计算机病毒,改为 9.2 节系统安全,包括 9.2.1 节计算机病毒及防治和 9.2.2 节黑客攻击与防范。

　　第 10 章增加了 10.4.3 节信息物理系统 CPS。

　　第 11 章增加了 11.3 节大数据平台。

　　第 12 章增加了 12.3.4 节其他操作系统。

　　第 13 章增加了 13.3.5 节 Python 语言和 13.3.6 节脚本语言。

　　第 14 章增加了 14.2.2 节机器人和 14.2.6 节深度学习与推荐系统。

　　第 16 章增加了 16.1.5 节第六代移动通信技术、16.1.6 节量子通信、16.1.7 节区块链、16.2.4 节生物芯片和 16.3.4 节网构软件。

　　另外,将第 1 版的思考题换成为习题,并增加了习题参考答案。同时增加了 4 套期末考试模拟试题。

　　本书的教学课件、教学计划、教学大纲、电子教案、期末考试模拟试题等,均可以从清华大学出版社数字化教学资源平台下载。

　　本书错误和疏漏之处在所难免,敬请读者不吝赐教。

编　者

2021 年 11 月 1 日

第1版前言
FOREWORD

"物联网导论"是物联网工程专业本科生的第一门专业课程,这门课的目的是引导学生初步了解物联网工程专业的基础知识和课程概况,同时向学生介绍一些物联网工程发展前沿的信息,这是本书在构思上的两个想法。

全书分为5个部分,即概述、感知层、传输层、处理层和应用层,共16章,内容分别如下。

第1章物联网工程专业知识体系,包括物联网学科概述、课程体系以及专业能力要求。

第2章物联网概述,介绍物联网的概念、技术以及发展史。

第3章RFID识别技术,包括射频识别技术概述及发展。

第4章传感器与检测技术。

第5章嵌入式系统原理,分为计算机组成原理、嵌入式系统概述以及ARM微处理器。

第6章现代通信技术,涵盖了现代通信技术概述、调制解调技术、数据传输技术、数字信号的接收以及典型通信系统介绍。

第7章计算机网络。

第8章无线传感器网,包括无线网络技术以及无线传感器网的应用。

第9章物联网信息安全,包括信息安全概述、系统安全以及物联网安全。

第10章数据采集与处理,包括信号采集与信号处理技术,数据采集常用电路,模/数、数/模转换计算机接口与数据采集,数据采集系统的抗干扰技术等。

第11章数据库与大数据,包括数据结构、数据库概述、大数据平台以及数据挖掘。

第12章操作系统,包括概述、分类、主要操作系统以及操作系统的新发展。

第13章软件工程与中间件技术,包括软件工程概述、软件开发方法、程序设计以及中间件技术。

第14章人工智能及其应用,包括人工智能概述、人工智能技术及应用。

第15章物联网开发与应用,包括物联网应用技术,以及相关应用领域。

第16章物联网应用新技术,包括网络新技术、硬件新技术以及软件开发新技术。

本书由张凯和张雯婷主编。张凯构思大纲和书目,并撰写了第1章、第2章、第5章、第7章、第9章、第11~16章。张雯婷撰写了第3章、第4章、第6章、第8章、第10章,并审校全书。

本书在编写过程中,参考和引用了大量国内外的著作、论文和研究报告。在此,向所有被参考和引用论著的作者表示由衷的感谢,他们的辛勤劳动成果为本书提供了丰富的资料。如果有的资料没有查到出处或因疏忽而未列出,请原作者原谅,并告知我们,以便于再版时补上。最后,再一次感谢很多学者前期的研究成果为本书提供的支撑材料。

由于作者水平有限,望读者对本书的不足之处提出宝贵意见。

本教材的课件可以到清华大学出版社网站下载,或直接与作者联系,我们将尽量满足您的要求。

张　凯

2011 年 12 月 10 日

目录
CONTENTS

*号表示该章节为选讲内容。

第1章
CHAPTER 1

物联网工程专业知识体系

本章将介绍物联网工程专业的课程体系和能力的要求。通过本章的学习,学生需要大致了解物联网工程专业的课程体系包括哪些课程,有什么要求,怎么进行课程的学习,其专业基本能力有哪些要求。

1.1 物联网学科概述

1.1.1 物联网学科

物联网是新一代信息技术的重要组成部分,其英文名称是 The Internet of Things,其含义就是物物相连的互联网。物联网的核心和基础仍然是互联网,它是在互联网基础上延伸和扩展的网络。其用户端延伸和扩展到了任意的物品,目的是实现物与物、物与人、所有物品与网络的连接,方便识别、管理和控制,以及信息交换和通信。

物联网的概念是在 1999 年提出的。物联网把新一代 IT 技术充分运用在各行各业之中,具体地说,就是把感应器嵌入和装备到电网、铁路、桥梁、隧道、公路、建筑、供水系统、大坝和油气管道等各种物体中,然后将物联网与现有的互联网整合起来,实现人类社会与物理系统的整合。在这个整合的网络当中,存在能力超级强大的中心计算机群,能够对整合网络内的人员、机器、设备和基础设施实施实时的管理和控制,在此基础上,人类可以以更加精细和动态的方式管理生产和生活,达到"智慧"状态,提高资源利用率和生产力水平,改善人与自然间的关系。

世界正走向物联网时代,但这个过程可能需要很长的时间。物联网是一门新兴的学科,也是一个年轻的专业,属于计算机科学大类。尽管物联网学科的产生和发展有计算机学科作为坚实的基础,但是,作为一门完整的学科,其理论和应用的发展及完善仍需要漫长的时间。

1.1.2 物联网学科定位

根据教育部 2020 版《普通高等学校本科专业目录》,从计算机专业的视角看我国的信息学科可划分为三大类:计算机专业、相近专业、交叉专业。

1. 计算机专业类

计算机专业类下设置了计算机科学与技术、软件工程、网络工程、信息安全、物联网工程、数字媒体技术、智能科学与技术、空间信息与数字技术、电子与计算机工程、数据科学与大数据技术、网络空间安全、新媒体技术、保密技术、服务科学与工程、虚拟现实技术、区块链工程、密码科学与技术,共 17 个本科专业。

物联网工程专业不仅要求学生掌握物联网基本理论和应用开发技术,而且应具有较强的实际动手能力。学生毕业后应能在企事业单位从事物联网系统的开发、维护等工作。

2. 相近专业类

在教育部 2020 版《普通高等学校本科专业目录》中,与计算机相近的专业很多,如电气工程及其自动化专业、智能电网信息工程专业、电子信息工程专业、电子科学与技术专业、通信工程专业、微电子科学与工程专业、光电信息科学与工程专业、信息与计算科学专业、信息工程专业和自动化专业等本科专业。

3. 交叉专业类

其他学科专业与信息科学交叉的专业很多,如网络与虚拟媒体专业、地理信息系统专业、地球信息科学与技术专业、生物信息学专业、地理空间信息工程专业、信息对抗技术专业、信息管理与信息系统专业、电子商务专业、信息资源管理专业和动画专业等本科专业。

1.2 课程体系

1.2.1 课程体系概述

1. 培养目标

本专业培养和造就适应社会主义现代化建设需要,德智体全面发展、基础扎实、知识面宽、能力强、素质高,具有创新精神,系统地掌握物联网的相关理论、方法和技能,具备通信技术、网络技术、传感技术等信息领域宽广专业知识的高级工程技术人才。修业年限 4 年。授予工学学士学位。

2. 专业培养要求

物联网工程专业学生主要学习物联网工程方面的基本理论和基本知识,接受从事研究与应用物联网的基本训练,具有研究和开发物联网系统的基本能力。本科毕业生应获得以下几方面的知识和能力。

(1)掌握物联网工程的基本理论、基本知识和基本技能。

(2)掌握物联网应用系统分析和设计的基本方法。

(3)具有熟练地进行物联网系统设计和开发的基本能力。

(4)了解与物联网有关的法规和发展动态。

（5）具有创新意识、创新精神和良好的职业素养，具有与人合作共事的能力。

（6）掌握文献检索、资料查询的基本方法，具有独立获取专业知识和信息的能力。

3. 主要课程

主干学科：物联网导论、电路分析基础、信号与系统、模拟电子技术、数字电路与逻辑设计、微机原理与接口技术、工程电磁场、通信原理、计算机网络、现代通信网、传感器原理、嵌入式系统设计、无线通信原理、无线传感器网络、RFID 技术、数据采集与处理、物联网安全技术、数据结构、数据库、计算机组成原理、计算机网络、现代通信技术、操作系统、软件工程、物联网组网技术和人工智能等。

主要实践性教学环节：电子工艺实习、硬件部件设计及调试、物联网基础训练、课程设计、物联网工程实践、生产实习和毕业设计（论文）等。

4. 个人发展方向与定位

物联网工程专业属于工程应用型，该专业本科毕业生未来职业发展一般是从事物联网工程。这是一项脑力和体力强度非常大的工作，随着年龄的增长，很多从事这个行业的专业人才往往会感到力不从心，因而，由技术人才转型到管理类人才不失为一个很好的选择。

另外，该专业本科毕业生也可以走纯学术路线，也就是向科学型人才方向发展。这类人员本科毕业后，一般想继续深造，攻读硕士、博士学位，甚至进入博士后阶段从事研究工作。其未来的职业定位于物联网工程科学的研究工作。

1.2.2　知识点要求

物联网工程本科专业的课程大致分为感知层、传输层、处理层和应用层 4 部分。

1. 感知层

（1）传感器原理。包括各种传感器的工作原理、组成结构、特性参数、设计和选用的基本知识，以及其他现代新型传感器。

（2）RFID 技术。RFID 的定义、原理和应用等。

（3）工程电磁场。包括库仑定律、电荷守恒定律、安培定律、法拉第定律和麦克斯韦位移电流假设、静电场、恒定电场、恒定磁场和时变电磁场的基本方程及其边值问题、镜像法的基本原理、基于加权余量工程中常用的有限元法和边界元法、电磁场的能量和力、平面电磁波和电路参数计算原理、电气工程中典型的电磁场问题（包括变压器的磁场、电机的磁场、绝缘子的电场、三相输电线路的工频电磁环境以及三相输电线路的电容和电感参数）。

（4）电路分析基础。包括电路元件、电路变量和电路定律，线性电路的基本分析方法，网络的 VAR 和电路的等效变换，网络定理，晶体管及集成运算放大器电路的分析，电容元件与电感元件，一阶电路分析，二阶电路分析，交流动态电路，相量模型和相量方程，正弦稳态的功率和能量，电路的频率特性，三相电路，耦合电感和理想变压器，双口网络，PSPICE 等。

（5）信号与系统。包括连续系统的时域分析、傅里叶变换、拉普拉斯变换、连续时间系统的 s 域分析、离散时间系统的时域分析、z 变换、离散时间系统的 z 域分析等。

(6) 模拟电子技术。内容包括常用半导体器件、放大电路基础、直流稳压电源、放大器中的负反馈、集成运算放大器及其应用、调谐器与正弦波振荡器、功率放大器等。

(7) 数字电路与逻辑设计。包括数字电路中的数和编码、逻辑代数基础、集成门电路、组合逻辑电路的分析和设计、集成触发器、时序逻辑电路的分析和设计、大规模数字集成电路、数/模和模/数转换、VHDL 描述逻辑电路等。

(8) 微机原理与接口技术。包括微型计算机的组成原理、结构、芯片、接口及其应用技术。

(9) 计算机组成原理。包括通用计算机的硬件组成以及运算器、控制器、存储器、输入和输出设备等各部件的构成和工作原理等。

2. 传输层

(1) 现代通信技术。包括通信网络概述、接入网、交换网、传输网、支撑网、网际通信过程、通信新技术等。

(2) 计算机网络原理。包括计算机网络的基础知识、体系结构、数据通信、局域网、广域网及互联网、接入网技术、WWW 服务、电子邮件系统、文件传输服务、网上生活、网络安全以及网络管理等。

(3) 无线通信原理。包括蜂窝的概念、移动无线电传播、调制技术、多址技术以及无线系统与标准等。

(4) 无线传感器网络。包括无线传感器网络的网络支撑技术(物理层,MAC,路由协议,协议标准)、服务支撑技术(时间同步,结点定位,容错技术,安全设计,服务质量保证)及应用支撑技术(网络管理,操作系统以及开发环境)等。

3. 处理层

(1) 数据采集与处理。包括数据采集与处理的技术概念、采集系统常用传感器、信号采集与信号调理技术、数据采集常用电路、计算机接口与数据采集、数据采集系统的抗干扰技术、使用 LabVIEW 进行数据采集与分析、使用 MCGS 组态软件进行数据采集与分析等。

(2) 嵌入式系统设计。包括嵌入式系统的发展历程、嵌入式系统的硬件原理、操作系统原理、嵌入式操作系统平台、嵌入式系统应用设计的步骤和方法等。

(3) 程序设计语言的设计。根据实际需求设计新颖的程序设计语言(如 C 语言、汇编语言等),即程序设计语言的句法规则、语法规则和语义规则。

(4) 数据结构与算法。包括线性表、栈、队列、串、树、图等。相关的常用算法包括查找、内部排序、外部排序和文件管理等。

(5) 操作系统。包括进程管理、处理器管理、存储器管理、设备管理、文件管理,以及现代操作系统中的一些新技术等。

(6) 数据库系统。包括层次数据模型、网络数据模型、关系数据模型、E-R 数据模型、面向对象数据模型、基于逻辑的数据模型、数据库语言、数据库管理系统、数据库的存储结构、查询处理、查询优化、事务管理、数据库安全性和完整性约束、数据库设计、数据库管理、数据库应用以及数据仓库等。

(7) 软件工程。包括软件生存周期方法学、结构化分析设计方法、快速原型法、面向对象方法、计算机辅助软件工程等。

4. 应用层

（1）物联网组网技术。组网技术就是物联网组建技术，涉及个域网、局域网、城域网、广域网、以太网组网技术、无线传感器网络技术等。

（2）人工智能。包括绪论、知识表示、搜索技术、推理技术、机器学习、专家系统、自动规划系统、自然语言理解、智能控制、人工智能程序设计等。

（3）网络安全。包括计算机网络的设备安全、软件安全、信息安全以及病毒防治，物联网安全技术等。

（4）物联网技术应用。包括智能电网、智能交通、环境保护、政府工作、公共安全、平安家居、智能消防、工业监测、环境监测、老人护理、个人健康、花卉栽培、水系监测、食品溯源、敌情侦查和情报搜集等多个领域的应用。

1.2.3 学习方法

物联网工程专业是一门以实践为主的学科，与其他专业相比有较大差异，所以采用的学习方法也有其自身的特点。

1. 确立学习目标

物联网学科的发展虽然只有短短几年的时间，发展速度之快是其他众多学科所不能相比的。要学好物联网工程，必须先为自己定下一个切实可行的目标。物联网工程专业毕业生的职业发展路线基本上有两条：工程应用型和科学研究型。物联网工程专业本科生的职业发展定位，是成为工程应用型人才，还是科学研究型人才，需要较早确定下来。由于该专业培养的重点是工程应用型人才，因此，向科学研究型人才发展的学生，必须提前做好准备。

2. 了解教学体系和课程要求

物联网工程专业教学计划中的课程分为必修课和选修课。必修课指为保证人才培养的基本规格，学生必须学习的课程。必修课包括公共必修课、专业必修课和实习实践环节。选修课指学生根据学院（系）提供的课程目录选择修读的课程，分为专业选修课和公共选修课。具有普通全日制本科学籍的学生，在学校规定的修读年限内，修满专业教学计划规定的内容，达到毕业要求，准予毕业，发给毕业证书并予以毕业注册。符合国家和学校有关学士学位授予规定者，授予学士学位。

学校采用学分绩点和平均学分绩点的方法来综合评价学生的学习质量。学分绩点的计算方法，考核成绩与绩点的关系见表 1-1。

表 1-1 考核成绩与绩点的关系

成绩	绩点	成绩	绩点	成绩	绩点	成绩	绩点
90～100	4.0	86～89	3.7	83～85	3.3	80～82	3.0
76～79	2.7	73～75	2.3	70～72	2.0	66～69	1.7
63～65	1.3	60～62	1.0	<60	0		

在此强调学分绩点的重要性是因为学分绩点与学士学位紧密联系在一起。有些同学，大学4年毕业时，只能拿到毕业证，不能拿到学士学位证，一个关键的问题是学分绩点不够（当然也可能是毕业论文的问题）。每个学校都对学士学位学分绩点有一个最低要求，一般学位学分绩点为2，也就是课程(必修课和专业限选课)的学习成绩为70分左右，请同学们特别注意。

3. 预习和复习课程内容

预习是学习中一个很重要的环节。但和其他学科中预习不同的是，计算机学科中的预习不是说要把教材从头到尾地看上一遍，这里的预习是指：在学习之前，应该粗略地了解一下诸如课程内容是用来做什么的，用什么方式来实现等一些基本问题。

在预习和课堂之外，还必须及时进行复习。在复习时绝不能死记硬背条条框框，而应该能在理解的基础上灵活运用。所以在复习时，首先要把基本概念、基本理论弄懂，其次要把它们串起来，多角度、多层次地进行思考和理解。由于专业的各门功课之间有着内在的相关性，如果能够做到融会贯通，无论对于理解还是记忆，都有事半功倍的效果。贯穿记忆、理解，形成自己的看法，整个过程的两种具体方法是看课件、看书和做练习，以便加深理解和触类旁通。

另外，上机动手，做课程实验，是课后物联网工程专业课程学习的重要环节，可以帮助学生进一步理解课程中的知识，也可以训练学生的动手能力和工程素质。

4. 正确把握课程的性质

除数学、英语、政治、体育和公共选修课外，物联网工程专业本科的课程大致可以分为三类，一是理论性质的课程，二是动手实践性质的课程，三是理论结合实践的课程。因此，学习每一门课程时采用的方法有很大不同。

理论性很强的课程包括离散数学、概率统计、线性代数以及算法设计与分析、计算机原理、人工智能、数字逻辑和操作系统等。这类课程一般以理解、证明、分析为主。

实践性很强的课程包括电子工艺实习、硬件部件设计及调试、物联网基础训练、物联网工程实践、无线传感器网络、RFID技术、数据采集与处理、物联网组网技术、高级语言(如C语言)和汇编语言等。这类课程以理解、动手实践为主，力求做到可以应用其专业知识解决实际问题。

理论和实践性相结合的课程包括电路原理、模拟电子技术、数值分析、微型计算机技术、计算机组成原理、现代通信技术、计算机网络、无线通信原理、物联网安全技术、传感器原理、嵌入式系统设计、数据结构、数据库原理和人机交互等。学习这类课程，既要理解分析清楚其中的原理和方法，也要动手实践达到融会贯通。

总之，要想做好一件事，都必须遵循一定的方法。尤其是物联网工程这样的学科，课程不仅理论性强，动手实践的要求也很高，这就要求该专业的本科生必须方法得当，否则事倍功半。

1.3　专业能力要求

1.3.1　基本能力要求

我国的高等教育从 20 世纪末开始步入了规模发展阶段,物联网工程专业已成为我国比较热门的工科专业之一。作为一个新兴的专业,如何科学施教,有效发挥优势,提高办学质量,培养有特色的物联网工程人才成为每个有责任感的物联网专业教师必须面对的问题。

物联网工程专业人才的"专业基本能力"可归纳为 4 个方面:一是计算(信息)思维能力;二是识别、分析、设计电子器件的应用能力;三是网络实践的动手能力和工程素质;四是物联网应用系统总体的设计、开发和应用能力。

1.3.2　工程素质要求

1. 定义

工程素质是指从事工程实践技术人员的一种能力,是针对工程实践活动所具有的潜能和适应性。工程素质的特征是:第一,敏捷的思维、正确的判断和善于发现问题;第二,理论知识和实践的融会贯通;第三,把构思变为现实的技术能力;第四,综合运用资源,优化资源配置,保护生态环境,实现工程建设活动可持续发展的能力,并达到预期效果。

工程素质实质上是一种以正确思维为导向的实际操作,具有很强的灵活性和创造性。工程素质主要包含以下内容:一是广博的工程知识素质;二是良好的思维素质;三是工程实践操作能力;四是灵活运用人文知识的素质;五是扎实的方法论素质;六是工程创新素质。

2. "工程应用型"人才及物联网专业的素质要求

工程素质的形成并非是知识的简单累积和综合,它是一个复杂的渐进过程,将不同学科的知识和素质要素融合在工程实践活动中,使素质要素在工程实践活动中综合化、整体化和目标化。学生工程素质的培养,体现在教育全过程中,渗透到教学的每一个环节。不同工程专业的工程素质,具有不同的要求和环境,要因地制宜、因人制宜、因环境和条件差异进行综合培养。

应用型人才就是把成熟的技术和理论应用到实际生产、生活中的技能型人才。物联网工程专业的应用型人才要求将专业知识和技能应用于所从事的物联网工程社会实践,并熟练掌握社会生产及社会活动一线的基础知识和基本技能,其主要从事物联网工程一线生产和工作。物联网工程专业"工程应用型"人才的素质应该是:有敏捷的反应能力、有学识和修养、身体状况良好、有团队精神、有领导才能、高度敬业、创新观念强、求知欲望高、对人和蔼可亲、操守把持、良好的生活习惯、能适应环境和改善环境。

1.3.3 创新能力要求

1. 定义

创新能力是指运用知识和理论,在科学、艺术、技术和各种实践活动领域中不断提供具有经济价值、社会价值、生态价值的新思想、新理论、新方法和新发明的能力。创新能力是民族进步的灵魂、经济竞争的核心;当今社会的竞争,与其说是人才的竞争,不如说是人的创造力的竞争。

创新能力,按更通俗的说法,也称为创新力。创新能力按主体分,最常提及的有国家创新能力、区域创新能力、企业创新能力等,并且存在多个衡量创新能力的创新指数。

2. "科学研究型"人才及物联网专业的要求

研究型人才是指具有坚实的基础知识、系统的研究方法、高水平的研究能力和创新能力,在社会各个领域从事研究工作和创新工作的人才。研究型人才要面向物联网科学技术发展前沿,满足人类不断认识和进入新的未知领域的要求;能够预测物联网发展趋势与后果,在基础性、战略性、前瞻性科学技术问题的发现和创新上取得突破;有良好的智力因素,具备敏锐的观察力、较好的记忆力、高度的注意力、丰富的想象力和严谨的思维能力,以及在这些能力之上形成的个人创造力,具备能够主动发现并解决问题的能力;具备必要的非智力因素,包括强烈的求知欲和创造欲,好奇和敢于怀疑的精神,必须勤奋好学,有恒心和坚强的毅力,不畏艰险,追求真理;精通深厚和宽泛的计算机基础知识,掌握科学的研究方法和不断创新的能力,具备宽广的科学视野,具有高尚的情操和较高的科学精神、人文精神。

研究型人才需要勤于探索,不断创新,坚持真理,勇于承担时代和社会赋予的责任,积极推动社会重大进步与变革。

习题

1. 名词解释

(1) 物联网;(2) 工程素质;(3) 应用型人才;(4) 创新能力;(5) 研究型人才。

2. 判断题

(1) 物联网工程专业属于计算机相近专业。 （　　）

(2) 物联网工程专业本科培养经验很强的人才。 （　　）

(3) 物联网工程专业本科培养的人才应该具有一定的创新性。 （　　）

(4) 每门课程的学习成绩达到 60 分,就能拿到毕业证和学士学位证。 （　　）

3. 填空题

(1) 根据教育部 2020 版《普通高等学校本科专业目录》,从计算机专业的视角看我国的信息学科,可将其划分为三大类:计算机专业、计算机相近专业和_____。

(2) 物联网工程本科专业的课程大致分为感知层、传输层、处理层和_____ 4 部分。

4. 选择题

（1）根据教育部 2020 版《普通高等学校本科专业目录》,物联网工程专业属于（　　）。

    A. 计算机专业   B. 计算机相近专业

    C. 计算机交叉专业   D. 数学专业

（2）物联网工程专业本科的个人发展方向与定位是（　　）。

    A. 工程应用型人才   B. 综合型人才

    C. 经验型人才   D. 理论型人才

（3）物联网工程本科专业的课程大致分为（　　）个部分。

    A. 1   B. 2   C. 3   D. 4

（4）物联网工程专业人才的"专业基本能力"归纳为（　　）。

    A. 计算（信息）思维能力

    B. 识别、分析、设计电子器件的应用能力

    C. 网络实践的动手能力和工程素质

    D. 物联网应用系统总体的设计、开发和应用能力

（5）除数学、英语、政治、体育和公共选修课外,物联网工程专业本科的课程大致可以分为（　　）。

    A. 理论性质的课程   B. 动手实践性质的课程

    C. 理论结合实践的课程   D. 讨论性质的课程

5. 简答题

（1）物联网工程专业本科的培养目标是什么?

（2）物联网工程专业本科毕业生培养的知识和能力要求是什么?

（3）物联网会在哪些方面得到广泛应用?

（4）要成为一个工程应用型人才,应该在哪些方面加强自己的能力?

（5）要成为一个学术研究型人才,应该将哪些课程学得更好?

6. 论述题

（1）你认为物联网专业是一个有发展前途的专业吗? 为什么?

（2）规划你的人生,未来 5 年、10 年、20 年,你希望在此专业上如何发展?

（3）根据专业课程的性质和要求,规划你 4 年本科课程的学习方法和计划。

（4）本科 4 年中,你应该在哪些能力方面有所发展? 你准备在哪一个具体的物联网工程领域有自己的特点?

第 2 章
CHAPTER 2

物联网概述

本章将介绍物联网的概念、物联网的相关技术和物联网的发展状态和趋势。通过本章的学习,学生需要记住物联网定义,了解其与互联网的关联,有哪些技术学派,物联网关键技术包括哪些内容,物联网的国内外发展现状和趋势。

2.1 物联网的概念

2.1.1 物联网定义

1. 一般定义

物联网就是物物相连的互联网。这有两层意思:第一,物联网的核心和基础仍然是互联网,是在互联网基础上延伸和扩展的网络;第二,其用户端延伸和扩展到了任何物品与物品之间,进行信息交换和通信。因此,物联网的定义是通过射频识别(RFID)、红外感应器、全球定位系统、激光扫描器等信息传感设备,按约定的协议,把任何物品与互联网相连接,进行信息交换和通信,以实现对物品的智能化识别、定位、跟踪、监控和管理的一种网络。

2. 中国定义

物联网是一个基于互联网、传统电信网等信息承载体,让所有能够被独立寻址的普通物理对象实现互联互通的网络。它具有普通对象设备化、自治终端互联化和普适服务智能化三个重要特征。物联网指的是将无处不在的末端设备和设施(具备"内在智能"和"外在使能"的传感器、移动终端、工业系统、楼控系统、家庭智能设施、视频监控系统等,如贴上RFID 的各种资产、携带无线终端的个人与车辆等"智能化物件或动物"或"智能尘埃")通过各种无线/有线的长距离/短距离通信网络实现互联互通、应用大集成以及基于云计算的SaaS 营运等模式,提供安全可控乃至个性化的实时在线监测、定位追溯、报警联动、调度指挥、预案管理、远程控制、安全防范、远程维保、在线升级、统计报表、决策支持等管理和服务功能,实现对"万物"进行"高效、节能、安全、环保"地"管、控、营"一体化。

3. 欧盟定义

2009 年 9 月,在北京举办的"物联网与企业环境中欧研讨会"上,欧盟委员会信息和社会媒体司 RFID 部门负责人 Lorent Ferderix 博士给出了欧盟对物联网的定义：物联网是一个动态的全球网络基础设施，它具有基于标准和互操作通信协议的自组织能力，其中物理的和虚拟的"物"具有身份标识、物理属性、虚拟的特性和智能的接口，并与信息网络无缝整合。物联网将与媒体互联网、服务互联网和企业互联网一道，构成未来互联网。

2.1.2　物联网本质

1. 各界对物联网本质的认识

关于物联网的概念，很多专家、学者都提出了各自的定义，很多企业也宣称自己的产品是物联网产品。下面是几个例子。

"物联网是通过射频识别、红外感应器、全球定位系统、激光扫描器等信息传感设备，按约定的协议，把任何物品与互联网连接起来，进行信息交换和通信，以实现智能化识别、定位、跟踪、监控和管理的一种网络。"

"物联网是未来互联网的一部分，能够被定义为基于标准和交互通信协议的、具有自配置能力的动态全球网络设施，在物联网内物理和虚拟的'物件'具有身份、物理属性、拟人化等特征，它们能够被一个综合的信息网络所连接。"

"物联网是指各类传感器和现有互联网相互衔接的一个新技术。"

"很多物体不一定非要连到网上，而且物联网不是网络而是应用和业务。"

"我国物联网标准体系框架已经初步形成，向国际标准化组织提交的多项标准提案也已经被采纳，这说明中国在传感领域走在世界前列，正与德国、美国、英国等一起成为物联网国际标准制定的主导国。"

"中国移动的手机支付业务是典型的物联网概念应用。"

"2010 年 1 月，海尔集团推出世界首个'物联网冰箱'。"

以上例子反映了目前物联网处于概念导入期，对其原理、本质等认识还没有权威的认定，各相关方都提出自己的看法，并努力与自身的原有业务结合，形成百家争鸣的局面。

2. 物联网还是"网"

有学者认为，物联网的关键不在"物"，而在"网"。实际上，早在物联网这个概念被正式提出之前，网络就已经将其触角伸到了"物"的层面，如交通警察通过摄像头对车辆进行监控，通过雷达对行驶中的车辆进行车速测量等。然而，这些都是互联网范畴之内的一些具体应用。

物联网，实际上指的是在网络的范围之内，可以实现人对人、人对物以及物对物的互联互通。在技术层面上，物联网主要通过将新一代 IT 技术充分运用在各行各业之中，将具备了数字处理功能的传感器嵌入和装备到各行各业的各种物体中（如电网、交通网、交通工具以及个人数字产品等），通过现有的互联网将其整合起来，从而实现人类社会与物理系统的整合。

3. 物联网是互联网的延伸

物联网并不是互联网的翻版，也不是互联网的一个接口，而是互联网的一种延伸。物联网的精髓,远远不只是对物实现连接和操控,物联网通过技术手段的扩张,赋予网络新的含义,实现人与物之间的相融与互动,甚至是交流与沟通。

目前有不少观点认为物联网是传感网,这样定义会使得物联网的外延缩小。如1999 年所提出的物联网的概念,是把所有物品通过射频识别等信息传感设备与互联网连接起来,实现智能化识别和管理。这种传感网的概念缺乏了人、物之间的相联、沟通与互动。

合作性与开放性、长尾理论的适用性,是互联网在应用中的重要基本特征,就是这些基本特征,引发了互联网经济的蓬勃发展。对物联网来说,通过人物一体化,就能够在性能上对人和物的能力都做进一步的扩展。在网络上可以增加人与人之间的接触,从中获得更多的商机。就好像通信工具的出现,可以增加人类之间的交流与互动,而伴随着这些交流与互动的增加,产生出了更多的商业机会。如在人物交汇处建立起新的结点平台,使得长尾在结点处显示出更高的效用。

这样一来,在物联之后,就不仅能够产生出新的需求,而且还能够产生新的供给,更可以让整个网络在理论上获得进一步的扩展和提高,从而创造出更多的机会。

4. 物联网本质上是国民经济和社会的深度信息化

这是中国互联网络信息中心分析师李长江的看法。他认为,深度体现在"信息与通信技术水平更高,信息技术、通信技术与其他技术(如传感技术等)的融合更深入,信息化涉及的领域、对象更多(从计算机、手机扩展到轮胎、牙刷等),信息基础设施更完善,数据更海量,信息互联互通更广泛深入,信息处理能力更高,信息化为人类生产、生活做出的贡献更大。"也就是说,物联网不是全新的内容,它只不过是信息化推进到某一阶段而已,在这个阶段里,很多特征比之前的信息化更加显著、深入。

2.1.3　物联网与互联网

和传统的互联网相比,物联网有其鲜明的特征。

(1) 它是各种感知技术的广泛应用。物联网上部署了海量的多种类型传感器,每个传感器都是一个信息源,不同类别的传感器所捕获的信息内容和信息格式不同。传感器获得的数据具有实时性,按一定的频率周期性采集环境信息,不断更新数据。

(2) 它是一种建立在互联网上的泛在网络。物联网技术的重要基础和核心仍旧是互联网,通过各种有线和无线网络与互联网融合,将物体的信息实时准确地传递出去。在物联网上传感器定时采集的信息需要通过网络传输,由于其数量极其庞大,形成了海量信息,在传输过程中,为了保障数据的正确性和及时性,必须适应各种异构网络和协议。

(3) 物联网不仅提供了传感器的连接,其本身也具有智能处理的能力,能够对物体实施智能控制。物联网将传感器和智能处理相结合,利用云计算、模式识别等各种智能技术,扩充其应用领域。从传感器获得的海量信息中分析、加工和处理出有意义的数据,以适应不同用户的不同需求,发现新的应用领域和应用模式。

2.2 物联网的技术

2.2.1 物联网的技术学派

1. 三层论

从技术架构上来看,物联网可分为三层:感知层、网络层和应用层。

感知层由各种传感器以及传感器网关构成,包括二氧化碳浓度传感器、温度传感器、湿度传感器、二维码标签、RFID 标签和读写器、摄像头、GPS 等感知终端。感知层的作用相当于人的眼耳鼻喉和皮肤等神经末梢,它是物联网识别物体、采集信息的来源。

网络层由各种私有网络、互联网、有线和无线通信网、网络管理系统和云计算平台等组成,相当于人的神经中枢和大脑,负责传递和处理感知层获取的信息。

应用层是物联网和用户(包括人、组织和其他系统)的接口,它与行业需求结合,实现物联网的智能应用。

2. 四层论

也有学者认为,从体系结构看,物联网可大体分成四层:感知层、传输层、处理层和应用层。

(1)感知层。第一层与三层论一样,主要涉及的是感知技术,如 RFID、传感器、GPS、激光扫描、一些控制信号等。

(2)传输层。第二层以无线接入为主,如现代通信技术、计算机网络技术、无线传感器网技术以及信息安全技术等。

(3)处理层。第三层为物联网的数据处理、加工、存储和发布,涉及数字信号处理、软件工程、数据库和数据挖掘等技术。

(4)应用层。第四层就是具体的各个领域相关应用服务,涉及物联网系统设计、开发、集成技术,也涉及某一个专业领域的技术(如电网、交通和环境等)。

2.2.2 物联网关键技术

1. 关键技术

物联网技术的核心和基础仍然是互联网技术,是在互联网技术的基础上延伸和扩展的一种网络技术,其用户端延伸和扩展到了任何物品和物品之间,进行信息交换和通信。因此,物联网关键技术是,通过射频识别、红外感应器、全球定位系统、激光扫描器等信息传感设备,按约定的协议,将任何物品与互联网相连接,进行信息交换和通信,以实现智能化识别、定位、追踪、监控和管理。

2. 支撑技术

(1)RFID。射频识别技术,也称电子标签,在物联网中起重要的"使能"作用。

（2）传感网。借助于各种传感器，探测和集成包括温度、湿度、压力、速度等物质现象的网络，也是时任总理温家宝"感知中国"提法的主要依据之一。

（3）M2M。侧重于末端设备的互联和集控管理，也称 X-Internet，中国三大电信运营商正在推广 M2M 这个理念。

（4）两化融合。工业信息化也是物联网产业的主要推动力之一，自动化和控制行业是主力，但目前来自这个行业的声音相对较少。

3. 技术发展

（1）初级阶段。已存在的各行业基于其行业数据交换和传输标准的联网、监测、监控、两化融合等 MAI 应用系统。

（2）中级阶段。在物联网理念推动下，基于局部统一的数据交换标准实现的跨行业、跨业务综合管理大集成系统，包括一些基于 SaaS 模式和"私有云"的 M2M 运营系统。

（3）高级阶段。基于物联网统一数据标准、SOA、Web Service、云计算虚拟服务的 on Demand 系统，最终实现基于"共有云"的广泛物联网。

2.3　物联网的发展

2.3.1　物联网发展史及面临的挑战

1. 物联网发展史

物联网的实践最早可以追溯到 1990 年施乐公司的网络可乐贩售机——Networked Coke Machine。

1999 年，在美国召开的移动计算和网络国际会议首先提出物联网这个概念，它是 MIT Auto-ID 中心的 Ashton 教授在研究 RFID 时最早提出来的。

2003 年，美国《技术评论》提出传感网络技术将是未来改变人们生活的十大技术之首。

2005 年 11 月 17 日，在突尼斯举行的信息社会世界峰会（WSIS）上，国际电信联盟（ITU）发布《ITU 互联网报告 2005：物联网》，引用了物联网概念。物联网的定义和范围已经发生了变化，覆盖范围有了较大的拓展，不再只是指基于 RFID 技术的物联网。

2008 年后，为了促进科技发展，寻找新的经济增长点，各国政府开始重视下一代的技术规划，将目光放在了物联网上。同年 11 月在我国北京大学举行的第二届中国移动政务研讨会"知识社会与创新 2.0"提出移动技术、物联网技术的发展代表着新一代信息技术的形成，并带动了经济社会形态、创新形态的变革，推动了面向知识社会的以用户体验为核心的下一代创新（创新 2.0）形态的形成，创新与发展更加关注用户、注重以人为本。而创新 2.0 形态的形成又进一步推动新一代信息技术的健康发展。

2009 年 1 月 28 日，奥巴马就任美国总统后，与美国工商业领袖举行了一次"圆桌会议"，作为信息产业界仅有的两名代表之一，IBM 首席执行官彭明盛首次提出"智慧地球"这一概念，建议新政府投资新一代的智慧型基础设施。当年，美国将新能源和物联网列为振兴经济的两大重点。

2009 年 2 月 24 日,2009 IBM 论坛上,IBM 大中华区首席执行官钱大群公布了名为"智慧地球"的最新策略。此概念一经提出,即得到美国各界的高度关注,甚至有分析认为 IBM 公司的这一构想极有可能上升至美国的国家战略,并在世界范围内引起轰动。

2014 年,工业物联网标准联盟成立,这表明物联网有可能改变任何制造和供应链流程的运行方式。

2016 年发生了两件标志性的事件,一是很多汽车公司开始测试自动驾驶汽车;二是僵尸网络用制造商默认的用户名和密码攻击物联网设备,并将其用于分布式拒绝服务攻击。

2017—2019 年,物联网开发变得更便宜、更容易,也更被广泛接受,从而导致整个行业掀起了一股创新浪潮。例如,区块链和人工智能技术被用于物联网平台,智能手机和宽带的普及使物联网功能更强。

2. 物联网发展面临的挑战

虽然物联网近年来的发展渐成规模,各国都投入了巨大的人力、物力、财力来进行研究和开发,但是在技术、管理、成本、政策、安全等方面仍然存在许多需要攻克的难题,具体如下。

1) 技术标准问题

传统互联网的标准并不适合物联网。物联网感知层的数据多源异构,不同的设备有不同的接口,不同的技术标准;网络层、应用层也由于使用的网络类型不同、行业的应用方向不同而存在不同的网络协议和体系结构。建立统一的物联网体系架构、统一的技术标准是物联网正在面对的问题。

2) 管理平台问题

物联网是一个复杂网络,其应用涉及各行各业,不可避免地存在交叉。如果这个网络体系没有一个专门的综合平台对信息进行分类管理,就会出现大量信息冗余、重复工作、重复建设造成资源浪费的状况。每个行业的应用各自独立,成本高、效率低,体现不出物联网的优势,势必会影响物联网的推广。物联网急需一个能整合各行业资源的统一管理平台,使其能形成一个完整的产业链模式。

3) 成本问题

尽管各国对物联网大力支持,但大规模使用的物联网项目不多。实现 RFID 技术最基本的电子标签及读卡器,其成本价格一直无法达到企业的预期,性价比不高;传感网络是一种多跳自组织网络,极易遭到环境因素或人为因素的破坏,若要保证网络通畅,并能实时安全传送可靠信息,网络的维护成本较高。

4) 安全性问题

物联网属于新兴产物,体系结构更复杂,没有统一标准,其安全问题突出。传感网络、传感器暴露的自然环境下,特别是有些被放置在恶劣环境中,不仅受环境因素影响,也有人为因素的影响。RFID 电子标签被置入物品中用于实时监控,因此部分标签容易造成个人隐私暴露,个人信息的安全存在隐患。

2.3.2　国外物联网发展现状及趋势

1. 国外发展现状

(1) 美国。美国政府是 RFID 应用的积极推动者。按照美国国防部的合同规定,2004 年 10 月 1 日或者 2005 年 1 月 1 日以后,所有军需物资都要使用 RFID 标签;美国食品及药物管理局(FDA)建议制药商从 2006 年起利用 RFID 跟踪最常造假的药品;美国社会福利局(SSA)于 2005 年年初正式使用 RFID 技术追踪 SSA 各种表格和手册。2008 年 12 月,奥巴马向 IBM 咨询了智慧地球的细节,并就投资智慧基础设施进行了讨论。2009 年 1 月 7 日,IBM 与美国智库机构信息技术与创新基金会(ITF)共同向奥巴马政府提交了 *The Digital Road to Recover A Stimulus Plan to Create Jobs, Boost Productivty and Revitalize America*《恢复数字之路——创造就业、提高生产率和振兴美国的刺激计划》,通过物联网政策的出台推动能源、宽带与医疗三大领域开展物联网技术的应用。2010—2011 年,美国联邦政府首席信息官 Vivek Kundra 先后签署颁布了关于政府机构采用云计算的政府文件以及《联邦云计算策略》白皮书。为推动美国物联网产业的发展,2014 年英特尔发布 Edison 可穿戴及物联网设备的微型系统级芯片,2015 年推出 Curie 芯片,集成了低功耗蓝牙,可以和运动传感器通信;2016 年思科斥资 14 亿美元收购 Jasper 全部股权,以完善物联网生态体系。在 2020 年 4 月 6—9 日美国加州硅谷世界物联网展上,四百多家公司展示了其在石油化工、智慧城市、自动驾驶、能源与农业、制造业、供应链与物流管理、智能建筑与施工、智能家居等行业的新技术成果,涵盖虚拟现实技术、人工智能、区块链、物联网、物联网安全与隐私、商业模式与货币化、5G、边缘计算、资料分析、物联网架构、LPWAN 物联网应用、云平台等。

(2) 欧洲。产业方面,欧洲的 Philips、STMicroelectronics 一直在积极开发廉价的 RFID 芯片;Checkpoint 开发了支持多系统的 RFID 识别系统;诺基亚开发了能够基于 RFID 的移动电话购物系统;SAP 开发了支持 RFID 的企业应用管理软件。应用方面,欧洲在诸如交通、身份识别、生产线自动化控制、物资跟踪等封闭系统方面与美国基本处在同一阶段。近些年,欧洲许多大型企业一直在进行 RFID 应用实验,例如,英国的零售企业 Tesco 最早于 2003 年 9 月结束了第一阶段实验,实验由该公司的物流中心和英国的两家商店进行,实验是对物流中心和两家商店之间的包装盒及货盘的流通路径进行追踪,使用 915MHz 频带。2009 年 6 月 18 日,欧盟委员会向欧盟议会、理事会、欧洲经济和社会委员会和地区委员会递交了《欧盟物联网行动计划》。2011—2013 年间,其每年新增 2 亿欧元,同时拿出 3 亿欧元专款,支持物联网相关公司合作项目建设。2007—2013 年,欧盟预计投入研发经费共计 532 亿欧元,推动欧洲最重要的第 7 期欧盟科研架构(EU-FP7)研究补助计划,其中包括有感知的系统、交互作用和机器人技术等。2015 年 3 月,欧盟成立了物联网创新联盟,汇聚欧盟各成员的物联网技术和资源,创造物联网生态体系。2015 年 10 月,欧盟发布"物联网大规模试点计划书"征求提案,向全球征集发展物联网产业的建议。该计划涉及智能看护、智能交通、智慧城市、智慧农业、智能可穿戴设备等领域,对用户隐私、数据安全、用户接受度、标准化、互操作性以及法规等共性问题进行资助。2016 年,欧盟计划投入 1 亿欧元支持物联网重点领域。2019 年,欧盟启动了能源、农业和医疗保健领域的数字化转型三个大型试点项目。

（3）日本。日本是一个制造业强国，它在电子标签研究领域起步较早，政府也将 RFID 作为一项关键的技术来发展。MPHPT 在 2004 年 3 月发布了针对 RFID 的《关于在传感网络时代运用先进的 RFID 技术最终研究草案报告》，报告称 MPHPT 将继续支持测试在 UHF 频段的被动及主动电子标签技术，并在此基础上进一步讨论管制的问题。2004 年 7 月，日本经济产业省选择了七大产业做 RFID 的应用实验，包括消费电子、书籍、服装、音乐 CD、建筑机械、制药和物流。从日本 RFID 领域的动态来看，与行业应用相结合的基于 RFID 技术的产品和解决方案开始集中出现，这为 2005 年 RFID 在日本的应用，特别是在物流等非制造领域的推广，奠定了坚实的基础。2004 年，日本推出了基于物联网的国家信息化战略，称作 u-Japan（u 的英文单词 ubiquitous，意为普遍存在的，无所不在的）。2009 年，日本 IT 战略本部发布了新一代的信息化战略——至 2015 年的中长期信息技术发展战略"i-Japan 战略 2015"。2010 年，日本总务省发布了"智能云研究会报告书"，制定了"智能云战略"，目的在于借助云服务，推动整体社会系统实现海量信息和知识的集成与共享。该战略包括三部分内容：应用战略、技术战略和国际战略。

（4）韩国。韩国主要通过国家的发展计划，再联合企业的力量来推动 RFID 的发展，即主要是由产业资源部和情报通信部来推动 RFID 的发展计划。2005 年 3 月，韩国政府耗资 7.84 亿美元在仁川新建技术中心，主要从事电子标签技术包括 RFID 研发以及生产，以帮助韩国企业快速确立在全球 RFID 市场的主流地位。该中心 2007 年完工，2008 年批量出货。2016 年，韩国两大电信运营商 SK 电信和韩国电信争先部署物联网。2016 年，韩国已成为世界上物联网普及率最高的国家之一。2004 年，韩国也推出了 u-Korea 计划。2009 年 10 月，韩国通信委员会通过了《物联网基础设施构建基本规划》，将物联网市场确定为新增长动力，确定了构建物联网基础设施、发展物联网服务、研发物联网技术、营造物联网扩散环境等 4 大领域、12 项详细课题。2014 年 5 月，韩国发布《物联网基本规划》。自 2015 年起，韩国未来科学创造部和产业通商资源部投资 370 亿韩元用于物联网核心技术以及 MEMS 传感器芯片、宽带传感设备的研发。

（5）新加坡。新加坡是世界上最早使用 RFID 技术的国家之一，早在 1998 年新加坡就将 RFID 技术应用于控制和管理城市交通量的自动收费系统。新加坡所有的公交车均采用了 RFID 技术。新加坡的每辆汽车内装配了可插入内置了 RFID 芯片的智能卡装置，并在车流量最大的中心商业区和高速公路上分别设置了多个电子收费站。新加坡国立图书馆是 RFID 行业中极具知名度的一个项目，它也是世界上第一个完全采用 RFID 管理的大型图书馆。新加坡医院已经将 RFID 用于病区、手术室的动态调配，药品、血库、化验库等方面的实时管理，RFID 技术大大提升了新加坡医院的管理运作效率。

2. 国外发展趋势

1）市场趋势

据智研咨询报道，截至 2020 年年底，全球物联网市场规模 2480 亿美元，较 2019 年增加 360 亿美元，同比增长 17%。在全球份额中，5G 行业应用排在首位的是制造业，占比高达 35%，其次是交通物流占比 17%，能源矿山占比 11%，工程制造占比 9%，通信占比 9%，公共安全占比 8%，媒体娱乐占比 4%。物联网产业链大致可分为八大环节：芯片提供商、传感器供应商、无线模组厂商、网络运营商、平台服务商、系统及软件开发商、智能硬件厂商、系统集成及应用服务提供商。全球物联网核心技术持续发展,标准体系正在构建,产业体系处于建立和完善过程中,全球物联网行业处于高速发展阶段。2020 年,全球物联网设备数量126 亿个,较 2019 年增加 19 亿个,同比增长 17.76%;"万物物联"成为全球网络未来发展的重要方向。未来几年,全球物联网市场规模将出现快速增长。据预计,未来十年,全球物联网将实现大规模普及,年均复合增速将保持在 20%左右,到 2023 年全球物联网市场规模有望达到 2.8 万亿美元左右。到 2025 年活跃的物联网设备数量预计将增加到 220 亿台,物联网在各行业的应用不断深化,催生新技术,有助于改造升级传统产业。

2) 技术趋势

物联网,代表了下一代信息发展技术,物联网是现代信息技术发展到一定阶段后出现的一种聚合性应用与技术提升,将各种感知技术、现代网络技术和人工智能与自动化技术聚合与集成应用,使人与物智慧对话,创造一个智慧的世界。物联网技术发展的四大趋势如下。

(1) 更安全的防护措施。某一项新技术的初期,其技术力量几乎都在专注于创新,导致监管水平低下,由此业界的兴奋、激进和政策、监管的滞后往往会形成鲜明的对比。随着物联网设备和基础设施的价格降低,企业对物联网设备的应用就越来越广泛,这种创新和应用一旦普及,新技术的各种风险也就凸显出来了。

(2) 更普及的智能消费设备。物联网所覆盖的行业人群广,从行业应用的智慧交通、智能物流、医疗、农业、能源领域,到私有的智能家居、个人、智能汽车等应用,无论从减少成本、提高效率,还是提高中国居民的生活质量,物联网无疑将在行业市场获得巨大的成功。

(3) 更加关注人工智能。随着数据处理能力的提升,边缘计算将成为物联网的重要力量,因为它可以实现更高效的操作和更快捷的响应,而混合的物联网技术将变得更加普及,如人工智能的融入。在未来,我们将看到人工智能带来新物联网技术的重大进步。随着越来越多的企业使用物联网设备与技术,收集到的数据量将呈现指数级增长,传统的计算方式已经无法满足数据处理需求。而人工智能则能填补数据收集和数据分析之间的空白。此外,人工智能可以更好地实现图像处理、视频分析,创造更多的应用场景和商机。

(4) 更快速的数据转化。随着 5G 的到来,移动设备对物联网的访问将大幅增加,越来越多的物联网数据将掌握在更多人的手中。对于技术人员来说,物联网转化数据非常重要,而对于非技术人员,在未来也将获得更多的物联网衍生数据。

以智能手机为代表的移动设备将让每个人成为物联网社会中的一个连接点,从而共享物联网社会的便利性。未来,物联网的发展将更多转移到更好地利用所收集数据的处理技术上,而不再只是关注物联网技术本身。当每个人、每台设备都连接到一个大型网络中,人与人、人与设备、设备与设备之间将会产生更多的联系,而这也意味着将出现无尽的新的机会与可能性。

2.3.3　我国物联网发展现状及趋势

1. 我国发展现状

1) 政策法规

2009 年 11 月 3 日,时任总理温家宝发表了题为《让科技引领中国可持续发展》的重要讲话,其中,物联网被列为国家五大新兴战略性产业之一。2010 年 6 月 8 日,中国物联网标准联合工作组在北京成立。2010 年 10 月 18 日,《国务院关于加快培育和发展战略性新兴产业的决定》出台,物联网作为新一代信息技术里面的重要一项被列为其中。2011 年 5 月 20 日,工业和信息化部电信研究院在北京发布了《中国物联网白皮书(2011)》。2012 年 2 月 14 日,工业和信息化部发布《"十二五"物联网发展规划》。2012 年 8 月 17 日,工业和信息化部发布《无锡国家传感网创新示范区发展规划纲要(2012—2020 年)》。2013 年 2 月 17 日,国务院办公厅在中央政府门户网站上发布《国务院关于推进物联网有序健康发展的指导意见》。2013 年 3 月 4 日,国务院办公厅发布《国家重大科技基础设施建设中长期规划(2012—2030 年)》,涉及三网融合、云计算和物联网发展。2013 年 5 月 15 日,工业和信息化部电信研究院发布《物联网标识白皮书》。2014 年 6 月,《工业和信息化部 2014 年物联网工作要点》发布。2014 年 7 月,《关于印发 10 个物联网发展专项行动计划的通知》(发改高技〔2013〕1718 号)发布。2015 年 3 月 9 日,工业和信息化部印发了《关于开展 2015 年智能制造试点示范专项行动的通知》。2016 年 7 月,十八届五中全会通过了《中共中央关于制定国民经济和社会发展第十三个五年规划的建议》,将物联网行业作为加速发展方向。2017 年,《国务院关于深化"互联网＋先进制造业"发展工业互联网的指导意见》发布。2018 年,工业和信息化部发布《物联网安全白皮书》。2018 年,工业和信息化部发布《工业互联网发展行动计划(2018—2020 年)》。2019 年,工业和信息化部发布《关于开展 2019 年 IPv6 网络就绪专项行动的通知》。2020 年,国务院发布《深入推进移动物联网全面发展的通知》。2020 年,国家发展和改革委员会等 11 部委联合印发《智能汽车创新发展战略》。2021 年,国务院"十四五"规划,提出加快推动数字产业化,构建基于 5G 的应用场景和产业生态,在智能交通、智慧物流、智慧能源、智慧医疗等重点领域开展试点示范,将物联网列为数字经济重点产业,提出推动传感器、网络切片、高精度定位等技术创新,协同发展云服务与边缘计算服务,培育车联网、医疗物联网、家居物联网产业。

　　梳理我国政府物联网相关的政策法规,其对物联网技术创新与应用的支持措施,主要包括以下几个方面。

　　(1) 突破物联网关键核心技术,实现科技创新。同时结合物联网特点,在突破关键共性技术时,研发和推广应用技术,加强行业和领域物联网技术解决方案的研发和公共服务平台建设,以应用技术为支撑突破应用创新。

　　(2) 制定中国物联网发展规划,全面布局。重点发展高端传感器、MEMS、智能传感器和传感器网结点、传感器网关、超高频 RFID、有源 RFID 和 RFID 中间件产业等,重点发展物联网相关终端和设备以及软件和信息服务。

　　(3) 推动典型物联网应用示范,带动发展。通过应用引导和技术研发的互动式发展,带动物联网的产业发展。重点建设传感网在公众服务与重点行业的典型应用示范工程,确立以应用带动产业的发展模式,消除制约传感网规模发展的瓶颈。深度开发物联网采集来的信息资源,提升物联网应用过程产业链的整体价值。

　　(4) 加强物联网国际国内标准,保障发展。做好顶层设计,满足产业需要,形成技术创新、标准和知识产权协调互动机制。面向重点业务应用,加强关键技术的研究,建设标准验证、测试和仿真等标准服务平台,加快关键标准的制定、实施和应用。积极参与国际标准制定,整合国内研究力量形成合力,将国内自主创新研究成果推向国际。

2）市场现状

据智研咨询报道,截至 2020 年年底,中国物联网市场规模达到 16 600 亿元,较 2019 年增加 1600 亿元,同比增长 10.67%。中国是全球制造业和产业发展的大国,随着产业政策逐渐落地,市场空间将有望加速。中国的工业物联网企业在赋能智慧城市、智能交通、政府管理的前景巨大,市场规模有望达到更高水平。

近几年来,物联网概念加快与产业应用融合,成为智慧城市和信息化整体方案的主导性技术思维。当前,物联网已由概念炒作、碎片化应用、闭环式发展进入跨界融合、集成创新和规模化发展的新阶段,与中国新型工业化、城镇化、信息化、农业现代化建设深度交汇,在传统产业转型升级、新型城镇化和智慧城市建设、人民生活质量不断改善方面发挥了重要作用,取得了明显的成果。

3）技术现状

早在 1999 年中国科学院就启动了传感网研究,与其他国家相比具有先发优势。该院无锡微纳传感网工程技术研发中心为此组成了两千多人的团队,先后投入数亿元,在无线智能传感器网络通信技术、微型传感器、传感器终端机、移动基站等方面展开研究并取得了重大进展,已拥有从材料、技术、器件、系统到网络的完整产业链。在世界传感网领域,中国与德国、美国、韩国一起,成为国际标准制定的主导国。我国物联网技术的发展呈现以下特点。

（1）生态体系逐渐完善。在企业、高校、科研院所的共同努力下,中国形成了芯片、元器件、设备、软件、电器运营、物联网服务等较为完善的物联网产业链,涌现出一批有较强实力的物联网领军企业,初步建成一批共性技术研发、检验检测、投融资、标识解析、成果转化、人才培训、信息服务等公共服务平台。

（2）创新成果不断涌现。中国在物联网领域已经建成一批重点实验室,汇聚整合多行业、多领域的创新资源,基本覆盖了物联网技术创新各环节,物联网专利申请数量逐年增加,2020 年达到 9045 件。

（3）产业集群优势不断突显。中国形成了环渤海、长三角、珠三角等区域发展格局,无锡、杭州、重庆运用配套政策,已成为推动物联网发展的重要基地,培育重点企业带动作用显著。

2. 我国物联网技术发展面临的挑战

梳理物联网技术在我国的发展和取得的成绩,其得益于我国在物联网方面的几大优势:第一,我国早在 1999 年就启动了物联网核心传感网技术研究,研发水平处于世界前列;第二,在世界传感网领域,我国是标准主导国之一,专利拥有量高;第三,我国是目前能够实现物联网完整产业链的国家之一;第四,我国无线通信网络和宽带覆盖率高,为物联网的发展提供了坚实的基础设施支持;第五,我国已经成为世界第二大经济体,有较为雄厚的经济实力支持物联网发展。分析我国物联网的发展和未来的趋势,可以将我国物联网近年的发展和趋势分为四个阶段,如表 2-1 所示。

表 2-1　我国物联网发展和趋势分段

时间	1990—2009 年	2009—2015 年	2015—2020 年	2020—2025 年
阶段	自然发展阶段	生态意识阶段	数据爆发阶段	智能演化阶段

尽管我国物联网技术的进步取得了一些成绩,但还有一些问题亟待解决,主要涉及核心技术、标准规范、信息安全等方面。

1) 核心技术有待突破

信息技术的发展促使物联网技术的初步形成,虽然在我国物联网技术发展还处于初级阶段,存在的问题比较多,一些关键技术还处于初始应用阶段,但急需优先发展的即是传感器接入技术和核心芯片技术等。首先,我国现阶段物联网中所使用的物联网传感器的连接技术受距离影响限制较大,由于传感器本身属于精密设备,对外部环境要求较高,很容易受到外部环境的干扰;其次,我国物联网技术中使用的传感器存储能力有限,随着物联网发展的要求,对信息的存储量要求变大,其存储能力和通信能力还需要继续提高,且需求数量较大,现有物联网能力不能满足物联网发展的需求;第三,物联网技术的发展还需要有大量的传感器对信息进行传输,因此需要发展传感器网络中间技术,不断创新和完善新技术的应用。

2) 统一标准规范的重要性

物联网技术的发展对互联网技术有一定的依赖性。目前,我国互联网技术仍处于发展阶段,尚未形成较为完善的标准体系,这在一定程度上阻碍了我国物联网技术的进一步发展。目前由于各国的专业技术发展不平衡以及感应设备技术的差异性,难以形成统一的国际标准,导致难以在短时间内形成规范标准。

3) 信息安全和保护隐私的问题

电子计算机技术和互联网技术在不断方便人们工作生活的同时,也对人们的信息安全和隐私提出一定的挑战。这种问题在物联网技术的发展中也有重要影响。物联网技术主要是通过感知技术获取信息,因此如果不采取有效的控制措施,会导致自动信息的获取,同时感应设备由于识别能力的局限性,在对物体进行感知的过程中容易造成无限制追踪问题,从而对用户隐私造成严重威胁。

3. 物联网技术应用前景分析

尽管物联网技术在发展中存在一些问题,但其技术本身的优势非常明显。通过在各个行业中应用,物联网技术对于进一步获取及时有效的信息,提高企业竞争力,降低人力成本,获取更大的经济效益等方面具有重要的作用。当前物联网技术的应用价值主要体现在通信行业、智慧城市建设以及智能工业制造等方面。

1) 通信行业

物联网技术中,低功耗广域网技术的发展成为通信技术中的重要内容。LPWAN 的技术是目前物联网领域最受关注的技术,这种技术本身具有低功耗、可以实现高质量远距离传输的优点,对于提高物联网技术的数据传输效率,满足公共资源的有效传递具有重要意义。

2) 智慧城市建设

随着物联网技术的进一步发展,智慧城市建设中的诸多问题也可以顺利解决。通过建立智慧城市可以实现对城市资源的有效整合,对于加强城市管理、提升城市面貌具有重要意义。

3) 智能工业制造

工业制造是我国经济发展中的重要方面,通过利用物联网技术中的远程监控和优化重资产的优势可以改善当前的工业生产模式,通过智能技术的引入,还能提高生产效率,增加企业的经济效益,这也将是物联网技术发挥重要作用的方面。

我国物联网技术还处在初始阶段,很多技术和方法还不完善,企业的盈利状况还有待改善,在资金的投入上还不足,物联网技术的发展容易停滞不前。尽管如此,随着现代科技的发展,要加快对物联网技术的应用和开发,政府应该给予财政政策和货币政策的支持,保证发展物联网技术的资金支持,进而可以进一步扩展物联网技术的应用范围。

习题

1. 名词解释

(1)中国学者对物联网的定义;(2)欧盟学者对物联网的定义;(3)一般物联网的定义。

2. 判断题

(1)物联网就是互联网。 (　　)

(2)RFID就是物联网。 (　　)

(3)物联网的定义是通过射频识别(RFID)、红外感应器、全球定位系统、激光扫描器等信息传感设备,按约定的协议,把物品与互联网相连接,进行信息交换和通信,以实现对物品的智能化识别、定位、跟踪、监控和管理的一种网络。 (　　)

(4)物联网发展经过了引入期、预热期、爆发期和成熟期。 (　　)

3. 填空题

(1)物联网三层论的技术学派认为,从技术架构上来看,物联网可分为三层:感知层、网络层和_____。

(2)物联网四层论的技术学派认为,从物联网的体系结构看,物联网可大体分成四层:感知层、传输层、_____和应用层。

4. 选择题

(1)物联网发展经过了(　　)。

　　A. 引入期　　　　　B. 预热期　　　　　C. 爆发期　　　　　D. 成熟期

(2)下面说法正确的是(　　)。

　　A. 物联网就是物物相连的互联网

　　B. 物联网的实践最早可以追溯到1980年施乐公司的网络可乐贩售机

　　C. RFID(射频识别技术)也称电子标签

　　D. 感知层由各种传感器以及传感器网关构成

5. 简答题

(1)物联网的本质是什么?

(2)和传统的互联网相比,物联网有什么鲜明的特征?

(3)简述物联网的关键技术。

(4)简述物联网的支撑技术。

(5)简述物联网的技术发展阶段。

6. 论述题

你认为中国未来物联网应用应怎么发展?

第3章 RFID 识别技术
CHAPTER 3

本章将介绍射频识别技术和应用。通过本章的学习,学生需要了解射频识别技术的结构、工作原理和关键技术,以及其应用和发展。

3.1　射频识别技术概述

3.1.1　简介

1. 定义

射频识别(Radio Frequency IDentification,RFID),又称电子标签、无线射频识别。它是一种通信技术,可通过无线电信号来识别特定目标并读写相关数据,而无须在识别系统与特定目标之间建立机械或光学接触。

RFID 是一项易于操控,简单实用且特别适合用于自动化控制的灵活性应用技术。该识别工作无须人工干预,既可支持只读工作模式,也可支持读写工作模式,且无须接触或瞄准。RFID 可以在各种环境下工作:短距离射频产品具有不怕油渍、灰尘等污染环境的特点;长距离射频产品则多用于交通上,识别距离可达几十米,如自动收费或识别车辆身份等,见图 3-1。

RFID 也称为感应式电子芯片或近接卡、感应卡、非接触卡、电子标签、电子条码等。一套完整的 RFID 系统由阅读器(Reader)与应答器(Transponder)两部分组成,其工作原理为由 Reader 发射特定频率的无限电波能量给 Transponder,用以驱动 Transponder 电路将其内部的 ID Code 送出,此时 Reader 便接收此 ID Code。Transponder 的特殊性在于免用电池、免接触、免刷卡,故其不怕脏污,且芯片密码为世界唯一且无法复制,安全性高、寿命长。

RFID 的应用非常广泛,目前的典型应用有动物芯片、汽车芯片防盗器、门禁管制、停车场管制、生产线自动化、物料管理等。RFID 标签有两种:有源标签和无源标签。

RFID 射频识别是一种非接触式的自动识别技术。它通过射频信号自动识别目标对象来获取相关数据,识别工作无须人工干预,可工作于各种恶劣环境。该技术可识别高速运动物体并可同时识别多个标签,操作快捷方便。RFID 技术具有条形码所不具备的防水、防磁、耐高温、使用寿命长、读取距离大、数据加密、存储容量大、信息更改自如等优点。

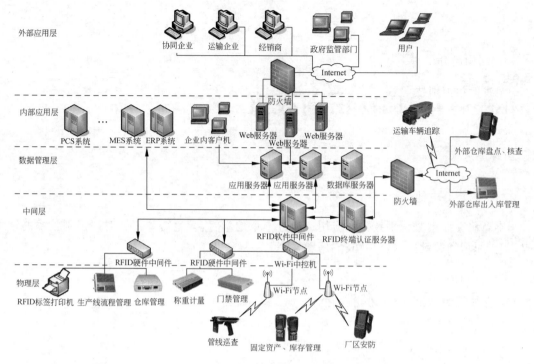

图 3-1　RFID 应用系统图

2. 优点

RFID 技术所具备的独特优越性是其他识别技术无法比拟的,主要表现在以下几个方面。

(1) 读取方便快捷。数据的读取无需光源,甚至可以透过外包装来进行。有效识别距离更长,采用自带电池的主动标签时,有效识别距离可达到 30m 以上。

(2) 识别速度快。标签一进入磁场,阅读器就可以即时读取其中的信息,而且能够同时处理多个标签,实现批量识别。

(3) 数据容量大。数据容量最大的二维条形码(PDF417),最多也只能存储 2725 个数字,若包含字母,存储量则会更少,RFID 标签则可以根据用户的需要扩充到几十 K。

(4) 使用寿命长,应用范围广。RFID 基于无线电通信方式,可以应用于粉尘、油污等高污染环境和放射性环境,而且其封闭式包装使得寿命大大超过印刷的条形码。

(5) 标签数据可动态更改。利用编程器可以向电子标签写入数据,从而赋予 RFID 标签交互式便携数据文件的功能,而且写入时间比打印条形码更短。

(6) 更好的安全性。RFID 电子标签不仅可以嵌入或附着在不同形状、类型的产品上,而且可以为标签数据的读写设置密码保护,从而具有更高的安全性。

(7) 动态实时通信。标签以每秒 50～100 次的频率与阅读器通信,所以只要 RFID 标签所附着的物体出现在解读器的有效识别范围内,就可以对其位置进行动态追踪和监控。

3.1.2　结构

1. 结构简介

无线射频识别技术是一种非接触的自动识别技术,其基本原理是利用射频信号和空间耦合(电感或电磁耦合)或雷达反射的传输特性,实现对被识别物体的自动识别。

RFID 系统至少包括电子标签和阅读器两部分。电子标签是射频识别系统的数据载体,由标签天线和标签专用芯片组成。依据电子标签供电方式的不同,它可以分为有源电子标签(Active tag)、无源电子标签(Passive tag)和半无源电子标签(Semi-passive tag)。有源电子标签内装有电池,无源射频标签没有内装电池,半无源电子标签部分依靠电池工作。

电子标签依据频率的不同可分为低频电子标签、高频电子标签、超高频电子标签和微波电子标签。依据其封装形式的不同,可分为信用卡标签、线形标签、纸状标签、玻璃管标签、圆形标签及特殊用途的异形标签等。

RFID 阅读器(读写器)通过天线与 RFID 电子标签进行无线通信,可以实现对标签识别码和内存数据的读出或写入操作。典型的阅读器包含高频模块(发送器和接收器)、控制单元以及阅读器天线。

2. 基本构成

RFID 射频识别是一种非接触式的自动识别技术,它通过射频信号自动识别目标对象,并获取相关数据,识别工作无须人工干预。RFID 可作用于各种恶劣环境,识别高速运动物体,同时识别多个标签,操作快捷方便。

一个典型的射频识别系统由 RFID 标签、阅读器以及计算机系统等部分组成。

(1) 阅读器。读取(或写入)标签信息的设备,可设计为手持式或固定式。图 3-2 为手持的和固定的阅读器。

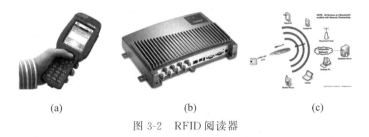

(a)　　　　　　　　(b)　　　　　　　　(c)

图 3-2　RFID 阅读器

(2) 天线(Antenna)。在标签和阅读器间传递射频信号,见图 3-3。

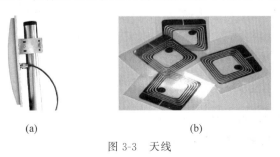

(a)　　　　　　　　(b)

图 3-3　天线

（3）标签（Tag）。由耦合元件及芯片组成,每个标签具有唯一的电子编码,附着在物体上标识目标对象。每个标签都有一个全球唯一的 ID——UID。UID 是在制作芯片时放在 ROM 中的,无法修改。用户数据区是供用户存放数据的,可以进行读写、覆盖、增加等操作。阅读器对标签的操作有三类：①识别（Identify）,即读取 UID；②读取（Read）,即读取用户数据；③写入（Write）,即写入用户数据。标签样式如图 3-4 所示。

（4）计算机系统。根据逻辑运算判断该标签的合法性,控制过程的自动完成,见图 3-5。

图 3-4　RFID 电子标签

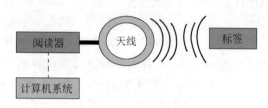

图 3-5　计算机系统

3.1.3　工作原理

1. 基本原理

RFID 技术的基本工作原理并不复杂：标签进入磁场后,接收解读器发出的射频信号,凭借感应电流所获得的能量发送出存储在芯片中的产品信息（Passive Tag,无源标签或被动标签）,或者主动发送某一频率的信号（Active Tag,有源标签或主动标签）。解读器读取信息并解码后,送至中央信息系统进行有关数据处理。

一套完整的 RFID 系统,是由 Reader 与电子标签（Tag）也就是所谓的 Transponder 及应用软件系统三个部分所组成。其工作原理是：Reader 发射一特定频率的无线电波能量给 Transponder,用以驱动 Transponder 电路将内部的数据送出,此时 Reader 便依序接收解读数据,送给应用程序做相应的处理。

以 RFID 卡片阅读器及电子标签之间的通信及能量感应方式来看,大致上可以分成感应耦合（Inductive Coupling）及后向散射耦合（Backscatter Coupling）两种。一般低频的 RFID 大都采用第一种方式,而较高频大多采用第二种方式。

阅读器根据使用的结构和技术不同,可以分为读或读写装置,是 RFID 系统的信息控制和处理中心。阅读器通常由耦合模块、收发模块、控制模块和接口单元组成。阅读器和应答器之间一般采用半双工通信方式进行信息交换,同时阅读器通过耦合给无源应答器提供能量和时序。在实际应用中,可进一步通过 Ethernet 或 WLAN 等实现对物体识别信息的采集、处理及远程传送等管理功能。应答器是 RFID 系统的信息载体,目前应答器大多是由耦合元件（线圈、微带天线等）和微芯片组成的无源单元。

2. 技术特点

（1）数据的读写机能。通过 RFID Reader 可以直接读取信息至数据库内,无须接触,并且可以一次性处理多个标签,将物流处理的状态写入标签,供下一阶段使用。

（2）容易小型化和多样化形状。RFID 在读取上并不受尺寸大小与形状限制，无须为了读取精确度而配合纸张的固定尺寸和印刷品质。RFID 电子标签可以小型化、特色化地应用在不同产品上。因此，在控制产品的生产，特别是在生产线上的应用上，它更加灵活。

（3）耐环境性。纸张一受到脏污字迹标签就看不清，但 RFID 对水、油和药品等物质却有强力的抗污性。RFID 在黑暗或脏污的环境之中，也可以读取数据。

（4）可重复使用。RFID 为电子数据，可以反复被覆写，因此可以回收标签重复使用。

（5）穿透性。RFID 若被纸张、木材和塑料等非金属或非透明材质包覆的话，也可以进行穿透性通信。不过如果是铁质金属的话，就无法进行通信了。

（6）数据的记忆容量大。数据容量会随着记忆规格的发展而扩大，未来物品所需携带的资料量愈来愈大，对卷标所能扩充容量的需求也增加了。对此，RFID 不会受到限制。

（7）系统安全。将产品数据从中央计算机转存到工件上，为系统提供了安全保障，大大地提高了系统的安全性。

（8）数据安全。通过校验或循环冗余校验的方法来保证射频标签中存储的数据准确性。

3.1.4　关键技术

1. RFID 读写设备基本介绍

1）什么是 RFID 读写器

无线射频识别技术是一种非接触的自动识别技术，其基本原理是利用射频信号和空间耦合（电感或电磁耦合）或雷达反射的传输特性，实现对被识别物体的自动识别。

RFID 系统至少包含电子标签和阅读器两部分。RFID 阅读器（读写器）通过天线与 RFID 电子标签进行无线通信，可以实现对标签识别码和内存数据的读出或写入操作。典型的阅读器包含高频模块（发送器和接收器）、控制单元以及阅读器天线。

2）RFID 的工作原理

射频识别系统的基本模型可参见图 3-5。其中，电子标签又称为射频标签、应答器、数据载体；阅读器又称为读出装置、扫描器、通信器、读写器（取决于电子标签是否可以无线改写数据）。电子标签与阅读器之间通过耦合组件实现射频信号的空间耦合（无接触），在耦合通道内，根据时序关系，实现能量传递、数据交换。

2. RFID 工作频率的分类

从应用概念来说，射频标签的工作频率也就是射频识别系统的工作频率，是其最重要的指数之一。射频标签的工作频率不仅决定着射频识别系统工作原理（电感耦合还是电磁耦合）、识别距离，还决定着射频标签及读写器实现的难易程度和设备的成本。

工作在不同频段或频点上的射频标签具有不同的特点。射频识别应用占据的频段或频点在国际上有公认的划分，即位于 ISM 波段之中。典型的工作频率有 125kHz、133kHz、13.56MHz、27.12MHz、433MHz、902～928MHz、2.45GHz、5.8GHz 等。从应用概念来说，射频标签的工作频率也就是射频识别系统的工作频率，见图 3-6。

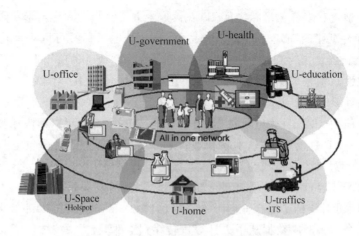

图 3-6   不同频段的工作范围

1) 低频段射频标签

低频段射频标签,简称低频标签,其工作频率范围为 30～300kHz。典型工作频率有 125kHz、133kHz。低频标签一般为无源标签,其工作能量通过电感耦合方式从阅读器耦合线圈的辐射近场中获得。低频标签与阅读器之间传送数据时,低频标签需位于阅读器天线辐射的近场区内。低频标签的阅读距离一般情况下小于 1m。

低频标签的典型应用有:动物识别、容器识别、工具识别、电子闭锁防盗(带有内置应答器的汽车钥匙)等。与低频标签相关的国际标准有:ISO 11784/11785(用于动物识别)、ISO 18000-2(125～135kHz)。低频标签有多种外观形式,应用于动物识别的低频标签外观有项圈式、耳牌式、注射式、药丸式等,典型应用的动物有牛、信鸽等。

低频标签的主要优势体现在:标签芯片一般采用普通的 CMOS 工艺,具有省电、廉价的特点;工作频率不受无线电频率管制约束;可以穿透水、有机组织、木材等;非常适合近距离的、低速度的、数据量要求较少的识别应用(如动物识别)等。

低频标签的劣势主要体现在:标签存储数据量较少;只能适合低速、近距离识别应用;与高频标签相比,标签天线匝数更多,成本更高一些。

2) 中高频段射频标签

中高频段射频标签的工作频率一般为 3～30MHz,典型工作频率为 13.56MHz。该频段的射频标签,从射频识别应用角度来说,其工作原理与低频标签完全相同,即采用电感耦合方式工作,所以宜将其归为低频标签类中。另一方面,根据无线电频率的一般划分,其工作频段又称为高频,所以也常将其称为高频标签。鉴于该频段的射频标签可能是实际应用中最大量的一种射频标签,因而只要将高、低理解成为一个相对的概念,即不会在此造成理解上的混乱。为了便于叙述,将其称为中频射频标签。

中频标签一般采用无源方式,其工作能量同低频标签一样,也是通过电感(磁)耦合方式从阅读器耦合线圈的辐射近场中获得。标签与阅读器进行数据交换时,标签必须位于阅读器天线辐射的近场区内。中频标签的阅读距离一般情况下也小于 1m。

中频标签可方便地作成卡状,其典型应用包括:电子车票、电子身份证、电子闭锁防盗(电子遥控门锁控制器)等。相关的国际标准有:ISO 14443、ISO 15693、ISO 18000-3 (13.56MHz)等。

中频标准的基本特点与低频标准相似,由于其工作频率的提高,可以选用较高的数据传输速率。射频标签天线设计相对简单,标签一般制成标准卡片形状。

3)超高频与微波标签

超高频与微波频段的射频标签,简称为微波射频标签,其典型工作频率为 433.92MHz、862(902)~928MHz、2.45GHz、5.8GHz。微波射频标签可分为有源标签与无源标签两类。工作时,射频标签位于阅读器天线辐射场的远区场内,标签与阅读器之间的耦合方式为电磁耦合方式。阅读器天线辐射场为无源标签提供射频能量,将有源标签唤醒。相应的射频识别系统阅读距离一般大于 1m,典型情况为 4~6m,最大可达 10m 以上。阅读器天线一般均为定向天线,只有在阅读器天线定向波束范围内的射频标签才可被读写。

由于阅读距离的增加,应用中有可能在阅读区域中同时出现多个射频标签的情况,从而提出了多标签同时读取的需求,进而这种需求发展成为一种潮流。目前,先进的射频识别系统均将多标签识读问题作为系统的一个重要特征。

以目前技术水平来说,无源微波射频标签比较成功的产品相对集中在 902~928MHz工作频段上。2.45GHz 和 5.8GHz 射频识别系统多以半无源微波射频标签产品面世。半无源标签一般采用纽扣电池供电,具有较远的阅读距离。

微波射频标签的典型特点主要集中在是否无源、无线读写距离、是否支持多标签读写、是否适合高速识别应用、读写器的发射功率容限、射频标签及读写器的价格等方面。典型的微波射频标签的识读距离为 3~5m,个别有达到 10m 或 10m 以上的产品。对于可无线写的射频标签而言,通常情况下,写入距离要小于识读距离,其原因在于写入要求更大的能量。

微波射频标签的数据存储容量一般限定在 2Kb 以内,更大的存储容量似乎没有太大的意义,从技术及应用的角度来说,微波射频标签并不适合作为大量数据的载体,其主要功能在于标识物品并完成无接触的识别过程。典型的数据容量指标有 1Kb、128b、64b 等。由Auto-ID Center 制定的产品电子代码 EPC 的容量为 90b。

微波射频标签的典型应用包括:移动车辆识别、电子身份证、仓储物流应用、电子闭锁防盗(电子遥控门锁控制器)等。相关的国际标准有:ISO 10374、ISO 18000-4(2.45GHz)、ISO 18000-5(5.8GHz)、ISO 18000-6(860-930 MHz)、ISO 18000-7(433.92 MHz)、ANSI NCITS 256-1999 等。

3. RFID 天线

RFID 天线在标签和读取器间传递射频信号。

在 RF 装置中,工作频率增加到微波区域的时候,天线与标签芯片之间的匹配问题变得更加严峻。天线的目标是传输最大能量进出标签芯片,这需要仔细地设计天线和自由空间以及与相连的标签芯片匹配。

天线的要求:足够小以至于能够贴到需要的物品上;有全向或半球覆盖的方向性;提供最大可能的信号给标签芯片;无论物品在什么方向,天线的极化都能与读卡机的询问信号相匹配;具有鲁棒性;非常便宜。选择天线时主要考虑天线的类型,天线的阻抗,在应用到物品上的 RF 性能,以及在有其他物品围绕贴标签物品时的 RF 性能。

全向天线应该避免在标签中使用,一般使用方向性天线,它具有更少的辐射模式和返回损耗的干扰。天线类型的选择必须使它的阻抗与自由空间和 ASIC 匹配。

4. 电子标签耦合

根据射频识别系统作用距离的远近情况,射频标签天线与读写器天线之间的耦合可分为三类。射频识别系统中,射频标签与读写器之间的作用距离,是射频识别系统应用中的一个重要问题,通常情况下,这种作用距离定义为射频标签与读写器之间能够可靠交换数据的距离。射频识别系统的作用距离是一项综合指标,与射频标签及读写器的配合情况密切相关。

根据射频识别系统作用距离的远近情况,射频标签天线与读写器天线之间的耦合可分为以下三类:密耦合系统、遥耦合系统、远距离系统。

(1) 密耦合系统。密耦合系统的典型作用距离范围为 0~1cm。在实际应用中,通常需要将射频标签插入阅读器中或将其放置到读写器的天线表面。密耦合系统利用射频标签与读写器天线无功近场区之间的电感耦合(闭合磁路)构成无接触的空间信息传输射频通道来工作。密耦合系统的工作频率一般局限在 30MHz 以下。由于密耦合方式的电磁泄漏很小,耦合获得的能量较大,因而可适合要求安全性较高,作用距离无要求的应用系统,如电子门锁等。

(2) 遥耦合系统。遥耦合系统的典型作用距离可以达到 1m。遥耦合系统又可细分为近耦合系统(典型作用距离为 15cm)与疏耦合系统(典型作用距离为 1m)两类。遥耦合系统与密耦合系统原理相同,但其典型工作频率为 13.56MHz,也有一些其他频率,如 6.75MHz、27.125MHz 等。遥耦合系统目前仍然是低成本射频识别系统的主流。

(3) 远距离系统。远距离系统的典型作用距离为 1~10m,个别的系统具有更远的作用距离。远距离系统的典型工作频率为 915MHz、2.45GHz、5.8GHz,此外,还有一些其他频率,如 433MHz 等。远距离系统的射频标签根据其中是否包含电池分为有无源射频标签(不含电池)和半无源射频标签(内含电池)。一般情况下,包含电池的射频标签作用距离较无电池的射频标签作用距离要远一些。半无源射频标签中的电池并不为射频标签和读写器之间的数据传输提供能量,而是给射频标签芯片提供能量,为读写存储数据服务。

5. 射频标签通信协议

射频标签与读写器之间的数据交换构成一个无线数据通信系统。

射频标签与读写器之间交换的是数据,由于采用无接触方式通信,还存在一个空间无线信道。因而,射频标签与读写器之间的数据交换构成的是一个无线数据通信系统。在这样的数据通信系统模型下,射频标签是数据通信的一方,读写器是另一方。如果要实现安全、可靠、有效的数据通信目的,数据通信的双方必须遵守相互约定的通信协议。没有这样一个通信双方公认的基础,数据通信的双方将互相听不懂对方在说什么,步调也无从协调一致,从而造成数据通信无法进行。

所涉及的问题包括时序系统问题、通信握手问题、数据帧问题、数据编码问题、数据的完整性问题、多标签读写防冲突问题、干扰与抗干扰问题、识读率与误码率问题、数据加密与安全性问题、读写器与应用系统之间的接口问题。

6. 射频标签内存信息的写入方式

射频标签读写装置的基本功能是无接触读取射频标签中的数据信息。从功能角度来说,单纯实现无接触读取射频标签信息的设备称为阅读器、读出装置、扫描器。单纯实现向射频标签内存中写入信息的设备称为编程器、写入器。综合具有无接触读取与写入射频标签内存信息的设备称为读写器、通信器。射频标签信息的写入方式大致可以分为以下三种类型。

(1) 射频标签在出厂时,已将完整的标签信息写入标签。在这种情况下,应用过程中,射频标签一般具有只读功能。只读标签信息的写入,在更多的情况下是在射频标签芯片的生产过程中将标签信息写入芯片,使得每一个射频标签拥有一个唯一的标识 UID(如 64b)。

(2) 射频标签信息的写入采用有线接触方式实现,一般称这种标签信息写入装置为编程器。这种接触式的射频标签信息写入方式通常具有多次改写的能力。

(3) 射频标签在出厂后,允许用户通过专用设备以无接触的方式向射频标签中写入数据信息。这种专用写入功能通常与射频标签读取功能结合在一起形成射频标签读写器。具有无线写入功能的射频标签通常也具有其唯一的不可改写 UID。这种功能的射频标签趋向于一种通用射频标签,应用中,可根据实际需要仅对其 UID 进行识读或仅对指定的射频标签内存单元进行读写。

7. 从传统条码到 RFID

为了提高计算机识别的效率,增强其灵活性和准确性,使人们摆脱繁杂的统计识别工作,传统条形码、二维条形码、无线射频识别技术先后问世。虽然它们各有千秋,但无论哪一项技术都是为了及时获取物品的各种信息并且进行快速、准确地处理。

传统条形码(也称一维条形码)技术相对成熟,在社会生活中处处可见,在全世界得到了极为广泛的应用。它作为计算机数据采集手段,以快速、准确、成本低廉等诸多优点迅速进入商品流通、自动控制以及档案管理等各种领域,也是目前我国使用最多的一种条形码。但是由于传统条形码是一维的,在垂直方向上不带任何信息,信息密度低,而且不能够显示汉字,容易因为磨损或皱折而被拒读,这在很大程度上限制了传统条码的应用范围。

与条形码识别系统相比,无线射频识别技术具有很多优势:通过射频信号自动识别目标对象,无需可见光源;具有穿透性,可以透过外部材料直接读取数据,保护外部包装,节省开箱时间;射频产品可以在恶劣环境下工作,对环境要求低;读取距离远,无须与目标接触就可以得到数据;支持写入数据,无须重新制作新的标签;使用防冲突技术,能够同时处理多个射频标签,适用于批量识别场合;可以对 RFID 标签所附着的物体进行追踪定位,提供位置信息。

由于 RFID 产品的优点,无线射频识别技术在国外发展得很快,它已被广泛应用于工业自动化、商业自动化、交通运输控制管理等众多领域,例如,汽车或火车等交通监控系统、高速公路自动收费系统、物品管理、流水线生产自动化、门禁系统、金融交易、仓储管理、畜牧管理、车辆防盗等。

由于 RFID 芯片的小型化和高性能芯片的实用化,射频识别标签不仅可以协助不同领域的管理者追踪物品的位置和搬运情况,还可以实时报告标签上附带的其他信息,如温度和压力等。射频标签是通过连接到数据网络上的读写器来提供此类信息的,迄今为止,射频识别标签主要作为条码的延伸而应用于工厂自动化或者库存管理等领域,但最终说来,尺寸更小的射频识别标签将应用于更先进的领域内。例如,射频识别标签可以促进网络家电的应用,家电如果拥有网络功能,使用者即便在户外也能控制它们。例如,可以检查冰箱中的食物,帮助使用者决定需要购买什么物品,在无线操作终端上选择食物烹饪的方式等。当前,电气设备和家电产品制造商已经开始开发通用软硬件,并正在考虑制定射频识别标签在各种不同家电上的应用标准。将射频识别标签应用于医院也能带来好处,病人一进入医院,就在其身上佩戴标签,标签内含有病人的识别信息,医生和护士可以通过标签内的数据来识别病人的身份,避免认错病人,标签和读写器也能帮助医生和护士确认所使用的药物是否合适,从而避免医疗事故的发生。

3.2   射频识别技术的应用

3.2.1   RFID 的应用

1. RFID 的应用领域

物联网的应用见表 3-1。

表 3-1   RFID 的应用

应用领域	应用说明
物流	物流仓储是 RFID 最有潜力的应用领域之一,UPS、DHL、Fedex 等国际物流巨头都在积极实验 RFID 技术,以期望在将来大规模应用中提升其物流能力。可应用的过程包括:物流过程中的货物追踪,信息自动采集,仓储管理应用,港口应用,邮政包裹,快递等
交通	高速不停车,出租车管理,公交车枢纽管理,铁路机车识别等 已有不少较为成功的案例。应用潜力大
汽车	制造,防盗,定位,车钥匙 可以应用于汽车的自动化,个性化生产,汽车的防盗,汽车的定位,可以制成安全性极高的汽车钥匙。国际上已有成功案例
零售	由沃尔玛、麦德隆等大超市一手推动的 RFID 应用,可以为零售业带来包括降低劳动力成本,提高商品可视度,降低因商品断货损失,减少商品偷窃现象等好处。可应用的过程包括:商品的销售数据实时统计,补货,防盗等
身份识别	RFID 技术由于天生的快速读取与难伪造性,而被广泛应用于个人的身份识别证件。如现在世界各国开展的电子护照项目,我国的第二代身份证,学生证等其他各种电子证件
制造业	应用于生产过程的生产数据实时监控,质量追踪,自动化生产,个性化生产等。在贵重及精密的货品生产领域的应用更为迫切
服装业	可以应用于服装的自动化生产,仓储管理,品牌管理,单品管理,渠道管理等,随着标签价格的降低,这一领域将有很大的应用潜力。但是在应用时,必须仔细考虑如何保护个人隐私的问题
医疗	可以应用于医院的医疗器械管理,病人身份识别,婴儿防盗等。医疗行业对标签的成本比较不敏感,所以该行业将是 RFID 应用的先锋之一
防伪	RFID 技术具有很难伪造的特性,但是如何应用于防伪还需要政府和企业的积极推广。可以应用的领域包括:贵重物品(烟、酒、药品)的防伪,票证的防伪等
资产管理	各类资产(贵重的或数量大相似性高的或危险品等)。随着标签价格的降低,几乎可以涉及所有物品

续表

应用领域	应用说明
食品	水果、蔬菜、生鲜、食品等保鲜度管理。由于食品、水果、蔬菜、生鲜含水分多,会影响正常的标签识别,所以该领域的应用将在标签的设计及应用模式上有所创新
动物识别	驯养动物、畜牧牲口、宠物等识别管理,动物的疾病追踪,畜牧牲口的个性化养殖等。在国际上已有不少较为成功的案例
图书馆	书店、图书馆、出版社等应用。可以大大减少书籍的盘点,节约管理时间,实现自动租、借、还书等功能。在美国、欧洲、新加坡等已有图书馆应用成功案例。在国内有图书馆正在测试中
航空	制造,旅客机票,行李包裹追踪 可以应用于飞机的制造,飞机零部件的保养及质量追踪,旅客的机票,快速登机,旅客的包裹追踪
军事	弹药、枪支、物资、人员、卡车等的识别与追踪 美国在伊拉克战争中已有大量使用。美国国防部已与其上万的供应商正在对军事物资进行电子标签标识与识别
其他	门禁,考勤,电子巡更,一卡通,消费,电子停车场等

2. RFID 的应用趋势

(1) RFID 的应用初期。RFID 最早是在战机的敌我识别系统中使用的,现在最先进的隐形战机中仍然在使用这种技术。美国军方早在 20 世纪后半叶就开始研究 RFID 技术,这项技术已经广泛使用在武器和后勤管理系统上。美国在"伊战"中利用 RFID 对武器和物资进行了非常准确的调配,保证了前线弹药和物资的准确供应。另外,包括沃尔玛在内的很多跨国公司已使用 RFID 技术辅助企业管理。

(2) RFID 的标准化为推广应用奠定了坚实的基础。从全球范围来看,美国已经在 RFID 标准的建立、相关软硬件技术的开发、应用等领域走在世界的前列。欧洲 RFID 标准紧跟美国主导的 EPCglobal 标准,并与美国基本处在同一阶段。日本提出了 UID 标准,韩国政府对 RFID 高度重视。这为 RFID 的推广应用奠定了较好的基础。

(3) 智能时代下的传统行业变革,对 RFID 提出了较高的市场需求。人工智能、云计算、大数据、量子计算等新一代智能技术的出现意味着第四次工业革命的序幕悄然拉开,技术社会发展的引擎正由互联网逐步转向智能技术。人类社会迎来智能时代,智能技术应用开始赋能各行各业,行业智能化加快,导致 RFID 市场需求量得以提升。

(4) 传感技术和网络技术的进步使 RFID 芯片的硬件成本下降,基于互联网和物联网的集成应用解决方案也在不断成熟,这为 RFID 技术的广泛应用创造了条件。库存高、补货不及时、数据不精确、物流效率低、盘点耗时长等是企业供应链的痛点,超高频无源 RFID 标签应用解决方案可以实现从工厂到零售商的动态全产业链过程的商品追踪,这使企业的营运效率提高。此外,无人零售的兴起也使得 RFID 的需求量增长,行业迎来新的发展机会。

(5) 超高频 RFID 将会成为行业发展的重心。RFID 在电子票证、出入控制、手机支付等中属于低高频段应用,其技术已经成熟。芯片设计、制造和票证制作工艺、封装技术等,属于高频 RFID,产业链已经完善。目前,高频 RFID 技术的应用依然是行业发展的主流趋势。超高频 RFID 技术具有能一次性读取多个标签、穿透性强、可多次读写、数据的记忆容量大,无源电子标签成本低、体积小、使用方便、可靠性和寿命高等特点,得到了世界各国的重视。超高频 RFID 的核心技术主要包括:防碰撞算法、低功耗芯片设计、UHF 电子标签天线设计、测试认证等方面。因而,超高频将是未来发展的趋势和重点,有望在零售、无人便利店、图书管理、医疗健康、航空、物流、交通等诸多领域不断普及和发展。

(6) 物联网应用层次呈现多元化和复杂化的趋势。智能技术赋能正在改变传统行业的运营模式,同时也将导致 RFID 市场需求量的提升,这是各个行业发展的新契机,其必将驱动 RFID 在不同行业、不同层次、不同方面的持续发展。

3.2.2　RFID 的发展历史

20 世纪 40 年代后期,Harry Stockman 发表了《利用反射功率的通信》论文。据称,这篇论文是和第二次世界大战中英国皇家空军用来进行敌友飞机识别的"敌友飞机无线电识别系统(IFF)"相关的。

20 世纪 60 年代后期,RFID 在世界上首次被投入商业应用。这次应用采用 1b 大小的标签来对商场货物进行电子物品监控管理(Electronic Article Surveillance,EAS)。也就是说,进出商场的顾客都必须通过 EAS 通道系统的防盗检测。

20 世纪 80~90 年代,RFID 也开始了在其他领域的商业应用,包括家禽管理、公路收费等,此外还被安装在轮渡甲板上为汽车停放进行定位服务等。

20 世纪末期,在美国和其他一些国家,RFID 进入了数百万人的生活。应该说,RFID 并不是一种魅力四射、令人心潮澎湃的技术,这项技术更多地是被用在仓储管理以及工业应用等场合。在产品或者设备的制造过程中采用 RFID 技术进行跟踪,当这些产品或者设备被消费者购买、消费时,广大消费者并不会感觉到它的存在,也不会知晓 RFID 是如何工作的。如美国的易通卡收费系统和速结卡加油系统等。

人类已经进入了 21 世纪。RFID 越来越多地进入了人们的生活,虽然这种联系或者进入并不总是以令人愉快的方式进行的。消费者的一种担心就是随着 RFID 应用越来越广泛,他们会丧失隐私权。有些人甚至把 RFID 和圣经故事"人的标识"(Mark of the Beast)联系到一起了。

习题

1. 名词解释

(1) RFID;(2) RFID 阅读器。

2. 判断题

(1) RFID 标签有两种:有源标签和无源标签。　　　　　　　　　　　　( )

(2) 一个典型的射频识别系统由 RFID 标签、阅读器以及计算机系统等部分组成。

( )

(3) 每个标签都有一个全球唯一的 ID——UID。　　　　　　　　　　　　( )

(4) RFID 是一种计算机系统。　　　　　　　　　　　　　　　　　　　( )

3. 填空题

（1）电子标签依据频率的不同可分为低频电子标签、高频电子标签、超高频电子标签和_____。

（2）根据射频识别系统作用距离的远近情况，射频标签天线与读写器天线之间的耦合可分为以下三类：密耦合系统、遥耦合系统、_____。

（3）一套完整的 RFID 系统，是由阅读器（Reader）、_____及应用软件系统三个部分所组成。

4. 选择题

（1）射频标签信息的写入方式大致可以分为（　　）。

    A. 射频标签在出厂时，即已将完整的标签信息写入标签

    B. 射频标签信息的写入采用有线接触方式实现，一般称这种标签信息写入装置为编程器

    C. 射频标签在出厂后，允许用户通过专用设备以无接触的方式向射频标签中写入数据信息

    D. 直接在射频标签上写信息

（2）RFID 工作频率可以是（　　）。

    A. 低频段射频标签　　　　　　　　B. 中高频段射频标签

    C. 超高频与微波标签　　　　　　　D. 红外射频标签

5. 简答题

（1）简述 RFID 的工作原理。

（2）简述 RFID 的技术特点。

（3）简述 RFID 的历史。

（4）简述 RFID 的优点。

（5）与条形码识别系统相比，无线射频识别技术具有哪些优势？

6. 论述题

请从专业的角度展望 RFID 的应用前景。

第4章
CHAPTER 4
传感器与检测技术

本章将介绍传感器和检测技术。通过本章的学习,学生需要了解传统传感器和新型传感器、检测技术和检测系统、自动化仪表和虚拟仪器。

4.1 传感器

传感器(Transducer/Sensor)是一种物理装置,或生物器官,它能够探测感受外界的信号、物理条件(如光、热、湿度)或化学组成(如烟雾),并将探知的信息传递给其他装置或器官。

国家标准 GB 7665—1987 对传感器下的定义是:能感受规定的被测量件并按照一定规律转换成可用信号的器件或装置,通常由敏感元件和转换元件组成。传感器是一种检测装置,能感受到被测量的信息,并能将检测感受到的信息,按一定规律变换成为电信号或其他所需形式的信息输出,以满足信息的传输、处理、存储、显示、记录和控制等要求。它是实现自动检测和自动控制的首要环节。

传感器在新韦式大词典中定义为:从一个系统接受功率,通常以另一种形式将功率送到第二个系统中的器件。根据这个定义可知,传感器的作用是将一种能量转换成另一种能量形式,所以不少学者也用"换能器(Sensor)"来称谓"传感器(Transducer)"。

4.1.1 传统传感器

1. 电阻式传感器

电阻式传感器(Resistance Type Transducer)是一种把位移、力、压力、加速度和扭矩等非电物理量转换为电阻值变化的传感器。它主要包括电阻应变式传感器、电位器式传感器(见位移传感器)和锰铜压阻传感器等。电阻式传感器与相应的测量电路组成的测力、测压、称重、测位移、测加速度、测扭矩等测量仪表是冶金、电力、交通、石化、商业、生物医学和国防等部门进行自动称重、过程检测和实现生产过程自动化不可缺少的工具之一。

电位器式传感器由电阻元件及电刷(活动触点)两个基本部分组成。电刷相对于电阻元件的运动可以是直线运动、转动和螺旋运动,因而可以将直线位移或角位移转换为与其成一定函数关系的电阻或电压输出,外形见图 4-1。

图 4-1　电阻式传感器

2. 电容式传感器

电容式传感器(Capacitive Type Transducer)是一种把被测的机械量,如位移、压力等转换为电容量变化的传感器,它的敏感部分就是具有可变参数的电容器。其最常用的形式由两个平行电极组成,极间以空气为介质。若忽略边缘效应,平板电容器的电容为 $\varepsilon A/\delta$,式中,ε 为极间介质的介电常数,A 为两电极互相覆盖的有效面积,δ 为两电极之间的距离。δ、A、ε 三个参数中任一个变化都将引起电容量变化,并可用于测量。

因此电容式传感器可分为极距变化型、面积变化型、介质变化型三类。极距变化型一般用来测量微小的线位移或由于力、压力、振动等引起的极距变化(见电容式压力传感器)。面积变化型一般用于测量角位移或较大的线位移。介质变化型常用于物位测量和各种介质的温度、密度、湿度的测定,见图 4-2。

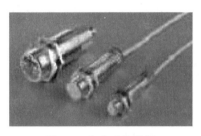

图 4-2　电容式传感器

20 世纪 70 年代末以来,随着集成电路技术的发展,出现了与微型测量仪表封装在一起的电容式传感器。这种新型的传感器能使分布电容的影响大为减小,使其固有的缺点得到克服。电容式传感器是一种用途极广,很有发展潜力的传感器。

电容式传感器也常常被人们称为电容式物位计。电容式物位计的电容检测元件是根据圆筒形电容器原理进行工作的,电容器由两个绝缘的同轴圆柱极板内电极和外电极组成,在两筒之间充以介电常数为 e 的电解质时,两圆筒间的电容量为 $C=2\pi eL/\ln D/d$。式中,L 为两筒相互重合部分的长度;D 为外筒电极的直径;d 为内筒电极的直径;e 为中间介质的电介常数。在实际测量中,D、d、e 是基本不变的,故测得 C 即可知道液位的高低,这也是电容式传感器具有使用方便、结构简单和灵敏度高、价格便宜等特点的原因之一。

电容器传感器的优点是结构简单,价格便宜,灵敏度高,过载能力强,动态响应特性好和对高温、辐射、强振等恶劣条件的适应性强等。其缺点是输出有非线性,寄生电容和分布电容对灵敏度和测量精度的影响较大,以及连接电路较复杂等。

3. 电感式传感器

电感式传感器(Inductance Type Transducer)是利用电磁感应把被测的物理量如位移、压力、流量、振动等转换成线圈的自感系数和互感系数的变化,再由电路转换为电压或电流的变化量输出,实现非电量到电量的转换,见图 4-3。电感式传感器种类很多,常见的有自感式、互感式和涡流式三种。

图 4-3　电感式传感器

电感式传感器具有以下特点：①结构简单，传感器无活动电触点，因此工作可靠寿命长；②灵敏度和分辨力高，能测出 $0.01\mu m$ 的位移变化，传感器的输出信号强，电压灵敏度一般在每毫米的位移数百毫伏的输出；③线性度和重复性都比较好，在一定位移范围(几十微米至数毫米)内，传感器非线性误差可达 $0.05\% \sim 0.1\%$。同时，这种传感器能实现信息的远距离传输、记录、显示和控制，它在工业自动控制系统中被广泛采用。但不足的是，它有频率响应较低，不宜快速动态测控等缺点。

4. 压电式传感器

基于压电效应的传感器，是一种自发式和机电转换式传感器。它的敏感元件由压电材料制成。压电材料受力后表面产生电荷。此电荷经电荷放大器、测量电路放大和变换阻抗后就成为正比于所受外力的电量输出。压电式传感器用于测量力和能变换为力的非电物理量。它的优点是频带宽、灵敏度高、信噪比高、结构简单、工作可靠和重量轻等。其缺点是某些压电材料需要防潮，而且输出的直流响应差，需要采用高输入阻抗电路或电荷放大器来克服这一缺陷，见图 4-4。

正压电效应：某些电介质物质在沿一定方向上受到外力的作用产生变形时，内部会产生极化现象，同时在其表面产生电荷。当外力去掉后，又重新回到不带电状态，这种现象称为正压电效应。

逆压电效应：反之，在电介质的极化方向上施加交变电场，它会产生机械变形，当去掉外加电场时，电介质变形又随之消失，这种现象称为逆压电效应或电致伸缩效应。

压电元件材料常见的有三类：一类是压电晶体，另一类是经过极化处理的压电陶瓷，第三类是高分子压电材料。

5. 光电传感器

光电传感器是采用光电元件作为检测元件的传感器。它首先把被测量的变化转换成光信号的变化，然后借助光电元件进一步将光信号转换成电信号。光电传感器一般由光源、光学通路和光电元件三部分组成，见图 4-5。

图 4-4　压电式传感器

图 4-5　光电传感器

光电检测方法具有精度高、反应快、非接触等优点,而且可测参数多,传感器的结构简单,形式灵活多样,因此,光电式传感器在检测和控制中应用非常广泛。光电传感器是各种光电检测系统中实现光电转换的关键元件,它是把光信号(红外、可见及紫外光辐射)转变成为电信号的器件。光电式传感器以光电器件作为转换元件,可用于检测直接引起光量变化的非电量,如光强、光照度、辐射测温、气体成分分析等;也可用来检测能转换成光量变化的其他非电量,如零件直径、表面粗糙度、应变、位移、振动、速度、加速度,以及物体的形状、工作状态的识别等。光电式传感器具有非接触、响应快、性能可靠等特点,因此在工业自动化装置和机器人中获得广泛应用。近年来,新的光电器件不断涌现,特别是 CCD 图像传感器的诞生,为光电传感器的进一步应用开创了新的一页。

光电传感器的特点:检测距离长,对检测物体的限制少,响应时间短,分辨率高,可实现非接触的检测、颜色判别,便于调整。

6. 热电式传感器

热电式传感器是将温度变化转换为电量变化的装置。它是利用某些材料或元件的性能随温度变化的特性来进行测量的。例如,将温度变化转换为电阻、热电动势、热膨胀、导磁率等的变化,再通过适当的测量电路达到检测温度的目的。把温度变化转换为电势的热电式传感器称为热电偶,把温度变化转换为电阻值的热电式传感器称为热电阻,见图 4-6。

工作原理:热电偶是利用热电效应制成的温度传感器。所谓热电效应,就是两种不同材料的导体(或半导体)组成一个闭合回路,当两接点温度 T 和 T_0 不同时,在该回路中就会产生电动势的现象。由热电效应产生的电动势包括接触电动势和温差电动势。接触电动势是由于两种不同导体的自由电子密度不同而在接触处形成电动势,其数值取决于两种不同导体的材料特性和接触点的温度。温差电动势是同一导体的两端因其温度不同而产生的一种电动势,其产生的机理为:

图 4-6　热电式传感器

高温端的电子能量要比低温端的电子能量大,从高温端跑到低温端的电子数比从低温端跑到高温端的要多,结果高温端因失去电子而带正电,低温端因获得多余的电子而带负电,在导体两端便形成温差电动势。热电阻传感器是利用导体的电阻值随温度变化而变化的原理进行测温的。

7. 气敏传感器

气敏传感器是一种检测特定气体的传感器。它主要包括半导体气敏传感器、接触燃烧式气敏传感器和电化学气敏传感器等。其中用得最多的是半导体气敏传感器,它的应用主要有:一氧化碳气体的检测、瓦斯气体的检测、煤气的检测、氟利昂(R11、R12)的检测、呼气中乙醇的检测、人体口腔口臭的检测等,见图 4-7。

该传感器将气体种类及其与浓度有关的信息转换成电信号,根据这些电信号的强弱就可以获得与待测气体在环境中的存在情况有关的信息,从而可以进行

图 4-7　气敏传感器

检测、监控、报警;还可以通过接口电路与计算机组成自动检测、控制和报警系统。

气敏传感器工作原理:在压电晶体表面涂覆一层选择性吸附某气体的气敏薄膜,当该气敏薄膜与待测气体相互作用时(化学作用或生物作用,或者是物理吸附),气敏薄膜的膜层质量和导电率就发生变化,引起压电晶体的声表面波频率漂移。气体浓度不同,膜层质量和导电率变化程度也不同,即引起声表面波频率的变化也不同,通过测量声表面波频率的变化就可以准确地反映气体浓度的变化。

8. 湿敏传感器

湿敏传感器是由湿敏元件和转换电路组成,是一种将环境湿度变换为电信号的装置,在工业、农业、气象、医疗以及日常生活等方面都得到了广泛的应用。特别是随着科学技术的发展,对湿度的检测和控制越来越受到人们的重视并进行了大量的研制工作,见图 4-8。

图 4-8　湿敏传感器

湿度的测量工具有以下几种:伸缩式湿度计、干湿球湿度计、露点计和阻抗式湿度计等。伸缩式湿度计利用了毛发、纤维素等物质随湿度变化而伸缩的性质,以前多用于自动记录仪、空调的自动控制等。目前用于家庭设备的方法是,把纤维素与约 50pm 的金属箔黏合在一起卷成螺旋状,这种做法不需要进行温度补偿,但不能转换为电信号。阻抗式湿度计是根据湿敏传感器的阻抗值变化而求得湿度的一种湿度计,由于阻抗值变化能简单地转变为电信号变化,它是广泛采用的一种方法。

理想湿敏传感器的特性要求:适合于在宽温、湿范围内使用,测量精度要高;使用寿命长,稳定性好;响应速度快,湿滞回差小,重现性好;灵敏度高,线形好,温度系数小;制造工艺简单,易于批量生产,转换电路简单,成本低;抗腐蚀,耐低温和高温特性等。

9. 磁场传感器

霍尔传感器是根据霍尔效应制作的一种磁场传感器。霍尔效应是磁电效应的一种,这一现象是霍尔(A. H. Hall,1855—1938)于 1879 年在研究金属的导电机构时发现的。后来发现半导体、导电流体等也有这种效应,而半导体的霍尔效应比金属强得多。利用此现象制成的各种霍尔元件,广泛地应用于工业自动化技术、检测技术及信息处理等方面。霍尔效应是研究半导体材料性能的基本方法。通过霍尔效应实验测定霍尔系数,能够判断半导体材料的导电类型、载流子浓度及载流子迁移率等重要参数。霍尔传感器分为线性型霍尔传感器和开关型霍尔传感器两种,典型的磁场传感器应用见图 4-9。

图 4-9　磁场传感器

10. 数字式传感器

数字式传感器(Digital Transducer)是把被测参量转换成数字量输出的传感器。它是测量技术、微电子技术和计算技术的综合产物,是传感器技术的发展方向之一。数字式传感器一般是指那些适于直接地把输入量转换成数字量输出的传感器,包括光栅式传感器、磁栅式传感器、码盘、谐振式传感器、转速传感

器和感应同步器等。广义地说,所有模拟式传感器的输出都可经过数
字化(见模数转换器)而得到数字量输出,这种传感器可称为数字系统
或广义数字式传感器。数字式传感器的优点是测量精度高、分辨率
高、输出信号抗干扰能力强和可直接输入计算机处理等,见图 4-10。

4.1.2　新型传感器

1. 生物传感器

图 4-10　数字式传感器

生物传感器(Biosensor)是对生物物质敏感并将其浓度转换为电信号进行检测的仪器,
是由固化的生物敏感材料作识别元件(包括酶、抗体、抗原、微生物、细胞、组织、核酸等生物
活性物质)与适当的理化换能器(如氧电极、光敏管、场效应管、压电晶体等)及信号放大装置
构成的分析工具或系统。生物传感器具有接收器与转换器的功能,见图 4-11。

1967 年,S. J. 乌普迪克制出了第一个葡萄糖传感器。20
世纪 90 年代开启了微流控技术,生物传感器的微流控芯片集
成为药物筛选与基因诊断等提供了新的技术前景。21 世纪,
生物传感器是新增长点,在临床诊断、工业控制、食品和药物
分析(包括生物药物研究开发)、环境保护以及生物技术、生物
芯片等研究中有着广泛的应用前景。

生物传感器由分子识别部分(敏感元件)和转换部分(换
能器)构成。分子识别部分去识别被测目标,结构是可以引起
某种物理变化或化学变化的主要功能元件,它是生物传感器

图 4-11　生物传感器

选择性测定的基础。生物体中能够选择性地分辨特定物质的有酶、抗体、组织、细胞等。这
些分子识别功能物质通过识别过程可与被测目标结合成复合物,如抗体与抗原的结合,酶与
基质的结合。在设计生物传感器时,选择适合于测定对象的识别功能物质,要考虑到所产生
的复合物特性。根据分子识别功能物质制备的敏感元件所引起的化学变化或物理变化,去
选择换能器,是研制高质量生物传感器的另一重要环节。敏感元件中,光、热、化学物质的生
成或消耗等会产生相应的变化量。根据这些变化量,可以选择适当的换能器。

2. 微波传感器

微波传感器是利用微波特性来检测一些物理量的器件,包括感应物体的存在、运动速
度、距离和角度信息。其原理在于由发射天线发出微波,遇到被测物体时被吸收或反射,使
功率发生变化。若利用接收天线接收通过被测物体或由被测物反射回来的微波,并将它转
换成电信号,再由测量电路处理,就实现了微波检测。微波传感器主要由微波振荡器和微波
天线组成。微波振荡器是产生微波的装置。构成微波振荡器的器件有速调管、磁控管或某
些固体元件。由微波振荡器产生的振荡信号需用波导管传输,并通过天线发射出去。为了
使发射的微波具有一致的方向性,天线应具有特殊的构造和形状,见图 4-12。

24GHz 雷达传感器也是微波传感器的一种,常见的有 10GHz、24GHz、35GHz、77GHz
频段,其中,24GHz 和 77GHz 因为在大气中衰减不是那么厉害,所以常被运用于交通测速

雷达、汽车变道辅助系统、水位计、汽车 ACC 雷达巡航系统、天车防撞、机场防入侵、自动门感应和水龙头感应等。相对于传统的喇叭天线型微波传感器,此类传感器采用平面微带技术,具有稳定性高、体积小、感应灵敏等特点。

3. 超声波传感器

超声波传感器是利用超声波的特性研制而成的传感器。超声波是一种振动频率高于声波的机械波,由换能晶片在电压的激励下发生振动产生,具有频率高、波长短、绕射现象小,特别是方向性好、能够成为射线而定向传播等特点。超声波对液体、固体的穿透本领很大,尤其是在阳光不透光的固体中,它可穿透几十米的深度。超声波碰到杂质或分界面会产生显著反射形成回波,碰到活动物体能产生多普勒效应。因此超声波检测广泛应用在工业、国防、生物医学等方面。图 4-13 就为典型的超声波传感器。

图 4-12　微波传感器

图 4-13　超声波传感器

以超声波作为检测手段,必须产生超声波和接收超声波,完成这种功能的装置就是超声波传感器,习惯上称为超声换能器,或者超声探头。

超声探头主要由压电晶片组成,既可以发射超声波,也可以接收超声波。小功率超声探头多作探测使用。它有许多不同的结构,可分为直探头(纵波)、斜探头(横波)、表面波探头(表面波)、兰姆波探头(兰姆波)、双探头(一个探头反射、一个探头接收)等。

超声探头的核心是其塑料外套或者金属外套中的一块压电晶片。构成晶片的材料可以有许多种。晶片的大小,如直径和厚度也各不相同,因此每个探头的性能是不同的,使用前必须预先了解它的性能。

4. 机器人传感器

机器人是由计算机控制的复杂机器,具有类似人的肢体及感官功能,动作程序灵活,有一定程度的智能,在工作时可以不依赖人的操纵。机器人传感器在机器人的控制中起着非常重要的作用,正因为有了传感器,机器人才具备了类似人类的知觉功能和反应能力,如图 4-14 所示。

机器人传感器根据检测对象的不同可分为内部传感器和外部传感器。内部传感器是用来检测机器人本身状态(如手臂间角度)的传感器,多为检测位置和角度的传感器。外部传感器用来检测机器人的所处环境(如是什么物体,离物体的距离有多远等)及状况(如抓取的物体是否滑落)的传感器。具体有物体识别传感器、物体探伤传感器、接近觉传感器、距离传感器、力觉传感器和听觉传感器等。

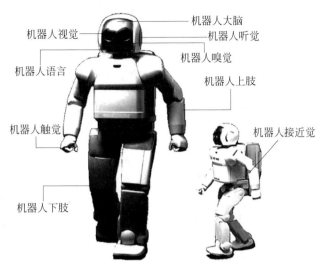

图 4-14　机器人传感器

4.2　检测技术

4.2.1　检测技术概论

检测技术就是利用各种物理化学效应,选择合适的方法和装置,将生产、科研和生活中的有关信息通过检查与测量的方法赋予定性或定量结果的过程。能够自动完成整个检测处理过程的技术称为自动检测与转换技术。

检测技术与自动化装置是将自动化、电子、计算机、控制工程、信息处理和机械等多种学科、多种技术融合为一体并综合运用的复合技术,广泛应用于交通、电力、冶金、化工和建材等各领域自动化装备及生产自动化过程。检测技术与自动化装置的研究与应用不仅具有重要的理论意义,符合当前及今后相当长时期内我国科技发展的战略,而且紧密结合国民经济的实际情况,对促进企业技术进步、传统工业技术改造和铁路技术装备的现代化有着重要的意义。

检测技术研究以自动化、电子、计算机、控制工程和信息处理为研究对象,以现代控制理论、传感技术与应用和计算机控制为技术基础,以检测技术、测控系统设计、人工智能和工业计算机集散控制系统技术为专业基础,同时与自动化、计算机、控制工程、电子与信息、机械等学科相互渗透,从事以检测技术与自动化装置研究领域为主体的,与控制、信息科学、机械等领域相关的理论与技术方面的研究。研究本学科及相关科学领域基础理论的分析、建模与仿真、应用技术及系统设计和自动化新技术、新产品研究开发等。掌握本科学领域坚实的理论基础和系统的专门知识是检测技术与自动化装置学科及其工程应用的重要基础和核心内容之一。

随着国民经济各行业及科学技术的迅速发展,以及学科专业理论和技术水平的提高,检测技术与自动化装置学科的研究内容越来越丰富,应用范围也越来越广阔。检测技术与自动化装置的应用基础是扎实的理论基础以及科研和工程实践过程中不断积累的新技术使用技能和知识。随着自动化系统规模和新技术应用范围的不断扩大,加上学科基础理论和光、机、电结合新技术的迅速发展,越来越促进了检测技术与自动化装置学科的迅速发展。检测技术的应用已经遍及工业、交通、航空航天、电力、冶金及国防等各个领域。

4.2.2　检测系统

检测系统这一概念是传感技术发展到一定阶段的产物。检测系统是传感器与测量仪表、变换装置等的有机组合。

在实际工程中,需要传感器与多台测量仪表有机地组合起来,构成一个整体,才能完成信号的检测,这样便形成了检测系统。随着计算机技术及信息处理技术的不断发展,检测系统所涉及的内容也不断得以充实。在现代化的生产过程中,过程参数的检测都是自动进行的,即检测任务是由检测系统自动完成的,因此研究和掌握检测系统的构成及原理十分必要。

系统中的传感器是感受被测量的大小并输出相对应可用输出信号的器件或装置,数据传输环节用来传输数据。当检测系统的几个功能环节独立分隔开的时候,必须由一个地方向另一个地方传输数据,数据传输环节就是来完成这种传输功能的。

数据处理环节是将传感器的输出信号进行处理和变换。例如,对信号进行放大、运算、滤波、线性化、数模(D/A)或模数(D/A)转换,转换成另一种参数信号或某种标准化的统一信号等,使其输出信号便于显示和记录,也可与计算机系统连接,以便对测量信号进行信息处理或用于系统的自动控制。

数据显示环节将被测量信息变成感官能接受的形式,以达到监视、控制或分析的目的。测量结果可以采用模拟显示,也可以采用数字显示,并可以由记录装置进行自动记录或由打印机将数据打印出来。

测量的目的是希望通过测量获取被测量属性的真实值,但在实际测量过程中,由于种种原因,例如,传感器本身性能不理想、测量方法不完善、受外界干扰影响及人为的疏忽等,都会造成被测参数的测量值与真实值不一致,两者不一致的程度用测量误差表示。

随着科学技术的发展,人们对测量精度的要求越来越高,可以说测量工作的价值就取决于测量的精度。当测量误差超过一定限度时,测量工作和测量结果就失去了意义,甚至会给工作带来危害。因此,对测量误差的分析和控制就成为衡量测量技术水平乃至科学技术水平的一个重要方面。但是由于误差存在的必然性和普遍性,人们只能将误差控制在尽可能小的范围内,而不能完全消除它。

另一方面,测量的可靠性也至关重要,不同场合、不同系统对测量结果可靠性的要求也不同。测量的精度及可靠性等性能指标一定要与具体测量的目的和要求相联系、相适应,这样传感器的功能以及特点才能更好地发挥出来。

4.2.3　自动化仪表

1. 定义

自动化仪表,是由若干自动化元件构成的,具有较完善功能的自动化技术工具。它一般同时具有数种功能,如测量、显示、记录或测量、控制、报警等。自动化仪表本身是一个系统,又是整个自动化系统的一个子系统。自动化仪表是一种"信息机器",其主要功能是信息形式的转换,将输入信号转换成输出信号。信号可以按时间域或频率域表达,信号的传输则可调制成连续的模拟量或断续的数字量形式。几种常见的自动化仪表见图 4-15。

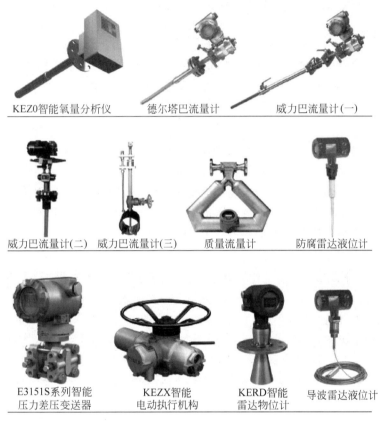

KEZO智能氧量分析仪　　德尔塔巴流量计　　威力巴流量计(一)

威力巴流量计(二)　威力巴流量计(三)　　质量流量计　　防腐雷达液位计

E3151S系列智能
压力差压变送器　　　KEZX智能
电动执行机构　　　KERD智能
雷达物位计　　导波雷达液位计

图 4-15　各种自动化仪表

2. 分类

自动化仪表分类方法很多,可以根据不同原则进行相应的分类:①按仪表所使用的能源分类,可以分为气动仪表、电动仪表和液动仪表(很少见);②按仪表组合形式,可以分为基地式仪表、单元组合仪表和综合控制装置;③按仪表安装形式,可以分为现场仪表、盘装仪表和架装仪表;④根据仪表有否引入微处理机(器),可分为智能仪表与非智能仪表;⑤根据仪表信号的形式,可分为模拟仪表和数字仪表。

3. 发展历史

仪器仪表的发展历史悠久。据《韩非子·有度》记载,中国在战国时期已有了利用天然磁铁制成的指南仪器,称为司南。古代的仪器在很长的历史时期中多属用于定向、计时或供度量衡用的简单仪器。

17~18 世纪,欧洲的一些物理学家开始利用电流与磁场作用力原理制成简单的检流计,利用光学透镜制成望远镜,奠定了电学和光学仪器的基础。其他一些用于测量和观察的各种仪器也逐渐得到了发展。

19～20世纪,工业革命和现代化大规模生产促进了新学科和新技术的发展,后来又出现了电子计算机和空间技术等,仪器仪表因而也得到迅速的发展。现代仪器仪表已成为测量、控制和实现自动化必不可少的技术工具。

4. 发展趋势

自动化技术的发展趋势是系统化、柔性化、集成化和智能化。自动化技术同时不断提高了光电子、自动化控制系统和传统制造等行业的技术水平和市场竞争力。它与光电子、计算机、信息技术的融合和创新,不断创造和形成新的行业经济增长点,同时不断提供新行业发展的管理战略哲理。

具体来说,数控技术趋于模块化、网络化、多媒体化和智能化;CAD/CAM系统面向产品的整个生命周期;自动控制发展到对产品质量的在线监测与控制,设备运行状态的动态监测、诊断和事故处理、生产状态的监控和设备之间的协调控制与联锁保护,以及厂级管理决策与控制等;系统网络普遍以通用计算机网络为基础。自动化控制产品正向着成套化、系列化和多品种方向发展。以自动控制技术、数据通信技术、图像显示技术为一体的综合性系统装置成为国外工业过程控制的主导产品,现场总线成为自动化控制技术发展的第一热点,可编程控制器(PLC)与工业控制系统(DCS)的实现功能越来越接近,价格也逐步接近,目前国外自动控制与仪器仪表领域的前沿厂商已推出了类似过程控制系统(Process Control System,PCS)的产品。

自动化仪表的发展趋势是:①以实现过程工艺参数的稳定运行发展为目标,以最优质量最优控制为指标;②控制方法由模拟的反馈控制发展为数字式的开环预测控制,由传统的手动定值调节器、PID调节器以及各种顺序控制装置,发展为以微型机构成的数字调节器和自适应调节器。

4.2.4 虚拟仪器

1. 虚拟仪器

虚拟仪器(Virtual Instrument)是基于计算机的仪器,是计算机和仪器结合的产物。这种结合有两种方式,一种是将计算机装入仪器,其典型的例子就是所谓智能化的仪器,见图4-16。另一种是将仪器装入计算机,以通用的计算机硬件及操作系统为依托,实现各种仪器功能,见图4-17。

与传统仪器相比,虚拟仪器是一种全新的仪器概念,是仪器与计算机深层次结合的产物。虚拟仪器把计算机资源(处理器、存储器和显示器)、仪器硬件(A/D转换器、D/A转换器、数字输入/输出、定时和信号处理)及用于数据分析、数据计算、过程通信及仪器界面的软件有效结合起来。这种仪器系统不仅保留了传统仪器的基本功能,而且提供了传统仪器所不能及的各种高级功能。虚拟仪器的工作过程受控于软件,仪器功能的实现在很大程度上取决于应用软件的功能设计,因此仪器的功能是用户而不是厂家定义的,一套虚拟仪器硬件

图 4-16　第一种虚拟仪器

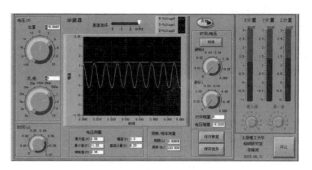

图 4-17　第二种虚拟仪器

可以实现多种不同仪器功能。

虚拟仪器技术就是利用高性能的模块化硬件,结合高效灵活的软件来完成各种测试、测量和自动化的应用。灵活高效的软件能创建完全自定义的用户界面,模块化的硬件能方便地提供全方位的系统集成,标准的软硬件平台能满足对同步和定时应用的需求。只有同时拥有高效的软件、模块化 I/O 硬件和用于集成的软硬件平台这三大组成部分,才能发挥虚拟仪器高性能、易扩展、开发时间短和高度集成的优势。

美国国家仪器公司(National Instruments,NI)提出的虚拟测量仪器概念,引发了传统仪器领域的一场重大变革,使得计算机和网络技术得以长驱直入仪器领域,和仪器技术结合起来,从而开创了“软件即是仪器”的先河。“软件即是仪器”是 NI 公司提出的虚拟仪器理念的核心思想。从这一思想出发,基于计算机或工作站、软件和 I/O 部件来构建虚拟仪器。

2. LabVIEW

LabVIEW(Laboratory Virtual Instrument Engineering Workbench)是一种图形化的编程语言,被广泛用于工业界、学术界和研究实验室的虚拟仪器设计,是一套标准的数据采集和仪器控制软件。LabVIEW 集成了与满足 GPIB、VXI、RS-232 和 RS-485 协议的硬件及数据采集卡通信的全部功能。它还内置了便于应用 TCP/IP、ActiveX 等软件标准的库函数。这是一个功能强大且灵活的软件,利用它可以方便地建立自己的虚拟仪器。

使用这种语言编程时,基本上不写程序代码,取而代之的是流程图,利用了技术人员、科学家、工程师所熟悉的术语、图标和概念。因此,LabVIEW 是一个面向最终用户的工具,使用其进行原理研究、设计、测试并实现仪器系统时,可大大提高效率、产生独立运行的文件。LabVIEW 提供 Windows、UNIX、Linux、Macintosh 等多种版本。

3. 虚拟仪器分类

虚拟仪器的发展可分为以下五种类型。

(1) PC 总线——插卡型虚拟仪器。这种方式借助于插入计算机内的数据采集卡与专用的软件如 LabVIEW 相结合来实现虚拟仪器的功能。

(2) 并行口式虚拟仪器。这是一种连接到计算机并行口的测试装置,通过把仪器硬件集成在一个采集盒内、仪器软件驱动,可以完成各种测量测试仪器的功能。

(3) GPIB 总线方式的虚拟仪器。典型的 GPIB 系统由一台 PC、一块接口卡和可连接若干台仪器的电缆构成。

(4) VXI 总线方式虚拟仪器。VXI 总线是一种高速计算机 VME 总线在 VI 领域的扩展,它具有稳定的电源,强有力的冷却能力和严格的 RFI/EMI 屏蔽。

(5) PXI 总线方式虚拟仪器。PXI 总线方式是在 PCI 总线内核基础上增加了成熟的技术规范和要求形成的,包括多板同步触发总线技术,增加了多板总线,以及使用于相邻模块高速通信的局总线。台式 PC 的性能价格比和 PCI 总线面向仪器领域的扩展优势结合起来,将形成虚拟仪器平台。

4. 虚拟仪器的发展过程

(1) GPIB→VXI→PXI 总线方式(适合大型高精度集成系统),其中,GPIB 于 1978 年问世,VXI 于 1987 年问世,PXI 于 1997 年问世。

(2) PC 插卡→并口式→串口 USB 方式(适合于普及型的廉价系统,有广阔的应用发展前景),其中,PC 插卡式于 20 世纪 80 年代初问世,并行口方式于 1995 年问世,串口 USB 方式于 1999 年问世。

综上所述,虚拟仪器的发展取决于三个重要因素:计算机是载体,软件是核心,高质量的 A/D 采集卡及调理放大器是关键。

5. 虚拟仪器系统的结构原理

虚拟仪器由硬件设备与接口、设备驱动软件和虚拟仪器面板组成。其中,硬件设备与接口可以是各种以 PC 为基础的内置功能插卡、通用接口总线接口卡、串行口、VXI 总线仪器接口等设备,或者是其他各种可程控的外置测试设备。设备驱动软件是直接控制各种硬件接口的驱动程序,虚拟仪器通过底层设备驱动软件与真实的仪器系统进行通信,并以虚拟仪器面板的形式在计算机屏幕上显示与真实仪器面板操作元素相对应的各种控件。用户用鼠标操作虚拟仪器的面板就如同操作真实仪器一样真实与方便。

6. 虚拟仪器的应用

1) 虚拟仪器在测量方面的应用

虚拟仪器系统开放、灵活,可与计算机技术保持同步发展,将其应用在测量方面可以提高精确度,降低成本,并大大节省用户的开发时间,因此已经在测量领域得到广泛的应用。

2) 虚拟仪器在电信方面的应用

虚拟仪器具有灵活的图形用户接口,强大的检测功能,同时又能与 GPIB 和 VXI 仪器兼容,因此很多工程师和研究人员都把它用于电信检测和场测试方面。

3) 虚拟仪器在监控方面的应用

用虚拟仪器系统可以随时采集和记录从传感器传来的数据,并进行统计、数字滤波和频域分析等处理,从而实现监控功能。

4) 虚拟仪器在检测方面的应用

在实验室中,利用虚拟仪器开发工具开发专用虚拟仪器系统,可以把一台个人计算机变成一组检测仪器,用于数据图像采集、控制与模拟。例如,用于胸双极立体心电图及其三维可视化。

5）虚拟仪器在教育方面的应用

随着虚拟仪器系统的广泛应用,越来越多的教学部门也开始用它来建立教学系统,不仅大大节省开支,而且由于虚拟仪器系统具有灵活、可重用性强等优点,使得教学方法也更加灵活了。

7. 虚拟仪器的展望

虚拟仪器作为新兴的仪器仪表,其优势在于用户可自行定义仪器的功能和结构等,且构建容易、灵活,它已广泛应用于电子测量、振动分析、声学分析、故障诊断、航天航空、机械工程、建筑工程、铁路交通生物医疗、教学及科研等诸多方面。

计算机软硬件技术、通信技术及网络技术的发展,给虚拟仪器的发展提供了广阔的天地,国内外仪器界正看中这块大市场。测控仪器将会向高效、高速、高精度和高可靠性以及自动化、智能化和网络化的方向发展。开放式数据采集标准将使虚拟仪器走上标准化、通用化、系列化和模块化的道路。

虚拟仪器作为教学的新手段,已慢慢地走进了电子技术的课堂和实验室,正在改变着电子技术教学传统模式,这也是现代教育技术发展的必然。

此外,手持式、更轻便的小型化嵌入式 PC(如 PC104)及掌上电脑与 DSP、ADDA、LCD、调理放大、电盘加软件组合的一体机也是一个未来发展方向,它使虚拟仪器更方便地深入到测试现场。节能省电、轻便、小型化发展也是一个方向。

总之,虚拟仪器有很广阔的发展空间,并最终要取代大量的传统仪器成为仪器领域的主流产品,成为测量、分析、控制、自动化仪表的核心。

习题

1. 名词解释

(1)传感器;(2)电阻式传感器;(3)电容式传感器;(4)电感式传感器;(5)压电式传感器;(6)光电传感器;(7)热电式传感器;(8)气敏传感器;(9)湿敏传感器;(10)磁场传感器;(11)数字式传感器;(12)生物传感器;(13)微波传感器;(14)超声波传感器;(15)自动化仪表;(16)虚拟仪器;(17)检测系统。

2. 判断题

(1)自动化技术的发展趋势是系统化、柔性化、集成化和智能化。　　　　　(　　)

(2)传感器根据检测对象的不同可分为内部传感器和外部传感器。　　　　　(　　)

3. 填空题

虚拟仪器有两种形式,一种是将计算机装入仪器,另一种是_____。

4. 简答题

(1)什么是检测技术?

(2)简述虚拟仪器系统的结构原理。

(3)简述虚拟仪器的应用。

5. 论述题

请展望传感器在物联网中的应用前景。

第 5 章
CHAPTER 5 | 嵌入式系统原理

本章将介绍计算机组成原理、嵌入式系统和 ARM 微处理器。通过本章的学习,学生需要了解计算机系统、系统总线、CPU、存储系统、输入/输出系统、嵌入式系统的分类、嵌入式处理器、嵌入式系统的组成、嵌入式系统的应用、ARM 微处理器结构等。

5.1 计算机组成原理

5.1.1 计算机系统

计算机系统由计算机硬件和软件两部分组成,见图 5-1。硬件包括中央处理器、内存储器和外部设备等,软件是计算机的运行程序和相应的文档。计算机系统具有接收和存储信息、按程序快速计算和判断并输出处理结果等功能,其内核是硬件系统——进行信息处理的物理装置。最外层是使用计算机的人,即用户。人与硬件系统之间的接口界面是软件系统,它大致可分为系统软件、支援软件和应用软件三层。

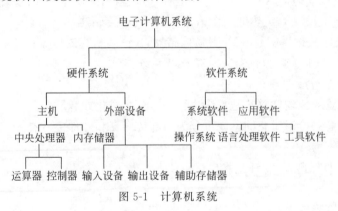

图 5-1 计算机系统

1. 硬件

硬件系统主要由中央处理器、存储器、输入/输出控制系统和各种外部设备组成。中央处理器是对信息进行高速运算处理的主要部件,其处理速度最高可达每秒几亿次操作。内存储器用于存储程序、数据和文件,常由快速主存储器和慢速海量辅助存储器组成。各种输入/输出外部设备是人机间的信息转换器,由输入/输出控制系统管理外部设备与主存储器、中央处理器之间的信息交换。

2. 软件

软件系统的最内层是系统软件,它由操作系统、实用程序和编译程序等组成:操作系统实施对各种软硬件资源的管理控制;实用程序是为方便用户所设,如文本编辑等;编译程序的功能是把用户用汇编语言或某种高级语言所编写的程序,翻译成机器可执行的机器语言程序。支援软件有接口软件、工具软件、环境数据库等,它能支持用户的环境,提供软件研制工具。支援软件也可认为是系统软件的一部分。应用软件则是用户按其需要自行编写的专用程序,它借助系统软件和支援软件来运行,是软件系统的最外层。

5.1.2　系统总线

1. 系统总线概述

系统总线,又称内总线或板级总线,是用来连接计算机各功能部件来构成完整计算机系统的。系统总线上传送的信息包括数据信息、地址信息和控制信息,因此,系统总线包含三种不同功能的总线,即数据总线(Data Bus,DB)、地址总线(Address Bus,AB)和控制总线(Control Bus,CB),见图 5-2。

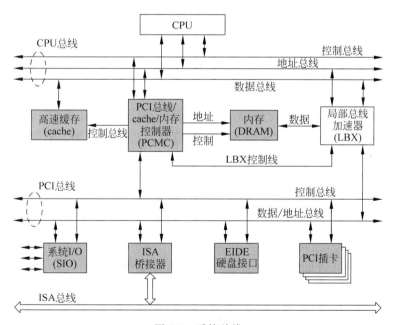

图 5-2　系统总线

2. 工作原理

CPU 通过系统总线对存储器的内容进行读写,同样通过总线实现将 CPU 内数据写入外设,或由外设读入 CPU。总线就是用来传送信息的一组通信线,微型计算机通过系统总线将各部件连接到一起,实现了微型计算机内部各部件间的信息交换。一般情况下,CPU提供的信号需经过总线形成电路从而形成系统总线。系统总线按照传递信息的功能分为地址总线、数据总线和控制总线,这些总线提供了 CPU 与存储器、输入/输出接口部件的连接线。可以认为,一台微型计算机就是以 CPU 为核心,其他部件全"挂接"在与 CPU 相连接的系统总线上。

3. 功能分类

(1) 数据总线。用于传送数据信息。数据总线是双向三态形式的总线,既可以把 CPU的数据传送到存储器或输入/输出接口等其他部件,也可以将其他部件的数据传送到 CPU。数据总线的位数是微型计算机的一个重要指标,通常与微处理器的字长相一致。例如,Intel 8086 微处理器字长 16 位,其数据总线宽度也是 16 位。需要指出的是,数据的含义是广义的,它可以是真正的数据,也可以是指令代码或状态信息,有时甚至是一个控制信息,因此,在实际工作中,数据总线上传送的并不一定仅仅是真正意义上的数据。

(2) 地址总线。是专门用来传送地址的,由于地址只能从 CPU 传向外部存储器或输入/输出端口,所以地址总线总是单向三态的,这与数据总线不同。地址总线的位数决定了CPU 可直接寻址的内存空间大小,比如 8 位微机的地址总线为 16 位,则其最大可寻址空间为 $2^{16}B = 64KB$,16 位微机的地址总线为 20 位,其可寻址空间为 $2^{20}B = 1MB$。一般来说,若地址总线为 n 位,则可寻址空间为 2^n 字节。举例说明:一个 16 位元宽度的地址总线(通常在 20 世纪 70~80 年代早期的 8 位元处理器中使用)可以寻址的内存空间为 $2^{16}B = 65\,536B = 64KB$,而一个 32 位元地址总线(通常在现今的 PC 处理器中)可以寻址的内存空间为 $4\,294\,967\,296B = 4GB$。

(3) 控制总线。用来传送控制信号和时序信号。控制信号中,有的是微处理器送往存储器和输入/输出接口电路的,如读/写信号、片选信号、中断响应信号等;也有的是其他部件反馈给 CPU 的,如中断申请信号、复位信号、总线请求信号、限备就绪信号等。因此,控制总线的传送方向由具体控制信号而定,一般是双向的,控制总线的位数要根据系统的实际控制需要而定。实际上,控制总线的具体情况主要取决于 CPU。

5.1.3 CPU

1. CPU 定义

中央处理器(Central Processing Unit,CPU)是一台计算机的运算和控制核心。CPU、内部存储器和输入/输出设备是计算机三大核心部件。CPU 的功能主要是解释计算机指令以及处理计算机软件中的数据。CPU 由运算器、控制器和寄存器及实现它们之间联系的数据、控制及状态的总线构成。几乎所有 CPU 的运作原理都可分为 4 个阶段:提取(Fetch)、解码(Decode)、执行(Execute)和写回(Writeback)。CPU 从存储器或高速缓冲存储器中取出指令,放入指令寄存器,并对指令译码,最后执行指令。所谓的计算机可编程性主要是指对 CPU 的编程。

2．工作原理

CPU 从存储器或高速缓冲存储器中取出指令，放入指令寄存器，并对指令译码。它把指令分解成一系列的微操作，然后发出各种控制命令，执行微操作系列，从而完成一条指令的执行。指令是计算机规定执行操作的类型和操作数的基本命令，由一个字节或者多个字节组成，其中包括操作码字段，一个或多个有关操作数地址的字段以及一些表征机器状态的状态字和特征码，有的指令中也直接包含操作数本身。

3．基本结构

CPU 包括运算逻辑部件（ALU）、寄存器部件和控制部件，见图 5-3。

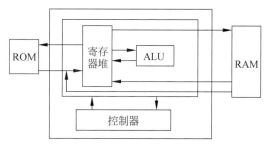

图 5-3　CPU 结构

（1）运算逻辑部件，可以执行定点或浮点的算术运算操作、移位操作以及逻辑操作，也可执行地址的运算和转换。

（2）寄存器部件，包括通用寄存器、专用寄存器和控制寄存器。

（3）控制部件，主要负责对指令译码，并且发出为完成每条指令所要执行的各个操作的控制信号。

5.1.4　存储系统

1．存储器概述

存储器（Memory）是计算机系统中的记忆设备，用来存放程序和数据。计算机中的全部信息，包括输入的原始数据、计算机程序、中间运行结果和最终运行结果都保存在存储器中，它根据控制器指定的位置存入和取出信息。有了存储器，计算机才有记忆功能，才能保证正常工作。按用途，存储器可分为主存储器（内存）和辅助存储器（外存），也有外部存储器和内部存储器的分类方法。外存通常是磁性介质或光盘等，能长期保存信息。内存指主板上的存储部件，用来存放当前正在执行的数据和程序，但仅用于暂时存放程序和数据，关闭电源或断电，数据会丢失。

2．存储器的构成

构成存储器的存储介质，目前主要采用半导体器件和磁性材料。存储器中最小的存储单位就是一个双稳态半导体电路或一个 CMOS 晶体管或磁性材料的存储元，它可存储一个二进制代码。由若干个存储元组成一个存储单元,然后再由许多存储单元组成一个存储器。一个存储器包含许多存储单元,每个存储单元可存放一个字节(按字节编址)。每个存储单元的位置都有一个编号,即地址,一般用十六进制表示。一个存储器中所有存储单元可存放数据的总和称为它的存储容量。假设一个存储器的地址码由 20 位二进制数(即 5 位十六进制数)组成,则可表示 2^{20},即 1M 个存储单元地址。每个存储单元存放一个字节,则该存储器的存储容量为 1MB。

存储器的主要功能是存储程序和各种数据,并在计算机运行过程中高速、自动地完成程序或数据的存取。存储器是具有"记忆"功能的设备,它采用具有两种稳定状态的物理器件来存储信息。这些器件也称为记忆元件。在计算机中采用只有两个数码 0 和 1 的二进制来表示数据。记忆元件的两种稳定状态分别表示为 0 和 1。日常使用的十进制数必须转换成等值的二进制数才能存入存储器中。计算机中处理的各种字符,例如英文字母、运算符号等,也要转换成二进制代码才能存储和操作。

3. 存储器用途

根据存储器在计算机系统中所起的作用,可分为主存储器、辅助存储器、高速缓冲存储器和控制存储器等。为了解决对存储器要求容量大、速度快、成本低三者之间的矛盾,目前通常采用多级存储器体系结构,即使用高速缓冲存储器、主存储器和外存储器,见图 5-4。

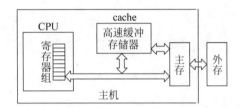

图 5-4 多级存储器体系结构

高速缓冲存储器 cache:指令和数据存取速度快,但存储容量小。

主存储器:存放计算机运行期间的大量程序和数据,存取速度较快,存储容量不大。

外存储器:存放系统程序和大型数据文件及数据库,存储容量大,位成本低。

按照与 CPU 的接近程度,存储器分为内存储器与外存储器,简称内存与外存。内存储器又常称为主存储器(简称主存),属于主机的组成部分;外存储器又常称为辅助存储器(简称辅存),属于外部设备。CPU 不能像访问内存那样,直接访问外存,外存要与 CPU 或 I/O 设备进行数据传输,必须通过内存进行。在 80386 以上的高档微机中,还配置了高速缓冲存储器(cache),这时内存包括主存与高速缓存两部分。对于低档微机,主存即为内存。

4. 常用存储器

1) 硬盘

硬盘(Hard Disc Drive)是计算机主要的存储媒介之一,由一个或者多个铝制或者玻璃制的碟片组成。这些碟片外覆盖有铁磁性材料。绝大多数硬盘都是固定硬盘,被永久性地密封固定在硬盘驱动器中。其物理结构如下。

(1) 磁头。是读写合一的电磁感应式磁头。

（2）磁道。当磁盘旋转时,磁头若保持在一个位置上,则每个磁头都会在磁盘表面划出一个圆形轨迹,这些圆形轨迹就叫作磁道。

（3）扇区。磁盘上的每个磁道被等分为若干个弧段,这些弧段便是磁盘的扇区,每个扇区可以存放 512B 的信息,磁盘驱动器在向磁盘读取和写入数据时,要以扇区为单位。

（4）柱面。硬盘通常由重叠的一组盘片构成,每个盘面都被划分为数目相等的磁道,并从外缘的"0"开始编号,具有相同编号的磁道形成一个圆柱,称为磁盘的柱面。

2）光盘

光盘以光信息作为存储物的载体,用来存储数据,采用聚焦的氢离子激光束处理记录介质的方法存储和再生信息。激光光盘分为不可擦写光盘（如 CD-ROM、DVD-ROM 等）和可擦写光盘（如 CD-RW、DVD-RW 等）。高密度光盘（Compact Disc）是近代发展起来不同于磁性载体的光学存储介质。常见的 CD 光盘非常薄,只有 1.2mm 厚,分为 5 层,包括基板、记录层、反射层、保护层和印刷层等。

3）U 盘

U 盘,全称为"USB 闪存盘",英文名为"USB flash disk",是一个 USB 接口的无需物理驱动器的微型高容量移动存储产品,可以通过 USB 接口与计算机连接,实现即插即用。U 盘的称呼最早来源于朗科公司生产的一种新型存储设备,名曰"优盘",使用 USB 接口进行连接。USB 接口连到计算机的主机后,U 盘中的资料可与其交换。

U 盘最大的优点就是小巧便于携带、存储容量大、价格便宜和性能可靠等。U 盘体积很小,仅大拇指般大小,重量极轻,一般在 15g 左右,特别适合随身携带。一般的 U 盘容量有 1GB、2GB、4GB、8GB、16GB、32GB、64GB 等,价格多为几十元。U 盘中无任何机械式装置,抗震性能极强。另外,U 盘还具有防潮防磁、耐高低温等特性,安全可靠性很好。

4）ROM

ROM（Read-Only Memory,只读内存）是一种只能读出事先所存数据的固态半导体存储器,其特性是一旦储存资料就无法再将其改变或删除。通常用在无须经常变更资料的电子或计算机系统中,并且资料不会因为电源关闭而消失。

5）RAM

RAM 是随机存取存储器（Random Access Memory）。存储单元的内容可按需随意取出或存入,且存取的速度与存储单元的位置无关。这种存储器在断电时将丢失其存储内容,故主要用于存储短时间使用的程序。按照存储信息的不同,随机存储器又分为静态随机存储器（Static RAM,SRAM）和动态随机存储器（Dynamic RAM,DRAM）。

5.1.5　输入/输出系统

1. 输入/输出系统控制方式

1）程序查询方式

这种方式通过在程序控制下 CPU 与外设之间交换数据来实现。CPU 通过 I/O 指令询问指定外设当前的状态,如果外设准备就绪,则进行数据的输入或输出,否则 CPU 等待,循环查询。

程序查询方式是一种程序直接控制方式,这是主机与外设间进行信息交换的最简单方式,输入和输出完全是通过 CPU 执行程序来完成的。一旦某一外设被选中并启动后,主机将查询这个外设的某些状态位,看其是否准备就绪。若外设未准备就绪,主机将再次查询;若外设已准备就绪,则执行一次 I/O 操作。

这种方式控制简单,但外设和主机不能同时工作,各外设之间也不能同时工作,系统效率很低,因此,仅适用于外设的数目不多,对 I/O 处理的实时要求不那么高,CPU 的操作任务比较单一,且并不很忙的情况。

这种方式的优点是结构简单,只需要少量的硬件电路即可,缺点是由于 CPU 的速度远远高于外设,因此通常处于等待状态,工作效率很低。

2) 中断方式

中断是主机在执行程序过程中,遇到突发事件而中断程序的正常执行,转去处理突发事件,待处理完成后返回原程序继续执行的过程。中断过程如下:中断请求,中断响应,中断处理和中断返回。

计算机中有多个中断源,有可能在同一时刻有多个中断源向 CPU 发出中断请求,这种情况下 CPU 按中断源的中断优先级顺序进行中断响应。

中断处理方式的优点是显而易见的,它不但为 CPU 省去了查询外设状态和等待外设就绪所花费的时间,提高了 CPU 的工作效率,还满足了外设的实时要求。缺点是对系统的性能要求较高。

3) 直接存储器访问方式(DMA)

DMA 方式指高速外设与内存之间直接进行数据交换,不通过 CPU 并且 CPU 不参加数据交换的控制。工作过程如下。

外设发出 DMA 请求,CPU 响应 DMA 请求,把总线让给 DMA 控制器,在 DMA 控制器的控制下通过总线实现外设与内存之间的数据交换,见图 5-5。

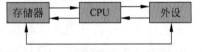

图 5-5　直接存储器访问方式

DMA 最明显的一个特点是它不是用软件而是采用一个专门的控制器来控制内存与外设之间的数据交流,无须 CPU 介入,大大提高了 CPU 的工作效率。

2. 输入/输出设备

1) 输入设备

常用的输入设备有键盘、鼠标和扫描仪等。

(1) 键盘的分类。按键数分,键盘可分为 83 键盘、101 键盘、104 键盘和 107 键盘;按形式分,键盘可分为有线键盘、无线键盘、带托键盘和 USB 键盘。

(2) 鼠标的分类。按照工作原理,鼠标可分为机械式鼠标和光电式鼠标;按形式分,鼠标可分为有线鼠标和无线鼠标。

(3) 扫描仪。扫描仪通过光源照射到被扫描的材料上来获得材料的图像。扫描仪常用的有台式、手持式和滚筒式三种。分辨率是扫描仪很重要的特征,常见扫描仪的分辨率有 300×600、600×1200 等。

2) 输出设备

常用的输出设备有显示器和打印机等。

（1）显示器。按使用的器件分类,可分为阴极射线管显示器(CRT)、液晶显示器(LCD)和等离子显示器;按显示颜色,可分为彩色显示器和单色显示器。显示器的主要性能指标包括像素、分辨率、屏幕尺寸、点间距、灰度级、对比度、帧频、行频和扫描方式。

（2）打印机。打印机分为针式打印机、喷墨打印机、激光打印机、热敏打印机四种。

3）其他输入/输出设备

数码相机 DC、数码摄像机 DV、手写笔、投影机、绘图仪等。

3. I/O 接口

1）接口的功能

使主机和外设能够按照各自的形式传输信息,见图 5-6。

2）几种接口

（1）显示卡。主机与显示器之间的接口。

（2）硬盘接口。IDE 接口、EIDE 接口、ULTRA 接口和 SCSI 接口等。

（3）串行接口。COM 端口,也称串行通信接口。

（4）并行接口。是一种打印机并行接口标准。

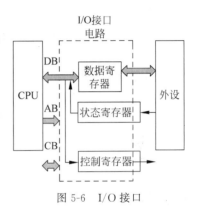

图 5-6 I/O 接口

5.2 嵌入式系统概述

5.2.1 嵌入式系统的基本概念

1. 定义

IEEE 对嵌入式系统的定义是“控制、监视或者辅助装置、机器和设备运行的装置”。

从中可以看出,嵌入式系统是软件和硬件的综合体,还可以涵盖机械等附属装置。

国内普遍认同的定义是:以应用为中心,以计算机技术为基础,软硬件可裁剪,适应应用系统对功能、可靠性、成本、体积和功耗等严格要求的专用计算机系统。

可从以下几方面来理解嵌入式系统。

（1）嵌入式系统是面向用户、面向产品、面向应用的,它必须与具体应用相结合才会具有生命力,才更具有优势。因此可以这样理解上述三个面向的含义,即嵌入式系统是与应用紧密结合的,它具有很强的专用性,必须结合实际系统需求进行合理的裁剪利用。

（2）嵌入式系统是将先进的计算机技术、半导体技术、电子技术和各个行业的具体应用相结合后的产物,这一点就决定了它必然是一个技术密集、资金密集、高度分散、不断创新的知识集成系统。

（3）嵌入式系统必须根据应用需求对软硬件进行裁剪,满足应用系统的功能、可靠性、成本和体积等要求。一个比较好的发展模式在于建立相对通用的软硬件基础,然后在其之上开发出适应各种需要的系统。目前的嵌入式系统的核心往往是一个只有几千字节(KB)

到几十千字节(KB)的微内核,需要根据实际的使用进行功能扩展或者裁剪,但是由于微内核的存在,这种扩展能够非常顺利地进行。

实际上,嵌入式系统本身是一个外延极广的名词,凡是与产品结合在一起的具有嵌入式特点的控制系统都可以叫嵌入式系统,而且有时很难给它下一个准确的定义。现在人们讲嵌入式系统,某种程度上指近些年比较热的具有操作系统的嵌入式系统。

一般而言,嵌入式系统的构架可以分成 4 个部分:处理器、存储器、输入/输出(I/O)和软件(多数嵌入式设备是应用软件和操作系统的结合)。

2. 历史

20 世纪 60 年代,嵌入式这个概念就已经存在了。在通信方面,嵌入式系统在 20 世纪 60 年代就用于电子机械电话交换的控制,当时被称为"存储式程序控制系统"。

20 世纪 70 年代出现了微处理器。1971 年 11 月,Intel 公司把算术运算器和控制器电路集成在一起,推出了第一款微处理器 Intel 4004,其后各厂家陆续推出了许多 8 位、16 位的微处理器。微处理器的广泛应用促使计算机厂家根据用户需要选择一套适合 CPU 板、存储器板以及各式 I/O 插件板,专用设计的嵌入式计算机系统。

20 世纪 80 年代,总线技术飞速发展,把微处理器、I/O 接口、A/D 转换、D/A 转换、串行接口以及 RAM、ROM 等部件统统集成到一个 VLSI 中,从而制造出面向 I/O 设计的微控制器,也俗称单片机。

20 世纪 90 年代,在分布控制、柔性制造、数字化通信和信息家电等巨大需求的牵引下,嵌入式系统进一步加速发展。面向实时信号处理算法的 DSP 产品向着高速、高精度、低功耗发展。TI 推出的第三代 DSP 芯片 TMS320C30,引导着微控制器向 32 位高速智能化发展。在应用方面,掌上电脑、手持 PC、机顶盒技术相对成熟,发展也较为迅速。特别是掌上电脑,1997 年在美国市场上掌上电脑不过四五个品牌,而 1998 年年底,各式各样的掌上电脑如雨后春笋般纷纷涌现出来。此外,Nokia 推出了智能电话,西门子推出了机顶盒,Wyse 推出了智能终端,NS 推出了 WebPAD。装载在汽车上的小型计算机,不但可以控制汽车内的各种设备(如音响等),还可以与 GPS 连接,自动操控汽车。

21 世纪进入全面的网络时代,使嵌入式计算机系统应用到各类网络中去也必然是嵌入式系统发展的重要方向。

3. 特点

(1) 内核小。嵌入式系统一般用于小型电子装置,系统资源相对有限,所以内核较小。比如 Enea 公司的 OSE 分布式系统,内核只有 5KB。

(2) 专用性强。嵌入式系统的个性化很强,其中软件系统和硬件的结合非常紧密,一般要针对硬件进行系统的移植,即使是同一品牌、同一系列的产品也需要根据系统硬件的变化和增减不断进行修改。

(3) 系统精简。嵌入式系统一般没有系统软件和应用软件的区分,不要求其功能设计及实现上过于复杂,可以控制系统成本,也利于实现系统安全。

(4) 高实时性。高实时性是嵌入式软件的基本要求。而且软件要求固态存储,以提高速度,软件代码要求高质量和高可靠性。

（5）多任务。嵌入式软件开发要想走向标准化，就必须使用多任务的操作系统。嵌入式系统的应用程序可以没有操作系统，直接在芯片上运行，但是为了合理地调度多任务、利用系统资源、系统函数以及和专家库函数接口，用户必须自行选配 RTOS（Real-Time Operating System）开发平台，这样才能保证程序执行的实时性、可靠性，并减少开发时间，保障软件质量。

（6）需开发环境。由于嵌入式系统本身不具备自主开发能力，即使设计完成以后用户通常也是不能对其中的程序功能进行修改的，必须有一套开发工具和环境才能进行开发，这些工具和环境一般是基于通用计算机上的软硬件设备以及各种逻辑分析仪、混合信号示波器等。开发时往往有主机和目标机的概念，主机用于程序的开发，目标机作为最后的执行机，开发时需要交替结合进行。

5.2.2　嵌入式系统的分类

根据嵌入式系统的复杂程度，可以将嵌入式系统分为以下 4 类。

1. 单个微处理器

这类系统可以在小型设备（如温度传感器、烟雾和气体探测器及断路器）中找到。这类设备是供应商根据设备的用途来设计的，其受 Y2K 影响的可能性不大。

2. 不带计时功能的微处理器装置

这类系统可在过程控制、信号放大器、位置传感器及阀门传动器中找到，其也不太可能受到 Y2K 的影响。但是，如果它依赖于一个内部操作时钟，那么这个时钟就可能受 Y2K 的影响。

3. 带计时功能的组件

这类系统可见于开关装置、控制器、电话交换机、电梯、数据采集系统、医药监视系统、诊断及实时控制系统等。它们是一个大系统的局部组件，由它们的传感器收集数据并传递给该系统。这种组件可同 PC 一起操作，并可包括某种数据库（如事件数据库）。

4. 在制造或过程控制中使用的计算机系统

对于这类系统，计算机与仪器、机械及设备相连来控制这些装置工作。这类系统包括自动仓储系统和自动发货系统。其中，计算机用于总体控制和监视，而不是对单个设备直接控制。过程控制系统可与业务系统连接（如根据销售额和库存量来决定订单或产品量）。

5.2.3　嵌入式处理器

嵌入式处理器是嵌入式系统的核心，是控制、辅助系统运行的硬件单元。范围极其广阔，从最初的 4 位处理器，目前仍在大规模应用的 8 位单片机，到最新受到广泛青睐的 32 位、64 位嵌入式 CPU。

目前世界上具有嵌入式功能特点的处理器已经超过 1000 种,流行体系结构包括 MCU 和 MPU 等三十多个系列。鉴于嵌入式系统广阔的发展前景,很多半导体制造商都大规模生产嵌入式处理器,并且公司自主设计处理器也已经成为未来嵌入式领域的一大趋势,其中从单片机、DSP 到 FPGA 有着各式各样的品种,速度越来越快,性能越来越强,价格也越来越低。目前嵌入式处理器的寻址空间可以从 64KB 到 16MB,处理速度最快可以达到 2000 MIPS,封装从 8 个引脚到 144 个引脚不等。

(1) 嵌入式微处理器(Micro Processor Unit,MPU)是由通用计算机中的 CPU 演变而来的。它的特征是具有 32 位以上的处理器,具有较高的性能,当然其价格也相应较高。但与计算机处理器不同的是,在实际嵌入式应用中,只保留和嵌入式应用紧密相关的功能硬件,去除其他的冗余功能部分,这样就以最低的功耗和资源实现嵌入式应用的特殊要求。和工业控制计算机相比,嵌入式微处理器具有体积小、重量轻、成本低和可靠性高的优点。

(2) 嵌入式微控制器(Microcontroller Unit,MCU),也称微控制器,其典型代表是单片机。从 20 世纪 70 年代末到今天,已经过了几十年,但 8 位电子器件目前在嵌入式设备中仍然有着极其广泛的应用。单片机芯片内部集成 ROM/EPROM、RAM、总线、总线逻辑、定时/计数器、看门狗、I/O、串行口、脉宽调制输出、A/D、D/A、Flash RAM、EEPROM 等各种必要功能和外设。

(3) 嵌入式 DSP 处理器(Embedded Digital Signal Processor,EDSP)是专门用于信号处理方面的处理器,其在系统结构和指令算法方面进行了特殊设计,具有很高的编译效率和指令的执行速度。在数字滤波、FFT、谱分析等各种仪器上,DSP 获得了大规模的应用。DSP 的理论算法在 20 世纪 70 年代就已经出现,但未出现专门的 DSP 处理器。1982 年,世界上诞生了首枚 DSP 芯片,其运算速度比 MPU 快了几十倍,在语音合成和编码解码器中得到了广泛应用。20 世纪 90 年代后,DSP 发展到了第五代,集成度更高,使用范围也更加广阔。

(4) 嵌入式片上系统(System on Chip,SoC)最大的特点是成功实现了软硬件无缝结合,直接在处理器片内嵌入操作系统的代码模块。而且 SoC 具有极高的综合性,在一个硅片内部运用 VHDL 等硬件描述语言,实现一个复杂的系统。用户不必再像传统的系统设计那样,绘制庞大复杂的电路板,一点点地连接焊制,只需要使用精确的语言,综合时序设计,直接在器件库中调用各种通用处理器的标准,然后通过仿真之后就可以直接交付芯片厂商进行生产。由于绝大部分系统构件都是在系统内部,整个系统就特别简洁,不仅减小了系统的体积和功耗,而且提高了系统的可靠性和设计生产效率。

5.2.4　嵌入式系统的组成

作为一个“专用计算机系统”的嵌入式系统由软件系统和硬件系统两大部分组成。

1. 嵌入式系统硬件部分

嵌入式系统硬件部分的核心部件就是嵌入式处理器。ARM 处理器是一个典型的嵌入式处理器,现在全世界嵌入式处理器的品种已经超过 1000 种,流行的体系结构多达三十多个。嵌入式处理器的寻址空间也从 64KB 到 2GB 不等,其处理速度可以为 0.1～

2000MIPS。嵌入式处理器可以分成以下 4 类。

（1）MPU（Micro Processor Unit，嵌入式微处理器）；

（2）MCU（Micro Controller Unit，嵌入式微控制器）；

（3）嵌入式 DSP 处理器（Digital Signal Processor）；

（4）嵌入式片上系统（SoC）。

嵌入式系统硬件部分除了嵌入式处理器核心部分外，还包括丰富的外围接口。也正是基于这些丰富的外围接口，才带来嵌入式系统越来越丰富的应用。现在的 ARM 处理器内部的接口相当丰富，像 I²C、SPI、UART 和 USB 等接口基本上都是"标准"配置。在设计系统的时候，通常只要把处理器和外设进行物理连接就可以实现外围接口扩展了。

2. 嵌入式系统软件部分

嵌入式系统软件部分一般是由嵌入式操作系统和应用软件两部分组成。嵌入式系统软件可以分成启动代码（Boot Loader）、操作系统内核与驱动（Kernel & Driver）、文件系统与应用程序（File System & Application）等几部分。Boot Loader 是嵌入式系统的启动代码，主要用来初始化处理器、传递内核启动参数给嵌入式操作系统内核，使得内核可以按照参数要求启动。操作系统内核则主要有 4 个任务：进程管理、进程间通信与同步、内存管理及 I/O 资源管理。驱动程序也应该算是内核中的一个部分，主要提供给上层应用程序，通过处理器外设接口控制器和外部设备进行通信的一个媒介。文件系统则可以让嵌入式软件工程师灵活方便地管理系统。应用程序才是真正针对需求的，是嵌入式软件工程师完全自主开发的。

5.2.5 嵌入式系统的应用

（1）工业控制。基于嵌入式芯片的工业自动化设备将获得长足的发展，如工业过程控制、数字机床、电力系统、电网安全、电网设备监测和石油化工系统。

（2）交通管理。在车辆导航、流量控制、信息监测与汽车服务方面，嵌入式系统技术已经获得了广泛的应用，内嵌 GPS 模块，GSM 模块的移动定位终端已经在各种运输行业成功使用。

（3）信息家电。这将成为嵌入式系统最大的应用领域，冰箱、空调等的网络化、智能化将引领人们的生活步入一个崭新的空间。即使不在家里，也可以通过电话线、网络进行远程控制。在这些设备中，嵌入式系统将大有用武之地。

（4）家庭智能管理系统。水、电、煤气表的远程自动抄表，安全防火、防盗系统，其中嵌有专用控制芯片将代替传统的人工检查，实现更高、更准确和更安全的性能。目前在服务领域，如远程点菜器等已经体现了嵌入式系统的优势。

（5）POS 网络及电子商务。例如，公共交通无接触智能卡发行系统，公共电话卡发行系统，自动售货机和各种智能 ATM 终端等。

（6）环境工程与自然。例如，水文资料实时监测，防洪体系及水土质量监测、堤坝安全，地震监测网，实时气象信息网，水源和空气污染监测。在很多环境恶劣、地况复杂的地区，嵌入式系统将实现无人监测。

（7）机器人。嵌入式芯片的发展将使机器人在微型化、高智能方面优势更加明显,同时会大幅度降低机器人的价格,使其在工业领域和服务领域获得更广泛的应用。

（8）机电产品方面应用。机电产品是嵌入式系统应用最典型最广泛的领域之一。从最初的单片机到现在的工控机,SoC 在各种机电产品中均有着巨大的市场。

5.3　ARM 微处理器

5.3.1　ARM 微处理器概述

1. ARM 处理器简介

ARM(Advanced RISC Machines)是一类嵌入式微处理器,同时也是一个公司的名字。ARM 公司于 1990 年 11 月成立于英国剑桥,它是一家专门从事 16 位/32 位 RISC 微处理器知识产权设计的供应商。ARM 公司本身不直接从事芯片生产,而只是授权 ARM 内核给生产和销售半导体的合作伙伴,同时也提供基于 ARM 架构的开发设计技术。世界各大半导体生产商从 ARM 公司处购买其设计的 ARM 微处理器核,根据各自不同的应用领域,加入适当的外围电路,从而形成自己的 ARM 微处理器芯片进入市场。ARM 处理器是一个 32 位元精简指令集(RISC)处理器架构,其广泛地应用于许多嵌入式系统设计中。

ARM 公司从成立至今,短短几十年的时间就占据了约 75% 的市场份额,如今,ARM 微处理器及技术应用几乎已经深入到各个领域。采用 ARM 技术的微处理器现在已经遍及各类电子产品,汽车、消费娱乐、影像、工业控制、海量存储、网络、安保和无线等市场。到 2001 年就几乎已经垄断了全球 RISC 芯片市场,成为业界实际的 RISC 芯片标准。

2. ARM 处理器特点

① 体积小、低功耗、低成本、高性能;②支持 Thumb(16 位)/ARM(32 位)双指令集,能很好地兼容 8 位/16 位器件;③大量使用寄存器,指令执行速度更快;④大多数数据操作都在寄存器中完成;⑤寻址方式灵活简单,执行效率高;⑥指令长度固定。

3. 应用

到目前为止,ARM 微处理器及技术应用几乎已经深入到各个领域。

（1）工业控制领域。作为 32 位的 RISC 架构,基于 ARM 核的微控制器芯片不但占据了高端微控制器市场的大部分市场份额,同时也逐渐向低端微控制器应用领域扩展,ARM 微控制器的低功耗、高性价比,向传统的 8 位/16 位微控制器提出了挑战。

（2）无线通信领域。目前已有超过 85% 的无线通信设备采用了 ARM 技术,ARM 以其高性能和低成本,在该领域的地位日益巩固。

（3）数字信号领域。随着宽带技术的推广,采用 ARM 技术的 ADSL 芯片正逐步获得竞争优势。此外,ARM 在语音及视频处理上进行了优化,并获得广泛支持,也对 DSP 的应用领域提出了挑战。

（4）消费类电子产品。ARM 技术在目前流行的数字音频播放器、数字机顶盒和游戏机中得到广泛采用。

（5）成像和安全产品。现在流行的数码相机和打印机中绝大部分采用 ARM 技术。手机中的 32 位 SIM 智能卡也采用了 ARM 技术。

5.3.2　ARM 微处理器结构

1. 体系结构

1）复杂指令集计算机（Complex Instruction Set Computer，CISC）

在 CISC 指令集的各种指令中，大约有 20％的指令会被反复使用，占整个程序代码的80％。而余下 80％的指令却不经常使用，在程序设计中只占 20％。

2）精简指令集计算机（Reduced Instruction Set Computer，RISC）

RISC 结构优先选取使用频最高的简单指令，避免复杂指令；将指令长度固定，指令格式和寻址方式种类减少；以控制逻辑为主，不用或少用微码控制等。RISC 体系结构应具有如下特点：①采用固定长度的指令格式，指令整齐、简单，基本寻址方式有两三种；②使用单周期指令，便于流水线操作执行；③大量使用寄存器，数据处理指令只对寄存器进行操作，只有加载/存储指令可以访问存储器，以提高指令的执行效率；④所有的指令都可根据前面的执行结果决定是否被执行，从而提高指令的执行效率；⑤可用加载/存储指令批量传输数据，以提高数据的传输效率；⑥可在一条数据处理指令中同时完成逻辑处理和移位处理。⑦在循环处理中使用地址的自动增减来提高运行效率。

2. 寄存器结构

ARM 处理器共有 37 个寄存器，被分为若干个组（BANK），这些寄存器包括：①31 个通用寄存器，包括程序计数器（PC 指针），均为 32 位；②6 个状态寄存器，用以标识 CPU 的工作状态及程序的运行状态，均为 32 位，目前只使用了其中的一部分。

3. 指令结构

ARM 微处理器在较新的体系结构中支持两种指令集：ARM 指令集和 Thumb 指令集。其中，ARM 指令为 32 位长度，Thumb 指令为 16 位长度。Thumb 指令集为 ARM 指令集的功能子集，但与之等价。与 ARM 代码相比较，Thumb 代码可节省 30％～40％的存储空间，同时具备 32 位代码的所有优点。

习题

1. 名词解释

（1）硬件系统；（2）软件；（3）中央处理器；（4）存储器；（5）嵌入式系统；（6）ARM处理器。

2. 判断题

(1) 计算机系统由计算机硬件和软件两部分组成。 （　　）

(2) CPU 就是微处理器。 （　　）

(3) 嵌入式系统就是微机机箱内的部分。 （　　）

(4) 中断是主机在执行程序过程中,遇到突发事件而中断程序的正常执行,转去处理突发事件,待处理完成后返回原程序继续执行的过程。 （　　）

3. 填空题

(1) 硬件包括中央处理器、_____和外部设备等。

(2) 系统总线包含三种不同功能的总线,即数据总线、地址总线和_____。

(3) CPU 包括运算逻辑部件、寄存器部件和_____。

(4) 为了解决对存储器要求容量大、速度快、成本低三者之间的矛盾,目前通常采用多级存储器体系结构,即使用高速缓冲存储器、主存储器和_____。

(5) 常用存储器包括:硬盘、_____、U 盘、ROM 和 RAM 等。

(6) 输入/输出系统控制方式包括:程序查询方式、_____和直接存储器访问方式。

(7) 嵌入式系统特点是:内核小、专用性强、_____、高实时性、多任务和需开发环境。

4. 选择题

(1) 常用的输入设备有(　　)。

  A. 键盘   B. 鼠标   C. 扫描仪   D. 打印机

(2) 常用的输出设备有(　　)。

  A. 显示器   B. 打印机   C. 键盘   D. 手写笔

(3) I/O 的几种接口包括(　　)。

  A. 显示卡   B. 硬盘接口   C. 串行接口   D. 并行接口

5. 简答题

(1) 简述系统总线的工作原理。

(2) 简述嵌入式系统的历史。

(3) 简述嵌入式系统的分类。

(4) 简述嵌入式系统的结构。

(5) 简述嵌入式系统的应用。

(6) 简述 ARM 微处理器结构。

6. 论述题

请展望嵌入式系统在物联网中的应用前景。

第6章 现代通信技术

现代通信技术

本章将介绍现代通信技术、调制解调技术、数据传输技术、数字信号的接收和典型通信系统。通过本章的学习,学生需要了解通信系统组成、通信系统分类、通信方式、模拟调制系统、数字调制解调技术、数字基带传输、模拟信号的数字传输、数字频带传输系统、噪声与信道容量、分集接收、数字信号最佳接收、复用和数字复接技术、同步原理、GSM 通信系统、5G 通信、卫星通信系统等。

6.1 现代通信技术概述

6.1.1 通信系统组成

实现信息传递所需的一切技术设备和传输媒质的总和称为通信系统。以基本的点对点通信为例,通信系统的组成(通常也称为一般模型)如图 6-1 所示。

图 6-1 通信系统的一般模型

(1) 信源(信息源,也称发终端)的作用是把待传输的消息转换成原始电信号,如电话系统中的电话机可看成是信源。信源输出的信号称为基带信号。所谓基带信号是指没有经过调制(进行频谱搬移和变换)的原始电信号,其特点是信号频谱从零频附近开始,具有低通形式。根据原始电信号的特征,基带信号可分为数字基带信号和模拟基带信号,相应地,信源也分为数字信源和模拟信源。

(2) 发送设备的基本功能是将信源和信道匹配起来,即将信源产生的原始电信号(基带信号)变换成适合在信道中传输的信号。变换方式是多种多样的,在需要频谱搬移的场合,调制是最常见的变换方式。对传输数字信号来说,发送设备又常常包含信源编码和信道编码等。

(3) 信道是指信号传输的通道,可以是有线的,也可以是无线的,甚至还可以包含某些设备。图中的噪声源,是信道中的所有噪声以及分散在通信系统中其他各处噪声的集合。

(4) 在接收端,接收设备的功能与发送设备相反,即进行解调、译码和解码等。它的任务是从带有干扰的接收信号中恢复出相应的原始电信号来。

（5）信宿(也称受信者或收终端)是将复原的原始电信号转换成相应的消息,如电话机将对方传来的电信号还原成了声音。

6.1.2　通信系统分类

通信的目的是传递消息,按照不同的分法,通信可分成许多类别,下面介绍几种较常用的分类方法。

1. 按传输媒质分

按消息由一地向另一地传递时传输媒质的不同,通信可分为两大类:一类称为有线通信,另一类称为无线通信。所谓有线通信,是指传输媒质为架空明线、电缆、光缆和波导等形式的通信,其特点是媒质能看得见、摸得着。所谓无线通信,是指传输消息的媒质为看不见、摸不着的媒质(如电磁波)的一种通信形式。通常,有线通信可进一步再分类,如明线通信、电缆通信、光缆通信等。无线通信常见的形式有微波通信、短波通信、移动通信、卫星通信、散射通信和激光通信等,其形式较多。

2. 按信道中所传信号的特征分

按照信道中传输的是模拟信号还是数字信号,可以相应地把通信系统分为模拟通信系统与数字通信系统。

3. 按工作频段分

按通信设备的工作频率不同,通信系统可分为长波通信、中波通信、短波通信和微波通信等。

4. 按调制方式分

根据是否采用调制,可将通信系统分为基带传输和频带(调制)传输。基带传输是将没有经过调制的信号直接传送,如音频市内电话;频带传输是对各种信号调制后再送到信道中传输的总称。

5. 按业务的不同分

按通信业务分,通信系统可分为话务通信和非话务通信。电话业务在电信领域中一直占主导地位,它属于人与人之间的通信。近年来,非话务通信发展迅速,主要包括数据传输、计算机通信、电子信箱、电报、传真、可视图文及会议电视、图像通信等。另外,从广义的角度来看,广播、电视、雷达、导航、遥控和遥测等也应列入通信的范畴,因为它们都满足通信的定义。由于广播、电视、雷达、导航等的不断发展,它们已从通信中派生出来,形成了独立的学科。

6. 按通信者是否运动分

通信还可按收发信者是否运动分为移动通信和固定通信。移动通信是指通信双方至少有一方在运动中进行信息交换。

另外,通信还有其他一些分类方法,如按多地址方式可分为频分多址通信、时分多址通信、码分多址通信等;按用户类型可分为公用通信和专用通信;以及按通信对象的位置分为地面通信、对空通信、深空通信和水下通信等。

6.1.3　通信方式

从不同角度考虑问题,通信的工作方式通常有以下几种。

1. 按消息传送的方向与时间分

对于点对点之间的通信,按消息传送的方向与时间,通信方式可分为单工通信、半双工通信及全双工通信三种。

(1) 单工通信,是指消息只能单方向进行传输的一种通信工作方式。单工通信的例子很多,如广播、遥控、无线寻呼等。这里,信号(消息)只从广播发射台、遥控器和无线寻呼中心分别传到收音机、遥控对象和电视机上。

(2) 半双工通信,是指通信双方都能收发消息,但不能同时进行收和发的工作方式。对讲机、收发报机等都是这种通信方式。

(3) 全双工通信,是指通信双方可同时进行双向传输消息的工作方式。在这种方式下,双方都可同时进行收发消息。很明显,全双工通信的信道必须是双向信道。生活中全双工通信的例子非常多,如普通电话、手机等。

2. 按数字信号排序方式分

在数字通信中,按照数字信号代码排列顺序的方式不同,可将通信方式分为串序传输和并序传输。

串序传输是将代表信息的数字信号序列按时间顺序一个接一个地在信道中传输的方式。如果将代表信息的数字信号序列分割成两路或两路以上的数字信号序列同时在信道上传输,则称为并序传输通信方式。

3. 按通信网络形式分

通信的网络形式通常可分为三种:两点间直通方式、分支方式和交换方式。

(1) 直通方式是通信网络中最为简单的一种形式,终端 A 与终端 B 之间是专用线路。

(2) 在分支方式中,它的每一个终端(A,B,C,…,N,…)经过同一信道与转接站相互连接。此时,终端之间不能直通信息,必须经过转接站转接,此种方式只在数字通信中出现。

(3) 交换方式是终端之间通过交换设备灵活地进行线路交换的一种方式,即把要求通信的两终端之间的线路接通(自动接通),或者通过程序控制实现消息交换,即通过交换设备先把发方传来的消息存储起来,然后再转发至收方。

6.2　调制解调技术

6.2.1　模拟调制系统

1. 模拟通信系统

把信道中传输模拟信号的系统称为模拟通信系统。模拟通信系统的组成可由一般通信系统模型略加以改变而成。这里,一般通信系统模型中的发送设备和接收设备分别被调制器和解调器所代替。

对于模拟通信系统,它主要包含两种重要变换。一是把连续消息变换成电信号(发端信息源完成)和把电信号恢复成最初的连续消息(收端信息完成)。由信源输出的电信号(基带信号)具有频率较低的频谱分量,一般不能直接作为传输信号而送到信道中去。因此,模拟通信系统常有第二种变换,即将基带信号转换成适合信道传输的信号,这一变换由调制器完成;在收端同样需经相反的变换,由解调器完成。经过调制后的信号通常称为已调信号。已调信号有三个基本特性:一是携带消息,二是适合在信道中传输,三是频谱具有带通形式,且中心频率远离零频。因而已调信号又常称为频带信号。

2. 模拟调制

大多数待传输的信号具有较低的频率成分,称为基带信号。如果将基带信号直接传输,称为基带传输。但是,很多信道不适宜进行基带信号的传输,或者说,如果基带信号在其中传输,会产生很大的衰减和失真。因此,需要将基带信号进行调制,变换为适合信道传输的形式,调制是让基带信号 $m(t)$ 去控制载波的某个参数,使该参数按照信号 $m(t)$ 的规律变化的过程。载波可以是正弦波;也可以是脉冲序列,以正弦信号作为载波的调制称为连续波调制。

连续波调制分为幅度调制,频率调制和相位调制。频率调整和相位调制都是使载波的相角发生变化,因此两者又统称为角度调制。

调制在通信系统中具有十分重要的作用,通过调制,可对消息信号的频谱搬移,使已调信号适合信道传输的要求,同时也有利于实现信道复用。例如,将多路基带信号调制到不同的载频上并行传输,实现信道的频分复用。

3. 模拟调制分类

(1) 幅度调制是用调制信号去控制高频载波的振幅,使其按调制信号规律变化的过程,常分为标准调幅、抑制载波双边带调制、单边带调制和残留边带调制等。

(2) 角度调制。一个正弦载波有幅度、频率、相位三个参量,因此,不仅可以把调制信号的信息寄托在载波的幅度变化中,还可以寄托在载波的频率和相位变化中。这种使高频载波的频率或相位按照调制信号规律变化而振幅恒定的调制方式,称为频率调制和相位调制,分别简称为调频和调相。因为频率或相位的变化都可以看成是载波角度的变化,故调频和调相又统称为角度调制。

6.2.2 数字调制解调技术

信道中传输数字信号的系统,称为数字通信系统。数字通信系统可进一步细分为数字频带传输通信系统、数字基带传输通信系统、模拟信号数字化传输通信系统。

1. 数字频带传输通信系统

数字频带传输通信系统是用数字基带信号调制载波的一种传输系统。图 6-2 是点对点的数字通信系统模型。

图 6-2 数字频带传输通信系统

需要说明的是,图中调制器/解调器、加密器/解密器、编码器/译码器等环节,在具体通信系统中是否全部采用,要取决于具体设计条件和要求。但在一个系统中,如果发端有调制/加密/编码,则收端必须有解调/解密/译码。通常把有调制器/解调器的数字通信系统称为数字频带传输通信系统。

2. 现代数字调制解调技术

数字振幅调制、数字频率调制和数字相位调制这三种基本的数字调制方式都存在不足之处,如频谱利用率低、抗多径抗衰落能力差、功率谱衰减慢和外辐射严重等。

为了克服这三种基本数字调制方式的不足,近几十年来人们不断地提出一些新的数字调制解调技术,以适应各种通信系统的要求。例如,在恒参信道中,正交振幅调制(QAM)和正交频分复用(OFDM)方式都具有高的频谱利用率。QAM 在卫星通信和有线电视网络高速数据传输等领域得到广泛应用,而 OFDM 在非对称数字环路 ADSL 和高清晰度电视HDTV 的地面广播系统等得到成功应用。高斯最小频移键控 GMSK 和 DQPSK 具有较强的抗多径抗衰落性能,带外功率辐射小等特点,前者用于泛欧数字蜂窝移动通信系统(GSM),后者用于北美和日本的数字蜂窝移动通信系统。

(1)正交振幅调制是用两个独立的基带数字信号对两个相互正交的同频载波进行抑制载波的双边带调制,利用这种已调信号在同一带宽内频谱正交的性质来实现两路并行的数字信息传输。

(2)正交频分复用是一种多载波调制,将要传送的数字信号分解成多个低速比特流,再用这些比特流去分别调制多个正交的载波。

(3)最小频移键控。一般的频移键控信号由于相位不连续、频偏较大等原因,其频谱利用率较低。最小频移键控(Minimum Frequency Shift Keying,MSK)也称为快速频移键控,是二进制连续相位 FSK 的一种特殊形式。所谓"最小"是指这种调制方式能以最小的调制指数(0.5)获得正交信号;而"快速"是指在给定同样的频带内,MSK 比 2PSK 的数据传输速率更高,且在带外的频谱分量要比 2PSK 衰减得快。

(4)高斯最小频移键控。MSK 调制方式的突出优点是已调信号具有恒定包络,且功率谱在主瓣以外衰减较快。但是,在移动通信中,对信号带外辐射功率的限制十分严格,一般要求必须衰减 70dB 以上。从 MSK 信号的功率谱可以看出,MSK 信号仍不能满足这样的要求。高斯最小频移键控就是针对上述要求提出来的。使用高斯预调制滤波器进一步减小调制频谱的最小相位频移键控,可以降低频率转换速度。

6.3　数据传输技术

6.3.1　数字基带传输

1. 数字基带传输系统

来自数据终端的原始数据信号,如计算机输出的二进制序列,电传机输出的代码,或者是来自模拟信号经数字化处理后的 PCM 码组,ΔM 序列等都是数字信号。这些信号往往包含丰富的低频分量,甚至直流分量,因而称之为数字基带信号。在某些具有低通特性的有线信道中,特别是传输距离不太远的情况下,数字基带信号可以直接传输,我们称之为数字基带传输。

与频带传输系统相对应,把没有调制器/解调器的数字通信系统称为数字基带传输通信系统,见图 6-3。基带信号形成器一般包括编码器、加密器以及波形变换等,接收滤波器一般包括译码器、解密器等。

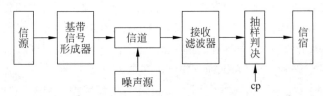

图 6-3　数字基带传输系统模型

2. 数字基带传输系统的基本组成

数字基带传输系统的结构如图 6-4 所示。它主要由编码器、信道发送滤波器、信道、接收滤波器、抽样判决器和解码器组成。此外,为了保证系统可靠有序地工作,还应有同步系统。

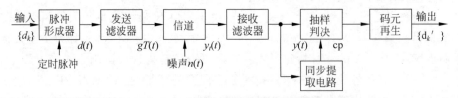

图 6-4　数字基带传输系统

3. 模拟信号数字化传输通信系统

在日常生活中,大部分信号(如语音信号)为连续变化的模拟信号。那么要实现模拟信号在数字系统中的传输,则必须在发送端将模拟信号数字化,即进行 A/D 转换;在接收端进行相反的转换,即 D/A 转换。实现模拟信号数字化传输的系统如图 6-5 所示。

图 6-5 模拟信号数字化传输系统模型

6.3.2 模拟信号的数字传输

数字通信系统具有许多优点,但许多信源输出都是模拟信号。若要利用数字通信系统传输模拟信号,一般需要以下三个步骤。

(1) 把模拟信号数字化,即模数转换(A/D),将原始的模拟信号转换为时间离散和值离散的数字信号。

(2) 进行数字方式传输。

(3) 把数字信号还原为模拟信号,即数模转换(D/A)。

A/D 或 D/A 变换的过程通常由信源编码器实现,所以通常将发端的 A/D 变换称为信源编码(如将语音信号的数字化称为语音编码),而将接收端的 D/A 变换称为信源译码。

广义上所讲的信源编码除了模拟信号的数字化外,还包括对数字信号的压缩编码。信源编码寻求对信源输出符号序列的压缩方法,同时确保能够无失真地恢复原来的符号序列。目的是减少信源输出符号序列中的信息冗余度,提高符号的平均信息量(信源熵),从而提高系统的传输效率。

6.3.3 数字频带传输系统

在实际通信中,有不少信道都不能直接传送基带信号,而必须用基带信号对载波波形的某些参量进行控制,使载波的这些参量随基带信号的变化而变化,即调制。

数字调制是用载波信号的某些离散状态来表征所传送的信息,在接收端对载波信号的离散调制参量进行检测。数字调制信号也称为键控信号,见图 6-6。

图 6-6 数字调制系统的基本结构图

二进制振幅键控是用 0,1 码基带矩形脉冲去键控一个连续的载波,使载波时断时续地输出。最早使用的载波电报就是这种情况。

振幅键控是正弦载波的幅度随数字基带信号而变化的数字调制,当数字基带信号为二进制时,则为二进制振幅键控。设发送的二进制符号序列由 0、1 序列组成,发送 0 符号的概率为 P,则发送 1 符号的概率为 $1-P$,且相互独立。

6.4 数字信号的接收

6.4.1 噪声与信道容量

1. 信道的定义

信道一般有两种定义：狭义信道和广义信道。

通常把发送设备和接收设备之间用以传输信号的媒介定义为狭义信道。例如，架空明线、同轴电缆、双绞线、光缆、自由空间、电离层和对流层等都是狭义信道。

从研究消息传输的观点看，常常所关心的只是通信系统中的基本问题，因此，信道的范围还可以扩大，即除了传输媒介外，还可以包括有关的转换器，如天线、调制器、解调器等。通常将这种扩大了范围的信道称为广义信道。在讨论通信的一般原理时，通常采用的是广义信道。

2. 信道分类

狭义信道按具体媒介的不同类型可分为有线信道和无线信道。所谓有线信道是指明线、对称电缆、同轴电缆和光缆等能够看得见的传输媒介。有线信道是现代通信网中最常用的信道之一。无线信道的传输媒介比较多，它包括短波电离层、对流层散射等。可以这样认为，凡不属于有线信道的媒介均为无线信道的媒介。无线信道的传输特性没有有线信道的传输特性稳定和可靠，但无线信道有方便、灵活、通信者可以移动等优点。

广义信道也可分为调制信道和编码信道。

调制信道是从研究调制与解调的基本问题出发来定义的，它是指从调制器输出端到解调器输入端的所有电路设备和传输媒介。调制信道可视为传输已调信号的一个整体，它希望知道已调信号经过传输后，在解调器输入端的信号特性，而不必考虑中间的变换过程。调制信道主要用来研究模拟通信系统的调制解调问题。

在数字通信系统中，如果仅着眼于研究编码和解码的问题，则可以得到另一种广义信道，叫编码信道。编码信道的范围是从编码器输出端至译码器输入端。编码信道可细分为无记忆编码信道和有记忆编码信道。从编译码的角度来看，编码器的输出和译码器的输入都是数字序列，在此之间的所有变换设备及传输媒介可用编码信道加以概括。

3. 信道的加性噪声

调制信道对信号的影响除乘性干扰外，还有加性干扰(即加性噪声)，下面讨论信道中的加性噪声。

1) 加性噪声的来源

信道中加性噪声的来源一般可以分为三个方面：人为噪声、自然噪声和内部噪声。人为噪声来源于由人类活动造成的其他信号源，如外台信号、开关接触噪声、工业的点火辐射及荧光灯干扰等；自然噪声是指自然界存在的各种电磁波源，如闪电、大气中的电暴、银河系噪声及其他各种宇宙噪声等；内部噪声是系统设备本身产生的各种噪声，如在电阻一类的导体中自由电子的热运动、真空管中电子的起伏发射和半导体载流子的起伏变化等。

2）噪声的种类

有些噪声是确知的，如自激振荡、各种内部谐波干扰等，这类噪声在原理上可消除。另一些噪声是无法预测的，统称为随机噪声。在此只讨论随机噪声，常见的随机噪声可分为单频噪声、脉冲噪声和起伏噪声三种。

4. 信道容量的概念

定义：在特定约束下，给定信道从规定的源发送消息的能力度量。其通常是在采用适当的代码，差错率在可接受范围的条件下，以所能达到的最大比特率来表示。对于只有一个信源和一个信宿的单用户信道，它是一个数，单位是比特每秒或比特每符号。它代表每秒或每个信道符号能传送的最大信息量，或者说小于这个数的信息率必能在此信道中无错误地传送。

根据信道的统计特性是否随时间变化分为以下两种。

（1）恒参信道（平稳信道）。信道的统计特性不随时间变化。卫星通信信道在某种意义下可以近似为恒参信道。

（2）随参信道（非平稳信道）。信道的统计特性随时间变化。如在短波通信中，其信道可看成随参信道。

信道容量是信道的一个参数，反映了信道所能传输的最大信息量，其大小与信源无关。对不同的输入概率分布，交互信息一定存在最大值，我们将这个最大值定义为信道的容量。一旦转移概率矩阵确定以后，信道容量也完全确定了。尽管信道容量的定义涉及输入概率分布，但信道容量的数值与输入概率分布无关。我们将不同的输入概率分布称为实验信源，对不同的实验信源，交互信息也不同。其中必有一个实验信源使交互信息达到最大，这个最大值就是信道容量。

信道容量有时也表示为单位时间内可传输的二进制位的位数（称为信道的数据传输速率，位速率），以位/秒（b/s）形式予以表示。

6.4.2　分集接收

短波电离层反射信道等随参信道引起的多径衰落、频率弥散、频率选择性衰落，会严重影响接收信号的质量，使通信系统性能大大降低。为了提高随参信道中信号传输质量，必须采取抗衰落的有效措施。常采用的技术措施有抗衰落性能好的调制解调技术、扩频技术、功率控制技术、与交织结合的差错控制技术和分集接收技术等。其中，分集接收技术是一种有效的抗衰落技术，已在短波通信、移动通信系统中得到广泛应用。

1. 基本思想

分集接收，是指接收端按照某种方式使收到的携带同一信息的多个信号衰落特性相互独立，并对多个信号进行特定的处理，以降低合成信号电平起伏，减小各种衰落对接收信号的影响。从广义信道的角度来看，分集接收可看作随参信道的一个组成部分，通过分集接收,使包括分集接收在内的随参信道衰落特性得到改善。

分集接收包含两重含义:一是分散接收,使接收端得到多个携带同一信息的、统计独立的衰落信号;二是合并处理,即接收端把收到的多个统计独立的衰落信号进行适当的合并,从而降低衰落的影响,改善系统性能。

2. 分集方式

互相独立或基本独立的一些接收信号,一般可利用不同路径、不同频率、不同角度、不同极化等接收手段来获取。于是大致有以下几种分集方式。

(1) 空间分集是接收端在不同位置上接收同一信号,只要各位置间的距离足够大(一般在 100 个信号波长以上),所收到信号的衰落就是相互独立的。因此,空间分集的接收端至少架设两副间隔一定距离的天线。

(2) 频率分集是将发送信息分别调制到不同的载波频率上发送,只要载波频率之间的间隔足够大(大于相关带宽),则接收端所接收到信号的衰落是相互独立的。实际传输过程中,当载波频率间隔大于相关带宽时则可认为接收到信号的衰落是相互独立的。

(3) 角度分集是利用指向不同的天线波束得到互不相关的衰落信号。例如,在微波面天线上设置若干个照射器,产生相关性很小的几个波束。

(4) 极化分集是分别接收水平极化和垂直极化波而构成的一种分集方式。一般认为,这两种波是相关性极小的(在短波电离层反射信道中)。

3. 合并方式

各分散的信号进行合并的方式通常有以下几种。

(1) 最佳选择式是从几个分散信号中设法选择其中信噪比最好的一个作为接收信号。

(2) 等增益相加式是将几个分散信号以相同的支路增益进行直接相加,相加后的信号作为接收信号。

(3) 最佳比例相加式是以各支路的信噪比为加权系数,将各支路信号相加后作为接收信号。

不同合并方式的分集效果是不同的,最佳选择式效果最差,但最简单;最佳比例相加式效果最好,但最复杂。

从总的分集效果来说,主要是改善了衰落特性,使信道的衰落平滑了、减小了。因此,采用分集接收方法对随参信道进行改造是十分必要的。

6.4.3 数字信号最佳接收

1. 最佳接收准则

任何一种接收设备的根本任务,就是要在接收到遭受各种干扰和噪声破坏的信号中将原来发送的信号无失真地复制出来。但是在数字通信系统中,由于所传送的信号比较简单,例如,在采用二元调制的情况下,它就只有两种状态,即信号 1 或信号 0。因此接收机的任务也就简化为正确地接收和判决数字信号,使得发生判决错误(信号 1 被判为 0,或者信号 0 被判为 1)的可能性最小。

数字通信系统也和信号检测系统一样,接收机要想在强噪声中将信号正确地提取出来,就必须提高接收机本身的抗干扰性能。按照最佳接收准则来设计的最佳接收机就具有这样的性能。

2. 数字通信系统常用的几个基本最佳接收准则

显然,对于这类信号检测或识别系统,只要增加信号功率相对于噪声功率的比值,就有利于在背景噪声中将信号提取出来。因此,在同样输入信噪比的情况下能够给出输出信噪比大的接收机,总是要比给出输出信噪比小的接收机抗干扰性能强,并且希望输出信噪比越大越好,这就是最大输出信噪比准则。

未知相位信号的最佳接收,由于信道噪声的干扰,就数字载波传输而言,在接收端至少无法知道接收输入混合波形随机影响的相位,特别是多径衰落以及多种可能失真的无线信道的接收波形,在这种使信号性能降级的情况下,更适于由匹配滤波器,不考虑接收信号相位而实行非相干接收。但需明确的是,数字调相 PSK 系列由于不能利用非相干接收,就也不适于匹配滤波器方式接收。

6.4.4　复用和数字复接技术

在实际通信中,信道上往往允许多路信号同时传输。解决多路信号同时传输的问题就是信道复用问题。将多路信号在发送端合并后通过信道进行传输,然后在接收端分开并恢复为原始各路信号的过程称为复接和分接。

从理论上讲,只要各路信号分量相互正交,就能实现信道的复用。常用的复用方式有频分复用、时分复用和码分复用等。数字复接技术就是在多路复用的基础上把若干个小容量低速数据流合并成一个大容量的高速数据流,再通过高速信道传输,传到接收端再分开,完成这个数字大容量传输的过程,就是数字复接。

1. 频分多路复用

1) 基本频分复用

频分多路复用是指将多路信号按频率的不同进行复接并传输的方法,多用于模拟通信中。在频分多路复用中,信道的带宽被分成若干个互不重叠的频段,每路信号占用其中一个频段,因而在接收端可采用适当的带通滤波器将多路信号分开,从而恢复出所需的原始信号,这个过程就是多路信号的复接和分接。

频分复用实质就是每个信号在全部时间内占用部分频率谱。

2) 正交频分复用(OFDM)

OFDM 是多载波数字调制技术,它将数据经编码后调制为射频信号。不像常规的单载波技术,如 AM/FM(调幅/调频)在某一时刻只用单一频率发送单一信号,OFDM 在经过特别计算的正交频率上同时发送多路高速信号。这一结果就如同在噪声和其他干扰中突发通信一样有效利用了带宽。

正交频分复用作为一种多载波传输技术,主要应用于数字视频广播系统、多信道多点分布服务、WLAN 服务以及下一代陆地移动通信系统。

2. 时分多路复用

在数字通信系统中,模拟信号的数字传输或数字信号的多路传输一般都采用时分多路复用方式来提高系统的传输效率。

3. 时分复用的 PCM 系统

由对信号的抽样过程可知,抽样的一个重要特点是信号占用时间的有限性,这就可以使得多路信号的抽样值在时间上互不重叠。

当多路信号在信道上传输时,各路信号的抽样只是周期地占用抽样间隔的一部分。因此,在分时使用信道的基础上,可以用一个信源信息相邻样值之间的空闲时间区段来传输其他多个彼此无关的信源信息,这样便构成了时分多路复用通信。

4. 数字复接技术

随着通信技术的发展,数字通信的容量不断增大。目前 PCM 通信方式的传输容量已由一次群(PCM30/32 路或 PCM24 路)扩大到二次群、三次群、四次群及五次群,甚至更高速率的多路系统。扩大数字通信容量,形成二次群以上的高次群的方法通常有 PCM 复用和数字复接两种。

6.4.5　同步原理

同步是指收发双方在时间上步调一致,故又称为定时。在数字通信中,按照同步的功能分为:载波同步、位同步、群同步和网同步。

(1) 载波同步是指在相干解调时,接收端需要提供一个与接收信号中的调制载波同频同相的相干载波。这个载波的获取称为载波提取或载波同步。

(2) 位同步又称码元同步。在数字通信系统中,任何消息都是通过一连串码元序列传送的,所以接收端需要知道每个码元的起始时刻,以便在恰当的时刻进行取样判决。

(3) 群同步包括字同步、句同步、分路同步,它有时也称帧同步。在数据通信中,信息流是用于若干码元组成一个"字",用若干"字"组成"句"。在接收这些信息时必须知道这些"字""句"的起始时刻,否则接收端无法正确回复信息。

(4) 随着数字通信的发展,尤其是计算机通信的发展,多个用户之间的通信和数据交换构成了数字通信网。显然,为了保证通信网络内部用户之间的可靠通信和数据交换,全网必须有统一的时间标准时钟,这就是网同步。

6.5　典型通信系统介绍

6.5.1　GSM 通信系统与 5G

1. 概述

全球移动通信系统(Global System of Mobile communication,GSM)是当前应用最为

广泛的移动电话标准,是由欧洲电信标准组织 ETSI 制定的一个数字移动通信标准。它的空中接口采用时分多址技术。自 20 世纪 90 年代中期投入商用以来,已被全球超过 100 个国家采用。GSM 标准的设备占据当前全球蜂窝移动通信设备市场份额 80% 以上。

GSM 是当前应用最为广泛的移动电话标准。全球超过 200 个国家和地区,超过 10 亿人都在使用 GSM 电话,所有用户可以在签署了"漫游协定"的移动电话运营商之间自由漫游。GSM 较之它以前的标准最大的不同是它的信令和语音信道都是数字式的,因此 GSM 被看作第二代(2G)移动电话系统,这也说明数字通信从很早就已经构建到系统中。

从用户观点出发,GSM 的主要优势在于用户可以在更高的数字语音质量和更低的费用之间做出选择。网络运营商的优势是他们可以为不同的客户定制他们的设备配置,因为 GSM 作为开放标准提供了更简易的互操作性。这样,标准就允许网络运营商提供漫游服务,用户也就可以在全球使用他们的移动电话了。

GSM 作为一个继续开发的标准,保持向后兼容原始的 GSM 电话,例如,报文交换能力在 Release '97 版本的标准中被加入进来,也就是 GPRS。高速数据交换也在 Release '99 版标准中才被引入,主要是 EDGE 和 UMTS 标准。

2. GSM 技术

GSM 是一个蜂窝网络,也就是说,移动电话要连接到它能搜索到的最近的蜂窝单元区域。GSM 网络运行在多个不同的无线电频率上。它一共有 4 种不同的蜂窝单元尺寸:巨蜂窝、微蜂窝、微微蜂窝和伞蜂窝。覆盖面积因环境的不同而不同。巨蜂窝可以被看作基站天线安装在天线杆或者建筑物顶上的那种。微蜂窝则是那些天线高度低于平均建筑高度的蜂窝,一般用在市区内。微微蜂窝则是那种很小的只覆盖几十米范围的蜂窝,主要用于室内。伞蜂窝则用于覆盖更小的蜂窝网盲区,填补蜂窝之间的信号空白区域。蜂窝半径范围根据天线高度、增益和传播条件可以从百米以下到数十千米。实际使用的最长距离 GSM 规范支持到 35km,还有个扩展蜂窝的概念,其半径可以增加一倍甚至更多。GSM 同样支持室内覆盖,通过功率分配器可以把室外天线的功率分配到室内天线分布系统上。这是一种典型的配置方案,用于满足室内高密度通话要求,在购物中心和机场十分常见。然而这并不是必需的,因为室内覆盖也可以通过无线信号穿越建筑物来实现,只是这样可以提高信号质量减少干扰和回声。

3. 5G 通信

5G 是第五代移动通信网络,其峰值理论传输速度可达每秒数吉位(Gb),比 4G 网络的传输速度快数百倍。5G 网络不仅支持智能手机,还支持智能手表、健身腕带、智能家庭设备如鸟巢式室内恒温器等。

5G 具体特征如下。

传输速率:5G 网络已成功在 28GHz 波段下达到了 1Gb/s,相比之下,当前的第四代长期演进(4G LTE)服务的传输速率仅为 75Mb/s。而此前这一传输瓶颈被业界普遍认为是一个技术难题,而三星电子则利用 64 个天线单元的自适应阵列传输技术破解了这一难题。

智能设备:5G 网络中看到的最大改进之处是它能够灵活支持各种不同的设备。除了支持手机和平板电脑外,5G 网络还将支持可佩戴式设备。在一个给定的区域内支持无数台设备,这是设计的目标。在未来,每个人将拥有 10~100 台设备为其服务。

网络连接:5G 网络改善端到端性能将是另一个重大的课题。端到端性能是指智能手机的无线网络与搜索信息的服务器之间保持连接的状况。在发送短信或浏览网页的时候,在观看网络视频时,如果发现视频播放不流畅甚至停滞,这很可能就是因为端到端网络连接较差的缘故。

6.5.2 卫星通信系统

卫星通信系统实际上也是一种微波通信,它以卫星作为中继站转发微波信号,在多个地面站之间通信,卫星通信的主要目的是实现对地面的"无缝隙"覆盖。由于卫星工作于几百、几千甚至上万千米的轨道上,因此覆盖范围远大于一般的移动通信系统。但卫星通信要求地面设备具有较大的发射功率,因此不易普及。

1. 卫星通信系统概念

卫星通信系统由卫星端、地面端、用户端三部分组成。卫星端在空中起中继站的作用,即把地面站发上来的电磁波放大后再返送回另一地面站,卫星星体又包括星载设备和卫星母体两大子系统。地面站则是卫星系统与地面公众网的接口,地面用户也可以通过地面站出入卫星系统形成链路,地面站还包括地面卫星控制中心,及其跟踪、遥测和指令站。用户端即各种用户终端。

在微波频带,整个通信卫星的工作频带约有 500MHz,为了便于放大和发射及减少变调干扰,一般在星上设置若干个转发器,每个转发器被分配一定的工作频带。目前的卫星通信多采用频分多址技术,不同的地球站占用不同的频率,即采用不同的载波,比较适用于点对点大容量的通信。近年来,时分多址技术也在卫星通信中得到了较多的应用,即多个地球站占用同一频带,不同的时隙。与频分多址方式相比,时分多址技术不会产生互调干扰,不需要用上下变频把各地球站信号分开,适合数字通信,可根据业务量的变化按需分配传输带宽,使实际容量大幅度增加。另一种多址技术是 CDMA,即不同的地球站占用同一频率同一时间,但利用不同的随机码对信息进行编码来区分不同的地址。CDMA 采用了扩展频谱通信技术,具有抗干扰能力强、较好的保密通信能力、可灵活调度传输资源等优点。它比较适合于容量小、分布广、有一定保密要求的系统使用。

2. 卫星通信系统的分类

(1) 按照工作轨道区分,可以分为以下三类:低轨道卫星通信系统(距地面 500~2000km);中轨道卫星通信系统(距地面 2000~20 000km);高轨道卫星通信系统(距地面 35 800km)。

(2) 按照通信范围区分,可以分为国际通信卫星、国内通信卫星和区域性通信卫星。

(3) 按照用途区分,可以分为综合业务通信卫星、军事通信卫星、海事通信卫星和电视直播卫星。

(4) 按照转发能力区分,可以分为无星上处理能力卫星和有星上处理能力卫星。

3. 卫星通信系统的特点

（1）下行广播，覆盖范围广。对地面的情况如高山海洋等不敏感，适用于在业务量比较稀少的地区提供大范围的覆盖，在覆盖区内的任意点均可以进行通信，而且成本与距离无关。

（2）工作频带宽。可用频段为 150MHz～30GHz。

（3）通信质量好。卫星通信中电磁波主要在大气层以外传播，电波传播非常稳定。虽然在大气层内的传播会受到天气的影响，但仍然是一种可靠性很高的通信系统。

（4）网络建设速度快、成本低。除建地面站外，无须地面施工，运行维护费用低。

（5）信号传输时延大。高轨道卫星的双向传输时延达到秒级，用于话音业务时会有非常明显的中断。

（6）控制复杂。由于卫星通信系统中所有链路均是无线链路，而卫星的位置还可能处于不断变化中，因此控制系统也较为复杂。控制方式有星间协商和地面集中控制两种。

4. 卫星通信系统的发展趋势

未来卫星通信系统主要有以下发展趋势。

（1）地球同步轨道通信卫星向多波束、大容量和智能化发展。

（2）低轨卫星群与蜂窝通信技术相结合，实现全球个人通信。

（3）小型卫星通信地面站将得到广泛应用。

（4）通过卫星通信系统承载数字视频直播（DVB）和数字音频广播（DAB）。

（5）卫星通信系统将与 IP 技术结合，用于提供多媒体通信和因特网接入，既包括国际、国内的骨干网络，也包括提供用户直接接入。

（6）微小卫星和纳卫星将广泛应用于数据存储转发通信以及星间组网通信。

5. 卫星移动通信系统案例

凡是通过移动的卫星和固定的终端、固定的卫星和移动的终端或二者均移动的通信，均称为卫星移动通信系统。从 20 世纪 80 年代开始，西方很多公司开始意识到未来覆盖全球、面向个人的无缝隙通信，所谓的个人通信全球化的巨大需求，相继发展以中、低轨道的卫星星座系统为空中转接平台的卫星移动通信系统，开展卫星移动电话、卫星直播或卫星数字音频广播、互联网接入以及高速、宽带多媒体接入等业务。已经实施的项目包括：铱星（Iridium）系统、Globalstar 系统、ORBCONN 系统、信使系统（俄罗斯）等，以下给出其中几种成功案例。

（1）铱星（Iridium）系统。铱星系统属于低轨道卫星移动通信系统，Motorola 提出并主导建设，由分布在 6 个轨道平面上的 66 颗卫星组成。这些卫星均匀地分布在 6 个轨道面上，轨道高度为 780km。主要为个人用户提供全球范围内的移动通信，采用地面集中控制方式，具有星际链路、星上处理和星上交换功能。从技术上来说，这一系统比较先进，但商业上则较为失败，一是目标用户不明确，二是成本高昂。

（2）Globalstar 系统。Globalstar 系统设计简单，既没有星际电路，也没有星上处理和星上交换功能，仅定位为地面蜂窝系统的延伸，从而扩大了地面移动通信系统的覆盖，降低了系统投资与技术风险。GIobalstar 系统由 48 颗卫星组成,均匀分布在 8 个轨道面上,轨道高度为 1389km。它有 4 个主要特点:一是系统设计简单,可降低卫星成本和通信费用;二是移动用户可利用多径和多颗卫星的双重分集接收,提高接收质量;三是频谱利用率高;四是地面关口站数量较多。

(3) 星链(Starlink)系统。它是美国太空探索技术公司的一个项目,即 2019—2024 年间在太空搭建由约 1.2 万颗卫星组成的"星链"网络提供互联网服务,其中,1584 颗将部署在地球上空 550km 处的近地轨道,随后,该公司将卫星增加到 4.2 万颗。2021 年 3 月 11日,该公司发射了 60 颗"星链"互联网卫星,5 月 5 日又发射了 60 颗卫星,5 月 15 日发射 52颗卫星,9 月 13 日 51 颗卫星被送入轨道。

习题

1. 名词解释

(1) 模拟调制系统;(2) 数字频带传输通信系统;(3) 信道;(4) 信道的容量;(5) 频分多路复用;(6) 正交频分复用;(7) GSM;(8) 5G;(9) 卫星通信系统。

2. 判断题

(1) 模数转换(A/D)就是数模转换(D/A)。 （   ）

(2) 模拟信号可以用数字化传输通信系统传输。 （   ）

(3) 有半双工通信的方式。 （   ）

3. 填空题

(1) 按传输媒介,通信可分为两大类:一类称为有线通信,另一类称为_____。

(2) 根据是否采用调制,可将通信系统分为_____和频带(调制)传输。

(3) 通信还可按收发信者是否运动分为移动通信和_____。

(4) 对于点对点之间的通信,按消息传送的方向与时间,通信方式可分为单工通信、半双工通信及_____三种。

(5) 通信的网络形式通常可分为三种:两点间直通方式、分支方式和_____。

(6) 模拟调制分类:幅度调制和_____。

4. 选择题

(1) 数字通信系统可进一步细分为(   )。

    A. 数字频带传输通信系统   B. 数字基带传输通信系统

    C. 模拟信号数字化传输通信系统   D. 模拟传输系统

(2) 常见的随机噪声可分为(   )。

    A. 单频噪声   B. 脉冲噪声

    C. 起伏噪声   D. 人的噪声

(3) 在数字通信中,按照同步的功能分为(   )。

    A. 载波同步   B. 位同步   C. 群同步   D. 网同步

(4) 卫星通信系统由以下几个部分组成(   )。

    A. 卫星端   B. 地面端   C. 用户端   D. 发射器

（5）按照工作轨道区分，卫星通信可以分为以下几类（　　）。

    A. 低轨道卫星通信系统（距地面 500～2000km）

    B. 中轨道卫星通信系统（距地面 2000～20 000km）

    C. 高轨道卫星通信系统（距地面 35 800km）

    D. 超低轨道卫星通信系统（距地面小于 500km）

5. 简答题

（1）简述模拟信号的数字传输。

（2）分集接收的基本思想是什么？

（3）有哪几种分集方式？

（4）有哪几种合并方式？

（5）什么是同步？怎么分类？

（6）简述 GSM 技术。

（7）简述 5G 的特点。

6. 论述题

请展望现代通信技术在物联网中的应用前景。

第7章
CHAPTER 7 | **计算机网络**

本章将介绍计算机网络和 Internet 技术。通过本章的学习,学生需要记住计算机网络定义,了解其拓扑结构与组成、发展历史、网络硬件和软件、网络互联设备、网络分类、常用网络协议、IP 地址与域名、互联网接入等。

7.1 计算机网络概述

7.1.1 计算机网络定义

1. 定义

计算机网络,是指将地理位置不同的具有独立功能的多台计算机及其外部设备,通过通信线路连接起来,在网络操作系统、网络管理软件及网络通信协议的管理和协调下,实现资源共享和信息传递的计算机系统,见图 7-1。

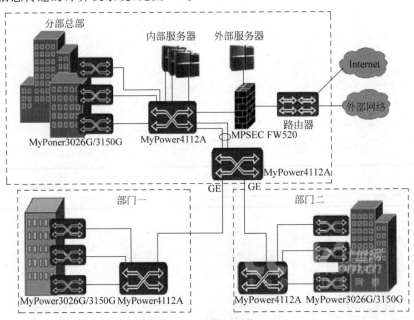

图 7-1 计算机网络

计算机网络的最简单定义是：一些相互连接的、以共享资源为目的、自治计算机的集合。从广义上看，计算机网络是以传输信息为基础目的，用通信线路将多个计算机连接起来的计算机系统集合。从用户角度看，计算机网络是可以调用用户所需资源的系统。

2. 功能

计算机网络的主要功能是硬件资源共享、软件资源共享和用户间信息交换三个方面。

（1）硬件资源共享。可以在全网范围内提供对处理资源、存储资源、输入/输出资源等昂贵设备的共享，使用户节省投资，也便于集中管理和均衡分担负荷。

（2）软件资源共享。允许互联网上的用户远程访问各类大型数据库，可以得到网络文件传送服务、远地进程管理服务和远程文件访问服务，从而避免软件研制上的重复劳动以及数据资源的重复存储，也便于集中管理。

（3）用户间信息交换。计算机网络为分布在各地的用户提供了强有力的通信手段。用户可以通过计算机网络传送电子邮件、发布新闻消息和进行电子商务活动。

7.1.2 拓扑结构与组成

1. 拓扑结构

网络拓扑结构指的是网络上的通信链路以及各个计算机之间相互连接的几何排列或物理布局形式。网络拓扑就是指网络形状，即网络中各个结点相互连接的方法和形式。拓扑结构通常有 5 种主要类型，即星状、环状、总线型、树状和网状，如图 7-2 所示。

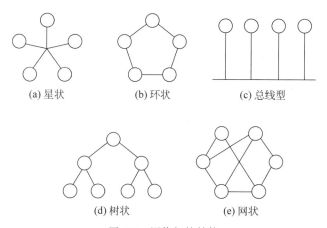

(a) 星状　　　　(b) 环状　　　　(c) 总线型

(d) 树状　　　　(e) 网状

图 7-2　网络拓扑结构

1）星状拓扑结构

星状拓扑结构的中央结点到各站之间呈辐射状连接，由中央结点完成集中式通信控制。星状拓扑结构的结点有两类，即中心结点和外围结点。中心结点只有一个，每个外围结点都通过独立的通信线路与中心结点相连，外围结点之间没有连线。星状结构的优点是结构简单，访问协议简单，单个故障不影响整个网络；缺点是可靠性较低，中央结点有故障，整个网络就无法工作，全网将瘫痪，且系统扩展较困难。

2）环状拓扑结构

环状拓扑结构中每个结点连接形成一个闭合回路,数据可以沿环单向传输,也可以设置两个环路实现双向通信。环状拓扑结构的扩充方便,传输率较高,但网络中一旦有某个结点发生故障,则可能导致整个网络停止工作。

3）总线型拓扑结构

在总线型拓扑结构中,所有工作站点都连在一条总线上,通过这条总线实现通信。总线结构是目前局域网采用最多的一种拓扑结构。它连接简单,易于扩充结点和删除结点,结点的故障不会引起系统的瘫痪,但是,总线出问题会使整个网络停止工作,故障检测困难。

4）树状拓扑结构

在树状拓扑结构中,有一个根结点和若干个枝结点,最末端是叶结点,形状像倒立的"树根"。它与总线型比较,总线型没有"根"。根结点的功能较强,常常是高档计算机,或小、中型计算机,叶结点可以是微型计算机。这种结构的优点是扩展容易,易分离故障结点,易维护,特别适合等级严格的行业或部门;缺点是整个网络对根结点的依赖性较大,这对整个网络系统的安全性是一个障碍,若根结点发生故障,整个网络的工作就受到致命影响。

5）网状结构

网状结构实际是由上述4种拓扑结构中的两种或多种简单组合而成,形状像网一样。网状结构中计算机之间的通信有多条线路可供选择。它继承了各种结构的优点,但是,其结构复杂,维护难度加大。

2. 层次结构

OSI(Open System Interconnection)七层网络模型称为开放式系统互连参考模型,是一个逻辑上的定义,一个规范,它把网络从逻辑上分为七层,见图7-3。

图7-3　OSI网络模型

1）物理层(Physical Layer)

OSI模型的最低层或第一层,该层包括物理联网媒介,如电缆连线、连接器。物理层的协议产生并检测电压以便发送和接收携带数据的信号。物理层的任务就是为它的上一层提供一个物理连接,以及它们的机械、电气、功能和过程特性。如规定使用电缆和接头的类型、传送信号的电压等。在这一层,数据还没有被组织,仅作为原始的位流或电气电压处理,单位是b。

2）数据链路层(Datalink Layer)

OSI模型的第二层,它控制网络层与物理层之间的通信。数据链路层在物理层提供比特流服务的基础上,建立相邻结点之间的数据链路,通过差错控制提供数据帧(Frame)在信道上无差错的传输,并进行各电路上的动作系列。它的主要功能是如何在不可靠的物理线路上进行数据的可靠传递。为了保证传输,从网络层接收到的数据被分割成特定的可被物理层传输的帧。帧是用来移动数据的结构包,它不仅包括原始数据,还包括发送方和接收方的物理地址以及纠错和控制信息。其中的地址确定了帧将发送到何处,而纠错和控制信息则确保帧无差错到达。如果在传送数据时,接收点检测到所传数据中有差错,就要通知发送方重发这一帧。该层的作用包括:物理地址寻址、数据的成帧、流量控制、数据的检错、重发等。数据链路层协议的代表包括:SDLC、

HDLC、PPP、STP、帧中继等。

3) 网络层(Network Layer)

OSI 模型的第三层,其主要功能是将网络地址翻译成对应的物理地址,并决定如何将数据从发送方路由到接收方。网络层通过综合考虑发送优先权、网络拥塞程度、服务质量以及可选路由的花费来决定从一个网络中结点 A 到另一个网络中结点 B 的最佳路径。由于网络层处理路由,而路由器因为既连接网络各段,又智能指导数据传送,属于网络层。在网络中,"路由"是基于编址方案、使用模式以及可达性来指引数据的发送。网络层负责在源机器和目标机器之间建立它们所使用的路由。这一层本身没有任何错误检测和修正机制,因此,网络层必须依赖于端端之间由 DLL 提供的可靠传输服务。

4) 传输层(Transport Layer)

OSI 模型中最重要的一层。传输协议同时进行流量控制或是基于接收方可接收数据的快慢程度规定适当的发送速率。除此之外,传输层按照网络能处理的最大尺寸将较长的数据包进行强制分割。例如,以太网无法接收大于 1500B 的数据包。发送方结点的传输层将数据分割成较小的数据片,同时对每一数据片安排一序列号,以便数据到达接收方结点的传输层时,能以正确的顺序重组,该过程即被称为排序。工作在传输层的一种服务是 TCP/IP 协议套中的 TCP(传输控制协议),另一项传输层服务中是 IPX/SPX 协议集中的 SPX(序列包交换)。

5) 会话层(Session Layer)

负责在网络中的两结点之间建立、维持和终止通信。会话层的功能包括:建立通信链接,保持会话过程通信链接的畅通,同步两个结点之间的对话,决定通信是否被中断以及通信中断时决定从何处重新发送。当通过拨号向 ISP(因特网服务提供商)请求连接到因特网时,ISP 服务器上的会话层向 PC 客户机上的会话层进行协商连接。若电话线偶然从墙上插孔脱落时,终端机上的会话层将检测到连接中断并重新发起连接。会话层通过决定结点通信的优先级和通信时间的长短来设置通信期限。

6) 表示层(Presentation Layer)

表示层是应用程序和网络之间的翻译官。在表示层,数据将按照网络能理解的方案进行格式化,这种格式化也因所使用网络的类型不同而不同。表示层管理数据的解密与加密,如系统口令的处理。例如,在 Internet 上查询银行账户,使用的即是一种安全连接。账户数据在发送前被加密,在网络的另一端,表示层将对接收到的数据解密。除此之外,表示层协议还对图片和文件格式信息进行解码和编码。

7) 应用层(Application Layer)

负责对软件提供接口以使程序能使用网络服务。术语"应用层"并不是指运行在网络上的某个特别的应用程序。应用层提供的服务包括文件传输、文件管理以及电子邮件的信息处理。

7.1.3 发展历史

计算机网络的发展大致可划分为 4 个阶段。

1. 诞生阶段

20 世纪 60 年代中期之前的第一代计算机网络是以单个计算机为中心的远程联机系

统。典型应用是由一台计算机和全美范围内 2000 多个终端组成的飞机订票系统。终端是一台计算机的外部设备包括显示器和键盘,无 CPU 和内存。随着远程终端的增多,在主机前增加了前端机(FEP)。当时,人们把计算机网络定义为"以传输信息为目的而连接起来,实现远程信息处理或进一步达到资源共享的系统",但这样的通信系统已具备了网络的雏形。

2. 形成阶段

20 世纪 60 年代中期至 70 年代的第二代计算机网络是以多个主机通过通信线路互联起来,为用户提供服务,兴起于 20 世纪 60 年代后期,典型代表是美国国防部高级研究计划局协助开发的 ARPANET。主机之间不是直接用线路,而是由接口报文处理机(IMP)转接后互联的。IMP 和它们之间互联的通信线路一起负责主机间的通信任务,构成了通信子网。通信子网互联的主机负责运行程序,提供资源共享,组成了资源子网。这个时期,网络概念为"以能够相互共享资源为目的互联起来的具有独立功能的计算机集合体",形成了计算机网络的基本概念。

3. 互联互通阶段

20 世纪 70 年代末至 20 世纪 90 年代的第三代计算机网络是具有统一的网络体系结构并遵循国际标准的开放式和标准化的网络。ARPANET 兴起后,计算机网络发展迅猛,各大计算机公司相继推出自己的网络体系结构及实现这些结构的软硬件产品。由于没有统一的标准,不同厂商的产品之间互联很困难,人们迫切需要一种开放性的标准化实用网络环境,这样应运而生了两种国际通用的最重要的体系结构,即 TCP/IP 体系结构和国际标准化组织的 OSI 体系结构。

4. 高速网络技术阶段

20 世纪 90 年代末至今的第四代计算机网络,由于局域网技术发展成熟,出现了光纤及高速网络技术,多媒体网络,智能网络,整个网络就像一个对用户透明的大计算机系统,发展为以 Internet 为代表的互联网。

7.1.4 网络硬件和软件

1. 网络硬件

1)服务器

服务器是网络环境中的高性能计算机,它侦听网络上其他计算机(客户机)提交的服务请求,并提供相应的服务。为此,服务器必须具有承担服务并且保障服务的能力。

2)终端

网络终端可以是超级计算机、工作站、PC、笔记本电脑、平板电脑、掌上电脑、PDA、手机等固定或移动设备。

3)联网部件

联网部件包括网卡、适配器、调制解调器、连接器、收发器、终端匹配器、FAX 卡、中继器、集线器、网桥、路由器、桥由器、网关、集线器和交换机等。

4）通信介质

通信介质（传输介质）即网络通信的线路，有双绞线、同轴电缆和光纤三种缆线，还有短波、卫星通信等无线传输。

2．网络软件

网络软件就是在计算机网络环境中，用于支持数据通信和各种网络活动的软件。网络软件包括通信支撑平台软件、网络服务支撑平台软件、网络应用支撑平台软件、网络应用系统、网络管理系统以及用于特殊网络站点的软件等。

计算机网络分为用户实体和资源实体两种基本形式。用户实体（如用户程序和终端等）以直接或间接方式与用户相联系，反映用户所要完成的任务和服务请求。资源实体（如设备、文卷和软件系统等）与特定的资源相联系，为用户实体访问相应的资源提供服务。网络中各类实体通常按照共同遵守的规则和约定彼此通信、相互合作，完成共同关心的任务，这些规则和约定称为计算机网络协议（简称网络协议）。

7.1.5　网络互联设备

网络互联设备根据不同层实现的机理不一样，又具体分为五类：网络传输介质互联设备，网络物理层互联设备，数据链路层互联设备，网络层互联设备，应用层互联设备。常用的网络互联设备有中继器、网桥、路由器、桥由器、网关、集线器、交换机、网线和光纤等。

1．网络传输介质互联设备

一般包括如下几类：T 型连接器、收发器、屏蔽或非屏蔽双绞线连接器 RJ-45、RS-232 接口（DB-25）、DB-15 接口、VB35 同步接口、网络接口单元和调制解调器。

2．网络物理层互联设备

（1）中继器（Repeater）。中继器是局域网互联的最简单设备，它工作在 OSI 体系结构的物理层，接收并识别网络信号，然后再生信号并将其发送到网络的其他分支上。要保证中继器能够正确工作，首先要保证每一个分支中的数据包和逻辑链路协议是相同的。例如，在802.3 以太局域网和 802.5 令牌环局域网之间，中继器是无法使它们通信的。但是，中继器可以用来连接不同的物理介质，并在各种物理介质中传输数据包。某些多端口的中继器很像多端口的集线器，它可以连接不同类型的介质。中继器是扩展网络的最廉价方法。当扩展网络的目的是要突破距离和结点的限制时，并且连接的网络分支都不会产生太多的数据流量，成本又不能太高时，就可以考虑选择中继器。采用中继器连接网络分支的数目要受具体的网络体系结构限制。中继器没有隔离和过滤功能，它不能阻挡含有异常的数据包从一个分支传到另一个分支。这意味着，一个分支出现故障可能影响到其他的每一个网络分支。集线器是有多个端口的中继器，简称 Hub。

（2）集线器。它是一种以星状拓扑结构将通信线路集中在一起的设备，相当于总线，工作在物理层，是局域网中应用最广的连接设备，按配置形式分为独立型、模块化和堆叠式三种。智能型改进了一般 Hub 的缺点,增加了桥接能力,可滤掉不属于自己网段的帧,增大网段的频宽,且具有网管能力和自动检测端口所连接的 PC 网卡速度的能力。市场上常见的有 10Mb/s、100Mb/s 等速率的 Hub。随着计算机技术的发展,Hub 又分为切换式、共享式和可堆叠共享式三种。①切换式:重新生成每一个信号并在发送前过滤每一个包,而且只将其发送到目的地址。切换式 Hub 可以使 10Mb/s 和 100Mb/s 的站点用于同一网段中;②共享式:提供了所有连接点的站点间共享一个最大频宽。例如,一个连接着几个工作站或服务器的 100Mb/s 共享式 Hub 所提供的最大频宽为 100Mb/s,与它连接的站点共享这个频宽。共享式 Hub 不过滤或重新生成信号,所有与之相连的站点必须以同一速度工作(10Mb/s 或 100Mb/s)。所以共享式 Hub 比切换式 Hub 价格便宜;③堆叠共享式:共享式 Hub 中的一种,当它们级联在一起时,可看作网中的一个大 Hub。

3. 数据链路层互联设备

(1) 网桥(Bridge)。网桥是一个局域网与另一个局域网之间建立连接的桥梁。网桥是属于网络层的一种设备,它的作用是扩展网络和通信手段,在各种传输介质中转发数据信号,扩展网络的距离,同时又有选择地将有地址的信号从一个传输介质发送到另一个传输介质,并能有效地限制两个介质系统中无关紧要的通信。网桥可分为本地网桥和远程网桥。本地网桥是指在传输介质允许长度范围内互联网络的网桥;远程网桥是指连接的距离超过网络的常规范围时使用的远程网桥,通过远程网桥互联的局域网将成为城域网或广域网。如果使用远程网桥,则远程网桥必须成对出现。在网络的本地连接中,网桥可以使用内桥和外桥。内桥是文件服务的一部分,通过文件服务器中的不同网卡连接起来的局域网,由文件服务器上运行的网络操作系统来管理。外桥安装在工作站上,实现两个相似或不同的网络之间的连接。外桥不运行在网络文件服务器上,而是运行在一台独立的工作站上,外桥可以是专用的,也可以是非专用的。作为专用网桥的工作站不能当作普通工作站使用,只能建立两个网络之间的桥接。而非专用网桥的工作站既可以作为网桥,也可以作为工作站。

(2) 交换器(switch)。交换式以太网数据包的目的地址将以太包从源端口送至目的端口,向不同的目的端口发送以太包时,就可以同时传送这些以太包,达到提高网络实际吞吐量的效果。交换器可以同时建立多个传输路径,所以在应用连接多台服务器的网段上可以收到明显的效果。主要用于连接 Hub,Server 或分散式主干网。按采用技术对交换器进行分类:①直通交换(cut through),一旦收到信息包中的目标地址,在收到全帧之前便开始转发,适用于同速率端口和碰撞误码率低的环境;②存储转发(store and forward),确认收到的帧,过滤处理坏帧,适用于不同速率端口和碰撞、误码串高的环境。

4. 网络层互联设备

(1) 桥路由器(Brouter)。Brouter 是网桥和路由器的合并。

(2) 路由器(Router)。路由器工作在 OSI 体系结构中的网络层,这意味着它可以在多个网络上交换和路由数据包。路由器通过在相对独立的网络中交换具体协议的信息来实现这个目标。比起网桥,路由器不但能过滤和分隔网络信息流、连接网络分支,还能访问数据包中更多的信息,并且用来提高数据包的传输效率。路由表包含网络地址、连接信息、路径信息和发送代价等。路由器比网桥慢,主要用于广域网或广域网与局域网的互联。路由器用于联接多个逻辑上分开的网络。逻辑网络是指一个单独的网络或一个子网。当数据从一个子网传输到另一个子网时,可通过路由器来完成。因此,路由器具有判断网络地址和选择路径的功能,它能在多网络互联环境中建立灵活的联接,可用完全不同的数据分组和介质访问方法联接各种子网。路由器是属于网络应用层的一种互联设备,只接收源站或其他路由器的信息,它不关心各子网使用的硬件设备,但要求运行与网络层协议相一致的软件。路由器分为本地路由器和远程路由器,本地路由器是用来连接网络传输介质的,如光纤、同轴电缆和双绞线;远程路由器是用来与远程传输介质连接并要求相应的设备,如电话线要配调制解调器,无线要通过无线接收机和发射机。

5. 应用层互联设备网关

在一个计算机网络中,当联接不同类型而协议差别又较大的网络时,则要选用网关设备。网关的功能体现在 OSI 模型的最高层,它将协议进行转换,将数据重新分组,以便在两个不同类型的网络系统之间进行通信。由于协议转换是一件复杂的事,一般来说,网关只进行一对一转换,或是少数几种特定应用协议的转换,很难实现通用的协议转换。用于网关转换的应用协议有电子邮件、文件传输和远程工作站登录等。网关和多协议路由器(或特殊用途的通信服务器)组合在一起可以连接多种不同的系统。和网桥一样,网关可以是本地的,也可以是远程的。目前,网关已成为网络上每个用户都能访问大型主机的通用工具。网关把信息重新包装的目的是适应目标环境的要求。网关能互联异类的网络,从一个环境中读取数据,剥去数据的老协议,然后用目标网络的协议进行重新包装。网关的一个较为常见的用途是在局域网的微机和小型计算机或大型计算机之间作翻译。

7.1.6　网络分类

计算机网络可按不同的标准进行分类。

(1) 从网络结点分布来看,可分为局域网(Local Area Network,LAN)、广域网(Wide Area Network,WAN)和城域网(Metropolitan Area Network,MAN)。

局域网是一种在小范围内实现的计算机网络,一般在一个建筑物内,或一个工厂、一个事业单位内部,为单位独有。局域网距离可在十几千米以内,信道传输速率可达 1~20Mb/s,结构简单,布线容易。广域网范围很广,可以分布在一个省内、一个国家或几个国家。广域网信道传输速率较低,一般小于 0.1Mb/s,结构比较复杂。城域网是在一个城市内部组建的计算机信息网络,提供全市的信息服务。目前,我国许多城市正在建设城域网。

(2) 按交换方式可分为线路交换网络(Circuit Switching)、报文交换网络(Message Switching)和分组交换网络(Packet Switching)。

线路交换最早出现在电话系统中,早期的计算机网络就是采用此方式来传输数据的,数字信号经过变换成为模拟信号后才能在线路上传输,报文交换是一种数字化网络。当通信开始时,源机发出的一个报文被存储在交换器里,交换器根据报文的目的地址选择合适的路径发送报文,这种方式称作存储转发方式。分组交换也采用报文传输,但它不是以不定长的报文作传输的基本单位,而是将一个长的报文划分为许多定长的报文分组,以分组作为传输的基本单位。这不仅大大简化了对计算机存储器的管理,而且也加速了信息在网络中的传播速度。由于分组交换优于线路交换和报文交换,具有许多优点,因此它已成为计算机网络的主流。

(3)按网络拓扑结构可分为星状网络、树状网络、总线型网络、环状网络和网状网络等,见图 7-2。

(4)按传输介质可分为有线网和无线网。局域网通常采用单一的传输介质,而城域网和广域网采用多种传输介质。

有线网采用同轴电缆或双绞线来联接计算机网络。同轴电缆网是常见的一种联网方式。它比较经济,安装较为便利,传输率和抗干扰能力一般,传输距离较短。双绞线网是目前最常见的联网方式。它价格便宜,安装方便,但易受干扰,传输率较低,传输距离比同轴电缆要短。光纤网也是有线网的一种,但由于其特殊性而单独列出,光纤网采用光导纤维作传输介质。光纤传输距离长,传输率高,可达数十亿位每秒,抗干扰性强,不会受到电子设备的监听,是高安全性网络的理想选择。不过由于其价格较高,且需要高水平的安装技术,所以现在尚未普及。

无线网采用空气作传输介质,用电磁波作为载体来传输数据,目前无线网联网费用较高,还不太普及。但由于联网方式灵活方便,是一种很有前途的联网方式。

(5)按通信方式可分为点对点传输网络和广播式传输网络。

点对点传输网络:数据以点到点的方式在计算机或通信设备中传输。星状网、环状网采用这种传输方式。

广播式传输网络:数据在共用介质中传输。无线网和总线型网络属于这种类型。

(6)按网络使用目的可分为共享资源网、数据处理网和数据传输网。目前网络使用目的都不是唯一的。

共享资源网:使用者可共享网络中的各种资源,如文件、扫描仪、绘图仪、打印机以及各种服务。Internet 是典型的共享资源网。

数据处理网:用于处理数据的网络,例如,科学计算网络、企业经营管理用网络。

数据传输网:用来收集、交换、传输数据的网络,如情报检索网络等。

(7)按服务方式可分为客户机/服务器网络和对等网。

服务器是指专门提供服务的高性能计算机或专用设备,客户机是用户计算机。这是客户机向服务器发出请求并获得服务的一种网络形式,多台客户机可以共享服务器提供的各种资源。这是最常用、最重要的一种网络类型。不仅适合于同类计算机联网,也适合于不同类型的计算机联网,如 PC、Mac 机的混合联网。这种网络安全性容易得到保证,计算机的权限、优先级易于控制,监控容易实现,网络管理能够规范化。网络性能在很大程度上取决于服务器的性能和客户机的数量。目前针对这类网络有很多优化性能的服务器称为专用服务器。银行、证券公司都采用这种类型的网络。

对等网不要求文件服务器,每台客户机都可以与其他客户机对话,共享彼此的信息资源和硬件资源,组网的计算机一般类型相同。这种网络方式灵活方便,但是较难实现集中管理与监控,安全性也低,较适合于部门内部协同工作的小型网络。

(8)其他分类方法。如按信息传输模式的特点来分类的 ATM 网,网内数据采用异步传输模式,数据以 53B 单元进行传输,提供高达 1.2Gb/s 的传输率,有预测网络延时的能力。可以传输语音、视频等实时信息,是最有发展前途的网络类型之一。

另外还有一些非正规的分类方法,如企业网、校园网,根据名称便可理解。

从不同的角度对网络有不同的分类方法,每种网络名称都有特殊的含义。几种名称的组合或名称加参数更可以看出网络的特征。千兆以太网表示传输率高达千兆的总线型网络。了解网络的分类方法和类型特征,是熟悉网络技术的重要基础之一。

7.2　Internet 技术

7.2.1　Internet 概述

1. 定义

Internet 的中文正式译名为因特网,又叫作国际互联网,它是由那些使用公用语言互相通信的计算机连接而成的全球网络。一旦连接到它的任何一个结点上,就意味着计算机已经连入 Internet 了。Internet 目前的用户已经遍及全球,有几十亿人在使用 Internet,并且它的用户数还在以等比级数上升。

Internet 是一组全球信息资源的总汇,由许多小的网络(子网)互联而成一个逻辑网,每个子网中连接着若干台计算机(主机)。Internet 以相互交流信息资源为目的,基于一些共同的协议,并通过许多路由器和公共互联网连接而成,是一个信息资源和资源共享的集合。计算机网络只是传播信息的载体,而 Internet 的优越性和实用性则在于本身,其最高层域名分为机构性域名和地理性域名两大类,目前主要有 14 种机构性域名。

2. Internet 的功能

(1) WWW 服务。在 Web 方式下,可以浏览、搜索、查询各种信息,可以发布自己的信息,可以与他人进行实时或者非实时的交流,可以游戏、娱乐、购物等。

(2) 电子邮件 E-mail 服务。可以通过 E-mail 系统同世界上任何地方的人交换电子邮件。不论对方在哪个地方,只要他也可以连入 Internet,那么发送的信只需要几分钟的时间就可以到达对方的手中了。

(3) 远程登录 Telnet 服务。远程登录就是通过 Internet 进入和使用远距离的计算机系统,就像使用本地计算机一样。远端的计算机可以在同一间屋子里,也可以远在几千千米之外,它使用的工具是 Telnet。它在接到远程登录的请求后,就试图把计算机同远端计算机连接起来。一旦连通,这台计算机就成为远端计算机的终端。可以正式注册(log in)进入系统成为合法用户,执行操作命令,提交作业,使用系统资源。在完成操作任务后,通过注销(log out)退出远端计算机系统,同时也退出 Telnet。

(4) 文件传送 FTP 服务。FTP(文件传送协议)是 Internet 上最早使用的文件传输程序。它同 Telnet 一样,使用户能登录到 Internet 的一台远程计算机,把其中的文件传送回自己的计算机系统,或者反过来,把本地计算机上的文件传送并装载到远方的计算机系统。利用这个协议,可以下载免费软件,或者上传主页。

3．Internet 的历史

20 世纪 60 年代开始,美国国防部的高级研究计划局(Advance Research Projects Agency,ARPA)建立 ARPANet,向美国国内大学和一些公司提供经费,以促进计算机网络和分组交换技术的研究。1969 年 12 月,ARPANet 投入运行,建成了一个实验性的由 4 个结点联接的网络。到 1983 年,ARPANet 已连接了 300 多台计算机,供美国各研究机构和政府部门使用。1983 年,ARPANet 分为 ARPANet 和军用 MILNet(Military Network),两个网络之间可以进行通信和资源共享。由于这两个网络都是由许多网络互联而成的,因此它们都被称为 Internet,ARPANet 就是 Internet 的前身。1986 年,美国国家科学基金会(National Science Foundation,NSF)建立了自己的计算机通信网络。NSFNet 将美国各地的科研人员连接到分布在美国不同地区的超级计算机中心,并将按地区划分的计算机广域网与超级计算机中心相连(实际上它是一个三级计算机网络,分为主干网、地区网和校园网,覆盖了全美国主要的大学和研究所)。

4．第二代 Internet

Internet2 是美国参与开发该项目的 184 所大学和 70 多家研究机构给未来网络起的名字,旨在为美国的大学和科研群体建立并维持一个技术领先的互联网,以满足大学之间进行网上科学研究和教学的需求。与传统的互联网相比,Internet2 的传输速率可达 2.4Gb/s,比标准拨号调制解调器快 8.5 万倍。其应用将更为广泛,从医疗保健、国家安全、远程教学、能源研究、生物医学、环境监测、制造工程到紧急情况下的应急反应、危机管理等项目。

美国从 20 世纪 60 年代开始互联网的研究,到 20 世纪 80 年代中后期建成第一代互联网。第一代互联网的研制开发建设,完全由美国完成,从各种基础的硬件,如光纤中的玻璃丝到路由器、服务器、软件乃至各种应用技术,全部由美国掌握。不仅中国,世界上其他国家都没有占上一席之地。由互联网兴起的新经济,引起了世界经济的飞速发展,但其收益多数落入了美国的口袋。

1996 年,美国政府的"下一代 Internet"研究计划 NGI 和美国 UCAID 从事 Internet2 的研究计划,都是在高速计算机实验网上开展下一代高速计算机网络及其典型应用的研究,构造一个全新概念的新一代计算机互联网络,为美国的教育和科研提供世界最先进的信息基础设施,并保持美国在高速计算机网络及其应用领域的技术优势,从而保证 21 世纪美国在科学和经济领域的竞争力。英、德、法、日、加等发达国家目前除了拥有政府投资建设和运行的大规模教育和科研网络以外,也都建立了研究高速计算机网络及其典型应用技术的高速网实验床。

2007 年 10 月 10 日,Internet2 项目的首席负责人道格·冯·豪维灵说:"现在可以为单独的计算机工作站提供 10G 的接入带宽,我们需要开发一种方法使得这种高需求的应用与普通应用能够同时运行,互不干扰。"运营商利用 Internet2 开始向科研机构提供一种"临时按需获得 10Gb/s 带宽"的服务。豪维灵说,通常每个研究所以 10Gb/s 的速度连接到 100Gb/s 的 Internet2 骨干网,另外有一个 10Gb/s 的接入口作为备份,以备突发流量之需。

Internet2 的扩展也已经列入计划。只要增加适当的设备,这个网络就可以很容易再扩容 4 倍,达到 400Gb/s。可惜的是,高速 Internet2 与普通网络用户的距离还很遥远,新增的带宽主要供物理学家、天文学家等专业人士更好地收发数据、开展研究。但在某种程度上，Internet2 已经成为全球下一代互联网建设的代名词。基于新一代互联网络 Internet2 研究开发的超高速 Internet2 即将推出，理论最高网速可达 100Gb/s。

7.2.2　常用网络协议

1. 协议

协议，是用来描述进程之间信息交换数据时的规则术语。在计算机网络中，为了使不同结构、不同型号的计算机之间能够正确地传送信息，必须有一套关于信息传输顺序、信息格式和信息内容等的约定，这一整套约定称为协议。在计算机网络中，两个相互通信的实体处在不同的地理位置，其上的两个进程相互通信，需要通过交换信息来协调它们的动作和达到同步，而信息的交换必须按照预先共同约定好的过程进行。网络协议一般是由网络系统决定的，网络系统不同，网络协议也就不同。

2. TCP/IP

TCP/IP(Transmission Control Protocol/Internet Protocol，传输控制协议/因特网互联协议)，又叫网络通信协议。这个协议是 Internet 最基本的协议，Internet 国际互联网络的基础。简单地说，是由网络层的 IP 协议和传输层的 TCP 协议组成的。TCP/IP 定义了电子设备(如计算机)如何联入因特网，以及数据如何在它们之间传输的标准。TCP/IP 是一个四层的分层体系结构。高层为传输控制协议，它负责聚集信息或把文件拆分成更小的包。低层是网际协议，它处理每个包的地址部分，使这些包正确到达目的地。

从协议分层模型方面来讲，TCP/IP 由四个层次组成：网络接口层、网络层、传输层和应用层，见图 7-4。

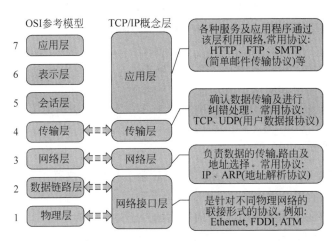

图 7-4　TCP/IP 层次图

网络接口层包括物理层和数据链路层。物理层是定义物理介质的各种特性：机械特性、电子特性、功能特性和规程特性。数据链路层是负责接收 IP 数据报并通过网络发送，或者从网络上接收物理帧，抽出 IP 数据报，交给 IP 层。

网络层负责相邻计算机之间的通信。其功能包括三方面：①处理来自传输层的分组发送请求,收到请求后,将分组装入 IP 数据报,填充报头,选择去往信宿机的路径,然后将数据报发往适当的网络接口；②处理输入数据报,首先检查其合法性,然后进行寻径——假如该数据报已到达信宿机,则去掉报头,将剩下部分交给适当的传输协议；假如该数据报尚未到达信宿机,则转发该数据报；③处理路径、流控、拥塞等问题。

传输层提供应用程序间的通信。其功能包括：①格式化信息流；②提供可靠传输。为实现后者,传输层协议规定接收端必须发回确认,并且假如分组丢失,必须重新发送。传输层协议主要是：传输控制协议(Transmission Control Protocol,TCP)和用户数据报协议(User Datagram Protocol,UDP)。

应用层向用户提供一组常用的应用程序,比如电子邮件、文件传输访问、远程登录等。远程登录 Telnet 使用 Telnet 协议提供在网络其他主机上注册的接口。Telnet 会话提供了基于字符的虚拟终端。文件传输访问 FTP 使用 FTP 来提供网络内机器间的文件复制功能。应用层一般是面向用户的服务,如 FTP、Telnet、DNS、SMTP、POP3。

3. NETBEUI 协议

NETBEUI 是为 IBM 开发的非路由协议,用于携带 NETBIOS 通信。NETBEUI 缺乏路由和网络层寻址功能,既是其最大的优点,也是其最大的缺点。因为它不需要附加的网络地址和网络层头尾,所以很快并很有效且适用于只有单个网络或整个环境都桥接起来的小工作组环境。

因为不支持路由,所以 NETBEUI 永远不会成为企业网络的主要协议。NETBEUI 帧中唯一的地址是数据链路层媒体访问控制(MAC)地址,该地址标识了网卡但没有标识网络。路由器靠网络地址将帧转发到最终目的地,而 NETBEUI 帧完全缺乏该信息。

网桥负责按照数据链路层地址在网络之间转发通信,但是有很多缺点。因为所有的广播通信都必须转发到每个网络中,所以网桥的扩展性不好。NETBEUI 特别包括广播通信的计数并依赖它解决命名冲突。一般而言,桥接 NETBEUI 网络很少超过 100 台主机。

近年来,依赖于第二层交换器的网络变得更为普遍。完全的转换环境降低了网络的利用率,尽管广播仍然转发到网络中的每台主机。事实上,联合使用 100BASE-T Ethernet,允许转换 NetBIOS 网络扩展到 350 台主机,才能避免广播通信成为严重的问题。

4. IPX/SPX 协议

IPX 是 NOVELL 用于 NETWARE 客户机/服务器的协议群组,避免了 NETBEUI 的弱点。但是,IPX 具有完全的路由能力,可用于大型企业网。它允许有许多路由网络,包括 32 位网络地址,在单个环境中带来了新的不同弱点。

IPX 的可扩展性受到其高层广播通信和高开销的限制。服务广告协议(Service Advertising Protocol,SAP)将路由网络中的主机数限制为几千。尽管 SAP 的局限性已经被智能路由器和服务器配置所克服,但是,大规模 IPX 网络的管理仍是非常困难的工作。

7.2.3 IP 地址与域名

1. IP 地址

1）定义

IP 地址就是给每个连接在 Internet 上的主机分配一个 32b 地址。按照 TCP/IP 规定，IP 地址用二进制来表示，每个 IP 地址长 32b，比特换算成字节，就是 4B。例如，一个采用二进制形式的 IP 地址是"00001010000000000000000000000001"，这么长的地址，人们处理起来也太费劲了。为了方便人们的使用，IP 地址经常被写成十进制的形式，中间使用符号"."分开不同的字节。于是，上面的 IP 地址可以表示为"10.0.0.1"。IP 地址的这种表示法叫作"点分十进制表示法"，这显然比 1 和 0 容易记忆得多。

2）IP 构成

Internet 上的每台主机(Host)都有一个唯一的 IP 地址。IP 协议就是使用这个地址在主机之间传递信息，这是 Internet 能够运行的基础。IP 地址的长度为 32b，分为 4 段，每段 8b，用十进制数字表示，每段数字范围为 0～255，段与段之间用句点隔开，例如 159.226.1.1。

3）IP 地址分类

最初设计互联网络时，为了便于寻址以及层次化构造网络，每个 IP 地址包括两个标识码(ID)，即网络 ID 和主机 ID。同一个物理网络上的所有主机都使用同一个网络 ID，网络上的一个主机(包括网络上工作站，服务器和路由器等)有一个主机 ID 与其对应。Internet 委员会定义了 5 种 IP 地址类型以适合不同容量的网络，即 A～E 类。其中，A、B、C 这 3 类(见表 7-1)由 Internet NIC 在全球范围内统一分配，D、E 类为特殊地址。

表 7-1　IP 地址分类

网络类别	最大网络数	第一个可用的网络号	最后一个可用的网络号	每个网络中的最大主机数
A	126	1	126	16 777 214
B	16 383	128.1	191.255	65 534
C	2 097 151	192.0.1	223.255.255	254

一个 A 类 IP 地址是指，在 IP 地址的四段号码中，第一段号码为网络号码，剩下的三段号码为本地计算机的号码。如果用二进制表示 IP 地址的话，A 类 IP 地址就由 1B 的网络地址和 3B 主机地址组成，网络地址的最高位必须是"0"。A 类 IP 地址中网络的标识长度为 7位，主机标识的长度为 24 位，A 类网络地址数量较少，可以用于主机数达 1600 多万台的大型网络。A 类 IP 地址范围为 1.0.0.1～126.255.255.254(二进制表示为：00000001 00000000 00000000 00000001～01111110 11111111 11111111 11111110)。A 类 IP 地址的子网掩码为 255.0.0.0，每个网络支持的最大主机数为 $256^3-2=16\,777\,214$ 台。

一个 B 类 IP 地址是指，在 IP 地址的四段号码中，前两段号码为网络号码。如果用二进制表示 IP 地址的话，B 类 IP 地址就由 2B 的网络地址和 2B 主机地址组成，网络地址的最高位必须是"10"。B 类 IP 地址中网络的标识长度为 14b，主机标识的长度为 16b，B 类网络地址适用于中等规模的网络，每个网络所能容纳的计算机数为 6 万多台。B 类 IP 地址范围为

128.1.0.1～191.255.255.254(二进制表示为：10000000 00000001 00000000 00000001～10111111 11111111 11111111 11111110)。B 类 IP 地址的子网掩码为 255.255.0.0,每个网络支持的最大主机数为 $256^2-2=65\ 534$ 台。

一个 C 类 IP 地址是指,在 IP 地址的四段号码中,前三段号码为网络号码,剩下的一段号码为本地计算机的号码。如果用二进制表示 IP 地址的话,C 类 IP 地址就由 3B 的网络地址和 1B 主机地址组成,网络地址的最高位必须是"110"。C 类 IP 地址中网络的标识长度为 21b,主机标识的长度为 8b,C 类网络地址数量较多,适用于小规模的局域网络。C 类 IP 地址范围为 192.0.1.1～223.255.254.254(二进制表示为：11000000 00000000 00000001 00000001～11011111 11111111 11111110 11111110)。C 类 IP 地址的子网掩码为 255.255.255.0,每个网络支持的最大主机数为 $256-2=254$ 台。

D 类 IP 地址第一个字节以"1110"开始,它是一个专门保留的地址。它并不指向特定的网络,目前这一类地址被用在多点广播(Multicast)中。多点广播地址用来一次寻址一组计算机,它标识共享同一协议的一组计算机,地址范围为 224.0.0.1～239.255.255.254。E 类 IP 地址以"11110"开始,保留用于将来和实验使用。

2. 域名

1) 定义

企业、政府、非政府组织等机构或者个人在域名注册商上注册的名称,是互联网上企业或机构间相互联络的网络地址。

Internet 地址中的一项,如假设的一个地址与互联网协议(IP)地址相对应的一串容易记忆的字符,由若干个从 a 到 z 的 26 个拉丁字母及 0～9 的 10 个阿拉伯数字及"-"".."符号构成并按一定的层次和逻辑排列。目前也有一些国家在开发其他语言的域名,如中文域名,不仅便于记忆,而且即使在 IP 地址发生变化的情况下,通过改变解析对应关系,域名仍可保持不变。

网络是基于 TCP/IP 进行通信和连接的,每一台主机都有一个唯一的标识固定的 IP 地址,以区别在网络上的成千上万个用户和计算机。网络在区分所有与之相连的网络和主机时,均采用了一种唯一、通用的地址格式,即每一个与网络相连接的计算机和服务器都被指派了一个独一无二的地址。为了保证网络上每台计算机的 IP 地址的唯一性,用户必须向特定机构申请注册,该机构根据用户单位的网络规模和近期发展计划,分配 IP 地址。网络中的地址方案分为两套：IP 地址系统和域名地址系统。这两套地址系统其实是一一对应的关系。IP 地址用二进制数来表示,每个 IP 地址长 32b,由 4 个小于 256 的数字组成,数字之间用点间隔,例如,100.10.0.1 表示一个 IP 地址。由于 IP 地址是数字标识,使用时难以记忆和书写,因此在 IP 地址的基础上又发展出一种符号化的地址方案,来代替数字型的 IP 地址。每一个符号化的地址都与特定的 IP 地址对应,这样网络上的资源访问起来就容易得多了。这个与网络上的数字型 IP 地址相对应的字符型地址,就被称为域名。

可见域名就是上网单位的名称,是一个通过计算机登上网络的单位在该网中的地址。一个公司如果希望在网络上建立自己的主页,就必须取得一个域名,域名也是由若干部分组成,包括数字和字母。通过该地址,人们可以在网络上找到所需的详细资料。域名是上网单位和个人在网络上的重要标识,起着识别作用,便于他人识别和检索某一企业、组织或个人的信息资源,从而更好地实现网络上的资源共享。除了识别功能外,在虚拟环境下,域名还可以起到引导、宣传、代表等作用。

2) 域名的构成

以一个常见的域名为例说明,baidu 网址是由两部分组成,标号 baidu 是这个域名的主体,而最后的标号 com 则是该域名的后缀,代表这是一个 com 国际域名,是顶级域名。而前面的 www 是网络名,为 WWW 的域名。DNS 规定,域名中的标号都由英文字母和数字组成,每一个标号不超过 63 个字符,也不区分大小写字母。标号中除连字符(—)外不能使用其他的标点符号。级别最低的域名写在最左边,而级别最高的域名写在最右边。由多个标号组成的完整域名总共不超过 255 个字符。

3) 域名基本类型

一是国际域名(international Top-level Domain-names,iTDs),也叫国际顶级域名,这也是使用最早也最广泛的域名。例如,表示工商企业的.com,表示网络提供商的.net,表示非营利组织的.org 等。

二是国内域名,又称为国内顶级域名(national Top-Level Domainnames,nTLDs),即按照国家的不同分配不同后缀,这些域名即为该国的国内顶级域名。目前 200 多个国家和地区都按照 ISO 3166 国家代码分配了顶级域名,例如,中国是 cn、美国是 us、日本是 jp 等。

在实际使用和功能上,国际域名与国内域名没有任何区别,都是互联网上的具有唯一性的标识。只是在最终管理机构上,国际域名由美国商业部授权的互联网名称与数字地址分配机构(The Internet Corporation for Assigned Names and Numbers,ICANN)负责注册和管理;而国内域名则由中国互联网络管理中心 (China Internet Network Information Center,CNNIC)负责注册和管理。

4) 域名级别

域名可分为不同级别,包括顶级域名、二级域名、三级域名等。

(1) 顶级域名。例如表示工商企业的.com,表示网络提供商的.net,表示非营利组织的.org 等。目前大多数域名争议都发生在 com 的顶级域名下,因为多数公司上网的目的都是为了赢利。为加强域名管理,解决域名资源的紧张,Internet 协会、Internet 分址机构及世界知识产权组织(WIPO)等国际组织经过广泛协商,在原来三个国际通用顶级域名基础上,新增加了 7 个国际通用顶级域名:firm(公司企业)、store(销售公司或企业)、web(突出 WWW 活动的单位)、arts(突出文化、娱乐活动的单位)、rec(突出消遣、娱乐活动的单位)、info(提供信息服务的单位)、nom(个人),并在世界范围内选择新的注册机构来受理域名注册申请。

(2) 二级域名。二级域名是指顶级域名之下的域名,在国际顶级域名下,它是指域名注册人的网上名称,例如 ibm、yahoo、microsoft 等;在国家顶级域名下,它是表示注册企业类别的符号,例如 com、edu、gov、net 等。我国在国际互联网络信息中心(Inter NIC)正式注册并运行的顶级域名是 cn,这也是我国的一级域名。在顶级域名之下,我国的二级域名又分为类别域名和行政区域名两类。类别域名共 6 个,包括用于科研机构的 ac;用于工商金融企业的 com;用于教育机构的 edu;用于政府部门的 gov;用于互联网络信息中心和运行中心的 net;用于非营利组织的 org。而行政区域名有 34 个,分别对应于我国各省、自治区和直辖市。

(3) 三级域名。三级域名用字母(A~Z,a~z,大小写等)、数字(0~9)和连接符(-)组成,各级域名之间用实点(.)连接,三级域名的长度不能超过20个字符。如无特殊原因,建议采用申请人的英文名(或者缩写)或者汉语拼音名(或者缩写)作为三级域名,以保持域名的清晰性和简洁性。

国家代码由两个字母组成的顶级域名如.cn、.uk、.de和.jp称为国家代码顶级域名(ccTLDs),其中,.cn是中国专用的顶级域名,其注册归CNNIC管理,以.cn结尾的二级域名简称为国内域名。注册国家代码顶级域名下的二级域名的规则和政策与不同国家的政策有关。注册时应咨询域名注册机构,问清相关的注册条件及与注册条款。某些域名注册商除了提供以.com、.net和.org结尾的域名的注册服务之外,还提供国家代码顶级域名的注册。ICANN并没有特别授权注册商提供国家代码顶级域名的注册服务。

7.2.4　互联网接入

互联网接入是通过特定的信息采集与共享的传输通道,利用以下传输技术完成用户与IP广域网的高带宽、高速度的物理连接。

(1) 电话线拨号(PSTN),普遍的窄带接入方式。即通过电话线,利用当地运营商提供的接入号码,拨号接入互联网,速率不超过56kb/s。特点是使用方便,只需有效的电话线及自带调制解调器的PC就可完成接入。

运用在一些低速率的网络应用(如网页浏览查询,聊天,E-mail等)中,主要适合于临时性接入或无其他宽带接入场所的使用。缺点是速率低,无法实现一些高速率要求的网络服务,其次是费用较高(接入费用由电话通信费和网络使用费组成)。

(2) ISDN,俗称"一线通"。它采用数字传输和数字交换技术,将电话、传真、数据、图像等多种业务综合在一个统一的数字网络中进行传输和处理。用户利用一条ISDN用户线路,可以在上网的同时拨打电话、收发传真,就像两条电话线一样。ISDN基本速率接口有两条64kb/s的信息通路和一条16kb/s的信令通路,简称2B+D,当有电话拨入时,它会自动释放一个B信道来进行电话接听。主要适合于普通家庭用户使用。缺点是速率仍然较低,无法实现一些高速率要求的网络服务;其次是费用同样较高(接入费用由电话通信费和网络使用费组成)。

(3) xDSL接入,主要是以ADSL/ADSL2+接入方式为主,是目前应用最广泛的铜线接入方式。ADSL可直接利用现有的电话线路,通过ADSL MODEM后进行数字信息传输。理论速率可达到8Mb/s的下行和1Mb/s的上行,传输距离可达4~5km。ADSL2+速率可达24Mb/s下行和1Mb/s上行。另外,最新的VDSL2技术可以达到上下行各100Mb/s的速率。特点是速率稳定、带宽独享、语音数据不干扰等。适用于家庭、个人等用户的大多数网络应用需求,满足一些宽带业务包括IPTV、视频点播(VOD)、远程教学、可视电话、多媒体检索、LAN互联和Internet接入等。

(4) HFC(CABLE MODEM),是一种基于有线电视网络铜线资源的接入方式。具有专线上网的连接特点,允许用户通过有线电视网实现高速接入互联网。适用于拥有有线电视网的家庭、个人或中小团体。特点是速率较高,接入方式方便(通过有线电缆传输数据,不需要布线),可实现各类视频服务、高速下载等。缺点在于基于有线电视网络的架构是属于网络资源分享型的,当用户激增时,速率就会下降且不稳定,扩展性不够。

(5) 光纤宽带接入,通过光纤接入到小区结点或楼道,再由网线连接到各个共享点上(一般不超过 100m),提供一定区域的高速互联接入。特点是速率高,抗干扰能力强,适用于家庭、个人或各类企事业团体,可以实现各类高速率的互联网应用(视频服务、高速数据传输、远程交互等),缺点是一次性布线成本较高。

(6) 无源光网络(PON),是一种点对多点的光纤传输和接入技术,局端到用户端最大距离为 20km,接入系统总的传输容量为上行和下行各 155Mb/s,622Mb/s,1Gb/s,由各用户共享,每个用户使用的带宽可以以 64kb/s 步进划分。特点是接入速率高,可以实现各类高速率的互联网应用(视频服务、高速数据传输和远程交互等),缺点是一次性投入较大。

(7) 无线网络,是一种有线接入的延伸技术,使用无线射频(RF)技术越空收发数据,减少使用电线连接,因此无线网络系统既可达到建设计算机网络系统的目的,又可让设备自由安排和搬动。在公共开放的场所或者企业内部,无线网络一般会作为已存在有线网络的一个补充方式,装有无线网卡的计算机通过无线手段方便接入互联网。

习题

1. 名词解释

(1) 计算机网络;(2) OSI 参考模型;(3) 中继器;(4) 集线器;(5) 网桥;(6) 协议;(7) Internet;(8) Internet 2;(9) IP 地址。

2. 判断题

(1) 网络终端可以是超级计算机、工作站、计算机、笔记本电脑、平板电脑、掌上电脑、PDA、手机等固定或移动设备。   (   )

(2) 联网部件包括网卡、适配器、调制解调器、连接器、收发器、终端匹配器、FAX 卡、中继器、集线器、网桥、路由器、桥由器、网关、集线器、交换机等。   (   )

(3) 通信介质(传输介质)即网络通信的线路,有双绞线、同轴电缆和光纤三种缆线,还有短波、卫星通信等无线传输。   (   )

(4) 域名可分为不同级别,包括顶级域名、二级域名、三级域名等。   (   )

3. 填空题

(1) 网络拓扑结构主要类型包括星状、环状、_____、树状和网状。

(2) 网络互联设备根据不同层实现的机理不一样,又具体分为五类:网络传输介质互联设备、网络物理层互联设备、_____、网络层互联设备、应用层互联设备。

4. 选择题

(1) 在网址 www.cpcw.com 中".com"是指(   )。

    A. 公共类   B. 商业类

    C. 政府类   D. 教育类

(2) 中国互联网用户必须要先申请 E-mail 账户,才能(   )。

    A. 网上浏览   B. 匿名文件下载

    C. 收发电子邮件   D. 使用国际互联网络

（3）下列不是计算机网络的系统结构的是(　　)。

  A. 星状结构 B. 总线型结构 C. 单线结构 D. 环状结构

（4）因特网是一个(　　)。

  A. 大型网络   B. 国际购物平台

  C. 计算机软件   D. 网络的集合

5. 简答题

（1）计算机网络的主要功能是什么？

（2）简述计算机网络技术的发展史。

（3）简述 Internet 的功能。

（4）简述 TCP/IP 各层的主要功能。

（5）简述互联网接入方式。

6. 论述题

请展望计算机网络技术在物联网中的应用前景。

第8章 无线传感器网

CHAPTER 8

本章将介绍无线网络技术和无线传感器网的应用。通过本章的学习,学生需要了解无线传输技术、无线个域网、无线局域网、无线城域网、无线广域网、移动 Ad-Hoc 网络、无线传感器网的体系结构和主要用途。

8.1 无线网络技术

8.1.1 无线传输技术基础

1. 无线传输媒体

传输媒体是数据传输系统中发送器和接收器之间的物理路径,可分为导向的和非导向的两类。对导向媒体而言,电磁波被引导沿某一固定媒体前进,例如双绞线、同轴电缆和光纤。非导向媒体则是大气和外层空间,它们提供了传输电磁波信号的手段,但不引导它们的传播方向,这种传输形式通常称为无线传输。

无线传输分为模拟微波传输和数字微波传输。

模拟微波传输就是把视频信号直接调制在微波的信道上(微波发射机),通过天线发射出去。监控中心通过天线接收微波信号,然后再通过微波接收机解调出原来的视频信号。

数字微波传输就是先把视频编码压缩,然后通过数字微波信道调制,再通过天线发射出去。接收端则相反,天线接收信号,微波解扩,视频解压缩,最后还原模拟的视频信号,也可微波解扩后通过计算机安装相应的解码软件,用计算机软件解压视频,而且计算机还支持录像、回放、管理、云镜控制和报警控制等功能。

2. 媒体分类

(1) 地面微波。地面微波系统主要用于长途电信服务,可代替同轴电缆和光纤,通过地面接力站中继,用于建筑物之间的点对点线路,常见的用于传输的频率范围为 2~40GHz。频率越高,带宽就越宽,数据传输速率也就越高。

(2) 卫星微波。通信卫星实际上是一个微波接力站,用于将两个或多个称为地球站或地面站的地面微波发送器/接收器连接起来。卫星使用上下行两个频段:接收一个频段(上行)上的传输信号,放大或再生信号后,再在另一个频段(下行)上将其发送出去。卫星主要应用于电视广播、长途电话传输和个人用商业网络,其传输的最佳频率范围为1~10GHz。

(3) 广播无线电波。广播无线电波是全向性的,不要求使用碟形天线,天线也无须严格地安装到一个精确的校准位置上。无线电波(radio)是笼统术语,频率范围为 3kHz~300GHz。广播无线电波(broadcast radio)是非正式术语,包括 VHF 频段和部分的 UHF 频段,范围为 30MHz~1GHz。

(4) 红外线。红外线传输不能超过视线范围,而且距离短的红外线传输无法穿透墙体。微波系统中遇到的安全和干扰问题在红外线传输中都不存在,而且红外线不需要频率分配许可。

(5) 光波。频率更高的光波,主要指非导向光波,而非用于光纤的导向光波。

8.1.2 无线个域网

1. 定义

无线个域网(Wireless Personal Area Network,WPAN)是为了实现活动半径小、业务类型丰富、面向特定群体和无线无缝的连接而提出的新兴无线通信网络技术,如图 8-1 所

图 8-1 无线个域网

示。WPAN 能够有效地解决"最后的几米电缆"问题。

WPAN 是一种与无线广域网(WWAN)、无线城域网(WMAN)和无线局域网(WLAN)并列但覆盖范围相对较小的无线网络。在网络构成上,WPAN 位于整个网络链的末端,用于实现同一地点终端与终端间的连接,如连接手机和蓝牙耳机等。WPAN 所覆盖的范围一般在 10m 半径以内,必须运行于许可的无线频段。WPAN 设备具有价格便宜、体积小、易操作和功耗低等优点。

2. 技术标准

目前,IEEE、ITU 和 HomeRF 等组织都致力于 WPAN 标准的研究,其中,IEEE 组织对 WPAN 的规范标准主要集中在 802.15 系列。802.15.1 本质上只是蓝牙底层协议的一个正式标准化版本,大多数标准制定工作仍由蓝牙特别兴趣组(SIG)完成,其成果由 IEEE 批准,原始的 802.15.1 标准基于 Bluetooth 1.1,目前大多数蓝牙器件中采用的都是这一版本。新的版本 802.15.1a 对应于 Bluetooth 1.2,它包括某些 QoS 增强功能,并完全向后兼容。802.15.2 负责建模和解决 WPAN 与 WLAN 间的共存问题,目前正在标准化。802.15.3 也称 WiMedia,旨在实现高速率,原始版本规定的速率高达 55Mb/s,使用基于 802.11 但与之不兼容的物理层。

蓝牙是目前 WPAN 应用的主流技术。蓝牙标准是 1998 年由爱立信、诺基亚和 IBM 等公司共同推出的,即后来的 IEEE 802.15.1 标准。蓝牙技术为固定设备或移动设备之间的通信环境建立通用的无线空中接口,将通信技术与计算机技术进一步结合起来,使各种 3C 设备(通信产品、计算机产品和消费类电子产品)在没有电线或电缆相互连接的情况下能在近距离范围内实现相互通信或操作。蓝牙可以提供 720kb/s 的数据传输速率和 10m 的传输距离。不过,蓝牙设备的兼容性不好。

8.1.3　无线局域网

1. 概述

无线局域网络(Wireless Local Area Networks,WLAN)是相当便利的数据传输系统,它利用射频(Radio Frequency,RF)技术,取代旧式的双绞铜线构成局域网络。

局域网络管理的主要工作——铺设电缆或是检查电缆是否断线这种耗时的工作,很容易令人烦躁,也不容易在短时间内找出断线所在。再者,由于配合企业及应用环境不断的更新与发展,原有的企业网络必须配合重新布局,需要重新安装网络线路。虽然电缆本身并不贵,可是请技术人员来配线的成本很高,尤其是老旧的大楼,配线工程费用就更高了。因此,架设无线局域网络就成为最佳解决方案,如图 8-2 所示。

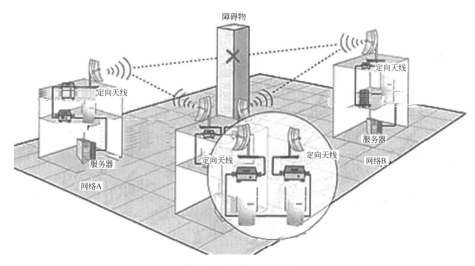

图 8-2　无线局域网络

2. 结构

无线局域网拓扑结构是一种基于 IEEE 802.11 标准的网络,它允许在局域网络环境中使用未授权的 2.4GHz 或 5.3GHz 射频波段进行无线连接。它们应用广泛,从家庭到企业再到 Internet 接入点。

(1) 简单的家庭无线 LAN。在家庭无线局域网最通用和最便宜的例子中,一台设备作为防火墙、路由器、交换机和无线接入点。这些无线路由器可以提供广泛的功能,允许共享一个 ISP(Internet 服务提供商)的单一 IP 地址。可为 4 台计算机提供有线以太网服务,同时也可以和另一个以太网交换机或集线器进行扩展。

(2) 中型无线局域网。中等规模的企业在传统上使用一个简单的设计,他们简单地向所有需要无线覆盖的设施提供多个接入点。这个特殊的方法可能是最通用的,因为它入口成本低,尽管一旦接入点的数量超过一定限度它就变得难以管理。大多数这类无线局域网还允许在接入点之间漫游,因为它们配置在相同的以太子网和 SSID 中。从管理的角度看,每个接入点以及连接到它的接口都被分开管理。

(3) 大型可交换无线局域网。交换无线局域网是无线联网最新的进展,简化的接入点通过几个中心的无线控制器进行控制。数据通过 Cisco、ArubaNetworks、Symbol 和 TrapezeNetworks 这样的制造商的中心无线控制器进行传输和管理。这种情况下的接入点具有更简单的设计,用来简化复杂的操作系统,而且更复杂的逻辑被嵌入在无线控制器中。接入点通常没有物理连接到无线控制器,但是它们逻辑上通过无线控制器交换和路由。要支持多个 VLAN,数据需以某种形式被封装在隧道中,所以即使设备处在不同的子网中,从接入点到无线控制器都有一个直接的逻辑连接。

3. 无线局域网络应用

大楼之间:大楼之间建构网络的互联,取代专线,简单又便宜。

餐饮及零售:餐饮服务业可使用无线局域网络产品,直接从餐桌即可输入并传送客人点菜内容至厨房、柜台。零售商促销时,可使用无线局域网络产品设置临时收银柜台。

医疗:使用附无线局域网络产品的手提式计算机取得实时信息,医护人员可避免对伤患救治的迟延。

企业:当企业内的员工使用无线局域网络产品时,不管他们在办公室的任何一个角落,有无线局域网络产品,都能随意地发电子邮件、分享档案及网络浏览。

仓储管理:一般仓储人员的盘点事宜,通过无线网络的应用,能立即将最新的资料输入计算机仓储系统。

货柜集散场:一般货柜集散场的桥式起重车,可用于调动货柜时,将实时信息传回办公室,以利相关作业的进行。

监视系统:一般位于远方且需受监控现场的场所,由于布线困难,可借助无线网络将远方影像传回主控站。

展示会场:诸如一般的电子展、计算机展,由于网络需求极高,而且布线又会让会场显得凌乱,因此若能使用无线网络,则是再好不过的选择。

4. 无线局域网优缺点

无线局域网的优点:①灵活性和移动性。在有线网络中,网络设备的安放位置受网络位置的限制,而无线局域网在无线信号覆盖区域内的任何一个位置都可以接入网络。无线局域网另一个最大的优点在于其移动性,连接到无线局域网的用户可以移动且能同时与网络保持连接;②安装便捷。无线局域网可以免去或最大程度地减少网络布线的工作量,一般只要安装一个或多个接入点设备,就可建立覆盖整个区域的局域网络;③易于进行网络规划和调整。对于有线网络来说,办公地点或网络拓扑的改变通常意味着重新建网。重新布线是一个昂贵、费时、浪费和琐碎的过程,无线局域网可以避免或减少以上情况的发生;④故障定位容易。有线网络一旦出现物理故障,尤其是由于线路连接不良而造成的网络中断,往往很难查明,而且检修线路需要付出很大的代价。无线网络则很容易定位故障,只需更换故障设备即可恢复网络连接;⑤易于扩展。无线局域网有多种配置方式,可以很快从只有几个用户的小型局域网扩展到上千用户的大型网络,并且能够提供结点间"漫游"等有线网络无法实现的特性。

无线局域网的不足之处：①性能。无线局域网是依靠无线电波进行传输的。这些电波通过无线发射装置进行发射，而建筑物、车辆、树木和其他障碍物都可能阻碍电磁波的传输，所以会影响网络的性能；②速率。无线信道的传输速率与有线信道相比要低得多。目前，无线局域网的最大传输速率为 150Mb/s，只适合于个人终端和小规模网络应用；③安全性。本质上，无线电波不要求建立物理的连接通道，其信号是发散的。从理论上讲，很容易监听到无线电波广播范围内的任何信号，造成通信信息泄漏。

8.1.4　无线城域网

1. 网络标准

无线城域网的推出是为了满足日益增长的宽带无线接入市场需求。IEEE 制定的一种新的、更复杂的全球标准 802.16，能同时解决物理层环境（室外射频传输）和 QoS 两方面的问题，以满足宽带无线接入和"最后一千米"接入市场的需要。新标准规范了一个支持诸如话音和视像等低时延应用的协议，在用户终端和基站（BTS）之间允许非视距的宽带连接，一个基站可支持数百上千个用户，在可靠性和 QoS 方面提供电信级的性能。总之，它充分考虑了为全世界通信公司和服务提供商设计一个可扩展、长距离、大容量的、"最后一千米"无线通信系统的需要，可支持一整套服务，从而使服务提供商能够在降低设备成本和投资风险的同时提高系统性能和可靠性，有助于加速无线宽带设备向市场的投放以及"最后一千米"宽带在世界各地的部署，如图 8-3 所示。

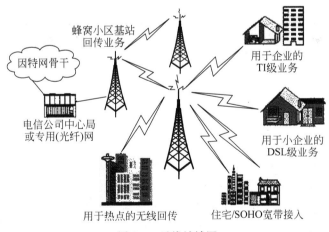

图 8-3　无线城域网

2. 技术特点

802.16 物理层具备了以下特点：灵活的信道宽度、自适应突发信号轮廓、采用 Reed-Solomon 与卷积级联码的前向纠错、任选的先进天线系统（AAS）（可改善距离/容量）、动态频率选择（DFS）（可帮助减小干扰）、空时编码（STC）（通过空间分集提高在衰落环境下的性能）。

由于各种无线网基本上都是工作在共享媒体上，必然需要一种控制用户单元接入媒体的机制。802.16 的 MAC 层使用由基站安排的 TDMA 协议在点到多点的网络拓扑中给用户分配容量。采用这种 TDMA 接入机制以后,802.16 系统不仅能够提供具有服务水平协定(SLA)的高速数据业务,而且还能提供对时延敏感的业务(如话音、视频或数据库访问等),并具备 QoS 控制能力。它不仅控制优先等级,而且所设计的 MAC 层还能适应杂乱的物理层环境,即在室外工作时遇到的干扰、快衰落和其他现象。

8.1.5　无线广域网

1. 定义

无线广域网(Wireless Wide Area Network,WWAN)代表移动联通的无线网络,其传输距离小于 15km,传输速率大概为 3Mb/s。WWAN 是采用无线网络把物理距离极为分散的局域网(LAN)连接起来的通信方式,其连接地理范围较大,常常是一个国家或一个洲。目的是为了让分布较远的各局域网互联,它的结构分为末端系统(两端的用户集合)和通信系统(中间链路)两部分,如图 8-4 所示。

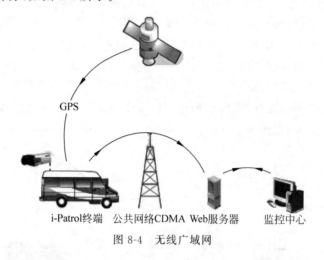

图 8-4　无线广域网

2. 标准

IEEE 802.20 标准在物理层技术上,以正交频分复用技术(OFDM)和多输入多输出技术(MIMO)为核心,充分挖掘时域、频域和空间域的资源,大大提高了系统的频谱效率。在设计理念上,基于分组数据的纯 IP 架构适应突发性数据业务的性能优于 3G 技术,与 3.5G(HSDPA、EV-DO)性能相当,在实现和部署成本上也具有较大的优势。

IEEE 802.20 能够满足无线通信市场高移动性和高吞吐量的需求,具有性能好、效率高、成本低和部署灵活等特点。IEEE 802.20 必优于 IEEE 802.11,在数据吞吐量上强于 3G 技术,其设计理念符合下一代无线通信技术的发展方向,因而是一种非常有前景的无线技术。目前,IEEE 802.20 系统技术标准仍有待完善,产品市场还没有成熟,产业链有待完善,所以还很难判定它在未来市场中的位置。

3. 典型应用

室外无线网桥设备在各行各业具有广泛的应用,例如,税务系统采用无线网桥设备可实现各个税务点、税收部门和税务局的无线联网;电力系统采用无线网桥产品可以将分布于不同地区的各个变电站、电厂和电力局连接起来,实现信息交流和办公自动化;教育系统可以通过无线接入设备在学生宿舍、图书馆和教学楼之间建立网络连接。

无线网络建设可以不受山川、河流、街道等复杂地形限制,具有灵活机动、周期短和建设成本低的优势,政府机构和各类大型企业可以通过无线网络将分布于两个或多个地区的建筑物或分支机构连接起来。无线网络特别适用于地形复杂、网络布线成本高、分布较分散、施工困难的分支机构的网络连接,可以以较短的施工周期和较少的成本建立起可靠的网络连接。

8.1.6　移动 Ad-Hoc 网络

1. 定义

Ad-Hoc 网是一种多跳的、无中心的、自组织的无线网络,又称为多跳网(Multi-hop Network)、无基础设施网(Infrastructureless Network)或自组织网(Self-or ganizing Network)。整个网络没有固定的基础设施,每个结点都是移动的,并且都能以任意方式动态地保持与其他结点的联系。在这种网络中,由于终端无线覆盖取值范围的有限性,两个无法直接进行通信的用户终端可以借助其他结点进行分组转发。每一个结点同时是一个路由器,它们能完成发现以及维持到其他结点路由的功能。它是一种特殊的无线网络应用模式。一群计算机接上无线网络卡,即可相互连接,资源共享,无须通过 Access Point,如图 8-5 所示。

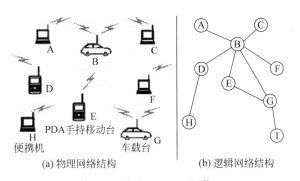

图 8-5　移动 Ad-Hoc 网络

Ad-Hoc 网络凭借其基于 IP 的分组交换技术,可以提供高速率(现有的移动蜂窝网的传输速率不超过 2Mb/s,而 Ad-Hoc 网络在 2～6GHz 频段上可提供 2～50Mb/s 的数据速率)的数据业务和多媒体业务,从而成为第三代全球移动通信系统的一个重要补充;另一方面,Ad-Hoc 网络也可以作为 Internet 的无线延伸。

Ad-Hoc(点对点)模式:和以前的直连双绞线概念一样,是 P2P 的连接,所以也就无法与其他网络沟通了。一般无线终端设备像 PMP、PSP、DMA 等用的就是 Ad-Hoc 模式。

2. Ad-Hoc 网络的主要特征

(1) 最小化的基础设施支持。

(2) 自组织和自管理。既然网络基础结构是不具可用性的,这些结点必须通过自己组织和维护网络(要求有自主的分布式控制)。结点能侦测到其他结点的存在,并和它们一起加入网络。

(3) 大部分甚至所有结点都在移动,导致网络拓扑动态变化。当结点移动时,网络拓扑变化,新的结点加入,一些结点离开,或者是一些路由中断。其经常出现频繁的、临时的、突发性的网络连接损失。

(4) 无线链路。既然大多数结点是移动的,那就意味着只能是无线通信方式。

(5) 结点既是一个主机,又是一个路由器。一个结点可能想连接到超出单跳距离外的另一个结点,那么对每一个结点而言,路由功能是必需的。因为网络没有下部结构支持,结点不必是同一类型(可以是电话、PDA、膝上型电脑和传感器等)。

(6) 多跳性。既然每一个结点能为其他结点发送通信量,多跳性就是可能的。在 Ad-Hoc 网络里多跳是所希望的能力,因为在单跳 Ad-Hoc 网络里空间不会按比例增大,也就限制了结点之间的通信。

(7) 能量受限。既然结点能移动,它们就不能依靠线路供能,而只能靠电池提供动力。

(8) 异质性。每个结点可以有不同的性能,为了能连接基于下部结构的网络(形成一个混合网络),一些结点能和不止一种类型的网络通信。

(9) 有限的安全性。Ad-Hoc 网络由于采用的是无线传播方式,因而会比有线网络更易受到敌方的干扰、窃听或攻击。

3. 应用方法

家庭无线局域网的组建,最简单的是两台安装有无线网卡的计算机实施无线互联,其中一台计算机连接 Internet 就可以共享带宽。一个基于 Ad-Hoc 结构的无线局域网便完成了组建。

Ad-Hoc 结构是一种省去了无线 AP 而搭建起的对等网络结构,只要计算机安装了无线网卡,彼此之间即可实现无线互联。其原理是网络中的一台计算机主机建立点对点连接相当于虚拟 AP,而其他计算机就可以直接通过这个点对点连接进行网络互联与共享。

由于省去了无线 AP,Ad-Hoc 无线局域网的网络架设过程十分简单,不过一般的无线网卡在室内环境下传输距离通常为 40m 左右。一旦超过有效传输距离,就不能实现彼此之间的通信,因此该种模式非常适合一些简单甚至是临时性的无线互联需求。

另外,如果让该方案中所有的计算机之间共享连接的带宽,比如有 4 台机器同时共享宽带,则每台机器的可利用带宽只有标准带宽的 1/3。

建立 Ad-Hoc 无线连接的步骤如下。

从一台已经通过有线 Ethernet 宽带连接到 Internet 的独立计算机开始,按照 3 个步骤建立 Ad-Hoc 无线网络:第一步是在主计算机上安装 802.11b 无线网卡,并将其配置为一个计算机到计算机的无线连接;第二步是在第二台计算机上安装一个无线网卡,完成网络并提供与 Internet 的连接,在主机上激活 Internet 连接共享(ICS);第三步是回到"网络属性"对话框配置 WEP 的设置,以此保证 Ad-Hoc 网络得到最佳的安全保护。

8.2　无线传感器网的应用

8.2.1　无线传感器网概述

电系统（Micro Electro Mechanism System,MEMS）、片上系统（System on Chip,SOC）、无线通信和低功耗嵌入式技术的飞速发展,孕育出无线传感器网络（Wireless Sensor Networks,WSN）,并以其低功耗、低成本、分布式和自组织的特点带来了信息感知的一场变革。无线传感器网络由部署在监测区域内大量的廉价微型传感器结点组成,通过无线通信方式形成一个多跳自组织网络。

1. 定义

无线传感器网络是由大量无处不在的,具有通信与计算能力的微小传感器结点密集布设在无人值守的监控区域,从而构成能够根据环境自主完成指定任务的"智能"自治测控网络系统,如图 8-6 所示。

图 8-6　无线传感器网络

无线传感器网络是大量静止或移动的传感器以自组织和多跳的方式构成的无线网络,其目的是协作地感知、采集、处理和传输网络覆盖地理区域内被感知对象的监测信息,并报告给用户。大量的传感器结点将探测数据,通过汇聚结点经其他网络发送给用户。在这个定义中,传感器网络实现了数据采集、处理和传输的三种功能,而这正对应着现代信息技术的三大基础技术,即传感器技术、计算机技术和通信技术。

由于传感器结点数量众多,布设时只能采用随机投放的方式,传感器结点的位置不能预先确定。在任意时刻,结点间通过无线信道连接,自组织网络拓扑结构,其结点间具有很强的协同能力,通过局部的数据采集、预处理以及结点间的数据交互来完成全局任务。无线传感器网络是一种无中心结点的全分布系统。由于大量传感器结点是密集布设的,传感器结点间的距离很短,因此多跳(Multi-hop)、对等(peer to peer)通信方式比传统的单跳、主从通信方式更适合在无线传感器网络中使用。由于每跳的距离较短,无线收发器可以在较低的能量级别上工作。另外,多跳通信方式可以有效地避免在长距离无线信号传播过程中遇到的信号衰减和干扰等各种问题。

无线传感器网络可以在独立的环境下运行,也可以通过网关连接到现有的网络基础设施上,如Internet等。在后面这种情况中,远程用户可以通过Internet浏览无线传感器网络所采集的信息。

2. 特点

(1)大规模网络。为了获取精确信息,在监测区域通常部署大量传感器结点,传感器结点数量可能达到成千上万,甚至更多。传感器网络的大规模性包括两方面的含义:一方面是传感器结点分布在很大的地理区域内;另一方面,传感器结点部署很密集,在一个面积不是很大的空间内,密集部署了大量的传感器结点。传感器网络的大规模性具有如下优点:通过不同空间视角获得的信息具有更大的信噪比;通过分布式处理大量的采集信息能够提高监测的精确度,降低对单个结点传感器的精度要求;大量冗余结点的存在,使得系统具有很强的容错性能;大量结点能够增大覆盖的监测区域,减少洞穴或者盲区。

(2)自组织网络。传感器结点的位置不能预先精确设定,结点之间的相互邻居关系预先也不知道,如通过飞机播撒大量传感器结点到面积广阔的原始森林中,或随意放置到人不可到达或危险的区域。这样就要求传感器结点具有自组织的能力,能够自动进行配置和管理,通过拓扑控制机制和网络协议自动形成转发监测数据的多跳无线网络系统。传感器结点电能耗尽或环境因素造成失效,也需要增加一些传感器结点,结点个数就动态地增减,从而使网络的拓扑结构随之动态地变化。传感器网络的自组织性要能够适应网络结构的动态变化。

(3)动态性网络。传感器网络的拓扑结构可能因为下列因素而改变:环境因素或电能耗尽造成的传感器结点出现故障或失效;环境条件变化可能造成无线通信链路带宽变化,甚至时断时通;传感器网络的传感器、感知对象和观察者这三要素都可能具有移动性;新结点的加入。这些就要求传感器网络系统要能够适应这种变化,具有动态的系统可重构性。

(4)可靠的网络。传感器结点可能工作在露天环境中,遭受太阳的暴晒或风吹雨淋,甚至遭到无关人员或动物的破坏。传感器结点随机部署,这些都要求传感器结点非常坚固,不易损坏,适应各种恶劣环境条件。由于监测区域环境的限制以及传感器结点数目巨大,不可能人工"照顾"每个传感器结点,网络的维护就十分困难甚至不可维护。传感器网络的通信保密性和安全性也十分重要,要防止监测数据被盗取和获取伪造的监测信息。因此,传感器网络的软硬件必须具有鲁棒性和容错性。

(5)应用相关的网络。不同的应用背景对传感器网络的要求不同,其硬件平台、软件系统和网络协议必然会有很大差别。所以传感器网络不能像Internet一样,有统一的通信协议平台。对于不同的传感器网络应用虽然存在一些共性问题,但在开发传感器网络应用中,更关心传感器网络的差异。只有让系统更贴近应用,才能做出最高效的目标系统。针对每一个具体应用来研究传感器网络技术,是传感器网络设计不同于传统网络的显著特征。

(6) 以数据为中心的网络。如果想访问互联网中的资源,首先要知道存放资源的服务器 IP 地址。目前的互联网是一个以地址为中心的网络。传感器网络中的结点采用结点编号标识,结点编号是否需要全网唯一,取决于网络通信协议的设计。由于传感器结点随机部署,构成传感器网络与结点编号之间的关系是完全动态的,表现为结点编号与结点位置没有必然联系。用户使用传感器网络查询事件时,直接将所关心的事件通告给网络,而不是通告给某个确定编号的结点。网络在获得指定事件的信息后汇报给用户。这种以数据本身作为查询或传输线索的思想更接近于自然语言的交流习惯。所以通常说传感器网络是一个以数据为中心的网络。

3. 发展历史

第一阶段最早可以追溯到 20 世纪 70 年代越南抗美斗争时期,美军使用的传统传感器系统。美军为卡住胡志明部队向南方游击队运送兵力和物资的秘密通道(胡志明小道),美军投放了 2 万多个"热带树"传感器。所谓"热带树"实际上是由振动和声响传感器组成的系统,它由飞机投放,落地后插入泥土中,只露出伪装成树枝的无线电天线,对方车队经过时,传感器探测出目标产生的振动和声响信息,自动发送到指挥中心,美军飞机立即展开追杀,总共炸毁或炸坏了 4.6 万辆卡车。

第二阶段在 20 世纪 80~90 年代之间。主要有美军研制的分布式传感器网络系统、海军协同交战能力系统、远程战场传感器系统等。这种现代微型化的传感器具备感知能力、计算能力和通信能力等特点。因此在 1999 年,商业周刊将传感器网络列为 21 世纪最具影响的 21 项技术之一。

第三阶段于 21 世纪初。"9·11 事件"发生之后,这个阶段的传感器网络技术特点在于网络传输自组织、结点设计低功耗。除了应用于情报部门反恐活动以外,在其他领域更是获得了很好的应用,所以 2002 年美国国家重点实验室——橡树岭实验室提出了"网络就是传感器"的论断。由于无线传感网在国际上被认为是继互联网之后的第二大网络,2003 年美国《技术评论》杂志评出对人类未来生活产生深远影响的十大新兴技术,传感器网络被列为第一。

在现代意义上的无线传感网研究及其应用方面,我国与发达国家几乎同步启动,它已经成为我国信息领域位居世界前列的少数方向之一。2006 年我国发布的《国家中长期科学与技术发展规划纲要》为信息技术确定了三个前沿方向,其中有两项就与传感器网络直接相关,这就是智能感知和自组网技术。当然,传感器网络的发展也符合计算设备的演化规律。

8.2.2 体系结构

尽管传统的通信网络技术中一些解决方案可以借鉴到无线传感器网络技术中,由于无线传感器网络是能量受限的自组织网络,并且其工作环境和条件也与传统网络有所不同,所以无线传感器网络的体系结构有其特殊性,深入地探讨无线传感器网络的体系结构,有着重要的研究意义。

1. 无线传感器网络拓扑结构

无线传感器网络拓扑结构是组织无线传感器结点的组网技术,有多种形态和组网方式。

按照其组网形态和方式来看,有集中式、分布式和混合式。无线传感器网络的集中式结构类似移动通信的蜂窝结构,集中管理;无线传感器网络的分布式结构,类似 Ad-Hoc 网络结构,可自组织网络接入连接,分布管理;无线传感器网络的混合式结构包括集中式和分布式结构的组合。无线传感器网络的网状式结构,类似 Mesh 网络结构,网状分布连接和管理。

如果按照结点功能及结构层次来看,无线传感器网络通常可分为平面网络结构、分级网络结构、混合网络结构以及 Mesh 网络结构,如图 8-7 所示。无线传感器结点经多跳转发,通过基站、汇聚结点或网关接入网络,在网络的任务管理结点对感应信息进行管理、分类和处理,再把感应信息送给应用用户使用。

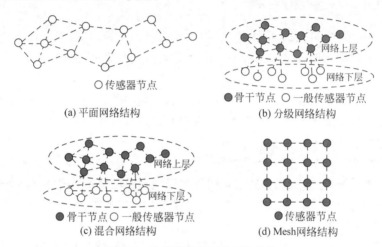

图 8-7　无线传感器网络拓扑结构

2. 无线传感器网络系统架构

一个典型的无线传感器网络的系统架构包括分布式无线传感器结点(群)、接收发送器汇聚结点、互联网或通信卫星和任务管理结点等,如图 8-8 所示。

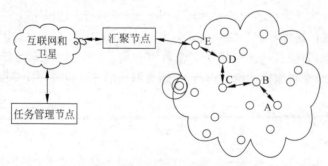

图 8-8　无线传感器网络的系统架构

大量传感器结点随机部署在监测区域内部或附近,能够通过自组织方式构成网络。传感器结点监测的数据沿着其他传感器结点逐跳地进行传输,在传输过程中监测数据可能被多个结点处理,经过多跳后路由到汇聚结点,最后通过互联网或卫星到达任务管理结点。

　　传感器结点通常是一个微型的嵌入式系统,它的处理能力、存储能力和通信能力相对较弱,通过携带能量有限的电池供电。从网络功能上看,每个传感器结点兼顾传统网络结点的终端和路由器双重功能,除了进行本地信息收集和数据处理外,还要对其他结点转发来的数据进行存储、管理和融合等处理,同时与其他结点协作完成一些特定任务。目前传感器结点的软硬件技术是传感器网络研究的重点。汇聚结点的处理能力、存储能力和通信能力相对比较强,它连接传感器网络、Internet 等外部网络,实现两种协议栈之间的通信协议转换,同时发布管理结点的监测任务,并把收集的数据转发到外部网络上。汇聚结点既可以是一个具有增强功能的传感器结点,有足够的能量供给和更多的内存与计算资源,也可以是没有监测功能仅带有无线通信接口的特殊网关设备。

3. 无线传感器网络的体系

　　无线传感器网络的体系由分层的网络通信协议、网络管理平台以及应用支撑平台三个部分组成,如图 8-9 所示。

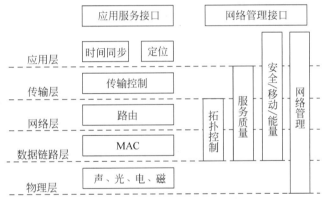

图 8-9　无线传感器网络体系

　　根据以上特性,传感器网络需要根据用户对网络的需求设计适应自身特点的网络体系结构,为网络协议和算法的标准化提供统一的技术规范,使其能够满足用户的需求。

　　传感器网络体系结构具有二维结构,即横向的通信协议层和纵向的传感器网络管理面。通信协议层可以划分为物理层、数据链路层、网络层、传输层和应用层,如图 8-9 所示,而网络管理面则可以划分为能耗管理面、移动性管理面以及任务管理面。

　　管理面的存在主要是用于协调不同层次的功能,以求在能耗管理、移动性管理和任务管理方面获得综合考虑的最优设计。

4. 网络通信协议

1) 物理层

　　无线传感器网络的传输介质可以是无线、红外线或者光介质。无线传感器网络推荐使用免许可证频段(ISM)。在物理层技术选择方面,环境的信号传播特性、物理层技术的能耗是设计的关键。传感器网络的典型信道属于近地面信道,其传播损耗因子较大。并且天线高度距离地面越近,其损耗因子就越大,这是传感器网络物理层设计的不利因素。然而无线传感器网络的某些内在特征也有利于设计，如高密度部署的无线传感器网络具有分集特性，可以用来克服阴影效应和路径损耗。

2）数据链路层

数据链路层负责数据流的多路复用、数据帧检测、媒体接入和差错控制。数据链路层保证了传感器网络内点到点和点到多点的连接。

（1）媒体接入控制。在无线多跳 Ad-Hoc 网络中，媒体访问控制层协议主要有两个职能。其一是网络结构的建立，因为成千上万个传感器结点高密度地分布于待测地域，MAC层机制需要为数据传输提供有效的通信链路，并为无线通信的多跳传输和网络的自组织特性提供网络组织结构。其二是为传感器结点有效合理地分配资源。蓝牙和移动 Ad-Hoc 网络可能是最接近传感器网络的现有网络。然而蓝牙采用星状网络拓扑结构，并采用集中式分配的时分复用机制，这对于拓扑结构需要经常调整的无线传感器网络来说并不有利。传统 Ad-Hoc 网络的 MAC 层协议强调在移动条件下提供较好的服务质量（QoS）保证，节电并非其考虑的主要因素，因此也不能够照搬于无线传感器网络。

（2）差错控制。数据链路层的另一个重要功能是传输数据的差错控制。在通信网中有两种重要的差错控制模式，分别是前向差错控制（FEC）和自动重传请求（ARQ）。在多跳网络中 ARQ 的使用由于重传的附加能耗和开销而很少使用。即便是使用 FEC 方式，也只有低复杂度的循环码被考虑到，而其他适合传感器网络的差错控制方案仍处在探索阶段。

3）网络层

传感器网络结点高密度地分布于待测环境内或周围。在传感器网络结点和接收器结点之间需要特殊的多跳无线路由协议。传统的 Ad-Hoc 网络多基于点对点的通信，为了增加路由可达度（考虑到传感器网络的结点并非很稳定），路由算法也基于广播方式进行优化。此外，与传统的 Ad-Hoc 网络路由技术相比，无线传感器网络的路由算法在设计时也需要特别考虑能耗的问题，基于节能的路由有若干种，如最大有效功率（PA）路由算法、最小能量路由算法、基于最小跳数路由以及基于最大最小有效功率结点路由。在传感器网络中人们只关心某个区域的某个观测指标的值，而不会去关心具体某个结点的观测数据。而传统网络传送的数据是和结点的物理地址联系起来的，以数据为中心的特点要求传感器网络能够脱离传统网络的寻址过程，快速有效地组织起各个结点的信息并融合提取出有用信息直接传送给用户。

4）传输层

传感器网络的计算资源和存储资源都十分有限，而且通常数据传输量并不是很大。这样，对于传感器网络而言，是否需要传输层是一个问题。最为熟知的传输控制协议（TCP）是一个基于全局地址的端到端传输协议，而对于传感器网络而言，TCP 设计思想中基于属性的命名对于传感器网络的扩展性并没有太大的必要性，而数据确认机制也需要大量消耗存储器，因此适合于传感器网络的传输层协议会更类似于 UDP。无线传感器网络的传输层负责数据流的传输控制，主要通过汇聚结点采集传感器网络内的数据，并使用卫星、移动通信网络、Internet 或者其他的链路与外部网络通信，是保证通信服务质量的重要部分。

5）应用层

应用层由各种面向应用的软件系统构成。应用层的研究主要是各种传感器网络应用系统的开发，如作战环境侦察与监控系统、军事侦察系统、情报获取系统、战场监测与指挥系统、环境监测系统、交通管理系统、灾难预防系统、危险区域监测系统、有灭绝危险或珍贵动物的跟踪监护系统、民用和工程设施的安全性监测系统、生物医学监测、诊断或治疗系统等。

5. 网络管理平台

网络管理平台主要是对传感器结点自身的管理以及用户对传感器网络的管理,它包括拓扑控制、服务质量管理、能量管理、安全管理、移动管理和网络管理等。

(1) 拓扑控制。为了节约能量,某些传感器结点会在某些时刻进入休眠状态,这导致网络的拓扑结构不断变化,因而需要通过拓扑控制技术管理各结点状态的转换,使网络保持畅通,数据能够有效传输。拓扑控制利用链路层、路由层完成拓扑生成,反过来又为它们提供基础信息支持,优化 MAC 协议和路由协议,降低能耗。

(2) 服务质量管理。管理服务质量(QoS)在各协议层设计队列管理、优先级机制或者带宽预留等机制,并对特定应用的数据给予特别处理。它是网络与用户之间以及网络上互相通信的用户之间关于信息传输与共享的质量约定。为满足用户的要求,无线传感器网络必须能够为用户提供足够的网络管理资源,以用户可接受的性能指标工作。

(3) 能量管理。在无线传感器网络中,电源能量是各个结点最宝贵的资源。为了使无线传感器网络的使用时间尽可能长,需要合理、有效地控制结点对能量的使用。每个协议层次中都要增加能量控制代码,并提供给操作系统能量分配决策。

(4) 安全管理。由于结点随机部署、网络拓扑的动态性以及无线信道的不稳定性,传统的安全机制无法在无线传感器网络中使用,因此需要设计新型的无线传感器网络安全机制,这需要采用扩频通信、接入认证/鉴权、数字水印和数据加密等技术。

(5) 移动管理。在某些无线传感器网络应用环境中结点可以移动,移动管理用来监测和控制结点的移动,维护到汇聚结点的路由,还可以使传感器结点跟踪它的邻居。

(6) 网络管理。网络管理是对无线传感器网络上的设备及传输系统进行有效监视、控制、诊断和测试所采用的技术和方法。它要求协议各层嵌入各种信息接口,并定时收集协议运行状态和流量信息,协调控制网络中各个协议组件的运行。

6. 应用支撑平台

应用支撑平台建立在分层网络通信协议和网络管理技术的基础之上,它包括一系列基于监测任务的应用层软件,通过应用服务接口和网络管理接口来为终端用户提供各种具体应用和支持。

(1) 时间同步。无线传感器网络的通信协议和应用要求各结点间的时钟必须保持同步,这样多个传感器结点才能互相配合工作。此外,结点的休眠和唤醒也要求时钟同步。

(2) 定位。结点定位是确定每个传感器结点的相对位置或绝对位置,结点定位在军事侦察、环境监测、紧急救援等应用中尤为重要。

(3) 应用服务接口。无线传感器网络的应用是多种多样的,针对不同的应用环境,有各种应用层的协议,如任务安排和数据分发协议、结点查询和数据分发协议等。

(4) 网络管理接口。主要是传感器管理协议,用来将数据传输到应用层。

8.2.3　主要用途

虽然无线传感器网络的大规模商业应用还有待时日,但是最近几年,随着成本的下降以及微处理器体积的减小,为数不少的无线传感器网络已开始投入使用。目前无线传感器网络的应用主要集中在以下领域。

1. 环境的监测和保护

随着人们对于环境问题的关注程度越来越高,需要采集的环境数据也越来越多,无线传感器网络的出现为随机性研究数据的获取提供了便利,并且还可以避免传统数据收集方式给环境带来的侵入式破坏。例如,英特尔研究实验室研究人员曾经将 32 个小型传感器连进互联网,以读出缅因州“大鸭岛”上的气候,用来评价一种海燕巢的条件。无线传感器网络还可以跟踪候鸟和昆虫的迁移,研究环境变化对农作物的影响,监测海洋、大气和土壤的成分等。此外,它也可以应用在精细农业中,用来监测农作物中的害虫、土壤的酸碱度和施肥状况等。

2. 医疗护理

无线传感器网络在医疗研究、护理领域也可以大展身手。罗彻斯特大学的科学家使用无线传感器创建了一个智能医疗房间,使用微尘来测量居住者的重要征兆(血压、脉搏和呼吸)、睡觉姿势以及每天 24 小时的活动状况。英特尔公司也推出了无线传感器网络的家庭护理技术。该技术是作为探讨应对老龄化社会的技术项目(Center for Aging Services Technologies,CAST)的一个环节开发的。该系统通过在鞋、家具以及家用电器等家具和设备中嵌入半导体传感器,来帮助老龄人士、阿尔茨海默氏病患者以及残障人士的家庭生活。利用无线通信将各传感器联网可高效传递必要的信息从而方便接受护理,而且还可以减轻护理人员的负担。英特尔主管预防性健康保险研究的董事 Eric Dishman 称,在开发家庭用护理技术方面,无线传感器网络是非常有前途的领域。

3. 军事领域

由于无线传感器网络具有密集型、随机分布的特点,使其非常适合应用于恶劣的战场环境中,包括侦察敌情、监控兵力、装备和物资,判断生物化学攻击等多方面用途。美国国防部远景计划研究局已投资数千万美元,帮助大学进行“智能尘埃”传感器技术的研发。哈伯研究公司总裁阿尔门丁格曾经预测:智能尘埃式传感器及有关的技术销售将从 2004 年的 1000 万美元增加到 2010 年的几十亿美元。

4. 目标跟踪

DARPA 支持的 Scnsor IT 项目探索如何将 WSN 技术应用于军事领域,实现所谓“超视距”战场监测。UCB 教授主持的 Sensor Web 是 Sensor IT 的一个子项目,该项目验证了应用 WSN 进行战场目标跟踪的技术可行性,翼下携带 WSN 结点的无人机(UAV)飞到目标区域后抛下结点,最终随机撒落在被监测区域,利用安装在结点上的地震波传感器可以探测到外部目标,如坦克、装甲车等,并根据信号的强弱估算距离,综合多个结点的观测数据,最终定位目标,并绘制出其移动的轨迹。

5. 其他用途

无线传感器网络还被应用于其他一些领域。例如,一些危险的工业环境如井矿和核电厂等,工作人员可以通过它来实施安全监测。也可以用在交通领域作为车辆监控的有力工具。此外,还可以用在工业自动化生产线等诸多领域。英特尔公司正在对工厂中的一个无线网络进行测试,该网络由 40 台机器上的 210 个传感器组成,这样组成的监控系统将可以大大改善工厂的运作条件。它可以大幅降低检查设备的成本,由于可以提前发现问题,它将能够缩短停机时间,提高效率,并延长设备的使用时间。尽管无线传感器技术目前仍处于初步应用阶段,却已经展示出了非凡的应用价值,相信随着相关技术的发展和推进,一定会获得更广泛的应用。

习题

1. 名词解释

(1) 无线传输载体;(2) 无线个域网;(3) 无线局域网;(4) 无线广域网;(5) 移动 Ad-Hoc 网络;(6) 蓝牙技术;(7) 无线传感器网。

2. 判断题

(1) 无线传感器网管理平台主要是对传感器结点自身的管理以及用户对传感器网络的管理,包括拓扑控制、服务质量管理、能量管理、安全管理、移动管理、网络管理等。　　(　　)

(2) 无线局域网络用于不易铺设有线网的地方。　　(　　)

(3) 无线传感器网应用支撑平台建立在分层网络通信协议和网络管理技术的基础之上,它包括一系列基于监测任务的应用层软件,通过应用服务接口和网络管理接口来为终端用户提供各种具体应用和支持,包括时间同步、定位、应用服务接口和网络管理接口。

(　　)

(4) 无线个域网只用于家庭。　　(　　)

3. 填空题

(1) 无线传输媒体分类:地面微波、_____、广播无线电波、红外线和光波。

(2) 无线传感器网络的应用主要集中在以下领域:环境的监测和保护、_____、军事领域、目标跟踪。

4. 选择题

(1) 如果按照结点功能及结构层次来看,无线传感器网络通常可分为(　　)。

　　A. 平面网络结构　　　　　　　　B. 分级网络结构

　　C. 混合网络结构　　　　　　　　D. Mesh 网络结构

(2) 一个典型的无线传感器网络的系统架构包括(　　)。

　　A. 分布式无线传感器结点(群)　　B. 接收发送器汇聚结点

　　C. 互联网或通信卫星　　　　　　D. 任务管理结点

5. 简答题

（1）简述无线传感器网络的特点。

（2）简述无线传感器网的历史。

（3）简述无线局域网的优缺点。

（4）简述 Ad-Hoc 网络的主要特征。

（5）如何建立 Ad-Hoc 无线连接？

（6）简述无线传感器网络的拓扑结构。

（7）简述无线传感器网络的体系。

6. 论述题

请展望无线传感器网在物联网中的应用前景。

第9章
CHAPTER 9
物联网信息安全

本章将介绍信息安全、系统安全和物联网安全。通过本章的学习,学生需要了解信息安全威胁、信息安全的目标和原则、信息安全策略、信息安全技术、计算机病毒及防治、黑客攻击与防范、物联网安全问题和策略。

9.1 信息安全概述

信息安全是指信息网络的硬件、软件及其系统中的数据受到保护,不受偶然的或者恶意的原因而遭到破坏、更改和泄漏,系统连续可靠正常地运行,信息服务不中断。信息安全的实质就是要保护信息系统或信息网络中的信息资源免受各种类型的威胁、干扰和破坏,即保证信息的安全性。根据国际标准化组织的定义,信息安全性的含义主要是指信息的完整性、可用性、保密性和可靠性。信息安全是任何国家、政府、部门、行业都必须十分重视的问题,是一个不容忽视的国家安全战略。但是对于不同的部门和行业来说,信息安全的要求和重点却是有区别的。

改革开放带来了各方面信息量的急剧增加,并要求大容量、高效率地传输这些信息。为了适应这一形势,通信技术发生了前所未有的爆炸性发展。目前,除有线通信外,短波、超短波、微波、卫星等无线电通信也正在越来越广泛地应用。与此同时,国外敌对势力为了窃取我国的政治、军事、经济、科学技术等方面的秘密信息,运用侦察台、侦察船、卫星等手段,形成固定与移动、远距离与近距离、空中与地面相结合的立体侦察网,截取我国通信传输中的信息。

9.1.1 信息安全威胁

信息系统安全领域存在的挑战:系统太脆弱,太容易受攻击;被攻击时很难及时发现和制止;有组织有计划的入侵无论在数量上还是在质量上都呈现快速增长趋势;在规模和复杂程度上不断扩展网络而很少考虑其安全状况的变化情况;因信息系统安全导致的巨大损失并没有得到充分重视,而有组织的犯罪、情报和恐怖组织却深谙这种破坏的威力。几种典型的安全威胁见图9-1。

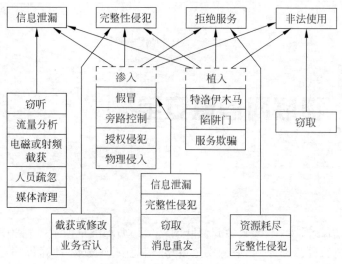

图 9-1 安全威胁

9.1.2 信息安全的目标和原则

1. 信息安全的目标

所有的信息安全技术都是为了达到一定的安全目标,其核心包括保密性、完整性、可用性、可控性和不可否认性五个安全目标。

(1) 保密性(Confidentiality),是指阻止非授权的主体阅读信息。它是信息安全一诞生就具有的特性,也是信息安全主要的研究内容之一。更通俗地讲,就是说未授权的用户不能够获取敏感信息。

(2) 完整性(Integrity),是指防止信息被未经授权的篡改。它是保护信息保持原始的状态,使信息保持其真实性。如果这些信息被蓄意地修改、插入、删除等,形成虚假信息将带来严重的后果。

(3) 可用性(Usability),是指授权主体在需要信息时能及时得到服务的能力。可用性是在信息安全保护阶段对信息安全提出的新要求,也是在网络化空间中必须满足的一项信息安全要求。

(4) 可控性(Controlability),是指对信息和信息系统实施安全监控管理,防止非法利用信息和信息系统。

(5) 不可否认性(Non-repudiation),是指在网络环境中,信息交换的双方不能否认其在交换过程中发送信息或接收信息的行为。

信息安全的保密性、完整性和可用性主要强调对非授权主体的控制。信息安全的可控性和不可否认性恰恰是通过对授权主体的控制,实现对保密性、完整性和可用性的有效补充,主要强调授权用户只能在授权范围内进行合法的访问,并对其行为进行监督和审查。

2. 信息安全的原则

为了达到信息安全的目标,各种信息安全技术的使用必须遵守一些基本的原则。

（1）最小化原则。受保护的敏感信息只能在一定范围内被共享，履行工作职责和职能的安全主体，在法律和相关安全策略允许的前提下，为满足工作需要，仅被授予其访问信息的适当权限，称为最小化原则。敏感信息的"知情权"一定要加以限制，是在"满足工作需要"前提下的一种限制性开放。

（2）分权制衡原则。在信息系统中，对所有权限应该进行适当划分，使每个授权主体只能拥有其中的一部分权限，使他们之间相互制约、相互监督，共同保证信息系统的安全。如果一个授权主体分配的权限过大，无人监督和制约，就隐含"滥用权力""一言九鼎"的安全隐患。

（3）安全隔离原则。隔离和控制是实现信息安全的基本方法，而隔离是进行控制的基础。信息安全的一个基本策略就是将信息的主体与客体分离，按照一定的安全策略，在可控和安全的前提下实施主体对客体的访问。

在这些基本原则的基础上，人们在生产实践过程中还总结出一些实施原则，他们是基本原则的具体体现和扩展，包括：整体保护原则、谁主管谁负责原则、适度保护的等级化原则、分域保护原则、动态保护原则、多级保护原则、深度保护原则和信息流向原则等。

9.1.3　信息安全策略

信息安全策略是指为保证提供一定级别的安全保护所必须遵守的规则。实现信息安全，不但靠先进的技术，而且也得靠严格的安全管理，法律约束和安全教育。

1. 应用先进的信息安全技术

用户对自身面临的威胁进行风险评估，决定其所需要的安全服务种类，选择相应的安全机制，然后集成先进的安全技术，形成一个全方位的安全系统，它是网络安全的根本保证。

2. 建立严格的安全管理制度

计算机网络使用机构应建立相应的网络安全管理办法，加强内部管理，建立合适的网络安全管理系统，加强用户管理和授权管理，建立安全审计和跟踪体系，提高整体网络安全意识。

3. 制定严格的法律和法规

计算机网络是一种新生事物。它的许多行为无法可依，无章可循，导致网络上计算机犯罪处于无序状态。面对日趋严重的网络犯罪，必须建立与网络安全相关的法律、法规，使非法分子慑于法律，不敢轻举妄动。

4. 启用安全操作系统

给系统中的关键服务器提供安全运行平台，构成安全 WWW 服务，安全 FTP 服务，安全 SMTP 服务等，并作为各类网络安全产品的坚实底座，确保这些安全产品的自身安全。

9.1.4　信息安全技术

1. 用户身份认证

用户身份认证是安全的第一道大门,是各种安全措施可以发挥作用的前提,身份认证技术包括:静态密码、动态密码(短信密码、动态口令牌和手机令牌)、USB KEY、IC 卡、数字证书和指纹虹膜等。

2. 防火墙

防火墙在某种意义上可以说是一种访问控制产品。它在内部网络与不安全的外部网络之间设置障碍,阻止外界对内部资源的非法访问,防止内部对外部的不安全访问。主要技术有:包过滤技术、应用网关技术和代理服务技术等。

3. 网络安全隔离

网络隔离有两种方式,一种是采用隔离卡来实现的,另一种是采用网络安全隔离网闸实现的。隔离卡主要用于对单台机器的隔离,网闸主要用于对整个网络的隔离,这两者的区别可参见参考资料。网络安全隔离与防火墙的区别可参看参考资料。

4. 安全路由器

由于 WAN 联接需要专用的路由器设备,因而可通过路由器来控制网络传输。通常采用访问控制列表技术来控制网络信息流。

5. 虚拟专用网

虚拟专用网(VPN)是在公共数据网络上,通过采用数据加密技术和访问控制技术,实现两个或多个可信内部网之间的互联。VPN 的构筑通常都要求采用具有加密功能的路由器或防火墙,以实现数据在公共信道上的可信传递。

6. 安全服务器

安全服务器主要针对一个局域网内部信息存储、传输的安全保密问题,其实现功能包括对局域网资源的管理和控制,对局域网内用户的管理,以及局域网中所有安全相关事件的审计和跟踪。

7. 电子签证机构

电子签证机构(CA)作为通信的第三方,为各种服务提供可信任的认证服务。CA 可向用户发行电子签证证书,为用户提供成员身份验证和密钥管理等功能。PKI 产品可以提供更多的功能和更好的服务,将成为所有应用的计算基础结构的核心部件。

8. 安全管理中心

由于网上的安全产品较多,且分布在不同的位置,这就需要建立一套集中管理的机制和设备,即安全管理中心。它用来给各网络安全设备分发密钥,监控网络安全设备的运行状态,负责收集网络安全设备的审计信息等。

9. 入侵检测系统

入侵检测,作为传统保护机制(如访问控制,身份识别等)的有效补充,形成了信息系统中不可或缺的反馈链。

10. 入侵防御系统

入侵防御,入侵防御系统(IPS)作为 IDS 很好的补充,是信息安全发展过程中占据重要位置的计算机网络硬件。

11. 安全数据库

由于大量的信息存储在计算机数据库内,有些信息是有价值的,也是敏感的,需要保护。安全数据库可以确保数据库的完整性、可靠性、有效性、机密性、可审计性及存取控制与用户身份识别等。

12. 安全操作系统

给系统中的关键服务器提供安全运行平台,构成安全 WWW 服务、安全 FTP 服务、安全 SMTP 服务等,并作为各类网络安全产品的坚实底座,确保这些安全产品的自身安全。

13. 信息安全服务

信息安全服务是指为确保信息和信息系统的完整性、保密性和可用性所提供的信息技术专业服务,包括对信息系统安全的咨询、集成、监理、测评、认证和运维等。

14. 数据加密

数据加密技术从技术上的实现分为软件和硬件两方面。按作用不同,数据加密技术主要分为数据传输、数据存储、数据完整性的鉴别以及密钥管理技术这四种。

9.2　系统安全

9.2.1　计算机病毒及防治

1. 计算机病毒的概念

计算机病毒(Computer Virus)是一种人为编制能够对计算机正常程序的执行或数据文件造成破坏,并且能够自我复制的一组指令程序代码。

国务院颁布的《中华人民共和国计算机信息系统安全保护条例》,及公安部颁布的《计算机病毒防治管理办法》将计算机病毒均定义如下:计算机病毒,是指编制或者在计算机程序中插入的破坏计算机功能或者毁坏数据,影响计算机使用,并能自我复制的一组计算机指令或者程序代码。这是目前官方最权威的关于计算机病毒的定义,此定义也被目前通行的《计算机病毒防治产品评级准则》的国家标准所采纳。

2. 计算机病毒的特点

(1) 繁殖性。计算机病毒可以像生物病毒一样进行繁殖,当正常程序运行的时候,它也进行自身复制,是否具有繁殖、感染的特征是判断某段程序为计算机病毒的首要条件。

(2) 破坏性。计算机中毒后,可能会导致正常的程序无法运行,把计算机内的文件删除或受到不同程度的损坏。通常表现为:增、删、改、移。

(3) 传染性。传染性是病毒的基本特征。计算机病毒也会通过各种渠道从已被感染的计算机扩散到未被感染的计算机,在某些情况下造成被感染的计算机工作失常甚至瘫痪。若一台计算机染毒,如不及时处理,那么病毒会在这台计算机上迅速扩散,计算机病毒可通过各种可能的渠道,如 U 盘、硬盘、移动硬盘、计算机网络去传染其他计算机。是否具有传染性是判别一个程序是否为计算机病毒的最重要条件。

(4) 潜伏性。有些病毒什么时间发作是预先设计好的。计算机病毒程序进入系统之后一般不会马上发作,一旦时机成熟才会发作。潜伏性的第二种表现是指,计算机病毒的内部往往有一种触发机制,不满足触发条件时,计算机病毒除了传染外不做什么破坏。触发条件一旦得到满足,它才会产生破坏性。

(5) 隐蔽性。计算机病毒具有很强的隐蔽性,有的可以通过病毒软件检查出来,有的根本就查不出来,有的时隐时现、变化无常,这类病毒处理起来通常很困难。

(6) 可触发性。病毒因某个事件或数值的出现,诱使病毒实施感染或进行攻击的特性称为可触发性。病毒的触发机制就是用来控制感染和破坏动作的频率的。病毒具有预定的触发条件,这些条件可能是时间、日期、文件类型或某些特定数据等。病毒运行时,触发机制检查预定条件是否满足,如果满足,启动感染或破坏动作,使病毒进行感染或攻击;如果不满足,使病毒继续潜伏。

3. 计算机病毒分类

根据多年对计算机病毒的研究,按照科学的、系统的、严密的方法,计算机病毒可分类如下。

1) 按病毒存在的媒体分类

根据病毒存在的媒体,病毒可以划分为网络病毒、文件病毒、引导型病毒。网络病毒通过计算机网络传播感染网络中的可执行文件,文件病毒感染计算机中的文件(如 COM、EXE、DOC 等),引导型病毒感染启动扇区(Boot)和硬盘的系统引导扇区(MBR),还有这三种情况的混合型,例如,多型病毒(文件和引导型)感染义件和引导扇区内两种目标,这样的病毒通常都具有复杂的算法,它们使用非常规的办法侵入系统,同时使用了加密和变形算法。

2) 按病毒传染的方法分类

根据病毒传染的方法可分为驻留型病毒和非驻留型病毒。驻留型病毒感染计算机后,把自身的内存驻留部分放在内存中,这一部分程序挂接系统调用并合并到操作系统中去,处于激活状态,一直到关机或重新启动。非驻留型病毒在得到机会激活时并不感染计算机内存,一些病毒在内存中留有小部分,但是并不通过这一部分进行传染,这类病毒也被划分为非驻留型病毒。

3) 按病毒破坏的能力分类

①无害型。除了传染时减少磁盘的可用空间外,对系统没有其他影响;②无危险型。这类病毒仅仅是减少内存、显示图像、发出声音及同类音响;③危险型。这类病毒在计算机系统操作中造成严重的错误;④非常危险型。这类病毒删除程序、破坏数据、清除系统内存区和操作系统中重要的信息。

4) 按病毒的算法分类

伴随型病毒,这一类病毒并不改变文件本身,它们根据算法产生 EXE 文件的伴随体,具有同样的名字和不同的扩展名(COM)。病毒把自身写入 COM 文件并不改变 EXE 文件,当 DOS 操作系统加载文件,伴随体优先被执行,再由伴随体加载执行原来的 EXE 文件。

"蠕虫"型病毒,通过计算机网络传播,不改变文件和资料信息,利用网络从一台机器的内存传播到其他机器的内存,计算网络地址,将自身的病毒通过网络发送。有时它们在系统中存在,一般除了内存不占用其他资源。

寄生型病毒,除了伴随型和"蠕虫"型,其他病毒均可称为寄生型病毒,它们依附在系统的引导扇区或文件中,通过系统的功能进行传播,按其算法不同可分为:①练习型病毒,病毒自身包含错误,不能进行很好的传播,例如一些病毒在调试阶段。②诡秘型病毒,一般不直接修改 DOS 中断和扇区数据,而是通过设备技术和文件缓冲区等 DOS 内部修改,不易看到资源,使用比较高级的技术。利用 DOS 空闲的数据区进行工作。③变型病毒(又称幽灵病毒),使用一个复杂的算法,使自己每传播一份都具有不同的内容和长度。它们一般的做法是一段混有无关指令的解码算法和被变化过的病毒体组成。

4. 计算机病毒的历史

计算机病毒的概念其实很早就出现了。现有记载的最早涉及计算机病毒概念的是计算机之父冯·诺依曼。他在 1949 年发表的一篇名为《复杂自动装置的理论及组织的进行》的论文中第一次给出了病毒程序的框架。1960 年,程序的自我复制技术首次在美国人约翰·康维编写的"生命游戏"程序中实现。《磁芯大战》游戏是由美国电报电话公司贝尔实验室的三个工作人员麦耀莱、维索斯基及莫里斯编写的。这个游戏体现了计算机病毒具有感染性的特点。经过 50 多年的发展,计算机病毒可以大致划分为以下几个阶段:①DOS 引导阶段;②DOS 可执行阶段;③伴随、批次型阶段;④幽灵、多形阶段;⑤生成器、变体机阶段;⑥网络、蠕虫阶段;⑦视窗阶段;⑧宏病毒阶段;⑨互联网阶段;⑩邮件炸弹阶段。

5. 计算机病毒的防治

如何有效地防范黑客、病毒的侵扰,保障计算机网络运行安全,已为广大计算机用户所重视。其中,如何防范计算机网络免受病毒侵袭,又成为网络安全的重中之重。

(1) 提高防毒意识。进行计算机安全教育,提高安全防范意识,建立对计算机使用人员的安全培训制度,定期进行安全培训。掌握病毒防治的基本知识和防病毒产品的使用方法。了解病毒知识,及时发现新病毒并采取相应措施,在关键时刻使自己的计算机免受病毒破坏。

(2) 建立完善的病毒防治机制。建立相应的规章制度、法令法规作为保障,在管理上应建立相应的组织机构,采取行之有效的管理方法。各级部门要设立专职或兼职的安全员,形成以各地公安计算机监察部门为龙头的计算机安全管理网,加强配合、信息共享和技术互助。建立一套行之有效的防范计算机病毒的应急措施和应急事件处理机构,以便对发现的计算机病毒事件进行快速反应和处置,为遭受计算机病毒攻击、破坏的计算机信息系统提供数据恢复方案,保障计算机信息系统和网络的安全、有效运转。根据2000年公安部颁布的《计算机病毒防治管理办法》,结合各自的情况建立自己的计算机病毒防治制度和相应组织,将病毒防治工作落到实处。

(3) 建立病毒防治和应急体系。据统计,80%的网络病毒是通过系统安全漏洞传播的,所以应定期到微软网站去下载最新的补丁,以防患未然。默认情况下,许多操作系统会安装一些辅助服务。这些服务为攻击者提供了方便,而又对用户没有太大用处,如果关闭或删除系统中不需要的服务,就能大大减少被攻击的可能性。各单位应建立病毒应急体系,与国家的计算机病毒应急体系建立信息交流机制,发现病毒疫情及时上报,同时,注意国家计算机病毒应急处理中心发布的病毒疫情。

(4) 安全风险评估。对使用的系统和业务需求的特点,进行计算机病毒风险评估。通过评估了解自身系统主要面临的病毒威胁有哪些,有哪些风险必须防范,有哪些风险可以承受,确定所能承受的最大风险,以便制定相应的病毒防治策略和技术防范措施。适时进行安全评估,调整各种病毒防治策略——根据病毒发展动态,定期对系统进行安全评估,了解当前面临的主要风险,评估病毒防护策略的有效性,及时发现问题,调整病毒防治的各项策略。

(5) 选用病毒防治产品。根据风险评估的结果,选择经过公安部认证的病毒防治产品,安装专业的杀毒软件进行全面监控。还应经常升级,将一些主要监控经常打开(如邮件监控),进行内存监控等,遇到问题要上报,这样才能真正保障计算机的安全。

(6) 建立安全的计算机系统。使用病毒防火墙技术,防止未知病毒。必要时内外网分离,不仅防止外来病毒对内网的侵入,还可以防止银行内部信息、资源、数据被盗。对系统敏感文件定期检查,保证及时发现已感染的病毒和黑客程序。对发生的病毒事故,要认真分析原因,找到病毒突破防护系统的原因,及时修改病毒防治策略,并对调整后的病毒防治策略进行重新评估。

(7) 备份系统、备份重要数据。对重要的、有价值的数据应该定期和不定期备份,对特别重要的数据,做到每修改一次便备份一次,一般病毒都从硬盘的前端开始破坏,所以重要的数据应放在C盘以后的分区,这样即使病毒破坏了硬盘前面部分的数据只要能及时发现,后面这些数据还是有可能挽回的。此外,合理设置硬盘分区,预留补救措施,如用Ghost软件备份硬盘,可快速恢复系统。一旦发生了病毒侵害事故后,启动灾难恢复计划,尽量将病毒造成的损失减小到最低,并尽快恢复系统正常工作。

9.2.2　黑客攻击与防范

1. 计算机黑客概述

1) 黑客的概念

黑客(Hacker)这个词的原意是指熟悉某种计算机系统,并具有极高的技术能力,长时间将心力投注在信息系统的研发,并且乐此不疲的人,早期在美国的计算机界是带有褒义的。但在媒体报道中,黑客一词往往指那些"软件骇客"(Software Cracker)。到了今天,黑客一词已被用于泛指那些专门利用计算机网络搞破坏或恶作剧的家伙。对这些人的正确英文叫法是 Cracker,有人翻译成"骇客"。开放源代码的创始人 Eric Raymond 认为 Hacker 与 Cracker 是分属两个不同世界的族群,其基本差异在于,Hacker 是有建设性的,而 Cracker 则专门搞破坏。

黑客所做的不是恶意破坏,他们是一群纵横于网络上的技术人员,热衷于科技探索、计算机科学研究。在黑客圈中,Hack 一词无疑是带有正面的意义,例如,System hacker 熟悉操作的设计与维护,Password hacker 精于找出使用者的密码,若是 Computer hacker 则是通晓计算机,可让计算机乖乖听话的高手。Hacker 原意是指用斧头砍柴的工人,最早被引进计算机圈则可追溯自 20 世纪 60 年代。加州大学柏克利分校计算机教授 Brian Harvey 在考证此词时曾写到,当时在麻省理工学院(MIT)中的学生通常分成两派,一是 Tool,意指乖乖的学生,成绩都拿甲等;另一则是所谓的 Hack,也就是常逃课,上课爱睡觉,但晚上却又精力充沛喜欢搞课外活动的学生。

Cracker 是以破解各种加密或有限制的商业软件为乐趣的人,这些以破解(Crack)最新版本的软件为己任的人,从某些角度来说是一种义务性的、发泄性的,他们讲究 Crack 的艺术性和完整性,从文化上体现的是计算机大众化。他们以年轻人为主,对软件的商业化怀有敌意。

很多人认为 Hacker 及 Cracker 之间没有明显的界线,但实际上,Hacker 和 Cracker 不但很容易分开,而且可以分出第三群"互联网海盗(Internet Pirate)",他们是大众认定的"破坏分子"。但是,人们还是把这群人称为"黑客"。

2）黑客分类

网络中常见的黑客大体有以下三种。

(1) 业余计算机爱好者。他们偶尔从网络上得到一些入侵的工具,一试之下居然攻无不胜,然而却不懂得消除证据,因此也是最常被揪出来的黑客。这些人多半并没有什么恶意,只觉得入侵是证明自己技术能力的方式,是一个有趣的游戏,有一定成就感。即使造成什么破坏,也多半是无心之过。只要有称职的系统管理员,就能预防这类无心的破坏发生。

(2) 职业的入侵者。这些人把入侵当成事业,认真并且有系统地整理所有可能发生的系统弱点,熟悉各种信息安全攻防工具。他们有能力成为一流的信息安全专家,也许他们的正式工作就是信息安全工程师,但是也绝对有能力成为破坏力极大的黑客。只有经验丰富的系统管理员,才有能力应付这种类型的入侵者。

(3) 计算机高手。他们对网络、操作系统的运作了如指掌,对信息安全、网络侵入也许丝毫不感兴趣,但是只要系统管理员稍有疏失,整个系统在他们眼中看来就会变得不堪一击。因此可能只是为了不想和同学分享主机的时间,也可能只是懒得按正常程序申请系统使用权,就偶尔客串,扮演入侵者的角色。这些人通常对系统的破坏性不高,取得使用权后也会小心使用,避免造成系统损坏。使用后也多半会记得消除痕迹。因此,此类入侵者比职业的入侵者更难找到踪迹。这类高手通常有能力演变成称职的系统管理员。

3）黑客的目的

黑客入侵的目的主要有以下几个方面。

(1) 好奇心和满足感。这类人入侵他人的网络系统,以成功与否为技术能力的指标,借以满足其内心的好奇心和成就感。

（2）作为入侵其他系统的跳板。安全敏感度较高的机器,通常有多重使用记录,有严密的安全保护,入侵必须负担法律责任,所以多数的入侵者会选择安全防护较差的系统,作为访问敏感度较高的机器的跳板,让跳板机器承担责任。

（3）盗用系统资源数。互联网上的上亿台计算机是一笔庞大的财富,破解密码,盗取资源可获取巨大的经济利益。

（4）窃取机密资料。互联网中存放有许多重要的资料,如信用卡号、交易资料等。这些有价值的机密资料对入侵者具有很大的吸引力。他们入侵系统的目的就是得到这些资料。

（5）出于政治目的或报复心理。这类人入侵的目的就是要破坏他人的系统,以达到报复或政治目的。

4）黑客攻击方式

黑客攻击通常分为以下七种典型的模式。

（1）监听。指监听计算机系统或网络信息包以获取信息。监听实质上并没有进行真正的破坏性攻击或入侵,但却通常是攻击前的准备动作,黑客利用监听来获取他想攻击对象的信息,如网址、用户账号、用户密码等。这种攻击可以分成网络信息包监听和计算机系统监听两种。

（2）密码破解。指使用程序或其他方法来破解密码。破解密码主要有两个方式,猜出密码或是使用遍历法一个一个尝试所有可能试出密码。这种攻击程序相当多,如果是要破解系统用户密码的程序,通常需要一个存储着用户账号和加密过的用户密码的系统文件,例如,UNIX 系统的 Password 和 Windows NT 系统的 SAM,破解程序就利用这个系统文件来猜或试密码。

（3）漏洞。指程序在设计、实现或操作上的错误,而被黑客用来获得信息、取得用户权限、取得系统管理者权限或破坏系统。由于程序或软件的数量太多,所以这种攻击数量相当庞大。缓冲区溢出是程序在实现上最常发生的错误,也是最多漏洞产生的原因。缓冲区溢出的发生原因是把超过缓冲区大小的数据放到缓冲区,造成多出来的数据覆盖到其他变量,绝大多数的状况是程序发生错误而结束。但是如果适当地放入数据,就可以利用缓冲区溢出来执行自己的程序。

（4）扫描。指扫描计算机系统以获取信息。扫描和监听一样,实质上并没有进行真正的破坏性攻击或入侵,但却通常是攻击前的准备动作,黑客利用扫描来获取他想攻击对象的信息,如开放哪些服务、提供服务的程序,甚至利用已发现的漏洞样本做对比直接找出漏洞。

（5）恶意程序码。指黑客通过外部设备和网络把恶意程序码安装到系统内。它通常是黑客成功入侵后做的后续动作,可以分成两类:病毒和后门程序。病毒有自我复制性和破坏性两个特性,这种攻击就是把病毒安装到系统内,利用病毒的特性破坏系统和感染其他系统。最有名的病毒就是世界上第一位因特网黑客所写的蠕虫病毒,它的攻击行为其实很简单,就是复制,复制同时做到感染和破坏的目的。后门程序攻击通常是黑客在入侵成功后,为了方便下次入侵而安装的程序。

（6）阻断服务。其目的并不是要入侵系统或是取得信息,而是阻断被害主机的某种服务,使得正常用户无法接收网络主机所提供的服务。这种攻击有很大部分是从系统漏洞这个攻击类型中独立出来的,它是把稀少的资源用尽,让服务无法继续。例如,TCP 同步信号洪泛攻击是把被害主机的等待队列填满。最近出现一种有关阻断服务攻击的新攻击模式：分布式阻断服务攻击，黑客从 Client 端控制 Hacker，而每个 Hacker 控制许多 Agent，因此黑客可以同时命令多个 Agent 来对被害者做大量的攻击。而且 Client 与 Hacker 之间的沟通是经过加密的。

（7）Social engineering。指不通过计算机或网络的攻击行为。例如，黑客自称是系统管理者，发电子邮件或打电话给用户，要求用户提供密码，以便测试程序或其他理由。其他像是躲在用户背后偷看他人的密码也属于 Social engineering。

2. 木马攻击

1）木马的概念

木马之称源于《荷马史诗》的特洛伊战记。故事说的是希腊人围攻特洛伊城十年后仍不能得手，于是阿迦门农受雅典娜的启发：把士兵藏匿于巨大无比的木马中，然后佯作退兵。当特洛伊人将木马作为战利品拖入城内时，高大的木马正好卡在城门间，进退两难。夜晚木马内的士兵爬出来，与城外的部队里应外合而攻下了特洛伊城。而计算机世界中的木马（Trojan）是指隐藏在正常程序中的一段具有特殊功能的恶意代码，是具备破坏和删除文件、发送密码、记录键盘和攻击 DoS 等特殊功能的后门程序。由此而得名"木马"。

木马病毒和其他病毒一样，都是一种人为的程序，属于计算机病毒。与以前的计算机病毒不同，木马病毒的作用是赤裸裸地偷偷监视别人的所有操作和盗窃别人的各种密码和数据等重要信息，如盗窃系统管理员密码搞破坏，偷窃 ADSL 上网密码和游戏账号密码用于牟利，更有甚者直接窃取股票账号、网上银行账户等机密信息达到盗窃别人财务的目的。所以木马病毒的危害性更大。这个现状就导致了许多别有用心的程序开发者大量编写这类带有偷窃和监视别人计算机的侵入性程序，这就是目前网上大量木马病毒泛滥成灾的原因。鉴于木马病毒的巨大危害性和它与其他病毒的作用性质不一样，所以木马病毒虽然属于病毒中的一类，但是要单独从病毒类型中剥离出来，独立地称为"木马病毒"程序。

2）木马的发展历史

经过若干年的发展，木马病毒也经历了三代演化。

第一代木马：伪装型病毒。这种病毒通过伪装成一个合法性程序诱骗用户上当。第一个计算机木马出现在 1986 年，它伪装成共享软件 Pc-write 的 2.72 版本，一旦用户信以为真运行该木马程序，那么他的下场就是硬盘被格式化。

第二代木马：Aids 木马。Aids 木马的作者利用邮件散播该病毒，给其他人寄去一封含有木马程序软盘的邮件。之所以叫这个名称是因为软盘中包含 Aids 和 Hiv 疾病的药品、价格、预防措施等相关信息。软盘中的木马程序在运行后，虽然不会破坏数据，但它将硬盘加密锁死，然后提示受感染用户花钱消灾。

第三代木马：网络传播型木马。随着 Internet 的广泛应用，这一代木马兼备伪装和传播两种特征并结合 TCP/IP 网络技术四处泛滥。

3. DDoS 攻击

1）Dos 攻击定义

DoS(Denial of Service，拒绝服务)攻击是对网络服务有效性的一种破坏，使受害主机或网络不能及时接收并处理外界请求,或无法及时回应外界请求,从而不能提供给合法用户正常的服务,形成拒绝服务。

DDoS 攻击是利用足够数量的傀儡机产生数目巨大的攻击数据包对一个或多个目标实施 DoS 攻击,耗尽受害端的资源,使受害主机丧失提供正常网络服务的能力。DDoS 攻击已经是当前网络安全最严重的威胁之一,是对网络可用性的挑战。反弹攻击和 IP 源地址伪造技术的使用使得攻击更加难以察觉。就目前的网络状况而言,世界的每一个角落都有可能受到 DDoS 攻击,但是只要能够尽可能检测到这种攻击并且做出反应,损失就能够减到最小程度。因此,DDoS 攻击检测方法的研究一直受到关注。

2)DDoS 的攻击原理

DDoS 攻击包括攻击者、主控端、代理端或代理者、被攻击者。其原理见图 9-2。

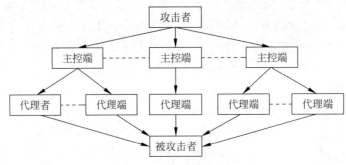

图 9-2   DDoS 攻击原理图

(1)攻击者。可以是网络上的任何一台主机。在整个攻击过程中,它是攻击主控端,向主控端发送攻击命令,包括目标主机地址,控制整个过程。攻击者与主控端的通信一般不包括在 DDoS 工具中,可以通过多种连接方法完成。

(2)主控端。主控端和代理端都是攻击者非法侵入并控制的一些主机,它们分成了两个层次,分别运行非法植入的不同的攻击程序。每个主控端控制数十个代理端,有其控制的代理端的地址列表,它监听端口接收攻击者发来的命令后,将命令转发给代理端。主控端与代理端的通信根据 DDoS 工具的不同而有所不同。

(3)代理端或代理者。在它们上面运行攻击程序,监听端口接收和运行主控端发来的命令,是真正进行攻击的机器。

(4)被攻击者。可以是路由器、交换机、主机。遭受攻击时,它们的资源或带宽被耗尽。防火墙、路由器的阻塞还可能导致恶性循环,加重网络阻塞情况。

3)DDoS 攻击的实施过程

(1)收集目标主机信息。攻击者要入侵网络,首要工作是收集、了解目标主机的情况。下列信息是 DDoS 攻击者所关心的内容:目标主机的数量和地址配置;目标主机的系统配置和性能;目标主机的网络带宽。例如,攻击者对网络上的某个站点发动攻击,他必须确定有多少台主机支持这个站点,因为一个大的站点很可能需要多台主机利用负载均衡技术提供同一站点的 WWW 服务。根据目标主机的数量,攻击者就能够确定要占领多少台代理主机实施攻击,才能实现其企图。假如攻击 1 台目标主机需要 1 台代理主机,那么,攻击一个由 10 台主机支持的站点,就需要 10 台代理主机。

（2）占领主控机和代理主机。攻击者首先利用扫描器或其他工具选择网上一台或多台代理主机用于执行攻击行动。为了避免目标网络对攻击的有效响应和攻击被跟踪检测，代理主机通常应位于攻击目标网络和发动攻击网络域以外。代理主机必须具有一定脆弱性以方便攻击者能够占领和控制，且需具备足够资源用于发动强大攻击数据流。代理主机一般应具备以下条件：链路状态好和网络性能好，系统性能好，安全管理水平差。

攻击者侵入代理主机后，选择一台或多台作为主控主机，并在其中植入特定程序，用于接收和传达来自攻击者的攻击指令。其余代理主机被攻击者植入攻击程序，用于发动攻击。攻击者通过重命名和隐藏等多项技术保护主控机和代理主机上的程序的安全和隐秘。被占领的代理主机通过主控主机向攻击者汇报有关信息。

（3）发起攻击。攻击者通过攻击主机发布攻击命令，主控主机接收到命令后立即向代理主机传达，隐蔽在代理主机上的攻击程序响应攻击命令，产生大量的 UDP、TCP SYN 和 ICMP 响应请求等垃圾数据包，瞬间涌向目标主机并将其淹没。最终导致出现目标主机崩溃或无法响应请求等状况。在攻击过程中，攻击者通常根据主控主机及其与代理主机的通信情况改变攻击目标、持续时间等，分组、分组头、通信信道等都有可能在攻击过程中被改变。

4）DDoS 攻击预防对策

DDoS 攻击的研究主要在预防、检测、响应追踪三个方面。

防范 DDoS 攻击的第一道防线就是攻击预防。预防的目的是在攻击尚未发生时采取措施，阻止攻击者发起 DDoS 攻击进而危害网络。在 DDoS 攻击的预防研究方面，目前研究最多的还是提高 TCP/IP 的质量，如延长缓冲队列的长度和减少超时时间。

仅仅预防攻击是不够的。当攻击真的发生时，需要进行响应。响应追踪的目的是消除或缓解攻击，尽量减小攻击对网络造成的危害。响应追踪研究又可以分为攻击发生时追踪和攻击发生后追踪。攻击发生后追踪的主要方法包括路由器产生 ICMP 追踪消息法、分组标记法、数据包日志记录法；攻击发生时追踪的主要方法包括基于 IPSec 的动态安全关联追踪法、链路测试法和逐跳追踪法等。

为了尽快响应攻击，就需要尽快地检测出攻击的存在。在检测研究方面，目前已有很多种方法及不同的分类。DDoS 是一种基于 DoS 的分布、协作的大规模攻击方式，它直接或间接通过互联网上其他受控制的计算机攻击目标系统或者网络资源的可用性。同 DoS 一次只能运行一种攻击方式攻击一个目标不同，DDoS 可以同时运用多种 DoS 攻击方式，也可以同时攻击多个目标。攻击者利用成百上千个被"控制"结点向受害结点发动大规模的协同攻击。通过消耗带宽、CPU 和内存等资源，使被攻击者的性能下降甚至瘫痪和死机，从而造成其他合法用户无法正常访问。与 DoS 相比，其破坏性和危害程度更大，涉及范围更广，更难发现攻击者。

9.3　物联网安全

9.3.1　物联网安全概述

信息安全专家方滨兴院士 2009 年 10 月在一次讲座中就"物联网安全"进行了介绍。

与任何一个新的信息系统出现都会伴生信息安全问题一样,物联网也不可避免。如任何一个信息系统所存在的安全问题均有着自身安全和对他方安全的两面性一样,物联网的安全也存在着自身安全和对他方的安全问题。其中,自身安全就是物联网是否会被攻击而不可信,其重点表现在如果物联网出现了被攻击、数据被篡改等,并致使其出现了与所期望功能不一致的情况,或者不再发挥应有的功能,那么依赖于物联网的控制结果将会出现灾难性的问题,如工厂停产或出现错误的操控结果。这一点通常称为物联网的安全问题。而对他方的安全则涉及通过物联网来获取、处理、传输用户的隐私数据,如果物联网没有防范措施则会导致用户隐私的泄漏。这一点通常称为物联网的隐私保护问题。

物联网是一种广义的信息系统,因此物联网安全属于信息安全的子集。就信息安全而言,通常将之分为 4 个层次:①物理安全,即信息系统硬件方面,或者说是表现在信息系统电磁特性方面的安全问题;②运行安全,即信息系统的软件方面,或者说是表现在信息系统代码执行过程中的安全问题;③数据安全,即信息自身的安全问题;④内容安全,即信息利用方面的安全问题。物联网作为以控制为目的的数据体系与物理体系相结合的复杂系统,一般不会考虑内容安全方面的问题。但是,在物理安全、运行安全、数据安全方面则与互联网有着一定的异同性。这一点需要从物联网的构成来考虑。

物联网的构成要素包括传感器、传输系统(泛在网)以及处理系统,因此,物联网的安全形态表现在这三个要素上。①就物理安全而言,主要表现在传感器的安全方面,包括对传感器的干扰、屏蔽、信号截获等,这一点应该说是物联网的特殊所在;②就运行安全而言,则存在于各个要素中,即涉及传感器、传输系统及信息处理系统的正常运行,这方面与传统的信息安全基本相同;③数据安全也存在于各个要素中,要求在传感器、传输系统、信息处理系统中的信息不会出现被窃取、被篡改、被伪造和被抵赖等性质。但这里面传感器与传感网所面临的问题比传统的信息安全更为复杂,因为传感器与传感网可能会因为能量受限的问题而不能运行过于复杂的保护体系。

从保护要素的角度来看,物联网的保护要素仍然是可用性、机密性、可鉴别性与可控性,由此可以形成一个物联网安全体系。其中,可用性是从体系上来保障物联网的健壮性与可生存性;机密性是要构建整体的加密体系来保护物联网的数据隐私;可鉴别性是要构建完整的信任体系来保证所有的行为、来源、数据的完整性等都是真实可信的;可控性是物联网最为特殊的地方,是要采取措施来保证物联网不会因为错误而带来控制方面的灾难,包括控制判断的冗余性、控制命令传输渠道的可生存性、控制结果的风险评估能力等。

总之,物联网安全既蕴涵着传统信息安全的各项技术需求,又包括物联网自身特色所面临的特殊需求,如可控性问题、传感器的物联安全问题等。

9.3.2 安全问题

在实际应用环境中,RFID 标签、网络和数据等环节都存在安全隐患。RFID 系统安全问题主要反映在两个方面:第一是 RFID 标签和后端系统之间的通信是非接触和无线的,它们的通信内容很容易泄漏;第二是标签的成本会直接影响标签本身性能,很难实现对安全威胁的高效防护。没有可靠的信息安全机制,就无法有效地保护射频标签中的数据信息。另外,不具有可靠信息安全机制的射频标签还存在着易向邻近的读写器泄漏敏感信息、易被干扰和易被跟踪等安全隐患。

1. 物联网的安全威胁

由于物联网设备可能是先部署后连接网络,而物联网结点又无人看守,除了面对移动通信网络的传统网络安全问题之外,还存在着一些与已有移动网络安全不同的特殊安全问题。感知网络的传输与信息安全、核心网络的传输与信息安全等问题都是物联网发展过程中不容忽视的问题。

(1) 传感网络是一个存在严重不确定性因素的环境。广泛存在的传感智能结点本质上就是监测和控制网络上的各种设备,它们监测网络的不同内容,提供各种不同格式的事件数据来表征网络系统当前的状态。然而,这些传感智能结点又是一个外来入侵的最佳场所。从这个角度而言,物联网感知层的数据非常复杂,数据间存在着频繁的冲突与合作,具有很强的冗余性和互补性,且是海量数据。它具有很强的实时性特征,同时又是多源异构型数据。因此,相对于传统的 TCP/IP 网络技术而言,所有的网络监控措施、防御技术不仅面临更复杂结构的网络数据,同时又有更高的实时性要求,在网络技术、网络安全和其他相关学科领域面前都将是一个新的课题、新的挑战。

(2) 当物联网感知层主要采用 RFID 技术时,嵌入了 RFID 芯片的物品不仅能方便地被物品主人所感知,同时其他人也能进行感知。特别是当这种被感知的信息通过无线网络平台进行传输时,信息的安全性相当脆弱。如何在感知、传输和应用过程中提供一套强大的安全体系作为保障,是一个难题。

(3) 在物联网的传输层和应用层也存在一系列的安全隐患,亟待出现相对应的、高效的安全防范策略和技术。只是在这两层可以借鉴 TCP/IP 网络已有技术的地方比较多一些,与传统的网络对抗相互交叉。

2. 具体的威胁

从物联网的体系结构而言,物联网除了面对传统 TCP/IP 网络、无线网络和移动通信网络等传统网络安全问题之外,还存在着大量自身的特殊安全问题,并且这些特殊性大多来自感知层。我们认为物联网的感知层面临的主要威胁有以下几方面。

(1) 安全隐私。如射频识别技术被用于物联网系统时,RFID 标签被嵌入任何物品中,比如人们的日常生活用品中,而用品的拥有者不一定能觉察,从而导致用品的拥有者不受控制地被扫描、定位和追踪,这不仅涉及技术问题,而且还涉及法律问题。

(2) 智能感知结点的自身安全问题。即物联网机器和感知结点的本地安全问题。由于物联网的应用可以取代人来完成一些复杂、危险和机械的工作,所以物联网机器和感知结点多数部署在无人监控的场景中。那么攻击者就可以轻易地接触到这些设备,从而对它们造成破坏,甚至通过本地操作更换机器的软硬件。

(3) 假冒攻击。由于智能传感终端、RFID 电子标签相对于传统 TCP/IP 网络而言是"裸露"在攻击者的眼皮底下的,再加上传输平台是在一定范围内"暴露"在空中的,"窃扰"在传感网络领域显得非常频繁并且容易。所以,传感器网络中的假冒攻击是一种主动攻击形式,它极大地威胁着传感器结点间的协同工作。

(4) 数据驱动攻击。数据驱动攻击是通过向某个程序或应用发送数据,以产生非预期结果的攻击,通常为攻击者提供访问目标系统的权限。数据驱动攻击分为缓冲区溢出攻击、格式化字符串攻击、输入验证攻击、同步漏洞攻击和信任漏洞攻击等。通常向传感网络中的汇聚结点实施缓冲区溢出攻击是非常容易的。

(5) 恶意代码攻击。恶意程序在无线网络环境和传感网络环境中有无穷多的入口。一旦入侵成功,之后通过网络传播就变得非常容易。它的传播性、隐蔽性、破坏性等相比 TCP/IP 网络而言更加难以防范,如类似于蠕虫这样的恶意代码,本身又不需要寄生文件,在这样的环境中检测和清除这样的恶意代码将很困难。

(6) 拒绝服务。这种攻击方式多数会发生在感知层安全与核心网络的衔接之处。由于物联网中结点数量庞大,且以集群方式存在,因此在数据传播时,大量结点的数据传输需求会导致网络拥塞,产生拒绝服务攻击。

(7) 物联网业务的安全问题。由于物联网结点无人值守,并且有可能是动态的,所以如何对物联网设备进行远程签约信息和业务信息配置就成了难题。另外,现有通信网络的安全架构都是从人与人之间的通信需求出发的,不一定适合以机器与机器之间的通信为需求的物联网络。使用现有的网络安全机制会割裂物联网机器间的逻辑关系。

(8) 信息安全问题。感知结点通常情况下功能单一、能量有限,使得它们无法拥有复杂的安全保护能力,而感知层的网络结点多种多样,所采集的数据、传输的信息和消息也没有特定的标准,所以无法提供统一的安全保护体系。

(9) 传输层和应用层的安全隐患。在物联网络的传输层和应用层将面临现有 TCP/IP 网络的所有安全问题,同时还因为物联网在感知层所采集的数据格式多样,来自各种各样感知结点的数据是海量的,并且是多源异构数据,带来的网络安全问题将更加复杂。

9.3.3　安全策略

由于物联网必须兼容和继承现有的 TCP/IP 网络和无线移动网络等,因此现有网络安全体系中的大部分机制仍然可以适用于物联网,并能够提供一定的安全性,如认证机制、加密机制等。但是还需要根据物联网的特征对安全机制进行调整和补充。

可以认为,物联网的安全问题同样也要走"分而治之""分层解决"的路子。传统 TCP/IP 网络针对网络中的不同层都有相应的安全措施和对应方法,这套比较完整的方法,不能原样照搬到物联网领域,而要根据物联网的体系结构和特殊性进行调整。物联网感知层、感知层与主干网络接口以下部分的安全防御技术主要依赖于传统的信息安全知识。

1. 物联网中的加密机制

密码编码学是保障信息安全的基础。在传统 ICP/IP 网络中加密的应用通常有两种形式:点到点加密和端到端加密。从目前学术界所公认的物联网基础架构来看,不论是点点加密还是端端加密,实现起来都有困难,因为在感知层的结点上要运行一个加密/解密程序不仅需要存储开销、高速的 CPU,而且还要消耗结点的能量。因此,在物联网中实现加密机制原则上有可能,但是技术实施上难度大。

2. 结点的认证机制

认证机制是指通信的数据接收方能够确认数据发送方的真实身份,以及数据在传送过程中是否遭到篡改。从物联网的体系结构来看,感知层的认证机制非常有必要。身份认证是确保结点的身份信息,加密机制通过对数据进行编码来保证数据的机密性,以防止数据在传输过程中被窃取。PKI 是利用公钥理论和技术建立的提供信息安全服务的基础设施,是解决信息的真实性、完整性、机密性和不可否认性这一系列问题的技术基础,是物联网环境下保障信息安全的重要方案。

3. 访问控制技术

访问控制在物联网环境下被赋予了新的内涵,从 TCP/IP 网络访问授权变成了给机器进行访问授权,有限制地分配、交互共享数据,在机器与机器之间将变得更加复杂。

4. 态势分析及其他

网络态势感知与评估技术是对当前和未来一段时间内的网络运行状态进行定量和定性的评价、实时监测和预警的一种新的网络安全监控技术。物联网的网络态势感知与评估的有关理论和技术还是一个正在开展的研究领域。

深入研究这一领域的科学问题,从理论到实践意义上来讲都非常值得期待,因为同传统的 TCP/IP 网络相比,传感网络领域的态势感知与评估被赋予了新的研究内涵,不仅是网络安全单一方面的问题,还涉及传感网络体系结构的本身问题,如传感智能结点的能量存储问题、结点布局过程中的传输延迟问题、汇聚结点的数据流量问题等。这些网络本身的因素对于传感网络的正常运行都是致命的。所以,在传感网络领域中态势感知与评估已经超越了TCP/IP 网络中单纯的网络安全意义,已经从网络安全延伸到了网络正常运行状态的监控;另外,传感网络结构更加复杂,网络数据是多源的、异构的,网络数据具有很强的互补性和冗余性,具有很强的实时性。

在同时考虑外来入侵的前提下,需要对传感网络数据进行深入的数据挖掘分析,从数据中找出统计规律性。通过建立传感网络数据析取的各种数学模型,进行规则挖掘、融合、推理和归纳等,提出能客观、全面地对大规模传感网络正常运行做态势评估的指标,为传感网络的安全运行提供分析报警等措施。

5. RFID 安全标准

目前制定 RFID 标准的组织比较著名的有三个:ISO、以美国为首的 EPCglobal 以及日本的 Ubiquitous ID Center,而这三个组织对 RFID 技术应用规范都有各自的目标与发展规划。如果从发展的角度来观察全球 RFID 标准制定,目前最为积极的非 EPCglobal 莫属。目前,我国也已经成立了一个 RFID 国家标准工作组,正在制定相关的 RFID 国家标准。

习题

1. 名词解释

(1) 信息安全;(2) 信息安全策略;(3) 保密性;(4) 完整性;(5) 可用性;(6) 可控性;(7) 不可否认性;(8) 计算机病毒;(9) 虚拟专用网;(10) 信息安全服务;(11) 认证机

制；(12) 黑客；(13) 木马。

2. 判断题

(1) 信息安全策略是指为保证提供一定级别的安全保护所必须遵守的规则。　　(　　)

(2) 电子签证机构(CA)作为通信的第三方,为各种服务提供可信任的认证服务。

(　　)

(3) 由于网上的安全产品较多,且分布在不同的位置,这就需要建立一套集中管理的机制和设备,即安全管理中心。　　(　　)

(4) 入侵防御系统是信息安全发展过程中占据重要位置的计算机网络硬件。　　(　　)

3. 填空题

(1) 计算机病毒从其传播方式上分为：引导型病毒、_____和混合型病毒。

(2) 计算机病毒按其破坏程序分为：良性病毒和_____。

(3) 按作用不同,数据加密技术主要分为数据传输、_____、数据完整性的鉴别以及密钥管理技术这四种。

(4) 信息安全的原则：最小化原则、分权制衡原则和_____。

(5) 物联网安全属于信息安全的子集。通常将其分为 4 个层次,包括_____、_____、_____、_____。

(6) 黑客大体有以下三种：_____、职业的入侵者和计算机高手。

4. 选择题

(1) 几种典型的安全威胁包括(　　)。

　　A. 信息泄漏　　　　B. 完整性侵害　　　C. 拒绝服务　　　D. 非法使用

(2) 计算机病毒的特性包括(　　)。

　　A. 传染性　　　　　B. 潜伏性　　　　　C. 隐蔽性　　　　D. 破坏性

5. 简答题

(1) 简述信息安全的目标。

(2) 简述信息安全的对策。

(3) 简述信息安全技术。

(4) 怎样预防计算机病毒?

(5) 简述物联网的安全威胁。

(6) 简述物联网的安全措施。

(7) 简述 Hacker(黑客)与 Cracker(骇客)的区别。

(8) 简述黑客攻击的七种典型模式。

6. 论述题

请展望信息安全技术在物联网中的应用前景。

第 10 章 数据采集与处理

CHAPTER 10

本章将介绍信号采集与信号处理技术、数据采集常用电路、模/数和数/模转换、计算机接口与数据采集、数据采集系统的抗干扰技术。通过本章的学习,学生需要了解数据采集的概念、数据采集系统、数据处理、模拟多路开关、测量放大器、滤波器、模/数转换、数/模转换、接口的功能特点及数据传送方式、数据采集的串行通信接口技术、信息物理系统 CPS、数据采集系统中常见的干扰、数据采集系统抗干扰的措施等。

10.1 信号采集与信号处理技术

10.1.1 数据采集概念

数据采集(DAQ)是指从传感器和其他待测设备等模拟和数字被测单元中自动采集非电量或者电量信号,送到上位机中进行分析和处理。数据采集的目的是为了测量电压、电流、温度、压力或声音等物理现象。基于 PC 的数据采集,通过模块化硬件、应用软件和计算机的结合进行测量。

被采集数据是已被转换为电信号的各种物理量,如温度、水位、风速、压力等,可以是模拟量,也可以是数字量。采集一般是采样方式,即每隔一定时间(称采样周期)对同一点数据重复采集。采集的数据大多是瞬时值,也可以是某段时间内的一个特征值。准确的数据量测是数据采集的基础。数据量测方法有接触式和非接触式,检测元件多种多样。无论哪种方法和元件,均以不影响被测对象状态、测量环境和保证数据的正确性为前提。数据采集含义很广,包括对面状连续物理量的采集,在计算机辅助制图、测图、设计中,对图形或图像的数字化过程也可称为数据采集,此时被采集的是几何量数据。

数据采集在多个领域有着十分重要的应用,它是计算机与外部物理世界连接的桥梁。利用串行或红外通信方式,实现对移动数据采集器的应用软件升级,通过制定上位机(PC)与移动数据采集器的通信协议,实现两者之间阻塞式通信交互过程。数据采集在工业、工程、生产车间等部门都十分必要,尤其是在对信息实时性能要求较高或者恶劣的环境中。在工业生产和科学技术研究的各行业中,常常利用 PC 或工控机对各种数据进行采集。这其中有很多地方需要进行数据采集,如液位、温度、压力和频率等。现在常用的采集方式是通过数据采集板卡,常用的有 A/D 卡以及 RS-422、RS-485 等总线板卡。卫星数据采集系统是利用航天遥测、遥控、遥监等技术,对航天器远地点进行各种监测,并根据需求进行自动采集,经过卫星传输到数据中心处理后,送给用户使用的应用系统。

在互联网行业快速发展的今天,数据采集已经被广泛应用于互联网及分布式领域,其领域已经发生了重要的变化。首先,分布式控制应用场合中的智能数据采集系统在国内外已经取得了长足的发展。其次,总线兼容型数据采集插件的数量不断增大,与个人计算机兼容的数据采集系统的数量也在增加。国内外各种数据采集机先后问世,将数据采集带入了一个全新的时代。

10.1.2 数据采集系统

1. 定义

数据采集系统是结合基于计算机(或微处理器)的测量软硬件产品来实现灵活的、用户自定义的测量系统。该数据采集系统是一种基于 TLC549 模数转换芯片和单片机的设备,可以把 ADC 采集的电压信号转换为数字信号,经过微处理器的简单处理而让数码管实现电压显示功能,并且通过与 PC 的连接可以实现计算机更加直观化的显示。

尽管数据采集系统根据不同的应用需求有不同的定义,但各个系统采集、分析和显示信息的目的却都相同。数据采集系统整合了信号、传感器、激励器、信号调理、数据采集设备和应用软件。数据采集系统包括可视化的报表定义、审核关系的定义、报表的审批和发布、数据填报、数据预处理、数据评审、综合查询统计等功能模块。通过信息采集网络化和数字化,扩大了数据采集的覆盖范围,提高审核工作的全面性、及时性和准确性,最终实现相关业务工作管理现代化、程序规范化、决策科学化和服务网络化。

2. 数据采集系统的基本功能

由数据采集系统的任务可以知道,数据采集系统具有以下几方面的功能。

(1)数据采集计算机按照预先选定的采样周期,对输入到系统的模拟信号进行采样,有时还要对数字信号、开关信号进行采样。数字信号和开关信号不受采样周期的限制,当这类信号到来时,由相应的程序负责处理。

(2)模拟信号是指随时间连续变化的信号,这些信号在规定的一段连续时间内,其幅值为连续值,即从一个量变到下一个量时中间没有间断。

(3)数字信号是指在有限的离散瞬时上取值间断的信号。

(4)开关信号主要来自各种开关器件,如按钮开关、行程开关和继电器触点等。开关信号的处理主要是监测开关器件的状态变化。

(5)二次数据计算,把直接由传感器采集到的数据称为一次数据,把通过对一次数据进行某种数学运算而获得的数据称为二次数据。二次数据计算主要有平均、累计、变化率、差值、最大值和最小值等。

(6)屏幕显示,显示装置可把各种数据以方便操作者观察的方式显示出来,屏幕上显示的内容一般称为画面。常见的画面有相关画面、趋势图、模拟图和一览表等。

（7）数据存储就是按照一定的时间间隔，定期将某些重要数据存储在外部存储器上。

（8）打印输出就是按照一定的时间间隔或人为控制，定期将各种数据以表格或图形的形式打印出来。

（9）人机联系是指操作人员通过键盘或鼠标与数据采集系统对话，完成对系统的运行方式、采样周期等参数的设置。此外，还可以通过它选择系统功能、选择输出需要的画面等。

3. 数据采集系统的结构形式

数据采集系统主要由硬件和软件两部分组成。从硬件方向来看，目前数据采集系统的结构形式主要有两种：一种是微型计算机数据采集系统，另一种是集散型数据采集系统。

（1）微型计算机数据采集系统是由传感器、模拟多路开关、程控放大器、采样持器、A/D转换器、计算机及外设等部分组成。

（2）集散型数据采集系统是计算机网络技术的产物，它由若干"数据采集站"和一台上位机及通信线路组成。"数据采集站"一般是由单片机数据采集装置组成，位于生产设备附近，可独立完成数据采集和预处理任务，还可将数据以数字信号的形式传送给上位机。上位机用来将各个数据采集站传送来的数据集中显示在显示器上或打印成各种报表，或以文件形式存储在磁盘上。此外，还可以将系统的控制参数发送给各个数据采集站，以调整数据采集站的工作状态。数据采集站与上位机之间通常采用异步串行传送数据。数据通信通常采用主从方式，由上位机确定与哪一个数据采集站进行数据传送。

4. 数据采集系统的软件

数据采集系统的正常工作，除了必须要有系统硬件这个物质基础外，还须有软件的支持。数据采集系统的软件一般分为如下几方面。

（1）模拟信号采集与处理程序的主要功能是对模拟输入信号进行采集、标度变换、滤波处理及二次数据计算，并将数据存入磁盘文件。

（2）数字信号采集与处理程序的功能是对数字输入信号进行采集及码制之间的转换，如 BCD 码转换成 ASCII 码等。

（3）脉冲信号处理程序的功能是对输入的脉冲信号进行电平高低判断和计数。

（4）开关信号处理程序包括一般的开关信号处理程序和中断型开关信号处理程序。前者是按系统设定的扫描周期定时查询运行，后者是随中断的产生而随时运行的。开关信号处理程序的主要功能是判断开关信号输入状态的变化情况，如果发生变化，则执行相应的处理程序。

（5）运行参数设置程序的主要功能是对数据采集系统的运行参数进行设置。运行参数有采样通道号、采样点数、采样周期、信号量程范围、放大器增益系数、工程单位等。

（6）系统管理程序一方面用来将各个功能模块程序组织成一个程序系统，并管理和调用各个功能模块程序；另一方面用来管理数据文件的存储和输出。系统管理程序一般以文字菜单和图形菜单的人机界面技术来组织、管理和运行系统程序。

（7）通信程序是用来完成上位机与各个数据采集站之间的数据传送工作，它的主要功能有：设置数据传送的波特率（速率），上位机向数据采集站群发送机号，上位机接收和判断数据采集站发回的机号，命令相应的数据采集站传送数据，上位机接收数据采集站传送来的数据。

10.1.3 数据处理

通常所采集到的数据,是被测对象的某些物理量经过非电量到电量的转换,又经过放大或衰减、采样、编码、传输等环节之后所呈现出来的一种数据形式。显然,这种形式的数据(或信号)对数据使用者来说既不直观,也没有明确的物理意义,因而也是不便使用的。必须把它们恢复成原来的物理量形式,并尽可能形象地给出它们的变化情况,以便数据使用者能一目了然地就看出他们所要了解的东西,这是数据处理的一个首要任务。

另外,在上述各个环节中电子设备性能的不理想,以及外界干扰、噪声的影响,都会或多或少地在采集到的数据中引入一定的误差,因而数据处理的另一重要任务就是要采取各种方法(去除趋势项、平滑、滤波等)最大限度地消除这些误差,尽可能把精确的数据提供给数据使用者。

数据处理的另一项任务就是要对数据本身进行某些变换加工(求均值或进行傅里叶变换等),或在有关联的数据之间进行某些相互的运算(如计算相关函数),从而得到某些更能表达该数据内在特征的二次数据,所以有时也称这种处理为二次处理。

1. 数据处理的类型

由数据采集系统的任务可知,系统除了采集数据外,还要根据实际需要,对采集到的数据进行各种处理。数据处理的类型有多种,一般根据以下方式分类。

(1) 按处理的方式划分,数据处理可分为实时(在线)处理和事后(脱机)处理。一般来说,实时处理由于处理时间受到限制,只能对有限的数据做一些简单的、基本的处理,以提供用于实时控制的数据。事后处理由于是非实时处理,处理时间不受限制,可以做各种复杂的处理。

(2) 按处理的性质划分,数据处理可分为预处理和二次处理两种。预处理通常是剔除数据奇异项、去除数据趋势项、数据的数字滤波、数据的转换等。二次处理有各种数学的运算,如微分、积分和傅里叶变换等。

2. 数据处理的任务

1) 对采集到的电信号做物理量解释

在数据采集系统中,被采集的物理量(温度、压力、流量等)经传感器转换成电量,又经过信号放大、采样、量化和编码等环节,被系统中的计算机所采集,但其采集到的数据仅以电压的形式表现。它虽然含有被采集物理量变化规律的信息,由于没有明确的物理意义,因而不便于处理和使用,必须把它还原成原来对应的物理量。

2) 消除数据中的干扰信号

在数据的采集、传送和转换过程中,由于系统内部和外部干扰、噪声的影响,或多或少会在采集的数据中混入干扰信号,因而必须采用各种方法(如剔除奇异项、滤波等)最大限度地消除混入数据中的干扰,以保证数据采集系统的精度。

3) 分析计算数据的内在特征

通过对采集到的数据进行变换加工(例如求均值或做傅里叶变换等),或在有关联的数据之间进行某些相互的运算(例如计算相关函数),从而得到能表达该数据内在特征的二次数据,所以有时也称这种处理为二次处理。例如,采集到一个振动过程的振动波形(随时间变化的数据,即时域数据),可用傅里叶变换得出振动波形的频谱。

10.2 数据采集常用电路

10.2.1 模拟多路开关

当需要对多个模拟量进行模数变换时,由于模数转换器的价格较贵,通常不是每个模拟量输入通道都设置一个 A/D,而是多路输入模拟量共用一个 A/D,中间经过多路转换开关切换,即模拟量多路转换开关(MPX)。

模拟量多路转换开关中最重要的部分是电子开关 AS,它是用数字电子逻辑控制模拟信号通断的一种电路,通常是由双极型晶体管(BJT)、结型场效应晶体管(J-FET)或金属氧化物半导体场效应管(MOS-FET)等类型组成的电子开关。

模拟多路开关(多路转换开关,简称多路开关)的作用是分别或依次把各路检测信号与A/D 转换器接通,以节省 A/D 转换器件。

10.2.2 测量放大器

在数据采集系统中,被检测的物理量经过传感器变换成模拟电信号,其往往是很微弱的微伏级信号(如热电偶的输出信号),需要用放大器加以放大。现在市场可以采购到的各种放大器(如通用运算放大器、测量放大器)中,由于通用运算放大器一般都具有毫伏级的失调电压和每度数微伏的温漂,因此,通用运算放大器不能直接用于放大微弱信号,而测量放大器则能较好地实现此功能。

测量放大器是一种带有精密差动电压增益的器件,由于它具有高输入阻抗、低输出阻抗、强抗共模干扰能力、低温漂、低失调电压和高稳定增益等特点,使其在检测微弱信号的系统中被广泛用作前置放大器。

10.2.3 滤波器

滤波器(filter)是一种用来消除干扰杂波的器件,将输入或输出经过过滤而得到纯净的直流电。滤波器就是对特定频率的频点或该频点以外的频率进行有效滤除的电路,其功能就是得到一个特定频率或消除一个特定频率。

滤波器是一种对信号有处理作用的器件或电路。主要作用是让有用信号尽可能无衰减地通过,对无用信号尽可能大地衰减。通过滤波器的一个方波群或复合噪波,而得到一个特定频率的正弦波。滤波器一般有两个端口:一个输入信号,一个输出信号。

滤波器是由电感器和电容器构成的网路,可使混合的交直流电流分开。电源整流器即借助此网路滤净脉动直流中的纹波,获得比较纯净的直流输出。最基本的滤波器,是由一个电容器和一个电感器构成的,称为 L 型滤波。所有各型的滤波器,都是集合 L 型单节式滤波器而成。基本单节式滤波器由一个串联臂及一个并联臂组成,串联臂为电感器,并联臂为电容器。

10.3 模/数、数/模转换

10.3.1 模/数转换

1. A/D转换器

模/数转换器是一种将模拟信号量转换成数字量的器件,它把采集到的采样模拟信号量化和编码后,转换成数字信号并输出。因此在将模拟量转换成数字量的过程中,模/数转换器是核心器件,简称为A/D或ADC。

现在,A/D转换电路已集成在一块芯片上,一般用户无须了解其内部电路的细节,但应掌握芯片的外特性和使用方法。

2. A/D转换器的分类

(1) 直接比较型即将输入的采样模拟量直接与作为标准的基准电压相比较,得到可按数字编码的离散量或直接得到数字量。这种类型包括连续比较、逐次逼近、斜波(或阶梯波)电压比较等,其中最常用的是逐次逼近型。这类转换是瞬时比较,抗干扰能力差,但转换速度较快。

(2) 间接比较型即输入的采样模拟量不是直接与基准电压比较,而是将二者都变成中间物理量再进行比较,然后将比较得到的时间或频率进行数字编码。由于间接比较是"先转换后比较",因而形式更加多样。例如有双斜式、脉冲调宽型、积分型、三斜率型和自动校准积分型等。这类转换为平均值响应,抗干扰能力较强,但速度较慢。

10.3.2 数/模转换

1. D/A转换器的分类

数/模转换器是一种将数字量转换成模拟量的器件,简称D/A转换器或DAC。它在数字控制系统中作为关键器件,用来把微处理器输出的数字信号转换成电压或电流等模拟信号,并送入执行机构进行控制或调节。在逐次逼近式D/A转换器中,数/模转换器将SAR中的数字量转换成模拟量,反馈至比较器供逐次比较、逼近,最后完成D/A转换。

目前,D/A转换器已集成在一块芯片上,一般用户无须了解其内部电路的细节,只要掌握芯片的外特性和使用方法就够了。最常见的数/模转换器是将并行二进制的数字量转换为直流电压或直流电流,它常用作过程控制计算机系统的输出通道,与执行器相连,实现对生产过程的自动控制。

2. D/A转换器的分类和组成

D/A转换器主要有两大类型:并行D/A转换器和串行D/A转换器。

D/A转换器的基本组成可分为四个部分:电阻网络、模拟切换开关、基准电源和运算放大器。

10.4　计算机接口与数据采集

进入 20 世纪 90 年代,随着超大规模集成电路技术和微处理器结构体系研究的不断发展,CPU 更新换代速度加快了,导致 PC 及其兼容机迅速由 16 位机转移到 32 位机,并且大量涌入市场,伴随而来的是微机硬件价格越来越低,其性能价格比则以惊人的速度迅速提高。

由于 PC 是主流机,与之相配合的软件资源极其丰富,能熟练使用这类计算机工程技术的人员非常多。因此,与 PC 兼容,用于工业现场测控的工业 PC 得到了迅速发展。在计算机技术发展潮流的推动下,PC 在工业测控领域中得到了愈来愈广泛的应用。

为了满足 PC 用于数据采集与控制的需要,国内外许多厂商生产了各种各样的数据采集板卡。这类板卡均参照 PC 的总线技术标准设计和生产,在一块印制电路板上集成了模拟多路开关、程控放大器、采样持器、A/D 和 D/A 转换器等器件。用户只要把这类板卡插入 PC 主板上相应的 I/O 扩展槽中,就可以迅速地、方便地构成一个数据采集与处理系统。这样大大节省了硬件的研制时间和投资,又可以充分利用 PC 的软硬件资源,还可以使用户集中精力对数据采集与处理中的理论和方法进行研究,进行系统设计以及程序的编制等。

10.4.1　接口的功能特点及数据传送方式

1. 计算机与 I/O 接口

计算机控制系统的硬件,除主机外,通常还包括两类外围设备,一类是常规外围设备,如键盘、显示器、打印机、磁盘机等;另一类是被控设备、检测仪表、显示装置、操作台等。由于计算机存储器的功能单一(保存信息)、品种有限(ROM、RAM)、存取速度与 CPU 的工作速度基本匹配,因此存储器可以直接连接到 CPU 总线上。外围设备种类繁多,有机械式、机电式和电子式,有的作为输入设备,有的作为输出设备,工作速度不一。外围设备的工作速度通常比 CPU 的速度低得多,且不同外围设备的工作速度往往又差别很大,其信息类型和传送方式也不同,有的使用数字量,有的使用模拟量,有的要求并行传送信息,有的要求串行传送信息。因此,仅靠 CPU 及其总线是无法承担上述工作的,必须增加 I/O 接口电路和 I/O 通道才能完成外围设备与 CPU 的总线连接。I/O 接口是计算机控制系统不可缺少的组成部分。

I/O 接口电路也简称接口电路。它是主机和外围设备之间信息交换的连接部件。它在主机和外围设备之间的信息交换中起着桥梁和纽带作用。I/O 通道也称为过程通道,它是计算机和控制对象之间信息传送和变换的连接通道。I/O 接口和 I/O 通道都是为实现主机和外围设备(包括被控对象)之间信息交换而设的器件,其功能都是保证主机和外围设备之间能方便、可靠、高效率地交换信息。因此,接口和通道紧密相连,在电路上往往结合在一起了。例如,目前大多数大规模集成电路 A/D 转换器芯片,除了完成 A/D 转换,起模拟量输入通道的作用外,其转换后的数字量保存在片内具有三态输出的输出锁存器中,同时具有通信联络及 I/O 控制的有关信号端。这样可以直接挂到主机的数据总线及控制总线上去,A/D 转换器也就同时起到了输入接口的作用,有的书中把 A/D 转换器也统称为接口电路。大多数集成电路 D/A 转换器也一样,都可以直接挂到系统总线上,同时起到输出接口和 D/A 转换的作用。

2. 接口类型

接口类型指的是电子白板与计算机系统采用的连接方式。目前电子白板与计算机连接的常见接口类型有并口(也称为 IEEE 1284,Centronics)、串口(也称为 RS-232 接口的)和 USB 接口。

并口又称为并行接口。目前,并行接口主要作为打印机端口,采用的是 25 针 D 形接头。所谓"并行",是指 8 位数据同时通过并行线进行传送,这样数据传送速度会大大提高,但并行传送的线路长度受到限制。长度增加,干扰就会增加,数据也就容易出错。目前计算机基本上都配有并口。

串口叫作串行接口,现在的 PC 一般有两个串行口 COM 1 和 COM 2。串行口不同于并行口在于它的数据和控制信息是一位接一位地传送出去的。虽然这样速度会慢一些,但传送距离较并行口更长,因此若要进行较长距离的通信,应使用串行口。通常 COM 1 使用的是 9 针 D 形连接器,也称为 RS-232 接口,而 COM 2 有的使用的是老式的 DB25 针连接器,也称为 RS-422 接口,不过目前已经很少使用。

USB(Universal Serial Bus,通用串行总线)是近些年逐步在 PC 领域广为应用的新型接口技术。USB 接口具有传输速度更快,支持热插拔以及连接多个设备的特点。目前已经在各类外部设备中被广泛采用。目前 USB 接口有三种:USB 1.1、USB 2.0 和 USB 3.0。理论上,USB 1.1 的传输速度可以达到 12Mb/s,USB 2.0 则可以达到 480Mb/s,USB 3.0 可以达到 5Gb/s。它们向下兼容。

3. 计算机和外部的通信方式

计算机和外部交换信息又称为通信(Communication)。按数据传送方式分为并行通信和串行通信两种基本方式。

(1) 并行通信就是把传送数据的 n 位数用 n 条传输线同时传送。其优点是传送速度快、信息率高。并且通常只要提供两条控制和状态线,就能完成 CPU 和接口及设备之间的协调、应答,实现异步传输。它是计算机系统和计算机控制系统中常常采用的通信方式。但是并行通信所需的传输线较多,增加了成本,接线也较麻烦,因此在长距离、多数位数据的传送中较少采用。

(2) 串行通信是数据按位进行传送。在传输过程中,每一位数据都占据一个固定的时间长度,一位一位地串行传送和接收。串行通信又分为全双工方式和半双工方式、同步方式和异步方式。

10.4.2　数据采集的串行通信接口技术

1. 串口通信

串口通信(Serial Communication),是指外设和计算机间通过数据信号线、地线、控制线等,按位进行传输数据的一种通信方式。这种通信方式使用的数据线少,在远距离通信中可以节约通信成本,但其传输速度比并行传输低。

随着计算机系统的应用和微机网络的发展,通信功能显得越来越重要,这里所说的通信是指计算机与外界的信息交换。因此,通信既包括计算机与外部设备之间,也包括计算机和计算机之间的信息交换。由于串行通信表示在一根传输线上一位一位地传送信息,所用的传输线少,并且可以借助现成的电话网进行信息传送,它特别适合于远距离传输。对于那些与计算机相距不远的人-机交换设备和串行存储的外部设备如终端、打印机、逻辑分析仪、磁盘等,采用串行方式交换数据也很普遍。在实时控制和管理方面,采用多台微处理机组成分级分布控制系统中,各 CPU 之间的通信一般都是串行方式,所以串行接口是微机应用系统常用的接口。

2. 调制与解调

计算机通信时发送接收的信息均是数字信号,其占用的频带很宽,约为几兆赫兹(MHz)甚至更高;但目前长距离通信时采用的传统电话线路频带很窄,共有 4kHz 左右。直接传送必然会造成信号的严重畸变,大大降低了通信的可靠性。所以,在长距离通信时,为了确保数据的正常传送,一般都要在传送前把信号转换成适合于传送的形式,传送到目的地后再恢复成原始信号。这个转换工作可利用调制解调器(Modem)实现。

在发送站,调制解调器把"1"和"0"的数字脉冲信号调制到载波信号上,承载了数字信息的载波信号在普通电话网络系统中传送。在目的站,调制解调器把承载了数字信息的载波信号再恢复成原来的"1"和"0"数字脉冲信号。

信号的调制方法主要有三种:调频、调幅和调相。当调制信号为数字信号时,这三种调制方法又分别称为频移键控法(Frequency Shift Keying,FSK)、幅移键控法(Amplitude Shift Keying,ASK)和相移键控法(Phase Shift Keying,PSK)。

3. 同步通信和异步通信

串行通信的数据是逐位传送的,发送方发送的每一位都具有固定的时间间隔,这就要求接收方也要按照发送方同样的时间间隔来接收每一位。不仅如此,接收方还要确定一个信息组的开始和结束。为此,串行通信对传送数据的格式做了严格的规定。不同的串行通信方式具有不同的数据格式,如同步通信和异步通信及其数据传送格式。

4. 串行数据校验

数字通信中一项很重要的技术是差错控制技术,包括对传送的数据自动地进行校验,并在检测出错误时自动校正。对远距离的串行通信,由于信号畸变,线路干扰以及设备质量等问题有可能会出现传输错误,此时就要求能够自动检测和纠正。目前常用的校验方法有奇偶校验码、循环冗余码等。

10.4.3 信息物理系统 CPS

1. CPS 概述

1) CPS 定义

信息物理系统(Cyber-Physical Systems,CPS)是计算进程和物理进程的统一体,是集成计算、通信与控制于一体的下一代智能系统,如图 10-1 所示。CPS 通过人机交互接口实现和物理进程的交互,使用网络化空间以远程的、可靠的、实时的、安全的、协作的方式操控一个物理实体,如图 10-2 所示,作为一个综合计算、网络和物理环境的多维复杂系统,其通过 3C(Computation,Communication,Control)技术的有机融合与深度协作,实现大型工程系统的实时感知、动态控制和信息服务。CPS 的计算、通信与物理系统的一体化设计,可使其更加可靠、高效、实时协同,具有重要而广泛的应用前景。

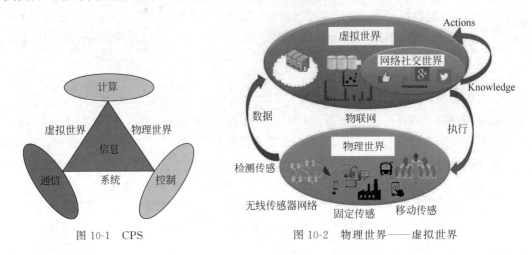

图 10-1　CPS　　　　　　图 10-2　物理世界——虚拟世界

　　CPS 包含将来无处不在的环境感知、嵌入式计算、网络通信和网络控制等系统工程,使物理系统具有计算、通信、精确控制、远程协作和自治功能。它注重计算资源与物理资源的紧密结合与协调,可用于智能系统上的设备互联、物联传感、智能家居、机器人、智能导航等(图 10-2)。

　　CPS 是在环境感知的基础上,深度融合计算、通信和控制能力的可控、可信、可扩展的网络化物理设备系统,它通过计算进程和物理进程相互影响的反馈循环实现深度融合和实时交互来增加或扩展新的功能,以安全、可靠、高效和实时的方式检测或者控制一个物理实体。

　　2) CPS 结构

　　CPS 有 3 层,分别是感知层、网络层和控制层,如图 10-3 所示。感知层主要是由传感器、控制器和采集器等设备组成。感知层中的传感器作为 CPS 中的末端设备,通过传感器获取环境的信息数据,并定时发送给服务器,服务器接收到数据之后进行相应的处理,再返回给物理末端设备相应的信息,物理末端设备接收到数据之后要进行相应的变化;网络层主要是连接信息世界和物理世界的桥梁,其任务是数据传输,为系统提供实时的网络服务;控制层可以根据物理设备传回来的数据进行相应的分析,将相应的结果返回给客户端以可视化的界面呈现给客户。

　　3) 特征

　　CPS 赋予人类和自然之间一种新的关系。CPS 将计算、网络和物理进程有机结合在一起。物理进程受到网络的控制和监督;计算机收到它所控制物理进程的反馈信息。在 CPS 中,物理进程和其他进程紧密联系、相互关联,充分利用不同系统间结构的特点。CPS 意味着监测各项物理进程并且执行相应的命令。换句话说,物理进程被计算系统所监视着。该系统与很多小设备关联,其拥有无线通信、感知存储和计算功能。海量运算是 CPS 接入设

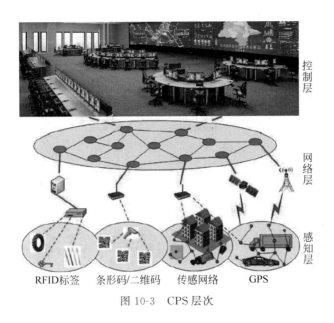

控制层

网络层

感知层

RFID标签　条形码/二维码　传感网络　GPS

图 10-3　CPS 层次

备的普遍特征,因此,接入设备通常具有强大的计算能力。从计算性能的角度出发,把高端的 CPS 应用比作胖客户机/服务器架构的话,那么物联网则可视为瘦客户机/服务器,因为物联网中的物品不具备控制和自治能力,通信也大都发生在物品与服务器之间,因此物品之间无法进行协同。从这个角度来说,物联网可以看作 CPS 的一种简约应用。在物联网中主要是通过 RFID 与读写器之间的通信。RFID 感知在 CPS 中十分重要。从这个意义上说,传感器网络也可视为 CPS 的一部分。

4) 意义

CPS 的意义在于将物理设备联网,让物理设备具有计算、通信、精确控制、远程协调和自治五大功能。CPS 本质上是一个具有控制属性的网络,但它又有别于现有的控制系统。CPS 把通信放在与计算和控制同等地位上,因为 CPS 强调的分布式应用系统中物理设备之间的协调是离不开通信的。CPS 对网络内部设备的远程协调能力、自治能力、控制对象的种类和数量,特别是网络规模上远远超过现有的工控网络。美国国家科学基金会(NSF)认为,CPS 将让整个世界互联互通。如同互联网改变了人与人的互动一样,CPS 将会改变人类与物理世界的互联互通关系。从产业角度看,CPS 涵盖了小到智能家庭网络,大到工业控制系统乃至智能交通系统等国家级甚至世界级的应用。更为重要的是,这种涵盖并不仅是比如说将现有的家用电器简单地联在一起,而是要催生出众多具有计算、通信、控制、协同和自治性能的设备。

2. 安全威胁

1) 感知层安全威胁

感知层主要由各种物理传感器等组成,是整个物理信息系统中信息的来源。为了适应多变的环境,网络结点多布置在无人监管的环境中,因此易被攻击者攻击。常见的针对感知层的攻击方式有:①感知数据破坏:攻击者未经授权,对感知层获取的信息进行篡改、增删或破坏等;②信息窃听:攻击者通过搭线或利用传输过程中的电磁泄漏获取信息,造成数据隐私泄漏等问题；③结点捕获：攻击者对部分网络结点进行控制，可能导致密钥泄漏，危及整个系统的通信安全。

2) 网络层安全威胁

网络层，作为链接感知层和控制层的数据传输通道，其中传输的信息易成为攻击者的目标，另外，网络本身也容易受到攻击。其安全威胁如下：①拒绝服务攻击：攻击者向服务器发送大量请求，使服务器缓冲区爆满而被迫停止接受新的请求，致使系统崩溃从而影响合法用户的使用；②选择性转发：恶意结点在接收到数据后，不全部转发所有信息，而是将部分或全部关键信息在转发过程中丢掉，破坏数据的完整性；③方向误导攻击：恶意结点在接收到数据包后，对其源地址和目的地址进行修改，使数据包沿错误路径发出，造成数据丢失或网络混乱。

3) 控制层安全威胁

控制层中的数据库中存放着大量用户隐私数据，因此一旦被攻击就会出现隐私泄漏。其主要威胁有：①用户隐私泄漏：用户的所有数据都存储在控制层中的数据库中，其中包含用户的个人资料等隐私的数据，一旦数据库被攻陷，就会导致用户的隐私泄漏；②恶意代码：恶意代码是指在运行过程中会对系统造成不良影响的代码，攻击者一旦将代码嵌入程序中并运行，就会对系统造成严重后果；③非授权访问：非授权访问指的是攻击者在未经授权的情况下不合理地访问本系统，攻击者欺骗系统后进入系统，进行恶意操作就会对系统产生严重影响。

3. 安全策略

(1) 感知层防护措施。感知层主要由各种物理传感器等组成，因此感知层的安全主要涉及各个结点的物理安全。针对感知层可能出现的物理攻击，可采取以下几种安全措施：①感知层的物理传感器一般放在无人的区域，缺少传统网络物理上的安全保障，结点容易受到攻击。因此，在这些基础结点上设计的初级阶段就要充分考虑到各种应用环境以及攻击者的攻击手段，建立有效的容错机制，降低出错率；②对结点的身份进行一定的管理和保护，对结点增加认证和访问控制，只有授权的用户才能访问相应供应结点的数据，这样的设计能够使未被授权的用户访问无法访问结点的数据，有效地保障了感知网络层的数据安全。

(2) 网络层防护措施。在网络层中采取安全措施的目的是保障 CPS 通信过程中的安全，主要包括数据的完整性、数据在传输过程中不被恶意篡改，以及用户隐私不被泄漏等。具体措施可以结合加密机制、安全路由机制等方面进行。①点对点加密机制：可以在数据跳转的过程中保证数据的安全性。由于在该过程中每个结点都是传感器设备，获取的数据都是没有经过处理的数据，也就是直接的数据，这些数据被攻击者捕获之后立即就能得到想要的结果，因此将每个结点上的数据进行加密，加密完成之后再进行传输可以降低被攻击者解析出来的概率；②安全路由机制：即数据传输的过程中，路由器转发数据分组的时候如果遭遇攻击，路由器依旧能够正确地进行路由选择，能够在攻击者破坏路由表的情况下构建出新的路由表，做出正确的路由选择，CPS 针对传输过程中各种安全威胁，应该设计出更安全的算法，建设更完善的安全路由机制。

(3) 控制层防护措施。控制层是 CPS 决策的核心部分，所有的数据都传到控制层处理，因此，必须要对控制层的数据的安全性和隐私性进行保护。主要是加强不同应用场景的身份认证,通过权限管理,保护系统使其不受攻击者侵害。

4. 问题与挑战

CPS 于 2005 年被提出,其被广泛应用的时间不长,有很多问题亟待探索和深入。

(1) 系统的实时性。实时性是 CPS 的首要任务。因为大量的传感器存在,执行器和计算设备需要海量信息交换。而传感器结点处于不同位置,CPS 网络拓扑结构会随之变化,实时性对此提出了要求。

(2) 鲁棒性和安全性。通常情况下,系统间的信息交互必会受到物理世界不确定因素的影响。不同于计算系统中的逻辑运算,CPS 对鲁棒性和安全性要求较高。

(3) 建立动态系统模型。物理系统和信息系统最大的不同是物理系统随进程的改变而不断实时变化,而信息系统是随逻辑变化而变化。两者的融合需要建立相应的动态模型。

(4) 反馈结构。动态的变化会影响物理系统的性能,特别是无线传感器网络的性能。为了解决这个问题,许多无线网络协议必须被设计成桥接各结点物理层和网络层的通信。反馈机制有统一的标准约束跨层和跨界点的信息交换,同时满足传统的设计和控制方案。反馈结构提供特定的反馈信息,这一类信息是非常重要的,包括感知数据、性能参数和数据的可用性。

10.5 数据采集系统的抗干扰技术

干扰问题是机电一体化系统设计和使用过程中必须考虑的重要问题。在机电一体化系统的工作环境中,存在大量的电磁信号,如电网的波动、强电设备的启停、高压设备和开关的电磁辐射等。当它们在系统中产生电磁感应和干扰冲击时,往往就会扰乱系统的正常运行,轻则造成系统的不稳定,降低了系统的精度,重则会引起控制系统死机或误动作,造成设备损坏或人身伤亡。

抗干扰技术就是研究干扰的产生根源,干扰的传播方式和避免被干扰的措施(对抗)等问题。机电一体化系统的设计既要避免被外界干扰,也要考虑系统自身的内部相互干扰,同时还要防止对环境的干扰污染。国家标准中规定了电子产品的电磁辐射参数指标。

10.5.1 数据采集系统中常见的干扰

1. 干扰的定义

干扰是指对系统的正常工作产生不良影响的内部或外部因素。从广义上讲,机电一体化系统的干扰因素包括电磁干扰、温度干扰、湿度干扰、声波干扰和振动干扰等。在众多干扰中,电磁干扰最为普遍,且对控制系统影响最大,而其他干扰因素往往可以通过一些物理的方法较容易地解决。

电磁干扰是指在工作过程中受环境因素的影响,出现的一些与有用信号无关的,并且对系统性能或信号传输有害的电气变化现象。这些有害的电气变化现象使得信号的数据发生瞬态变化、增大误差和出现假象,甚至使整个系统出现异常信号而引起故障。例如,传感器的导线受空中磁场影响产生的感应电势会大于测量的传感器输出信号,使系统判断失灵。

2. 形成干扰的三个要素

干扰的形成包括三个要素:干扰源、传播途径和接受载体。三个要素缺少任何一项,干扰都不会产生。

(1)干扰源。产生干扰信号的设备被称作干扰源,如变压器、继电器、微波设备、电机、无绳电话和高压电线等都可以产生空中电磁信号。当然,雷电、太阳和宇宙射线也属于干扰源。

(2)传播途径。是指干扰信号的传播路径。电磁信号在空中直线传播,并具有穿透性的传播叫作辐射方式传播,电磁信号借助导线传入设备的传播被称为传导方式传播。传播途径是干扰扩散和无所不在的主要原因。

(3)接受载体。是指受影响设备的某个环节吸收了干扰信号,转换为对系统造成影响的电气参数。接受载体不能感应干扰信号或弱化干扰信号使其不被干扰影响就提高了抗干扰的能力。接受载体的接受过程又称为耦合,耦合分为两类:传导耦合和辐射耦合。传导耦合是指电磁能量以电压或电流的形式通过金属导线或集总元件(如电容器、变压器等)耦合至接受载体。辐射耦合指电磁干扰能量通过空间以电磁场形式耦合至接受载体。

根据干扰的定义可以看出,信号之所以是干扰是因为它对系统造成了不良影响,反之,不能称其为干扰。从形成干扰的要素可知,消除三个要素中的任何一个,都会避免干扰。抗干扰技术就是针对三个要素的研究和处理。

3. 电磁干扰的种类

按干扰的耦合模式分类,电磁干扰包括下列类型。

(1)静电干扰。大量物体表面都有静电电荷存在,特别是含电气控制的设备,静电电荷会在系统中形成静电电场。静电电场会引起电路的电位发生变化,通过电容耦合产生干扰。静电干扰还包括电路周围物件上积聚的电荷对电路的泄放,大载流导体(输电线路)产生的电场通过寄生电容对机电一体化装置传输的耦合干扰等。

(2)磁场耦合干扰。大电流周围磁场对机电一体化设备回路耦合形成的干扰。动力线、电动机、发电机、电源变压器和继电器等都会产生这种磁场。产生磁场干扰的设备往往同时伴随着电场的干扰,因此又统一称为电磁干扰。

(3)漏电耦合干扰。绝缘电阻降低而由漏电流引起的干扰。多发生于工作条件比较恶劣的环境或器件性能退化、器件本身老化的情况下。

(4)共阻抗干扰。是指电路各部分公共导线阻抗、地阻抗和电源内阻压降相互耦合形成的干扰。这是机电一体化系统普遍存在的一种干扰。

(5)电磁辐射干扰。由各种大功率高频、中频发生装置、各种电火花以及电台、电视台等产生高频电磁波,向周围空间辐射,形成电磁辐射干扰。雷电和宇宙空间也会有电磁波干扰信号。

4. 干扰存在的形式

在电路中,干扰信号通常以串模干扰和共模干扰形式与有用信号一同传输。

（1）串模干扰是叠加在被测信号上的干扰信号，也称横向干扰。产生串模干扰的原因有分布电容的静电耦合，长线传输的互感，空间电磁场引起的磁场耦合，以及 50Hz 的工频干扰等。

（2）共模干扰往往是指同时加载在各个输入信号接口端的共有信号干扰。

10.5.2　数据采集系统抗干扰的措施

提高抗干扰的措施最理想的方法是抑制干扰源，使其不向外产生干扰或将其干扰影响限制在允许的范围之内。由于车间现场干扰源的复杂性，要想对所有的干扰源都做到使其不向外产生干扰，几乎是不可能的，也是不现实的。另外，来自于电网和外界环境的干扰，机电一体化产品用户环境的干扰也是无法避免的。因此，在产品开发和应用中，除了对一些重要的干扰源，主要是对被直接控制的对象上的一些干扰源进行抑制外，更多的则是在产品内设法抑制外来干扰的影响，以保证系统可靠地工作。

抑制干扰的措施很多，主要包括屏蔽、隔离、滤波、接地和软件处理等方法。

1. 屏蔽

屏蔽是利用导电或导磁材料制成的盒状或壳状屏蔽体，将干扰源或干扰对象包围起来，从而割断或削弱干扰场的空间耦合通道，阻止其电磁能量的传输。按需屏蔽的干扰场性质不同，可分为电场屏蔽、磁场屏蔽和电磁场屏蔽。

电场屏蔽是为了消除或抑制由于电场耦合引起的干扰。通常用铜和铝等导电性能良好的金属材料做屏蔽体，屏蔽体结构应尽量完整严密并保持良好的接地。

磁场屏蔽是为了消除或抑制由于磁场耦合引起的干扰。对静磁及低频交变磁场，可用高磁导率的材料做屏蔽体，来保证磁路畅通。对高频交变磁场，主要靠屏蔽体壳体上感生的涡流所产生的反磁场起排斥原磁场的作用。选用材料也是良导体，如铜、铝等。

2. 隔离

隔离是指把干扰源与接收系统隔离开来，使有用信号正常传输，而干扰耦合通道被切断，达到抑制干扰的目的。常见的隔离方法有光电隔离、变压器隔离和继电器隔离。

（1）光电隔离。光电隔离是以光做媒介在隔离的两端进行信号传输，所用的器件是光电耦合器。由于光电耦合器在传输信息时，不是将其输入和输出的电信号进行直接耦合，而是借助于光作为媒介物进行耦合，因而具有较强的隔离和抗干扰能力。

（2）变压器隔离。对于交流信号的传输一般使用变压器隔离干扰信号的办法。隔离变压器也是常用的隔离部件，用来阻断交流信号中的直流干扰、抑制低频干扰信号的强度，并把各种模拟负载和数字信号源隔离开来。传输信号通过变压器获得通路，而共模干扰由于不能形成回路而被抑制。

（3）继电器隔离。继电器线圈和触点仅在机械上形成联系，而没有直接的联系，因此可利用继电器线圈接收电信号，利用其触点控制和传输电信号，从而实现强电和弱电的隔离。同时，继电器触点较多，其触点能承受较大的负载电流，因此应用非常广泛。

3. 滤波

滤波是抑制干扰传导的一种重要方法。由于干扰源发出电磁干扰频谱往往比要接收信号的频谱宽得多,因此,当接收器接收有用信号时,也会接收到那些不希望有的干扰。这时,可以采用滤波的方法,只让所需要的频率成分通过,而将干扰频率成分加以抑制。

常用滤波器根据其频率特性又可分为低通、高通、带通和带阻等。低通滤波器只让低频成分通过,而高于截止频率的成分则受抑制、衰减,不让通过。高通滤波器只通过高频成分,而低于截止频率的频率成分则受抑制、衰减,不让通过。带通滤波器只让某一频带范围内的频率成分通过,而低于下截止和高于上截止频率的频率成分均受抑制,不让通过。带阻滤波器只抑制某一频率范围内的频率成分,不让其通过,而低于下截止和高于上截止频率的频率成分则可通过。

4. 接地

将电路、设备机壳等与作为零电位的一个公共参考点(大地)实现低阻抗的连接,称为接地。接地的目的有两个:一是为了安全,例如,把电子设备的机壳、机座等与大地相接,当设备中存在漏电时,不致影响人身安全,称为安全接地;二是为了给系统提供一个基准电位,例如,脉冲数字电路的零电位点等,或为了抑制干扰,如屏蔽接地等。

5. 软件抗干扰设计

1) 软件滤波

用软件来识别有用信号和干扰信号,并滤除干扰信号的方法,称为软件滤波。识别信号的原则有以下三种。

(1) 时间原则。如果掌握了有用信号和干扰信号在时间上出现的规律性,在程序设计上就可以在接收有用信号的时区打开输入口,而在可能出现干扰信号的时区封闭输入口,从而滤掉干扰信号。

(2) 空间原则。在程序设计上为保证接收到的信号正确无误,可将从不同位置、用不同检测方法、经不同路线或不同输入口接收到的同一信号进行比较,根据既定逻辑关系来判断真伪,从而滤掉干扰信号。

(3) 属性原则。有用信号往往是在一定幅值或频率范围的信号,当接收的信号远离该信号区时,软件可通过识别予以剔除。

2) 软件"陷阱"

从软件的运行来看,瞬时电磁干扰可能会使 CPU 偏离预定的程序指针,进入未使用的RAM 区和 ROM 区,引起一些莫名其妙的现象,其中,死循环和程序"飞掉"是常见的。为了有效地排除这种干扰故障,常用软件"陷阱法"。这种方法的基本指导思想是,把系统存储器(RAM 和 ROM)中没有使用的单元用某一种重新启动的代码指令填满,作为软件"陷阱",以捕获"飞掉"的程序。一般当 CPU 执行该条指令时,程序就自动转到某一起始地址,而从这一起始地址开始,存放一段使程序重新恢复运行的热启动程序,该热启动程序扫描现场的各种状态,并根据这些状态判断程序应该转到系统程序的哪个入口,使系统重新投入正常运行。

3) 软件"看门狗"

"看门狗"(Watchdog)就是用硬件(或软件)的办法要求使用监控定时器定时检查某段程序或接口,当超过一定时间,系统没有检查这段程序或接口时,可以认定系统运行出错(干扰发生),可通过软件进行系统复位或按事先预定方式运行。"看门狗"是工业控制机普遍采用的一种软件抗干扰措施,当侵入的尖峰电磁干扰使计算机"飞程序"时,其能够帮助系统自动恢复正常运行。

习题

1. 名词解释

(1) 数据采集;(2) 数据采集系统;(3) 测量放大器;(4) 滤波器;(5) 模/数转换器;(6) 数/模转换器;(7) 串口通信;(8) 干扰;(9) 屏蔽;(10) 隔离。

2. 判断题

(1) I/O 接口电路也简称接口电路。它是主机和外围设备之间信息交换的连接部件。它在主机和外围设备之间的信息交换中起着桥梁和纽带作用。　　　　　　　(　　)

(2) I/O 通道也称过程通道,是计算机和控制对象之间信息传送和变换的连接通道。
　　　　　　　(　　)

(3) 并行接口,主要作为打印机端口,采用的是 25 针 D 形接头。　　　　(　　)

(4) PC 一般有两个串行口,即 COM 1 和 COM 2。　　　　　　　　(　　)

(5) USB 接口也称为通用串行总线,支持热插拔以及连接多个设备的特点。目前已经在各类外部设备中广泛被采用。目前 USB 接口有 3 种: USB 1.1、USB 2.0 和 USB 3.0。
　　　　　　　(　　)

3. 填空题

(1) A/D 转换器可分为两类: 直接比较型和_____。

(2) D/A 转换器主要有两大类型: _____和串行 D/A 转换器。

(3) D/A 转换器的基本组成可分为 4 个部分: 电阻网络、_____、基准电源和运算放大器。

(4) 计算机与 I/O 接口类型指的是_____与计算机系统采用的连接方式。

(5) 信号的调制方法主要有三种: 调频、_____和调相。

(6) 干扰的形成包括三个要素: 干扰源、_____和接受载体。三个要素缺少任何一项干扰都不会产生。

4. 选择题

(1) 数据处理的任务是(　　)。

　　A. 对采集到的电信号做物理量解释　　B. 消除数据中的干扰信号
　　C. 分析计算数据的内在特征　　　　　D. 采集数据

(2) 计算机和外部的通信方式分为(　　)。

　　A. 并行通信　　　　　　　　　　　B. 串行通信
　　C. 电话通信　　　　　　　　　　　D. 个人通信

（3）常见的隔离方法有（　　）。

    A. 光电隔离　　　　　B. 变压器隔离　　　　　C. 继电器隔离　　　　　D. 人为隔离

5. 简答题

（1）简述数据采集系统的基本功能。

（2）简述数据采集系统的结构形式。

（3）简述数据采集系统需要的软件功能。

（4）简述电磁干扰的种类。

（5）简述数据采集系统抗干扰的措施。

6. 论述题

请展望数据采集与处理在物联网中的应用前景。

第 11 章
CHAPTER 11
数据库与大数据

本章将介绍数据结构、数据库、大数据平台和数据挖掘。通过本章的学习,学生需要了解几种典型数据结构、数据库的基本概念、数据管理技术的发展、数据模型、关系数据库、数据仓库、大数据的概念、大数据技术、大数据平台总体框架、大数据整合、大数据共享与开放、数据挖掘概念、数据挖掘方法和数据挖掘在物联网中的应用。

11.1　数据结构

11.1.1　基本概念和术语

数据结构是计算机存储、组织数据的方式。数据结构是指相互之间存在一种或多种特定关系的数据元素的集合。通常情况下,精心选择的数据结构可以带来更高的运行或者存储效率。数据结构往往同高效的检索算法和索引技术有关。

一般认为,一个数据结构是由数据元素依据某种逻辑联系组织起来的。对数据元素间逻辑关系的描述称为数据的逻辑结构;数据必须在计算机内存储,数据的存储结构是数据结构的实现形式,是其在计算机内的表示;此外,讨论一个数据结构必须同时讨论在该类数据上执行的运算才有意义。

数据结构是指同一数据元素类中各数据元素之间存在的关系。数据结构分为逻辑结构、存储结构(物理结构)和数据的运算。数据的逻辑结构是对数据之间关系的描述,有时就把逻辑结构简称为数据结构。逻辑结构形式地定义为(K,R)或(D,S),其中,K 是数据元素的有限集,R 是 K 上的关系的有限集。

数据元素相互之间的关系称为结构。有 4 类基本结构:集合、线性结构、树形结构和图状结构(网状结构)。树形结构和图形结构全称为非线性结构。集合结构中的数据元素除了同属于一种类型外,别无其他关系。线性结构中元素之间存在一对一关系,树形结构中元素之间存在一对多关系,图形结构中元素之间存在多对多关系。在图形结构中每个结点的前驱结点数和后续结点数可以为任意多个。

算法的设计取决于数据(逻辑)结构,而算法的实现依赖于采用的存储结构。数据的存储结构实质上是它的逻辑结构在计算机存储器中的实现,为了全面地反映一个数据的逻辑结构,它在存储器中的映像包括两方面内容,即数据元素之间的信息和数据元素之间的关系。不同数据结构有其相应的若干运算。数据的运算是在数据的逻辑结构上定义的操作算法,如检索、插入、删除、更新和排序等。

数据的运算是数据结构的一个重要方面,讨论任何一种数据结构时都离不开对该结构上的数据运算及其实现算法的讨论。

数据结构的形式定义——数据结构是一个二元组:

$$Data\ Structure = (D, S)$$

其中,D 是数据元素的有限集,S 是 D 上关系的有限集。

数据结构不同于数据类型,也不同于数据对象,它不仅要描述数据类型的数据对象,而且要描述数据对象各元素之间的相互关系。

11.1.2 几种典型数据结构

1. 线性表

线性表是最基本、最简单,也是最常用的一种数据结构。线性表中数据元素之间的关系是一对一的关系,即除了第一个和最后一个数据元素之外,其他数据元素都是首尾相接的。线性表的逻辑结构简单,便于实现和操作。因此,线性表这种数据结构在实际应用中是广泛采用的一种数据结构。

线性表是一个线性结构,它是一个含有 $n \geqslant 0$ 个结点的有限序列,对于其中的结点,有且仅有一个开始结点没有前驱但有一个后继结点,有且仅有一个终端结点没有后继但有一个前驱结点,其他的结点都有且仅有一个前驱和一个后继结点。一般地,一个线性表可以表示成一个线性序列:$k_1, k_2, \cdots, k_n$,其中,k_1 是开始结点,k_n 是终端结点。线性表是一个数据元素的有序(次序)集,见图 11-1。

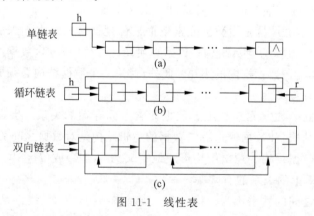

图 11-1　线性表

在实际应用中,线性表都是以栈、队列、字符串和数组等特殊线性表的形式来使用的。由于这些特殊线性表都具有各自的特性,因此,掌握这些特殊线性表的特性,对于数据运算的可靠性和提高操作效率都是至关重要的。

2. 栈

在计算机系统中,栈是一个具有以上属性的动态内存区域。程序可以将数据压入栈中,也可以将数据从栈顶弹出。在 i386 机器中,栈顶由称为 esp 的寄存器进行定位。压栈的操作使得栈顶的地址减小,弹出的操作使得栈顶的地址增大。

栈的主要作用表现为一种数据结构,是只能在某一端插入和删除的特殊线性表。它按照后进先出的原则存储数据,先进入的数据被压入栈底,最后的数据在栈顶,需要读数据的时候从栈顶开始弹出数据(最后一个数据被第一个读出来),见图 11-2。

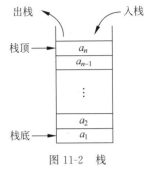

栈是允许在同一端进行插入和删除操作的特殊线性表。允许进行插入和删除操作的一端称为栈顶(top),另一端为栈底(bottom);栈底固定,而栈顶浮动;栈中元素个数为零时称为空栈。插入一般称为进栈(push),删除则称为退栈(pop)。栈也称为先进后出表。

图 11-2　栈

栈在程序的运行中有着举足轻重的作用。最重要的是栈保存了一个函数调用时所需要的维护信息,这常常称为堆栈帧或者活动记录。堆栈帧一般包含如下几方面的信息:①函数的返回地址和参数。②临时变量,包括函数的非静态局部变量以及编译器自动生成的其他临时变量。

3. 队列

队列是一种特殊的线性表,它只允许在表的前端(front)进行删除操作,而在表的后端(rear)进行插入操作。进行插入操作的端称为队尾,进行删除操作的端称为队头。队列中没有元素时,称为空队列。在队列这种数据结构中,最先插入的元素将是最先被删除;反之最后插入的元素将最后被删除,因此队列又称为"先进先出"(First In First Out,FIFO)的线性表,见图 11-3。

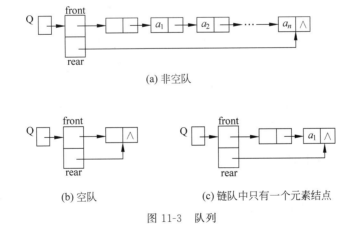

(a) 非空队

(b) 空队　　　　　　　　　(c) 链队中只有一个元素结点

图 11-3　队列

4. 树

树是由一个集合以及在该集合上定义的一种关系构成的。集合中的元素称为树的结点,所定义的关系称为父子关系。父子关系在树的结点之间建立了一个层次结构。在这种层次结构中有一个结点具有特殊的地位,这个结点称为该树的根结点,或简称为树根。我们可以形式地给出树的递归定义如下：单个结点是一棵树,树根就是该结点本身。

树(Tree)是包含 $n(n>0)$ 个结点的有穷集合 K,且在 K 中定义了一个关系 N,N 满足以下条件：①有且仅有一个结点 k_0,它对于关系 N 来说没有前驱,称 k_0 为树的根结点,简称为根(root)。②除 k_0 外,K 中的每个结点,对于关系 N 来说有且仅有一个前驱。③K 中各结点,对关系 N 来说可以有 m 个后继($m \geqslant 0$)。

若 $n>1$,除根结点之外的其余数据元素被分为 $m(m>0)$ 个互不相交的结合 $T_1, T_2, \cdots,$ T_m 其中每一个集合 $T_i (1 \leqslant i \leqslant m)$ 本身也是一棵树。树 $T_1, T_2, \cdots, T_m$ 称作根结点的子树(Sub tree)。对应的有 m 个子结点,其彼此间为兄弟结点。空集合也是树,称为空树。空树中没有结点,见图 11-4。

5. 图

图(Graph)：图 G 由集合 V 和 E 组成,记为 $G = (V, E)$,这里,V 是顶点的有穷非空集合,E 是边(或弧)的集合,而边(或弧)是 V 中顶点的偶对。

顶点(Vertex)：图中的结点又称为顶点。

边(Edge)：相关顶点的偶对称为边。

图结构见图 11-5。

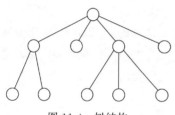

图 11-4 树结构

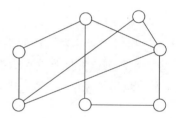

图 11-5 图结构

有向图(Digraph)：若图 G 中的每条边都是有方向的,则称 G 为有向图。弧(Arc)：又称为有向边。在有向图中,一条有向边是由两个顶点组成的有序对,有序对通常用尖括号表示。弧尾(Tail)：边的始点。弧头(Head)：边的终点。

无向图(Undigraph)：若图 G 中的每条边都是没有方向的,则称 G 为无向图。

11.2 数据库概述

11.2.1 数据库的基本概念

数据库(Data Base,DB)是按照数据结构来组织、存储和管理数据的仓库,1963 年 6 月这个概念被提出。随着信息技术和市场的发展,特别是 20 世纪 90 年代以后,数据管理不再仅仅是存储和管理数据,而转变成用户所需要的各种数据管理方式。数据库有很多种类型,从最简单的存储有各种数据的表格到能够进行海量数据存储的大型数据库系统都在各个方面得到了广泛的应用。

数据库是一个长期存储在计算机内的、有组织的、有共享的、统一管理的数据集合。它是一个按数据结构来存储和管理数据的计算机软件系统。数据库的概念实际包括两层意思：①数据库是一个实体，它是能够合理保管数据的"仓库"，用户在该"仓库"中存放要管理的事务数据，"数据"和"库"两个概念结合成为数据库；②数据库是数据管理的新方法和技术，它能更合适地组织数据、更方便地维护数据、更严密地控制数据和更有效地利用数据。

11.2.2　数据管理技术的发展

数据库发展阶段大致划分为如下几个：人工管理阶段、文件系统阶段、数据库系统阶段和未来发展趋势。

1. 人工管理阶段

20 世纪 50 年代中期之前，计算机的软硬件均不完善。硬件存储设备只有磁带、卡片和纸带，软件方面还没有操作系统，当时的计算机主要用于科学计算。这个阶段由于还没有软件系统对数据进行管理，程序员在程序中不仅要规定数据的逻辑结构，还要设计其物理结构，包括存储结构、存取方法、输入/输出方式等。当数据的物理组织或存储设备改变时，用户程序就必须重新编制。由于数据的组织面向应用，不同的计算程序之间不能共享数据，使得不同的应用之间存在大量的重复数据，很难维护应用程序之间数据的一致性。

2. 文件系统阶段

这一阶段的主要标志是计算机中有了专门管理数据库的软件——操作系统（文件管理）。20 世纪 50 年代中期到 20 世纪 60 年代中期，由于计算机大容量存储设备（如硬盘）的出现，推动了软件技术的发展，而操作系统的出现标志着数据管理步入一个新的阶段。在文件系统阶段，数据以文件为单位存储在外存，且由操作系统统一管理。操作系统为用户使用文件提供了友好界面。文件的逻辑结构与物理结构脱钩，程序和数据分离，使数据与程序有了一定的独立性。用户的程序与数据可分别存放在外存储器上，各个应用程序可以共享一组数据，实现了以文件为单位的数据共享。但由于数据的组织仍然是面向程序，所以存在大量的数据冗余。而且数据的逻辑结构不能方便地修改和扩充，数据逻辑结构的每一点微小改变都会影响到应用程序。由于文件之间互相独立，因而它们不能反映现实世界中事物之间的联系，操作系统不负责维护文件之间的联系信息。如果文件之间有内容上的联系，那也只能由应用程序去处理。

3. 数据库系统阶段

20 世纪 60 年代后，随着计算机在数据管理领域的广泛应用，人们对数据管理技术提出了更高的要求：希望面向企业或部门，以数据为中心组织数据，减少数据的冗余，提供更高的数据共享能力，同时要求程序和数据具有较高的独立性，当数据的逻辑结构改变时，不涉及数据的物理结构，也不影响应用程序，以降低应用程序研制与维护的费用。数据库技术正是在这样一个应用需求的基础上发展起来的。

4. 未来发展趋势

随着信息管理内容的不断扩展，出现了丰富多样的数据模型（层次模型、网状模型、关系模型、面向对象模型、半结构化模型等),新技术也层出不穷(数据流、Web 数据管理和数据挖掘等)。

11.2.3　数据模型

1. 数据结构模型

(1) 数据结构。数据结构是指数据的组织形式或数据之间的联系。如果用 D 表示数据,用 R 表示数据对象之间存在的关系集合,则将 $DS=(D,R)$ 称为数据结构。例如,设有一个电话号码簿,它记录了 n 个人的名字和相应的电话号码。为了方便地查找某人的电话号码,将人名和号码按字母顺序排列,并在名字的后面跟随着对应的电话号码。这样,若要查找某人的电话号码(假定他的名字的第一个字母是 Y),那么只需查找以 Y 开头的那些名字就可以了。在该例中,数据的集合 D 就是人名和电话号码,它们之间的联系 R 就是按字母顺序的排列,其相应的数据结构就是 $DS=(D,R)$,即一个数组。

(2) 数据结构种类。数据结构又分为数据的逻辑结构和数据的物理结构。数据的逻辑结构是从逻辑的角度(即数据间的联系和组织方式)来观察数据,分析数据,与数据的存储位置无关。数据的物理结构是指数据在计算机中存放的结构,即数据的逻辑结构在计算机中的实现形式,所以物理结构也被称为存储结构。这里只研究数据的逻辑结构,并将反映和实现数据联系的方法称为数据模型。

目前,比较流行的数据模型有三种,即层次结构模型、网状结构模型和关系结构模型。

2. 层次、网状和关系数据库系统

(1) 层次结构模型。层次结构模型实质上是一种有根结点的定向有序树(在数学中"树"被定义为一个无回的连通图)。按照层次模型建立的数据库系统称为层次模型数据库系统。

(2) 网状结构模型。按照网状数据结构建立的数据库系统称为网状数据库系统,其典型代表是 DBTG(Data Base Task Group)。用数学方法可将网状数据结构转换为层次数据结构。

(3) 关系结构模型。关系式数据结构把一些复杂的数据结构归结为简单的二元关系(即二维表格形式)。例如,某单位的职工关系就是一个二元关系。由关系数据结构组成的数据库系统被称为关系数据库系统。在关系数据库中,对数据的操作几乎全部建立在一个或多个关系表格上,通过对这些关系表格的分类、合并、连接或选取等运算来实现数据的管理。

11.2.4　关系数据库

1. 概述

关系数据库,是建立在关系数据库模型基础上的数据库,借助于集合代数等概念和方法来处理数据库中的数据。目前主流的关系数据库有 Oracle、SQL、Access、DB2、SQL Server、Sybase 等。

1970 年,IBM 的研究员,有"关系数据库之父"之称的埃德加・弗兰克・科德(Edgar

Frank Codd)博士在刊物 *Communication of the ACM* 上发表了题为 *A Relational Model of Data for Large Shared Data banks*(大型共享数据库的关系模型)的论文,文中首次提出了数据库关系模型的概念,奠定了关系模型的理论基础。后来,Codd 又陆续发表多篇文章,论述了范式理论和衡量关系系统的 12 条标准,用数学理论奠定了关系数据库的基础。IBM 的 Ray Boyce 和 Don Chamberlin 将 Codd 关系数据库的 12 条准则的数学定义以简单的关键字语法表现出来,里程碑式地提出了 SQL。由于关系模型简单明了,具有坚实的数学理论基础,所以一经推出就受到了学术界和产业界的高度重视和广泛响应,并很快成为数据库市场的主流。20 世纪 80 年代以来,计算机厂商推出的数据库管理系统几乎都支持关系模型,数据库领域当前的研究工作大都以关系模型为基础。

2. 关系数据库的设计原则

在实现设计阶段,常常使用关系规范化理论来指导关系数据库设计。其基本思想为,每个关系都应该满足一定的规范,从而使关系模式设计合理,达到减少冗余、提高查询效率的目的。为了建立冗余较小、结构合理的数据库,将关系数据库中关系应满足的规范划分为若干等级,每一级称为一个"范式"。

范式的概念最早是由 E. F. Codd 提出的,他从 1971 年相继提出了三级规范化形式,即满足最低要求的第一范式(1NF),在 1NF 基础上又满足某些特性的第二范式(2NF),在 2NF 基础上再满足一些要求的第三范式(3NF)。1974 年,E. F. Codd 和 Boyce 共同提出了一个新的范式概念,即 Boyce-Codd 范式,简称 BC 范式。1976 年,Fagin 提出了第四范式(4NF),后来又有人定义了第五范式(5NF)。至此,在关系数据库规范中建立了一个范式系列:1NF、2NF、3NF、BCNF、4NF 和 5NF。

1) 第一范式

在任何一个关系数据库中,第一范式是对关系模型的基本要求,不满足第一范式的数据库就不是关系数据库。

第一范式是指数据库表的每一列都是不可再分割的基本数据项,同一列不能有多个值,即实体中的某个属性不能有多个值或者不能有重复的属性。如果出现重复的属性,就可能需要定义一个新的实体,新的实体由重复的属性构成,新实体与原实体之间为一对多关系。在第一范式中表的每一行只包含一个实例的信息。

2) 第二范式

第二范式是在第一范式的基础上建立起来的,即满足第二范式必须先满足第一范式。第二范式要求数据库表中的每个实例或行必须可以被唯一地区分。为实现区分,通常需要为表加上一个列,以存储各个实例的唯一标识。第二范式要求实体的属性完全依赖于主关键字。所谓"完全依赖"是指不能存在仅依赖主关键字一部分的属性,如果存在,那么这个属性和主关键字的这一部分应该分离出来形成一个新的实体,新实体与原实体之间是一对多的关系。简而言之,第二范式就是非主属性非部分依赖于主关键字。

3) 第三范式

满足第三范式必须先满足第二范式。也就是说,第三范式要求一个数据库表中不包含已在其他表中包含的非主关键字信息。简而言之,第三范式就是属性不依赖于其他非主属性。

11.2.5　数据仓库

1. 定义

数据仓库(Data Warehouse)是在数据库已经大量存在的情况下,为了进一步挖掘数据资源、为了决策需要而产生的,它并不是所谓的"大型数据库"。数据仓库方案建设的目的,是为前端查询和分析作为基础,由于有较大的冗余,所以需要的存储也较大。数据仓库是决策支持系统(DSS)和联机分析应用数据源的结构化数据环境。数据仓库研究和解决从数据库中获取信息的问题。

数据仓库之父 William H. Inmon 在 1991 年出版的 *Building the Data Warehouse* 一书中所提出的定义是数据仓库是一个面向主题的、集成的、相对稳定的、反映历史变化的数据集合,用于支持管理决策。这里的主题指用户使用数据仓库进行决策时所关心的重点方面,如收入、客户、销售渠道等;所谓面向主题,是指数据仓库内的信息是按主题进行组织的,而不是像业务支撑系统那样是按照业务功能进行组织的。这里的集成指数据仓库中的信息不是从各个业务系统中简单抽取出来的,而是经过一系列加工、整理和汇总的过程,因此数据仓库中的信息是关于整个企业一致的全局信息。这里的随时间变化指数据仓库内的信息并不只是反映企业当前的状态,而是记录了从过去某一时点到当前各个阶段的信息。通过这些信息,可以对企业的发展历程和未来趋势做出定量分析和预测。

2. 数据库和数据仓库的区别

(1) 出发点不同。数据库是面向事务的设计;数据仓库是面向主题的设计。

(2) 存储的数据不同。数据库存储操作时的数据;数据仓库存储历史数据。

(3) 设计规则不同。数据库设计是尽量避免冗余,一般采用符合范式的规则来设计;数据仓库在设计时有意引入冗余,采用反范式的方式来设计。

(4) 提供的功能不同。数据库是为捕获数据而设计,数据仓库是为分析数据而设计。

(5) 基本元素不同。数据库的基本元素是事实表,数据仓库的基本元素是维度表。

(6) 容量不同。数据库在基本容量上要比数据仓库小得多。

(7) 服务对象不同。数据库是为了高效的事务处理而设计的,服务对象为企业业务处理方面的工作人员;数据仓库是为了分析数据进行决策而设计的,服务对象为企业高层决策人员。

11.3　大数据平台

11.3.1　大数据概述

1. 背景

从 1990 年到 2003 年由法国、德国、日本、中国、英国和美国等国家 20 个研究所,2800

多名科学家参加的人类基因组计划耗资 13 亿英镑,产生的 DNA 数据达 200TB。DNA 自动测序技术的快速发展使核酸序列数据量每天增长 106PB,生物信息呈现海量数据增长的趋势。生物信息学将其工作重点定位于对生物学数据的搜索(收集和筛选)、处理(编辑、整理、管理和显示)及利用(计算、模拟、分析和解释)。人类基因组计划研究开创了大数据或海量数据处理(数据密集计算)科学研究方法的先河。

2012 年 2 月,《纽约时报》的一篇专栏中称,大数据时代已经降临。在商业、经济及其他领域中,决策将日益基于数据和分析而做出,而并非基于经验和直觉。哈佛大学社会学教授加里·金说:"这是一场革命,庞大的数据资源使得各个领域开始了量化进程,无论学术界、商界还是政府,所有领域都将开始这种进程。"此后,大数据(Big data)一词越来越多地被提及,人们用它来描述和定义信息爆炸时代产生的海量数据,并命名与其相关的技术发展与创新。在国内,一些互联网主题的讲座沙龙中,甚至国金证券、国泰君安、银河证券等都将大数据写进了投资推荐报告。数据正在迅速膨胀并变大,它决定着企业的未来发展,虽然很多企业可能并没有意识到数据爆炸性增长带来的隐患,但是随着时间的推移,人们将越来越多地意识到数据对企业的重要性。

2. 定义

根据维基百科的定义,大数据是指无法在可承受的时间范围内用常规软件进行捕捉、管理和处理的数据集合。研究机构 Gartner 关于大数据的定义是需要新处理模式才能具有更强的决策力、洞察发现力和流程优化能力来适应海量、高增长率和多样化的信息资产。麦肯锡全球研究所给出的定义是:一种规模大到在获取、存储、管理、分析方面大大超出了传统数据库软件工具能力范围的数据集合,具有海量的数据规模、快速的数据流转、多样的数据类型和价值密度低四大特征。

大数据技术的战略意义不在于掌握庞大的数据信息,而在于对这些含有意义的数据进行专业化处理。换而言之,如果把大数据比作一种产业,那么这种产业实现盈利的关键在于提高对数据的加工能力,通过加工实现数据的增值。

从技术上看,大数据与云计算的关系就如同一枚硬币的正反面一样密不可分。大数据必然无法用单台的计算机进行处理,必须采用分布式架构。它的特色在于对海量数据进行分布式数据挖掘。但它必须依托云计算的分布式处理、分布式数据库和云存储、虚拟化技术。随着云时代的来临,大数据也吸引了越来越多的关注。大数据通常用来形容一家公司创造的大量非结构化数据和半结构化数据,这些数据在下载到关系型数据库用于分析时会花费过多时间和金钱。大数据分析常和云计算联系到一起,因为实时的大型数据集分析需要向数十、数百,甚至数千台计算机分配工作。

3. 大数据的特点

大数据的 4V 特点是指数据量巨大(Volume)、数据类型多样(Variety)、数据流动快(Velocity)和数据潜在价值大(Value)。

(1) 数据量巨大。大数据是互联网时代发展到一定段时期所必经的过程。伴随着现代社交工具的不断发展,以及信息技术领域的不断突破,可以记录的互联网数据正在爆发式地增长。人类社会产生的数据和信息正以几何级数的方式快速增长,从 KB、MB、GB、TB、

PB、EB、ZB、YB、BB、NB 到 DB 级别节节攀升。根据 IDC(国际数据公司)的监测统计,2011 年全球数据总量已经达到 1.8ZB,而这个数值还在以每两年翻一番的速度增长,到 2020 年,全球总共拥有 35ZB 的数据量,比 2011 年增长了近 20 倍。换句话说,近两年产生的数据总量相当于人类有史以来所有数据量的总和。大数据在互联网行业指的是这样一种现象:互联网公司在日常运营中生成、累积的用户网络行为数据。这些数据的规模是如此庞大,以至于不能用 GB 或 TB 来衡量。百度平台每天响应超过 60 亿次的搜索请求,日处理数据超过 100PB,相当于 6000 多个中国国家图书馆书籍信息的总量。新浪微博平台每天发布上亿条微博信息。

(2) 数据类型多样。结构和非结构化数据及半结构化数据构成了总的数据。目前,随着信息技术的不断发展,单一结构化的数据已经不再是主要形式,各种网络的信息传播及机构组织的信息公布都会在每时每刻产生大量的数据资源,这些数据资源可以为我们所用且创造出一定的价值。互联网虚拟社会的数据类型很多,常见的有几十种。以金融为例,包括股市曲线图、嘉宾专家股市视频、QQ 聊天、手机微信、炒股网络日志、关系数据库格式、Word 文档、Excel 表格、PDF 文本、JPG 图像、网页等。

(3) 数据流动快。在大数据的构成中,实时数据占到了相当的比例。及时、有效地进行数据处理会涉及交流、传输、感应、决策等。大数据流动快,意味着数据产生速度快,传输速率快,处理速度快。为解决大数据传输瓶颈,2007 年,Internet 2(第二代互联网)建成,传输速率是传统 Internet 的 80 倍,峰值速率 10GB。2014 年 8 月 25 日,中国工商银行利用 IBM 技术,实现跨数据中心全球核心业务分钟级切换,以应对每天几亿笔金融交易,确保每天超过 2TB 账务数据的正确性和实时性。近年全球展开了新一轮超级计算机竞争,我国的天河二号已连续五次获得全球超级计算机 500 强的排名冠军,天河二号计算一小时相当于 13 亿人用计算器计算 1000 年。网格计算是一个更大胆的计划,它试图将全球计算机通过网络连接成为一个超级计算机。

(4) 数据潜在价值大。当然,大数据中并不全是有价值的数据,需要进行剥离和分析,尤其是涉及科技、教育和经济领域的重要数据。因此,可以理解为数据的价值大小与数据总量的大小成反比。潜在价值的发现将是大数据挖掘的重要研究方向,也会带来高额回报。据麦肯锡公司统计,大数据可以给美国医疗保健每年提供 3000 亿美元价值,给欧洲公共管理商提供 2500 亿美元价值,给服务提供商每年带来 6000 亿美元年度盈余,给零售商带来 60% 的利润增加,给制造业带来 50% 的成本下降,给全球经济每年带来 23 000～53 000 亿美元的红利。大数据将是新的财富源,其价值堪比石油,这是很多有识之士的预测。

4. 大数据解决问题的观念变化

(1) 大数据研究的不是随机样本,而是全部数据。在大数据时代,可以获得和分析某个问题或对象背后的全部数据;有时甚至可以处理与某个特殊现象相关的所有数据,而不再依赖于随机采样。

(2) 大数据研究的不是精确性,而是大体方向。之前需要分析的数据很少,所以必须尽可能精确地量化数据;随着研究数据规模的扩大,研究者对数据精确度的痴迷将减弱。拥有了大数据,不必过于对某一个现象刨根问底,只需掌握大体的发展方向即可,适当忽略微观层面上的精确度,在宏观层面易于获得更好的洞察力。

（3）大数据研究的不是因果关系，而是相关关系。寻找因果关系是人类长久以来的习惯，而在大数据时代，人们无须再紧盯事物之间的因果关系，而应该寻找事物之间的相关关系；相关关系也许不能准确揭示某件事情为何会发生，但是它会提醒人们这件事情正在怎么发生。

11.3.2　大数据技术

大数据技术有 4 个核心部分，它们是大数据采集与预处理、大数据存储与管理、大数据计算模式与系统及大数据分析与可视化。

1. 大数据采集与预处理

在大数据的生命周期中，数据采集处于第一个环节。大数据的采集主要有 4 种来源：管理信息系统、Web 信息系统、物理信息系统和科学实验系统。对于不同的数据集，可能存在不同的结构和模式，如文件、XML 树、关系表等表现为数据的异构性。对多个异构的数据集需要做进一步集成处理或整合处理，将来自不同数据集的数据收集、整理、清洗、转换后生成到一个新的数据集，为后续查询和分析处理提供统一的数据视图。人们针对管理信息系统中异构数据库集成技术、Web 信息系统中的实体识别技术和 Deep Web 集成技术、传感器网络数据融合技术已经进行了很多研究工作，取得了较大的进展，已经推出了多种数据清洗和质量控制工具。

2. 大数据存储与管理

大数据多半是以半结构化和非结构化数据为主，而大数据应用通常是对不同类型的数据进行内容检索、交叉比对、深度挖掘和综合分析。面对这种应用需求，传统数据库无论在技术上还是在功能上，都难以为继。因此，近几年出现了 OldSQL、NoSQL 与 NewSQL 并存的局面。按数据类型的不同，大数据的存储和管理可采用不同的技术路线，大致可以分为 3 类。

第一类主要面对的是大规模的结构化数据。针对这类大数据，通常采用新型数据库集群。它们通过列存储或行列混合存储及粗粒度索引等技术，结合 MPP(Massive Parallel Processing)架构高效的分布式计算模式，实现对 PB 量级数据的存储和管理。

第二类主要面对的是半结构化和非结构化数据。对此，基于 Hadoop 开源体系的系统平台更为擅长。它们通过对 Hadoop 生态体系的技术扩展和封装，实现对半结构化和非结构化数据的存储和管理。

第三类主要面对的是结构化和非结构化混合的大数据，对此，采用 MPP 并行数据库集群与 Hadoop 集群的混合来实现对 EB 量级数据的存储和管理。

3. 大数据计算模式与系统

大数据计算模式就是根据大数据的不同数据特征和计算特征，从多样性的大数据计算问题和需求中提炼并建立的各种高层抽象或模型。例如，MapReduce 是一个并行计算抽象、加州大学伯克利分校的 Spark 系统中的"分布内存抽象 RDD"、CMU 的图计算系统

Graph Lab 中的"图并行抽象"(Graph Parallel Abstraction)等。大数据处理多样性的需求驱动了多种大数据计算模式出现。与这些计算模式相对应,出现了很多对应的大数据计算系统和工具。例如,大数据查询分析计算模式,其工具为 HBase、Hive、Cassandra、Premel、Impala、Shark;批处理计算模式,其工具为 MapReduce、Spark;流式计算模式,其工具为 Scribe、Flume、Storm、S4、SparkStreaming;迭代计算模式,其工具为 HaLoop、iMapReduce、Twister、Spark;图计算模式,其工具为 Pregel、PowerGrapg、GraphX;内存计算模式,其工具为 Dremel、Hana、Redis。

4. 大数据分析与可视化

大数据分析是指对规模巨大的数据进行分析。一时间,数据仓库、数据安全、数据分析、数据挖掘等技术逐渐成为行业追捧的焦点。大数据分析包括 6 个方面:可视化分析、数据挖掘算法、预测性分析、语义引擎(从文档中智能提取信息)、数据质量与数据管理、数据仓库与商业智能。

11.3.3　大数据平台总体框架

1. 大数据平台总体框架概述

国家大数据战略,不仅要将大数据作为战略资源,也要将其作为国家治理的创新手段。在统筹布局建设国家大数据平台的基础上,逐渐推动数据的统一、整合、开放和共享机制。

大数据管理总体架构应该是"一个机制、两个体系和三个平台"的结构。大数据管理工作机制应包括数据共享与开放、工作协同、大数据科学决策、精准监管和公共服务机制等。两个体系指大数据的交换、共享、一致、整合和应用的安全保障和标准化工作。三个平台担负大数据集约化基础设施,网络资源,计算资源,存储资源,安全资源,集中管理,系统运维,大数据采集,处理、分析和应用,见图 11-6。

图 11-6　大数据平台总体框架

大数据云平台是国家大数据战略的基础设施。从技术上看,大数据与云计算就像硬币的正反两面。因为单台计算机无法处理大数据,因此必须采用分布式架构,对海量数据进行分布式数据挖掘,必须依托云计算的分布式处理、分布式数据库、云存储和虚拟化技术。云计算的核心是将对被用网络连接的计算资源统一管理和调度,构成一个计算资源池向用户提供按需分配的服务。

大数据管理平台是云平台之上的数据交换、存储、共享和开放的平台,它为大数据应用提供统一的数据支持。其具体工作包括破除信息孤岛、整合与集中数据资源、建立数据资源目录、构建数据中心、分布式数据管理、数据互联互通等。

大数据应用平台侧重数据(关联、趋势和空间)分析模型的构建,利用可视化、仿真技术和数据挖掘工具,通过数理统计、在线分析、情报检索、机器学习、专家系统、知识推理和模式识别等,提升治国理政的能力,使决策过程科学化。

2. 大数据统一平台框架

大数据统一平台核心部分的总体框架如图 11-7 所示,其软件部分可分为:数据服务组件和运维管理。其中,数据服务组件部分可分为三层:数据归集层、存储计算层和应用开发层。

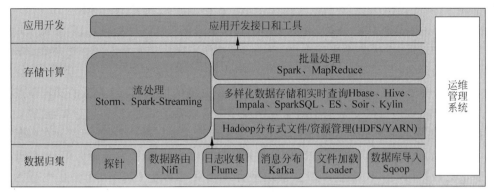

图 11-7　大数据统一平台框架

(1) 数据归集层。提供网络爬虫、Flume、Sqoop、Hadoop Loader、Nifi 等常用数据采集和处理组件,可从多种数据源获取多种格式的数据;具体实施中可以根据数据的来源和特点选用或增加新的数据采集组件。

(2) 存储计算层。负责数据的存储和计算任务的执行,集成了丰富的开源组件,如Hadoop、HBase、MapReduce、Spark、Hive、Impala、Storm、Elastic Search 等,为大数据平台提供强大的分布式数据存储和计算能力,应用开发者可通过上层应用开发接口和工具,访问存储计算资源,开发出相应的大数据应用。

(3) 应用开发层。在大数据存储计算层之上架设统一的应用开发环境,提供统一的数据开放服务,可以调用开发环境中的组件接口或开发工具进行应用开发。

(4) 运维管理系统。为大数据平台提供统一的安装部署和管理维护能力,包括自动化安装、安全管理、告警管理、平台监控、服务管理、主机管理、巡检、资源调度策略管理等。运维管理系统是商用大数据平台的核心组件,它把零散的大数据技术软件有机融合在一起,形成一个统一整体对外提供服务,大大地降低了学习、使用和建设成本,同时提供很多生产环境下必需的运维功能,保证平台可用性、可靠性、安全性、易用性。

11.3.4　大数据整合

数据整合就是把在不同数据源收集、整理、清洗、转换后的数据加载到一个新的数据源,为数据消费者提供统一数据视图的数据集成方式。

1. 数据整合的必要性

(1)数据和信息系统相对分散。我国信息化经过多年的发展,已开发了很多信息系统,积累了大量的基础数据。然而,丰富的数据资源由于建设时期不同、开发部门不同、使用设备不同、技术发展阶段不同和能力水平不同等,数据存储管理极为分散,造成了过量的数据冗余和数据不一致性,使得数据资源难于查询访问,管理层无法获得有效的决策数据支持。管理者要想了解所管辖不同部门的信息,需要进入多个不同的系统,而且数据不能直接比较分析。

(2)信息资源利用程度较低。一些信息系统集成度低、互联性差、信息管理分散,数据的完整性、准确性、及时性等方面存在较大差距。有些单位已建立了内部网和互联网,但多年来分散开发或引进的信息系统,对于大量的数据不能提供统一的数据接口,不能采用一种通用的标准和规范,无法获得共享通用的数据源,这使不同应用系统之间必然会形成彼此隔离和信息孤岛现象,其结果是信息资源利用程度较低。

(3)支持管理决策能力较弱。随着计算机业务数量的增加,管理人员的操作也越来越多,越来越复杂,许多日趋复杂的中间业务处理环节依然靠手工处理进行流转;信息加工分析手段差,无法直接从各级各类业务信息系统采集数据并加以综合利用,无法对外部信息进行及时、准确的收集反馈,业务系统产生的大量数据无法提炼升华为有用的信息,并及时提供给管理决策部门;已有的业务信息系统平台及开发工具互不兼容,无法在大范围内应用等。

2. 数据整合方案

(1)多个数据库整合。通过对各个数据源的数据交换格式进行一一映射,从而实现数据的流通与共享。对于有全局统一模式的多数据库系统,用户可以通过局部外模式访问本地库,通过建立局部概念模式、全局概念模式、全局外模式,用户可以访问集成系统中的其他数据库;对于联邦式数据库系统,各局部数据库通过定义输入、输出模式,进行各联邦式数据库系统之间的数据访问。基于异构数据源系统的数据整合有多种方式,所采用的体系结构也各不相同,但其最终目的是相同的,即实现数据的流通共享。

(2)数据仓库整合。数据仓库是一个面向主题的、集成的、相对稳定的、反映历史变化的数据集合,用于支持管理决策。从数据仓库的建立过程来看,数据仓库是一种面向主题的整合方案,因此首先应该根据具体的主题进行建模,然后根据数据模型和需求从多个数据源加载数据。由于不同数据源的数据结构可能不同,因而在加载数据之前要进行数据转换和数据整合,使得加载的数据统一到需要的数据模型下,即根据匹配、留存等规则,实现多种数据类型的关联。

(3)中间件整合。中间件是位于用户与服务器之间的中介接口软件,是异构系统集成所需的黏结剂。现有的数据库中间件允许用户在异构数据库上调用 SQL 服务,解决异构数据库的互操作性问题。功能完善的数据库中间件,可以对用户屏蔽数据的分布地点、数据库管理平台、特殊的本地应用程序编程接口等差异。

(4)Web 服务整合。Web 服务可理解为自包含的、模块化的应用程序,它可以在网络中被描述、发布、查找及调用;也可以把 Web 服务理解为是基于网络的、分布式的模块化组件,它执行特定的任务,遵守具体的技术规范,这些规范使得 Web 服务能与其他兼容的组件进行互操作。

(5)主数据管理整合。主数据管理通过一组规则、流程、技术和解决方案,实现对企业数据一致性、完整性、相关性和精确性的有效管理,从而为所有企业相关用户提供准确一致的数据。主数据管理提供了一种方法,通过该方法可以从现有系统中获取最新信息,并结合各类先进的技术和流程,使得用户可以准确、及时地分发和分析整个企业中的数据,并对数据进行有效性验证。

11.3.5 大数据共享与开放

1. 大数据共享

随着信息时代的不断发展,不同部门、不同地区间的信息交流逐步增加,计算机网络技术的发展为信息传输提供了保障。当大数据出现时,数据共享问题提上了议事日程。

数据共享就是让在不同地方使用不同计算机、不同软件的用户能够读取他人数据并进行各种操作运算和分析。数据共享可使更多人充分地使用已有的数据资源,以减少资料收集、数据采集等重复劳动和相应费用,把精力放在开发新的应用程序及系统上。由于数据来自不同的途径,其内容、格式和质量千差万别,因而给数据共享带来了很大困难,有时甚至会遇到数据格式不能转换或数据格式转换后信息丢失的问题,这阻碍了数据在各部门和各系统中的流动与共享。

数据共享的程度反映了一个地区、一个国家的信息发展水平,数据共享程度越高,信息发展水平越高。要实现数据共享,首先应建立一套统一的、法定的数据交换标准,规范数据格式,使用户尽可能采用规定的数据标准。如美国、加拿大等国都有自己的空间数据交换标准,目前我国正在抓紧研究制定国家的空间数据交换标准,包括矢量数据交换格式、栅格影像数据交换格式、数字高程模型的数据交换格式及元数据格式,该标准建立后,将对我国大数据产业的发展产生积极影响。其次,要建立相应的数据使用管理办法,制定相应的数据版权保护、产权保护规定,各部门间签定数据使用协议,这样才能打破部门、地区间的信息保护,做到真正的信息共享。

2. 大数据开放

数据开放没有统一的定义,一般指把个体、部门和单位掌握的数据提供给社会公众或他人使用。政府数据开放就是要创造一个可持续发展机制发挥数据的社会、经济和政治价值,通过开放数据推动社会和经济发展。政府作为最大的数据拥有者,应当成为开放数据和鼓励其合理使用的主体。

1) 数据开放存在的主要问题

(1) 数据公开制度不完善。在实际工作中,很难确定数据有没有涉及个人隐私、商业机密等问题。开放是相互的,很多部门没有真正意识到数据开放的重要性和作用,往往以"保密"或者"不宜公开"为理由不愿开放数据。海量数据分散在各个部门或者层级,潜在的价值被忽略。数据的开放要经过存储、清洗、分析、挖掘、处理、利用等多个环节才能形成有价值的数据集,在每一个实施环节都需要有相应的制度法规和技术标准作为依据。

(2) 数据开放程度不高。首先,各地平台提供的数据总量较小,无法满足经济发展与社会创新领域的需求。很多利用价值较高的数据只在部门内部共享,并未对社会开放。其次,数据质量参差不齐。由于对数据的质量没有严格的要求,而容易造成数据失真。另外,开放数据平台门槛较高,很多数据只开放不更新,不提供下载服务,无法形成有价值的数据源。

(3) 数据安全隐患。大数据开放是双刃剑,在给人们生活带来便利的同时,构成了巨大隐患。传统方法是采用划分边界、隔离内外网等来控制风险。但是随着移动互联网、云计算、5G、Wi-Fi 技术的普及,网络边界已经消失,木马、漏洞和攻击都可能威胁数据安全。

2) 数据开放保障机制的建议

(1) 法律保障机制。完善法律体系是促进政府数据开放的必经之路,加快制定大数据管理制度、法规和标准规范是当务之急。数据开放原则、使用权限、开放领域、分级标准及安全隐私等问题都需细化。通过制度保障数据安全。

(2) 数据共享机制。首先,要加快国家数据库的建设,消除部门信息壁垒;其次,统筹数据管理,引导各部门发布社会公众所需的相关数据;第三,制定统一的数据开放标准和格式,方便数据上传和下载,满足不同群体的数据需求。

(3) 技术保障机制。数据的有效性和正确性直接影响到数据汇聚和处理的成果,因此必须要保障数据的质量。一旦数据来源不纯、不可信或无法使用,就会影响科学决策。针对数据体量大、种类多的数据集,需要先进技术和人才的支撑,因此,既懂统计学,也懂计算机的分析型和复合型人才要加强培养。

11.4　数据挖掘

11.4.1　数据挖掘概念

数据挖掘(Data Mining)就是从大量的、不完全的、有噪声的、模糊的、随机的存放在数据库、数据仓库或其他信息库中的数据中,提取隐含在其中的、人们事先不知道的但又是有效的、新颖的、潜在有用的信息和知识的过程。

与数据挖掘相近的同义词有数据融合、数据分析和决策支持等。这个定义包括好几层含义:数据源必须是真实的、大量的、含噪声的;发现的是用户感兴趣的知识;发现的知识要可接受、可理解、可运用;并不要求发现放之四海皆准的知识,仅支持特定的发现问题。

近年来,数据挖掘引起了信息产业界的极大关注,其主要原因是存在大量数据,可以广泛使用,并且迫切需要将这些数据转换成有用的信息和知识。获取的信息和知识可以广泛用于各种应用,包括商务管理、生产控制、市场分析、工程设计和科学探索等。

从广义上理解,数据、信息也是知识的表现形式,但是人们更把概念、规则、模式、规律和约束等看作知识。人们把数据看作形成知识的源泉,好像从矿石中采矿或淘金一样。原始数据可以是结构化的,如关系数据库中的数据也可以是半结构化的,如文本、图形和图像数据,甚至是分布在网络上的异构型数据。发现知识的方法可以是数学的,也可以是非数学的;可以是演绎的,也可以是归纳的。发现的知识可以被用于信息管理,查询优化,决策支持和过程控制等,还可以用于数据自身的维护。

数据挖掘是一门交叉学科,它把人们对数据的应用从低层次的简单查询,提升到从数据中挖掘知识,提供决策支持。在这种需求牵引下,汇聚了不同领域的研究者,尤其是数据库技术、人工智能技术、数理统计、可视化技术和并行计算等方面的学者和工程技术人员,投身到数据挖掘这一新兴的研究领域,形成新的技术热点。这里所说的知识发现,不是要求发现放之四海而皆准的真理,也不是要去发现崭新的自然科学定理和纯数学公式,更不是什么机器定理证明。实际上,所有发现的知识都是相对的,是有特定前提和约束条件,面向特定领域的,同时还要能够易于被用户理解,最好能用自然语言表达所发现的结果。

11.4.2　数据挖掘方法

数据挖掘利用最优化、进化计算、信息论、信号处理、可视化和信息检索领域的思想,形成了自己的理论方法。

1. 神经网络方法

神经网络由于本身良好的鲁棒性、自组织自适应性、并行处理、分布存储和高度容错等特性,非常适合解决数据挖掘的问题,因此近年来越来越受到人们的关注。典型的神经网络模型主要分为三大类:以感知机、BP 反向传播模型、函数型网络为代表的,用于分类、预测和模式识别的前馈式神经网络模型;以 Hopfield 的离散模型和连续模型为代表的,分别用于联想记忆和优化计算的反馈式神经网络模型;以 art 模型、koholon 模型为代表的,用于聚类的自组织映射方法。神经网络方法的缺点是"黑箱"性,人们难以理解网络的学习和决策过程。

2. 遗传算法

遗传算法是一种基于生物自然选择与遗传机理的随机搜索算法,是一种仿生全局优化方法。遗传算法具有的隐含并行性、易于和其他模型结合等性质使得它在数据挖掘中被加以应用。Sunil 已成功地开发了一个基于遗传算法的数据挖掘工具,利用该工具对两个飞机失事的真实数据库进行了数据挖掘实验,结果表明遗传算法是进行数据挖掘的有效方法之一。遗传算法的应用还体现在与神经网络、粗集等技术的结合上。如利用遗传算法优化神经网络结构,在不增加错误率的前提下,删除多余的连接和隐层单元;用遗传算法和 BP 算法结合训练神经网络,然后从网络提取规则等。但遗传算法较复杂,收敛于局部极小的较早收敛问题尚未解决。

3. 决策树方法

决策树是一种常用于预测模型的算法,它通过将大量数据有目的分类,从中找到一些有价值的、潜在的信息。它的主要优点是描述简单,分类速度快,特别适合大规模的数据处理。最有影响和最早的决策树方法是由 Quinlan 提出的著名的基于信息熵的 id3 算法。它的主要问题是:id3 是非递增学习算法;id3 决策树是单变量决策树,复杂概念的表达困难;同性间的相互关系强调不够;抗噪性差。针对上述问题,出现了许多较好的改进算法,如Schlimmer 和 Fisher 设计了 id4 递增式学习算法;钟鸣和陈文伟等提出了 IBLE 算法等。

4. 粗集方法

粗集理论是一种研究不精确、不确定知识的数学工具。粗集方法有几个优点:不需要给出额外信息；简化输入信息的表达空间；算法简单,易于操作。粗集处理的对象是类似二维关系表的信息表。目前成熟的关系数据库管理系统和新发展起来的数据仓库管理系统,为粗集的数据挖掘奠定了坚实的基础。但粗集的数学基础是集合论,难以直接处理连续的属性,而现实信息表中连续属性是普遍存在的。因此连续属性的离散化是制约粗集理论实用化的难点。现在国际上已经研制出来了一些基于粗集的工具应用软件,如加拿大Regina 大学开发的 KDD-R,美国 Kansas 大学开发的 LERS 等。

5. 覆盖正例排斥反例方法

它是利用覆盖所有正例、排斥所有反例的思想来寻找规则。首先在正例集合中任选一个种子,到反例集合中逐个比较。与字段取值构成的选择子相容则舍去,相反则保留。按此思想循环所有正例种子,将得到正例的规则(选择子的合取式)。比较典型的算法有Michalski 的 AQ11 方法,洪家荣改进的 AQ15 方法以及他的 AE5 方法。

6. 统计分析方法

在数据库字段项之间存在两种关系：函数关系(能用函数公式表示的确定性关系)和相关关系(不能用函数公式表示,但仍是相关确定性关系),对它们的分析可采用统计学方法,即利用统计学原理对数据库中的信息进行分析。可进行常用统计(求大量数据中的最大值、最小值、总和和平均值等)、回归分析(用回归方程来表示变量间的数量关系)、相关分析(用相关系数来度量变量间的相关程度)、差异分析(从样本统计量的值得出差异来确定总体参数之间是否存在差异)等。

7. 模糊集方法

即利用模糊集合理论对实际问题进行模糊评判、模糊决策、模糊模式识别和模糊聚类分析。系统的复杂性越高,模糊性越强,一般模糊集合理论是用隶属度来刻画模糊事物的亦此亦彼性的。李德毅等在传统模糊理论和概率统计的基础上,提出了定性定量不确定性转换模型——云模型,并形成了云理论。

11.4.3 数据挖掘在物联网中的应用

1. 访问安全控制

用于门禁系统、智能卡、电子标签、电子护照和票务管理等。例如,丹麦乐高游乐园：防止未成年人走失；美国内华达大学图书馆：书籍查询、借阅、管理；新加坡：公交/地铁智能卡,不停车收费系统；美国国防部：有害材料的使用、运送、跟踪和存储。

2. 物流

用于货物追踪、信息采集、仓储管理、港口应用、邮政包裹和快递等。例如,英国航空公司：降低每年 2000 万件行李丢失。联邦快递：货物追踪；铁道部：车辆自动调度,降低管理成本,提高资源利用率,供应链管理实时库存跟踪,降低成本；英特尔：优化库存管理,缩短交货时间。

3. 零售业

用于货架监控、销售数据统计、自动补货和盗窃检测等。例如,沃尔玛:优化库存;麦德龙:智能购物车和货架;美国皮特·富兰克林珠宝公司:快递盘点,降低管理成本;日本高级成衣制造商 Flandre 公司:仓储管理、品牌管理、单品管理和渠道管理。

4. 制造业

用于生产数据实时监控、质量追踪、自动化生产和个性化生产等。例如,丰田汽车公司:减少手工操作的失误。

5. 医疗

用于医疗器械管理,病人身份识别,婴儿防盗。例如,美国某医院:记录手术类型、日期和名称,避免手术失误。

6. 动物识别

用于动物、畜牧、宠物的识别管理,疾病追踪,个性化养殖。例如,日本:猪肉来源追踪系统;挪威食品供应商 Nortura:肉类屠宰实时生产管理。

7. 军事

用于弹药、枪支、物资、人员和卡车等识别与追踪。例如,美国国防部:对军事物资进行电子标签标识与识别。

习题

1. 名词解释

(1) 数据结构;(2) 线性表;(3) 栈;(4) 队列;(5) 树;(6) 图;(7) 数据库;(8) 关系数据库;(9) 数据仓库;(10) 数据挖掘;(11) 大数据;(12) 大数据整合;(13) 大数据共享;(14) 大数据开放。

2. 判断题

(1) 关系数据库就是二维表。 ( )

(2) 数据库就是数据的集合。 ( )

(3) 第三范式(3NF)是满足第二范式,而且数据库表中不包含已在其他表中包含的非主关键字信息。简言之,第三范式就是属性不依赖于其他非主属性。 ( )

3. 填空题

(1) 目前比较流行的数据模型有三种,即层次结构模型、网状结构模型和_____。

(2) 在关系数据库规范中建立了一个范式系列:1NF、2NF、_____、BCNF、4NF和 5NF。

（3）数据结构又分为数据的逻辑结构和数据的_____。

（4）大数据的4V特点是指_____、数据类型多样（Variety）、数据流动快（Velocity）和数据潜在价值大（Value）。

（5）大数据技术有4个核心部分，它们是_____、大数据存储与管理、大数据计算模式与系统及大数据分析与可视化。

4. 选择题

（1）数据库发展阶段大致划分为如下几个阶段（   ）。

  A. 人工管理阶段   B. 文件系统阶段

  C. 数据库系统阶段   D. 高级数据库阶段

（2）数据库的数据模型有以下几种（   ）。

  A. 层次结构模型   B. 网状结构模型

  C. 关系结构模型   D. 逻辑结构模型

5. 简答题

（1）数据库的历史有几个阶段？

（2）简述数据库和数据仓库的区别。

（3）简述数据挖掘在物联网中的应用。

（4）如何理解数据仓库的含义？

（5）简述大数据整合的必要性。

（6）简述大数据整合方案。

（7）简述大数据开放的保障机制。

6. 论述题

（1）展望物联网的应用未来，数据库技术该怎么应用？怎么发展？

（2）展望物联网的应用未来，数据挖掘技术该怎么应用？怎么发展？

第 12 章
CHAPTER 12 | 操作系统

本章将介绍操作系统、操作系统详细分类、主要操作系统及操作系统的新发展。通过本章的学习，学生需要了解操作系统概念、历史、功能和分类，网络操作系统，嵌入式实时操作系统，Windows 操作系统，UNIX 操作系统，Linux 操作系统和其他操作系统。

12.1　操作系统概述

12.1.1　操作系统概念

操作系统(Operating System，OS)是管理计算机硬件与软件资源的程序，同时也是计算机系统的内核与基石。

操作系统管理计算机系统的全部硬件资源、软件资源及数据资源、控制程序运行、改善人机界面，为其他应用软件提供支持等，使计算机系统所有资源最大限度地发挥作用，为用户提供方便的、有效的、友善的服务界面。

操作系统通常是最靠近硬件的一层系统软件，它把硬件裸机改造成为功能完善的一台虚拟机，使得计算机系统的使用和管理更加方便，计算机资源的利用效率更高，上层的应用程序可以获得比硬件提供的功能更多的支持。

12.1.2　操作系统的历史

1. 1980 年前

第一台计算机并没有操作系统，这是由于早期计算机的建立方式(如同建造机械算盘)与效能不足以执行如此程序。但在 1947 年发明了晶体管，以及莫里斯·威尔克斯(Maurice V. Wilkes)发明的微程序方法，使得计算机不再是机械设备，而是电子产品。系统管理工具以及简化硬件操作流程的程序很快就出现了，且成为操作系统的滥觞。到了 20 世纪 60 年代早期，商用计算机制造商制造了批量处理系统，此系统可将工作的建置、调度以及执行序列化。此时，厂商为每一台不同型号的计算机创造不同的操作系统，因此为某计算机而写的程序无法移植到其他计算机上执行，即使是同型号的计算机也不行。到了 1964 年，IBM System/360 推出了一系列用途与价位都不同的大型计算机，OS/360 是适用于整个系列产品的操作系统。1963 年,奇异公司与贝尔实验室合作以 PL/I 语言建立的 Multics 为 UNIX 系统奠定了良好的基础。

2. 20 世纪 80 年代

早期最著名的磁盘启动型操作系统是 CP/M。1980 年,微软公司与 IBM 签约,并且收购了一家公司出产的操作系统,修改后改名为 MS-DOS,在解决了兼容性问题后,MS-DOS 变成了 IBM PC 上最常用的操作系统。

20 世纪 80 年代另一个崛起的操作系统是 Mac OS,此操作系统紧紧与麦金塔计算机捆绑在一起。苹果计算机的 Mac OS 采用的是图形用户界面,用户可以用下拉式菜单、桌面图标、拖曳式操作与双击等。

3. 20 世纪 90 年代

20 世纪 90 年代出现了许多影响未来个人计算机市场的操作系统。由于图形化用户界面日趋复杂,操作系统的能力也越来越复杂与巨大,因此强韧且具有弹性的操作系统就成了迫切的需求。苹果公司于 1997 年推出的新操作系统 Mac OS X 取得了巨大的成功。

1990 年,开源操作系统 Linux 问世。Linux 内核是一个标准 POSIX 内核,其血缘可算是 UNIX 家族的一支。Linux 与 BSD 家族都搭配 GNU 计划所发展的应用程序,但是由于使用的许可证以及历史因素的作用下,Linux 取得了相当可观的开源操作系统市场占有率。

4. 21 世纪初

进入 21 世纪后,大型计算机与嵌入式系统可使用的操作系统日趋多样化。大型主机近期有许多开始支持 Java 及 Linux 以便共享其他平台的资源。嵌入式系统近期百家争鸣,从给 Sensor Networks 用的 Berkeley Tiny OS 到可以操作 Microsoft Office 的 Windows CE 都有。

12.1.3　操作系统的功能

操作系统是一个庞大的管理控制程序,大致包括 5 个方面的管理功能:进程与处理器管理、作业管理、存储管理、设备管理、文件管理。以现代观点而言,提供以下功能:进程管理、存储管理、文件系统、网络通信、安全机制、用户界面和驱动程序等。

(1) 处理器管理根据一定的策略将处理器交替地分配给系统内等待运行的程序。

(2) 设备管理负责分配和回收外部设备,以及控制外部设备按用户程序的要求进行操作。

(3) 文件管理向用户提供创建文件、撤销文件、读写文件、打开和关闭文件等功能。

(4) 存储管理功能是管理内存资源。主要实现内存的分配与回收,存储保护以及内存扩充。

(5) 作业管理功能是为用户提供一个使用系统的良好环境,使用户能有效地组织自己的工作流程,并使整个系统高效地运行。

计算机资源可分为两大类:硬件资源和软件资源。硬件资源指组成计算机的硬件设备,如中央处理器、主存储器、磁带存储器、打印机、显示器和键盘输入设备等。软件资源主要指存储于计算机中的各种数据和程序。系统的硬件资源和软件资源都由操作系统根据用户需求按一定的策略分配和调度。

12.1.4 操作系统的分类

1. 批处理操作系统

批处理(Batch Processing)操作系统的工作方式是：用户将作业交给系统操作员，系统操作员将许多用户的作业组成一批作业，之后输入到计算机中，在系统中形成一个自动转接的连续作业流，然后启动操作系统，系统自动、依次执行每个作业。最后由操作员将作业结果交给用户。

2. 分时操作系统

分时(Time Sharing)操作系统的工作方式是：一台主机连接了若干终端，每个终端有一个用户在使用。用户交互式地向系统提出命令请求，系统接受每个用户的命令，采用时间片轮转方式处理服务请求，并通过交互方式在终端上向用户显示结果。用户根据上步结果发出下道命令。分时操作系统将 CPU 的时间划分成若干片段，称为时间片。操作系统以时间片为单位，轮流为每个终端用户服务。每个用户轮流使用一个时间片而使每个用户并不感到有别的用户存在。分时系统具有多路性、交互性、独占性和及时性的特征。

3. 实时操作系统

实时操作系统(Real Time Operating System,RTOS)是指使计算机能及时响应外部事件的请求，在规定的严格时间内完成对该事件的处理，并控制所有实时设备和实时任务协调一致工作的操作系统。实时操作系统要追求的目标是：对外部请求在严格时间范围内做出反应，有高可靠性和完整性。其主要特点是资源的分配和调度首先要考虑实时性，然后才是效率。此外，实时操作系统应有较强的容错能力。

4. 网络操作系统

网络操作系统是基于计算机网络的，是在各种计算机操作系统上按网络体系结构协议标准开发的软件，包括网络管理、通信、安全、资源共享和各种网络应用。其目标是相互通信及资源共享，在其支持下，网络中的各台计算机能互相通信和共享资源。其主要特点是与网络的硬件相结合来完成网络的通信任务。

5. 分布式操作系统

它是为分布计算系统配置的操作系统。大量的计算机通过网络被连接在一起，可以获得极高的运算能力及广泛的数据共享。这种系统被称作分布式系统(Distributed System)。它在资源管理、通信控制和操作系统的结构等方面都与其他操作系统有较大的区别。由于分布计算机系统的资源分布于系统的不同计算机上，操作系统对用户的资源需求不能像一般的操作系统那样等待有资源时直接分配的简单做法，而是要在系统的各台计算机上搜索，找到所需资源后才可进行分配。对于有些资源，如具有多个副本的文件，还必须考虑一致性。分布操作系统的通信功能类似于网络操作系统。由于分布计算机系统不像网络分布得很广,同时分布操作系统还要支持并行处理,因此它提供的通信机制和网络操作系统提供的有所不同,它要求通信速度高。分布操作系统的结构也不同于其他操作系统,它分布于系统的各台计算机上,能并行地处理用户的各种需求,有较强的容错能力。

12.2 操作系统详细分类

12.2.1 网络操作系统

1. 概述

网络操作系统是向网络计算机提供服务的特殊操作系统。它在计算机操作系统下工作,使计算机操作系统增加了网络操作所需要的能力。网络操作系统运行在称为服务器的计算机上,并由联网的计算机用户共享。

网络操作系统与一般计算机的操作系统不同。一般情况下,一般计算机的操作系统是以使网络相关特性达到最佳为目的,如共享数据文件、软件应用,以及共享硬盘、打印机、调制解调器、扫描仪和传真机等。一般计算机的操作系统,其目的是让用户与系统及在此操作系统上运行的各种应用软件之间的交互作用最佳。

为防止某一时刻一个以上的用户对文件进行访问,一般网络操作系统都具有文件加锁功能。文件加锁功能可跟踪使用中的每个文件,并确保某一时刻只能一个用户对其进行编辑。

一般计算机的操作系统还负责管理局域网用户和局域网打印机之间的连接。一般计算机的操作系统会跟踪每一个可供使用的打印机,以及每个用户的打印请求,并对如何满足这些请求进行管理,使每个终端用户感到进行操作的打印机犹如与其计算机直接相连。

网络的飞速发展使现代操作系统都具有了网络功能,因此人们一般不再特指某个操作系统为网络操作系统。也就是说,现在用的操作系统几乎都是网络操作系统。

2. 分类

(1) 集中模式。集中式网络操作系统是由分时操作系统加上网络功能演变的。系统的基本单元是由一台主机和若干台与主机相连的终端构成,信息的处理和控制是集中的。UNIX 就是这类系统的典型。

(2) 客户机/服务器模式。这种模式是最流行的网络工作模式。服务器是网络的控制中心,并向客户提供服务。客户是用于本地处理和访问服务器的站点。

(3) 对等模式。采用这种模式的站点都是对等的,既可以作为客户访问其他站点,又可以作为服务器向其他站点提供服务。这种模式具有分布处理和分布控制的功能。

12.2.2 嵌入式实时操作系统

1. 定义

嵌入式实时操作系统(Embedded Real-time Operation System,EROS)的定义:当外界

事件或数据产生时,能够接受并以足够快的速度予以处理,其处理的结果又能在规定的时间之内来控制生产过程或对处理系统做出快速响应,并控制所有实时任务协调一致运行的嵌入式操作系统。

2. 嵌入式实时操作系统历史

从 1981 年 Ready System 开发了世界上第一个商业嵌入式实时内核(VRTX32),到今天已经有近 30 年的历史。

20 世纪 80 年代,产品只支持一些 16 位的微处理器,如 68k、8086 等。这时候的 RTOS 还只有内核,以销售二进制代码为主。当时的产品除 VRTX 外,还有 IPI 公司的 MTOS 和 20 世纪 80 年代末 ISI 公司的 PSOS。产品主要用于军事和电信设备。

20 世纪 90 年代初,现代操作系统的设计思想,如微内核设计技术和模块化设计思想,开始渗入 RTOS 领域。老牌的 RTOS 厂家如 Ready System 也推出新一代的 VRTXsa 实时内核,新一代的 RTOS 厂家 Wind River 推出了 Vx Works。另外,各家公司都有力求摆脱完全依赖第三方工具的制约,而通过自己收购、授权或使用免费工具链的方式,组成一套完整的开发环境。例如,ISI 公司的 Prismt、著名的 Tornado(Wind River)和老牌的 Spectra (VRTX 开发系统)等。

20 世纪 90 年代中期,互联网风行。网络设备制造商、终端产品制造商都要求 RTOS 有网络和图形界面的功能。为了方便使用大量现存的软件代码,他们希望 RTOS 厂家都支持标准的 API,如 POSIX、Win32 等,并希望 RTOS 的开发环境与他们已经熟悉的 UNIX、Windows 一致。这个时期代表性的产品有 VxWorks、QNX、Lynx 和 WinCE 等。

3. RTOS 市场和技术发展的变化

进入 20 世纪 90 年代后,RTOS 在嵌入式系统设计中的主导地位已经确定,更多的用户愿意选择购买而不是自己开发 RTOS。其技术发展有如下一些新变化。

(1) 因为新的处理器越来越多,RTOS 自身结构的设计更易于移植,以便在短时间内支持更多种微处理器。

(2) 开放源码之风已波及 RTOS 厂家。数量相当多的 RTOS 厂家出售 RTOS 时,就附加了源程序代码并含生产版税。

(3) 后 PC 时代更多的产品使用 RTOS,它们对实时性要求并不高,如手持设备等。微软公司的 WinCE、Plam OS、Java OS 等 RTOS 产品就是顺应这些应用而开发出来的。

(4) 电信设备、控制系统要求的高可靠性,对 RTOS 提出了新的要求。瑞典 Enea 公司的 OSE 和 Wind River 新推出的 VxWorks AE 对支持 HA(高可用性)和热切换等特点都下了一番工夫。

(5) Wind River 收购了 ISI,在 RTOS 市场形成了相当程度的垄断,但是由于 Win River 决定放弃 PSOS,转为开发 Vx Works 与 PSOS 合二为一版本,这便使得 PSOS 用户再一次走到重新选择 RTOS 的路口,给了其他 RTOS 厂家机会。

(6) 嵌入式 Linux 已经在消费电子设备中得到应用。韩国和日本的一些企业都推出了基于嵌入式 Linux 的手持设备。嵌入式 Linux 得到了相当广泛的半导体厂商的支持和投资,如 Intel 和 Motorola。

4. 未来 RTOS 的应用

未来 RTOS 可能划分为如下三个不同的领域。

（1）系统级。指 RTOS 运行在一个小型的计算机系统中完成实时的控制作用。这个领域将主要是微软与 Sun 竞争之地,传统上 UNIX 在这里占有绝对优势。Sun 通过收购,让它的 Solaris 与 ChrousOS(原欧洲的一种 RTOS)结合,微软力推 NT 的嵌入式版本 Embedded NT。此外,嵌入式 Linux 将依托源程序码开放和软件资源丰富的优势,进入系统级 RTOS 的市场。

（2）板级。传统的 RTOS 的主要市场,如 VxWorks、PSOS、QNX、Lynx 和 VRTX 的应用将主要集中在航空航天、电话电信等设备上。

（3）SoC 级(即片上系统)。新一代 RTOS 的领域,主要应用在消费电子、互联网络和手持设备等产品上。代表的产品有 Symbian 的 Epoc,ATI 的 Nucleus,Express logic 的 Threadx。老牌的 RTOS 厂家的产品 VRTX 和 VxWorks 也很注意这个市场。

5. 嵌入式实时操作系统分类

（1）VxWorks 嵌入式操作系统。是美国 Wind River 公司的产品,在目前嵌入式系统领域中应用很广泛,是市场占有率比较高的嵌入式操作系统。VxWorks 实时操作系统由四百多个相对独立、短小精悍的目标模块组成,用户可根据需要选择适当的模块来裁剪和配置系统;提供基于优先级的任务调度、任务间同步与通信、中断处理、定时器和内存管理等功能,内建符合 POSIX(可移植操作系统接口)规范的内存管理,以及多处理器控制程序;并且具有简明易懂的用户接口,在核心方面甚至可以微缩到 8KB。

（2）μC/OS-II 嵌入式操作系统。是在 μC-OS 的基础上发展起来的,是美国嵌入式系统专家 Jean J. Labrosse 用 C 语言编写的一个结构小巧、抢占式的多任务实时内核。μC/OS-II 能管理 64 个任务,并提供任务调度与管理、内存管理、任务间同步与通信、时间管理和中断服务等功能,具有执行效率高、占用空间小、实时性能优良和可扩展性强等特点。

（3）μClinux 嵌入式操作系统。是一种优秀的嵌入式 Linux 版本,其全称为 Microcontrol Linux,从字面意思看是指微控制 Linux。同标准的 Linux 相比,μClinux 的内核非常小,但是它仍然继承了 Linux 操作系统的主要特性,包括良好的稳定性和移植性、强大的网络功能、出色的文件系统支持、标准丰富的 API,以及 TCP/IP 网络协议等。因为没有 MMU 内存管理单元,所以其多任务的实现需要一定技巧。

（4）eCos 嵌入式操作系统。即嵌入式可配置操作系统。它是一个源代码开放的可配置、可移植、面向深度嵌入式应用的实时操作系统。最大特点是配置灵活,采用模块化设计,核心部分由小的组件构成,包括内核、C 语言库和底层运行包等。每个组件可提供大量的配置选项,使用 eCos 提供的工具可以很方便地配置,并通过不同的配置使得 eCos 能够满足不同的嵌入式应用要求。

（5）RTXC 嵌入式操作系统。RTXC 是 Real Time eXecutive in C(C 语言的实时执行体)的缩写。它是一种灵活的、经过工业应用考验的多任务实时内核,可以广泛用于各种采用 8/16 位单片机、16/32 位微处理器、DSP 处理器的嵌入式应用场合。

12.3 主要操作系统

12.3.1 Windows 操作系统

Windows 操作系统是一款由美国微软公司开发的窗口化操作系统。采用了 GUI 图形化操作模式,比起从前的指令操作系统如 DOS 更为人性化。Windows 操作系统是目前世界上使用最广泛的操作系统,较新的版本是 Windows 11。

Microsoft 公司从 1983 年开始研制 Windows 系统,最初的研制目标是在 MS-DOS 的基础上提供一个多任务的图形用户界面。第一个版本的 Windows 1.0 于 1985 年问世,它是一个具有图形用户界面的系统软件。1990 年推出的 Windows 3.0 是一个重要的里程碑。1992 年推出的 Windows 3.1 属于经典版本。另外,Windows 95、Windows 98、Windows XP 均属于经典版本。目前比较普及的版本是 Windows 10。

12.3.2 UNIX 操作系统

1. UNIX 概述

UNIX 是一个强大的多用户、多任务操作系统,支持多种处理器架构,按照操作系统的分类,属于分时操作系统。

2. UNIX 的起源

UNIX 操作系统是美国 AT&T 公司于 1971 年在 PDP-11 上运行的操作系统,具有多用户、多任务的特点,支持多种处理器架构,最早由肯·汤普逊(Kenneth Lane Thompson)、丹尼斯·里奇(Dennis MacAlistair Ritchie)和 Douglas McIlroy 于 1969 年在 AT&T 的贝尔实验室开发。目前它的商标权由国际开放标准组织(The Open Group)所拥有。

3. UNIX 的结构

一个典型的计算机系统包括硬件、系统软件和应用软件这三部分。操作系统则是控制和协调计算机行为的系统软件。当然 UNIX 操作系统也是一个程序的集合,其中包括文本编辑器、编译器和其他系统程序。下面就来认识一下这个分层结构。

(1) 内核。在 UNIX 中,也被称为基本操作系统,负责管理所有与硬件相关的功能。这些功能由 UNIX 内核中的各个模块实现。其中包括直接控制硬件的各模块,这也是系统中最重要的部分,用户当然也不能直接访问内核。

(2) 常驻模块层。常驻模块层提供了执行请示的服务例程。它提供的服务包括输入/输出控制服务、文件/磁盘访问服务以及进程创建和中止服务。程序通过系统调用来访问常驻模块层。

(3) 工具层。是 UNIX 的用户接口,就是常用的 shell。它和其他 UNIX 命令和工具一样都是单独的程序,是 UNIX 系统软件的组成部分,但不是内核的组成部分。

(4) 虚拟计算机。是向系统中的每个用户指定一个执行环境。这个环境包括一个与用户进行交流的终端和共享的其他计算机资源,如最重要的 CPU。如果是多用户的操作系统,UNIX 视为一个虚拟计算机的集合。而对每一个用户都有一个自己的专用虚拟计算机。但是由于 CPU 和其他硬件是共享的,虚拟计算机比真实的计算机速度要慢一些。

(5) 进程。UNIX 通过进程向用户和程序分配资源。每个进程都有一个作为进程标识的整数和一组相关的资源。当然它也可以在虚拟计算机环境中执行。

12.3.3 Linux 操作系统

1. Linux 操作系统概述

Linux 是一类 UNIX 计算机操作系统的统称。Linux 操作系统的内核名字也是"Linux"。Linux 操作系统也是自由软件和开放源代码发展中最著名的例子。严格来讲,Linux 这个词本身只表示 Linux 内核,但在实际上人们已经习惯了用 Linux 来形容整个基于 Linux 内核,并且使用 GNU 工程各种工具和数据库的操作系统。

2. Linux 操作系统诞生

Linux 操作系统是 UNIX 操作系统的一种克隆系统。它诞生于 1991 年的 10 月 5 日(这是第一次正式向外公布的时间)。以后借助于 Internet,并经过全世界各地计算机爱好者的共同努力,现已成为当今世界上使用最多的一种 UNIX 类操作系统,并且使用人数还在迅猛增长。Linux 创始人 Linus Toravlds 开始对计算机很感兴趣,自学计算机知识,后来开始酝酿编制一个自己的操作系统,1991 年 10 月 5 日公布 Linux 内核 0.01 版。

3. Linux 操作系统的特性

(1) 完全免费。Linux 是一款免费的操作系统,用户可以通过网络或其他途径免费获得,并可以任意修改其源代码。这是其他的操作系统所做不到的。正是由于这一点,来自全世界的无数程序员参与了 Linux 的修改、编写工作,程序员可以根据自己的兴趣和灵感对其进行改变。这让 Linux 吸收了无数程序员的精华,不断壮大。

(2) 完全兼容 POSIX 1.0 标准。这使得可以在 Linux 下通过相应的模拟器运行常见的 DOS、Windows 程序。这为用户从 Windows 转到 Linux 奠定了基础。许多用户在考虑使用 Linux 时,就想到以前在 Windows 下常见的程序是否能正常运行,这一点就消除了他们的疑虑。

(3) 多用户、多任务。Linux 支持多用户,各个用户对于自己的文件设备有自己特殊的权利,保证了各用户之间互不影响。多任务则是现在计算机最主要的一个特点,Linux 可以使多个程序同时并独立地运行。

(4) 良好的界面。Linux 同时具有字符界面和图形界面。在字符界面,用户可以通过键盘输入相应的指令来进行操作。它同时也提供了类似 Windows 图形界面的 X-Window 系统,用户可以使用鼠标对其进行操作。在 X-Window 环境中和在 Windows 中相似,可以说是一个 Linux 版的 Windows。

（5）丰富的网络功能。互联网是在 UNIX 的基础上繁荣起来的，Linux 的网络功能当然不会逊色。它的网络功能和其内核紧密相连，在这方面 Linux 要优于其他操作系统。在 Linux 中，用户可以轻松实现网页浏览、文件传输、远程登录等网络工作，并且可以作为服务器提供 WWW、FTP、E-mail 等服务。

（6）可靠、安全、稳定的性能。Linux 采取了许多安全技术措施，其中有对读、写进行权限控制、审计跟踪、核心授权等技术，这些都为安全提供了保障。Linux 由于需要应用到网络服务器，对稳定性也有比较高的要求，实际上 Linux 在这方面也十分出色。

（7）支持多种平台。Linux 可以运行在多种硬件平台上，如 x86、680x0、SPARC、Alpha 等处理器的平台。此外，Linux 还是一种嵌入式操作系统，可以运行在掌上电脑、机顶盒或游戏机上。2001 年 1 月发布的 Linux 2.4 版内核已经能够完全支持 Intel 64 位芯片架构。同时 Linux 也支持多处理器技术，多个处理器同时工作，使系统性能大大提高。

12.3.4　其他操作系统

1. Mac OS（"麦塔金"操作系统）

Mac OS 是苹果公司为 Macintosh 系列产品开发的专属操作系统，1985 年由史蒂夫·乔布斯（Steve Jobs）组织开发，是一款基于 UNIX 内核的图形界面的操作系统。它在普通 PC 上无法安装。新版 Mac OS 有四个特点：①全屏模式是新版操作系统中最为重要的功能，一切应用程序均可以在全屏模式下运行，这表明在未来有可能实现完全的网格计算；②任务控制整合了 Dock 和控制面板，并可以窗口和全屏模式查看各种应用；③快速启动面板的工作方式与 iPad 完全相同，它以类似于 iPad 的用户界面显示计算机中安装的一切应用，并通过 App Store 进行管理，用户可滑动鼠标，在多个应用图标界面间切换，与网格计算一样，它的计算体验以任务本身为中心；④Mac App Store 的工作方式与 iOS 系统的 App Store 完全相同，它们具有相同的导航栏和管理方式，这意味着无须对应用进行管理。当用户从该商店购买一个应用后，Mac 计算机会自动将它安装到快速启动面板中。

2. Android（"安卓"操作系统）

Android 是一种基于 Linux 的开放源码操作系统，主要使用于移动设备，如智能手机和平板计算机，由 Google 公司和开放手机联盟领导及开发。Android 操作系统最初由 Andy Rubin 开发，主要支持手机。Android 的系统架构和其操作系统一样，采用了分层的架构。Android 分为四层，从高层到低层分别是应用程序层、应用程序框架层、系统运行库层和 Linux 内核层。

2005 年 8 月，Android 由 Google 收购注资。2007 年 11 月，Google 与 84 家硬件制造商、软件开发商及电信营运商组建开放手机联盟共同研发改良 Android 系统。随后，Google 以 Apache 开源许可证的授权方式，发布了 Android 的源代码。第一部 Android 智能手机发布于 2008 年 10 月。之后，Android 逐渐扩展到平板电脑及其他领域上，如电视、数码相机、游戏机、智能手表等。2011 年第一季度，Android 在全球的市场份额首次超过塞班系统,跃居全球第一。2013 年第四季度,Android 平台手机的全球市场份额已经达到 78.1%。2013 年在全世界有 10 亿台设备安装 Android 操作系统。2021 年 5 月 19 日,Google 宣布 Android 12 正式上线。

3. iOS

iOS 是由苹果公司开发的移动操作系统,2007 年 1 月 9 日发布,最初是设计给 iPhone 使用的,后来陆续用到 iPod touch、iPad 及 Apple TV 等产品上。iOS 与苹果的 Mac OS X 操作系统一样,属于类 UNIX 的商业操作系统。原本这个系统名为 iPhone OS,因为 iPad、iPhone、iPod touch 都使用 iPhone OS,在 2010WWDC 大会上改名为 iOS。

2016 年 1 月 9.2.1 版本发布,修复了黑客可以创建自主的虚假强制门户的漏洞。2018 年 9 月 22 日,美国苹果公司在最新的操作系统中秘密加入了基于 iPhone 用户和该公司其他设备使用者的"信任评级"功能。2021 年 9 月 21 日,苹果发布 iOS 15 正式版。

4. 银河麒麟(Kylin)

Kylin 是国防科技大学研制的开源服务器操作系统,是 863 计划重大攻关科研项目,目标是打破国外操作系统的垄断,研发一套中国自主知识产权的服务器操作系统。银河麒麟 2.0 包括实时版、安全版、服务器版。

5. YunOS

YunOS 是阿里巴巴集团旗下智能操作系统,融合了阿里巴巴在云数据存储、云计算服务及智能设备操作系统等多领域的技术成果,可搭载于智能手机、智能穿戴、互联网汽车、智能家居等多种智能终端设备。根据统计,2016 年 7 月搭载 YunOS 的物联网终端已经突破 1 亿。

6. 华为鸿蒙

华为鸿蒙系统(HUAWEI HarmonyOS)是华为在 2019 年 8 月 9 日于东莞举行华为开发者大会,正式发布的操作系统。它是华为基于开源项目 OpenHarmony 开发的面向多种全场景智能设备的商用版本。华为鸿蒙系统是一款全新的面向全场景的分布式操作系统,创造一个超级虚拟终端互联的世界,将人、设备、场景有机地联系在一起,将消费者在全场景生活中接触的多种智能终端实现极速发现、极速连接、硬件互助、资源共享,用合适的设备提供场景体验。2020 年 9 月 10 日,升级至 HarmonyOS 2.0 版本。2021 年 4 月 22 日,HarmonyOS 应用开发在线体验网站上线。

12.4　操作系统的新发展

为了适应新时代要求,操作系统正在经历一系列重大变化,这些变化将给软件带来前所未有的发展空间,各大软件公司纷纷根据自己的特长提出相应的对策。

1．操作系统内核将呈现出多平台统一的趋势

传统的操作系统内核主要采用模块化设计技术，只能应用于固定的平台。随着组件化、模块化技术的不断成熟，操作系统内核将呈现出多平台统一的发展趋势，如 Windows XP 采用了组件技术可以灵活地进行扩展和变化，既有支持桌面系统的 Windows XP Professional 版本，也有支持嵌入式系统的 Windows XP Embedded，有效实现了 Windows 操作系统内核技术的统一。Linux 最新的 2.6 内核版本也加强了对多平台统一的支持，2.6 内核不需要用户进行复杂的内核修改和裁剪就可以灵活地实现嵌入式 Linux，同时该内核也可以支持 Data Center Linux。

2．功能将不断增加，逐渐形成平台环境

操作系统功能的不断增加有两个方面原因：一个原因是不断满足用户的需求，另一个原因是新技术的不断出现。Mac OS X 10.2 比第一版 Mac OS X 就增加一百五十余项功能。不断增加的功能并不是每个用户所能用得到的，然而操作系统作为一个标准的套装软件必须满足尽可能多用户的需要，于是系统不断膨胀，功能不断增加，并逐渐形成从开发工具到系统工具再到应用软件的一个平台环境。

3．中间件发展趋势

（1）技术发展趋势。与软件构件技术紧密结合，支持现代软件开发方式，实现软件的工业化生产。已有的构件技术包括 J2EE、CORBA、.NET 等。中间件的开发将越来越多地采用一些开源技术，例如 Apache、OpenSSL、Linux、Eclipse、Jboss 和 Tomcat 等，提供对移动计算等多种设备的支持，提出新的基于协调技术的软件协同模式。原先的消息中间件、交易中间件已经成为标准的应用服务器中不可分割的一部分，并逐步向操作系统内核延伸。应用服务器、门户、数据集成、Web 服务、EAI 厂商不断将中间件的功能扩充到他们的产品中。微软 .NET 和 GXA(Global XML Architecture)将不断占领非 Java 的中间件空间。

（2）应用发展趋势。越来越多的垂直应用领域将采用中间件技术来进行系统的开发和设计，包括消息、交易、安全等，以缩短开发周期，降低开发成本。面向应用领域解决名字服务、安全控制、并发控制、负载均衡、可靠性保障和效率保证等方面的问题，以适应企业级的应用环境，简化应用开发。不断提供基于不同平台的丰富开发接口，支持面向领域开发环境和领域应用标准。

4．嵌入式系统及软件技术发展趋势

嵌入式系统是以应用为中心的系统，它将吸取 PC 的成功经验，形成不同行业的标准。统一的行业标准具有设计技术共享、构件兼容、维护方便和合作生产等特点，是增强行业性产品竞争能力的有效手段。走开放系统道路、建立行业性的嵌入式软件开发平台是加快嵌入式软件技术发展的有效途径之一。

嵌入式开发工具将向高度集成、编译优化、具有系统设计、可视化建模、仿真和验证功能方向发展。嵌入式软件开发工具是嵌入式支撑软件的核心，它的集成度和可用性将直接关系到嵌入式系统的开发效率。随着市场需求的增长，越来越多具有多窗口图形化用户界面、支持面向对象程序设计方法和 C/S 体系结构的嵌入式软件开发工具将推上市场。

嵌入式系统及应用软件要针对不同的设备,造成各种设备之间异构现象严重。而各种嵌入式设备联网又是大势所趋,所以未来嵌入式中间件必将飞速发展。

5. 网格操作系统

网格(Web Service)技术正在成为影响信息技术下一个高潮的最重要的核心技术。它正产生下一代操作系统和用户界面,从而推动新一代计算机应用。

微软正在全力抢占下一代操作系统与用户界面市场。微软近几年大力增加研究开发经费,试图推出网格操作系统与网格用户界面。IBM(以及众多其他厂商和科研界)似乎是把网格操作系统(如 WebSphere)构造在本地操作系统(如 AIX、Linux)之上,而微软则似乎在走 OS/2 的路,构造一个无缝的操作系统,既是网格操作系统,也是本地操作系统。微软的这种技术路线可能更为先进。国际科研界有以下三种共识。

第一,当前网格的研究开发工作事实上正在创造下一代的操作系统和用户界面。例如,IBM 已经把 WebSphere 变成了公司的一个品牌,甚至直截了当地说 WebSphere 就是"Internet operating system"。Globus 的目标是成为"分布式计算的 Linux"。Globus 就是开放源码的网格操作系统核心。

第二,这种网格操作系统的基本结构继承了以前操作系统的做法,即一个核心(内核)加上一个框架,就像 GNU/Linux 一样。这里的 Linux 指其核心中加上 GNU 环境(也称为框架)。

第三,不论是学术界还是工业界,都强烈希望只有一套开放的网格技术标准。

6. 泛在操作系统

2021 年 8 月 30 日在北京举办的第九届未来信息通信技术国际研讨会上,中国科学院院士梅宏发表"泛在操作系统的机遇与挑战"的主题演讲。他认为,人机物融合带来了机联网、社交网、物联网和各种各样的计算模式,泛在计算时代离人们越来越近。面向泛在计算,需要全新的操作系统,完成计算通信和电子产品的垂直整合、软硬协同、场景驱动等,这些都为操作系统的发展带来新机遇。泛在操作系统就是在场景驱动下进行的,大多数都源于传统嵌入式操作系统的技术途径。例如,美国面向制造业的操作系统、德国面向汽车的操作系统、华为正在做的面向物联的操作系统等,都能够归为泛在操作系统的应用案例。从单一计算模式到多样服务模式,从有限固定资源到海量、异质、异构、自主资源,系统管理的复杂性呈指数级增加;从单一信息空间到三元融合空间,从封闭到开放,从确定到非确定,辖域范围和性质发生根本性变化;从单点单向信任到多方多元互信,信任关系错综复杂,可信性难以保障等,这些均为泛在操作系统所必需具备的功能。为此,2021 年 9 月 27 日国家自然科学基金委员会信息科学部二处发布了"泛在操作系统及生态构建研究"专项项目,以便支持泛在操作系统展开前瞻性的探索。

习题

1. 名词解释

(1)操作系统;(2)网络操作系统;(3)嵌入式实时操作系统。

2．判断题

（1）Windows 操作系统是一款由美国微软公司开发的窗口化操作系统。 （ ）

（2）UNIX 是一个强大的多用户、多任务操作系统，支持多种处理器架构，按照操作系统的分类，属于分时操作系统。 （ ）

（3）Linux 操作系统是 UNIX 操作系统的一种克隆系统。它诞生于 1991 年的 10 月 5日，也是自由软件和开放源代码发展中最著名的例子。 （ ）

3．填空题

（1）网络操作系统包括三类：集中模式、客户机/服务器模式和_____。

（2）未来 RTOS 可能划分为三个不同的领域：_____、板级和 SOC 级（即片上系统）。

4．选择题

（1）操作系统的作用是（ ）。

    A．把源程序编译成目标程序   B．便于进行目录管理

    C．控制和管理系统资源的使用   D．高级语言

（2）系统软件中最基本的是（ ）。

    A．文件管理系统   B．操作系统

    C．文字处理系统   D．数据库管理系统

5．简答题

（1）操作系统有哪些功能？

（2）简述操作系统的发展史。

（3）简述批处理操作系统的工作方式。

（4）简述分时操作系统的工作方式。

（5）简述实时操作系统的工作方式。

（6）简述网络操作系统的功能。

（7）简述分布式操作系统的定义。

（8）简述 UNIX 操作系统的结构。

（9）简述 Linux 操作系统的特性。

（10）简单介绍当前三大操作系统。

（11）操作系统的发展趋势是什么？

6．论述题

展望物联网的应用未来，操作系统怎么用？怎么发展？

第 13 章

CHAPTER 13

软件工程与中间件技术

本章将介绍软件工程、软件开发方法、程序设计、中间件技术。通过本章的学习,学生需要了解软件工程的概念、软件工程过程、软件生命周期、结构化方法、面向对象方法、软件复用和构件技术、程序设计要求与过程、程序的基本结构、计算机语言发展历史、汇编语言、Python 语言、脚本语言、中间件、主流中间件技术平台、基于中间件的软件开发方法、物联网中间件等。

13.1　软件工程概述

13.1.1　软件工程概念

软件工程(Software Engineering)是一门研究用工程化方法构建和维护有效的、实用的和高质量软件的学科。它涉及程序设计语言、数据库、软件开发工具、系统平台、标准和设计模式等方面。

就软件工程的概念,很多学者、组织机构都分别给出了自己的定义。

(1) Barry Boehm。运用现代科学技术知识来设计并构造计算机程序及为开发、运行和维护这些程序所必需的相关文件资料。

(2) IEEE 在软件工程术语汇编中的定义。软件工程是将系统化的、严格约束的、可量化的方法应用于软件的开发、运行和维护,即将工程化应用于软件。

(3) Fritz Bauer 在 NATO 会议上给出的定义。建立并使用完善的工程化原则,以较经济的手段获得能在实际机器上有效运行的可靠软件的一系列方法。

(4)《计算机科学技术百科全书》中的定义。软件工程是应用计算机科学、数学及管理科学等原理,开发软件的工程。软件工程借鉴传统工程的原则和方法,以提高质量、降低成本。其中,计算机科学、数学用于构建模型与算法,工程科学用于制定规范、设计范型、评估成本及确定权衡,管理科学用于计划、资源、质量和成本等方面的管理。

13.1.2　软件工程过程

1. 软件过程

软件过程可概括为三类:基本过程类、支持过程类和组织过程类。

（1）基本过程类。包括获取过程、供应过程、开发过程、运作过程、维护过程和管理过程。

（2）支持过程类。包括文档过程、配置管理过程、质量保证过程、验证过程、确认过程、联合评审过程、审计过程以及问题解决过程。

（3）组织过程类。包括基础设施过程、改进过程以及培训过程。

2．基本过程

软件过程主要针对软件生产和管理进行研究。为了获得满足工程目标的软件，不仅涉及工程开发，而且涉及工程支持和工程管理。对于一个特定的项目，可以通过剪裁过程定义所需的活动和任务，并可使活动并发执行。与软件有关的单位，根据需要和目标，可采用不同的过程、活动和任务。

生产一个最终能满足需求且达到工程目标的软件产品所需要的步骤。软件工程过程主要包括开发过程、运作过程和维护过程。它们覆盖了需求、设计、实现、确认以及维护等活动。

13.1.3　软件生命周期

1．定义

软件生命周期（Software Development Life Cycle，SDLC）是软件从产生直到报废的生命周期，周期内有问题定义、可行性分析、总体描述、系统设计、编码、调试和测试、验收与运行、维护升级到废弃等阶段，这种按时间分程的思想方法是软件工程中的一种思想原则，即按部就班、逐步推进，每个阶段都要有定义、工作、审查、形成文档以供交流或备查，以提高软件的质量。但随着新的面向对象的设计方法和技术的成熟，软件生命周期设计方法的指导意义正在逐步减少。

2．六个阶段

同任何事物一样，一个软件产品或软件系统也要经历孕育、诞生、成长、成熟和衰亡等阶段，一般称为软件生存周期（软件生命周期）。

把整个软件生存周期划分为若干阶段，使得每个阶段有明确的任务，使规模大、结构复杂和管理复杂的软件开发变得容易控制和管理。通常，软件生存周期包括可行性分析与开发项计划、需求分析、设计（概要设计和详细设计）、编码、测试、维护等活动，可以将这些活动以适当的方式分配到不同的阶段去完成。

1）问题的定义及规划

此阶段是由软件开发方与需求方共同讨论，主要确定软件的开发目标及其可行性。

2）需求分析

在确定软件开发可行的情况下，对软件需要实现的各个功能进行详细分析。需求分析阶段是一个很重要的阶段，这一阶段做得好，将为整个软件开发项目的成功打下良好的基础。"唯一不变的是变化本身"，同样，需求也是在整个软件开发过程中不断变化和深入的，因此必须制定需求变更计划来应付这种变化，以保证整个项目的顺利进行。

3）软件设计

此阶段主要根据需求分析的结果，对整个软件系统进行设计，如系统框架设计、数据库设计等。软件设计一般分为总体设计和详细设计。好的软件设计将为软件程序编写打下良好的基础。

4) 程序编码

此阶段是将软件设计的结果转换成计算机可运行的程序代码。在程序编码中必须要制定统一、符合标准的编写规范,以保证程序的可读性和易维护性,从而提高程序的运行效率。

5) 软件测试

在软件设计完成后要经过严密的测试,以发现软件在整个设计过程中存在的问题并加以纠正。整个测试过程分为单元测试、组装测试以及系统测试三个阶段进行。测试的方法主要有白盒测试和黑盒测试两种。在测试过程中需要建立详细的测试计划并严格按照测试计划进行测试,以减少测试的随意性。

6) 运行维护

软件维护是软件生命周期中持续时间最长的阶段。在软件开发完成并投入使用后,由于多方面的原因,软件不能继续适应用户的要求。要延续软件的使用寿命,就必须对软件进行维护。软件的维护包括纠错性维护和改进性维护两个方面。

13.2 软件开发方法

13.2.1 结构化方法

1. 定义

结构化方法是一种传统的软件开发方法,它是由结构化分析、结构化设计和结构化程序设计三部分有机组合而成的。它的基本思想是:把一个复杂问题的求解过程分阶段进行,而且这种分解是自顶向下,逐层分解,使得每个阶段处理的问题都控制在人们容易理解和处理的范围内。

结构化方法的基本要点是:自顶向下,逐步求精,模块化设计。结构化分析方法是以自顶向下、逐步求精为基点,以一系列经过实践的考验被认为是正确的原理和技术为支撑,以数据流图、数据字典、结构化语言、判定表和判定树等图形表达为主要手段,强调开发方法的结构合理性和系统的结构合理性的软件分析方法,以模块化、抽象、逐层分解求精、信息隐蔽化局部化和保持模块独立为准则的设计软件的数据架构和模块架构的方法学。

结构化方法按软件生命周期划分,有结构化分析(SA)、结构化设计(SD)、结构化实现(SP)。其中要强调的是,结构化方法学是一个思想准则的体系,虽然有明确的阶段和步骤,但是也集成了很多原则性的东西,所以学会结构化方法,不是能够单从理论知识上去了解就足够的,更多的还是在实践中慢慢理解每个准则,慢慢将其变成自己的方法学。

2. 结构化分析的步骤

① 分析当前的情况,做出反映当前物理模型的 DFD;②推导出等价逻辑模型的 DFD;③设计新的逻辑系统,生成数据字典和基元描述;④建立人机接口,提出可供选择的目标系

统物理模型的 DFD；⑤确定各种方案的成本和风险等级,据此对各种方案进行分析；⑥选择一种方案；⑦建立完整的需求规约。

结构化设计方法给出一组帮助设计人员在模块层次上区分设计质量的原理与技术。它通常与结构化分析方法衔接起来使用,以数据流图为基础得到软件的模块结构。SD 方法尤其适用于变换型结构和事务型结构的目标系统。在设计过程中,它从整个程序的结构出发,利用模块结构图表述程序模块之间的关系。

3. 结构化设计的步骤

①评审和细化数据流图；②确定数据流图的类型；③把数据流图映射到软件模块结构,设计出模块结构的上层；④基于数据流图逐步分解高层模块,设计中下层模块；⑤对模块结构进行优化,得到更为合理的软件结构；⑥描述模块接口。

13.2.2　面向对象方法

1. 面向对象方法概述

面向对象方法(Object Oriented Method,OOM)是一种把面向对象的思想应用于软件开发过程中,指导开发活动的系统方法,简称 OO (Object Oriented)方法,是建立在"对象"概念基础上的方法学。对象是由数据和容许的操作组成的封装体,与客观实体有直接对应关系,一个对象类定义了具有相似性质的一组对象。而继承性是对具有层次关系的类的属性和操作进行共享的一种方式。所谓面向对象就是基于对象概念,以对象为中心,以类和继承为构造机制,来认识、理解、刻画客观世界和设计、构建相应的软件系统。

用计算机解决问题需要用程序设计语言对问题求解并加以描述(即编程),实质上,软件是问题求解的一种表述形式。显然,假如软件能直接表现人求解问题的思维路径(即求解问题的方法),那么软件不仅容易被人理解,而且易于维护和修改,从而会保证软件的可靠性和可维护性,并能提高公共问题域中的软件模块和模块重用的可靠性。面向对象的机能和机制恰好可以使得按照人们通常的思维方式来建立问题域的模型,设计出尽可能自然地表现求解方法的软件。

面向对象方法作为一种新型的独具优越性的方法正引起全世界越来越广泛的关注和高度的重视,它被誉为"研究高技术的好方法",更是当前计算机界关心的重点。十多年来,在对 OO 方法如火如荼的研究热潮中,许多专家和学者预言:正如 20 世纪 70 年代结构化方法对计算机技术应用所产生的巨大影响和促进那样,20 世纪 90 年代 OO 方法会强烈地影响、推动和促进一系列高技术的发展和多学科的综合。

2. 由来与发展

OO 方法起源于面向对象的编程语言(简称为 OOPL)。20 世纪 50 年代后期,在用 FORTRAN 语言编写大型程序时,常出现变量名在程序不同部分发生冲突的问题。鉴于此,ALGOL 语言的设计者在 ALGOL60 中采用了以"Begin…End"为标识的程序块,使块内变量名是局部的,以避免它们与程序中块外的同名变量相冲突。这是编程语言中首次提供封装(保护)的尝试。此后程序块结构广泛用于高级语言如 Pascal、Ada、C 之中。

20 世纪 60 年代中后期,Simula 语言在 ALGOL 基础上研制开发,它将 ALGOL 的块结构概念向前发展一步,提出了对象的概念,并使用了类,也支持类继承。20 世纪 70 年代,Smalltalk 语言诞生,它取 Simula 的类为核心概念,很多内容借鉴于 Lisp 语言。由 Xerox 公司经过对 Smalltalk72、76 持续不断的研究和改进之后,于 1980 年推出商品化,它在系统设计中强调对象概念的统一,引入对象、对象类、方法、实例等概念和术语,采用动态联编和单继承机制。从 20 世纪 80 年代起,人们基于以往已提出的有关信息隐蔽和抽象数据类型等概念,以及由 Modula2、Ada 和 Smalltalk 等语言所奠定的基础,再加上客观需求的推动,进行了大量的理论研究和实践探索,不同类型的面向对象语言(如 Object-c、Eiffel、C++、Java、Object-Pascal 等)被研制开发出来,如雨后春笋般逐步发展和建立起 OO 方法的概念理论体系和实用的软件系统。

面向对象源于 Simula,真正的 OOP 由 Smalltalk 奠基。Smalltalk 现在被认为是最纯的 OOPL。正是通过 Smalltalk80 的研制与推广应用,使人们注意到 OO 方法所具有的模块化、信息封装与隐蔽、抽象性、继承性和多样性等独特之处,这些优异特性为研制大型软件、提高软件可靠性、可重用性、可扩充性和可维护性提供了有效的手段和途径。20 世纪 80 年代以来,人们将面向对象的基本概念和运行机制运用到其他领域,获得了一系列相应领域的面向对象的技术。面向对象方法已被广泛应用于程序设计语言、形式定义、设计方法学、操作系统、分布式系统、人工智能、实时系统、数据库、人机接口、计算机体系结构以及并发工程、综合集成工程等,在许多领域的应用都得到了很大的发展。1986 年,在美国举行了首届"面向对象编程、系统、语言和应用(OOPSLA'86)"国际会议,使面向对象受到世人瞩目,其后每年都举行一次,这进一步标志 OO 方法的研究已普及全世界。

13.2.3　软件复用和构件技术

1. 复用定义

软件复用(Software Reuse)就是将已有的软件成分用于构造新的软件系统,以缩减软件开发和维护的花费。无论对可复用构件原封不动地使用还是做适当的修改后再使用,只要是用来构造新软件,则都可称作复用。被复用的软件成分一般称作可复用构件。软件复用是提高软件生产力和质量的一种重要技术。早期的软件复用主要是代码级复用,后来扩大到包括领域知识、开发经验、项目计划、可行性报告、体系结构、需求、设计、测试用例和文档等一切有关方面。对一个软件进行修改,使它运行于新的软硬件平台不称作复用,而称作软件移植。

2. 复用级别

(1) 代码的复用。包括目标代码和源代码的复用。其中,目标代码的复用级别最低,历史也最久,当前大部分编程语言的运行支持系统都提供了链接(Link)、绑定(Binding)等功能来支持这种复用。源代码的复用级别略高于目标代码的复用,程序员在编程时把一些想复用的代码段复制到自己的程序中,但这样往往会产生一些新旧代码不匹配的错误。想大规模地实现源程序的复用只有依靠含有大量可复用构件的构件库,如"对象链接及嵌入"(OLE)技术,既支持在源程序级定义构件并用以构造新的系统,又使这些构件在目标代码的级别上仍然是一些独立的可复用构件,能够在运行时被灵活地重新组合为各种不同的应用。

(2) 设计的复用。设计结果比源程序的抽象级别更高,因此它的复用受实现环境的影响较少,从而使可复用构件被复用的机会更多,并且所需的修改更少。这种复用有三种途径:第一种途径是从现有系统的设计结果中提取一些可复用的设计构件,并把这些构件应用于新系统的设计;第二种途径是把一个现有系统的全部设计文档在新的软硬件平台上重新实现,也就是把一个设计运用于多个具体的实现;第三种途径是独立于任何具体的应用,有计划地开发一些可复用的设计构件。

(3) 分析的复用。这是比设计结果更高级别的复用,可复用的分析构件是针对问题域的某些事物或某些问题的抽象程度更高的解法,受设计技术及实现条件的影响很少,所以可复用的机会更大。复用的途径也有三种:从现有系统的分析结果中提取可复用构件用于新系统的分析;用一份完整的分析文档作输入产生针对不同软硬件平台和其他实现条件的多项设计;独立于具体应用,专门开发一些可复用的分析构件。

(4) 测试信息的复用。主要包括测试用例的复用和测试过程信息的复用。前者是把一个软件的测试用例在新的软件测试中使用,或者在软件做出修改时在新的一轮测试中使用。后者是在测试过程中通过软件工具自动地记录测试的过程信息,包括测试员的每一个操作、输入参数、测试用例及运行环境等一切信息。这种复用的级别,不便和分析、设计、编程的复用级别做准确的比较,因为被复用的不是同一事物的不同抽象层次,而是另一种信息,但从这些信息的形态看,大体处于与程序代码相当的级别。

3. 构件

构件(Component)是面向软件体系架构的可复用软件模块。构件是可复用的软件组成成分,可被用来构造其他软件。它可以是被封装的对象类、类树、一些功能模块、软件框架(Framework)、软件构架(或体系结构(Architectural))、文档、分析件、设计模式(Pattern)等。1995 年,Ian. Oraham 给出的构件定义如下:构件是指一个对象(接口规范或二进制代码),它被用于复用,接口被明确定义。构件是作为一个逻辑紧密的程序代码包的形式出现的,有着良好的接口。像 Ada 的 Package、Smalltalk 80 和 C++的 class 和数据类型都可属于构件范畴。但是,操作集合、过程、函数即使可以复用也不能成为一个构件。开发者可以通过组装已有的构件来开发新的应用系统,从而达到软件复用的目的。软件构件技术是软件复用的关键因素,也是软件复用技术研究的重点。

4. 基于构件的软件开发

基于构件的软件开发(Component Based Software Development,CBSD),有时也称为基于构件的软件工程(CBSE),是一种基于分布对象技术,强调通过可复用构件设计与构造软件系统的软件复用途径。基于构件的软件系统中的构件可以是 COTS(Commercial Off The Shelf)构件,也可以是通过其他途径获得的构件(如自行开发)。CBSD 体现了"购买而不是重新构造"的哲学,将软件开发的重点从程序编写转移到了基于已有构件的组装,以更快地构造系统,减轻用来支持和升级大型系统所需要的维护负担,从而降低软件开发的费用。

13.3 程序设计

程序设计(Programming)是给出解决特定问题程序的过程,是软件构造活动中的重要组成部分。程序设计往往以某种程序设计语言为工具,给出这种语言下的程序。程序设计过程应当包括分析、设计、编码、测试、排错等不同阶段。专业的程序设计人员常被称为程序员。

13.3.1 程序设计要求与过程

1. 程序设计原则

(1) 自顶向下。程序设计时,应先考虑总体,后考虑细节;先考虑全局目标,后考虑局部目标。不要一开始就过多追求众多的细节,先从最上层总目标开始设计,逐步使问题具体化。

(2) 逐步细化。对复杂问题,应设计一些子目标作为过渡,逐步细化。

(3) 模块化设计。一个复杂问题由若干稍简单的问题构成。模块化是把程序要解决的总目标分解为子目标,再进一步分解为具体的小目标,把每一个小目标称为一个模块。

(4) 限制使用 goto 语句。goto 语句对程序结构化有害,易造成程序混乱。取消 goto 语句后,程序易于理解、易于排错、容易维护,容易进行正确性证明。

2. 程序设计的步骤

(1) 分析问题。对于接受的任务要进行认真的分析,研究所给定的条件,分析最后应达到的目标,找出解决问题的规律,选择解题的方法,完成实际问题。

(2) 设计算法。即设计出解题的方法和具体步骤。

(3) 编写程序。根据得到的算法,用一种高级语言编写出源程序,并通过测试。

(4) 对源程序进行编辑、编译和链接。

(5) 运行程序,分析结果。运行可执行程序,得到运行结果。能得到运行结果并不意味着程序正确,要对结果进行分析,看它是否合理。如果不合理要对程序进行调试,即通过上机发现和排除程序中的故障过程。

(6) 编写程序文档。许多程序是提供给别人使用的,如同正式的产品应当提供产品说明书一样,正式提供给用户使用的程序,必须向用户提供程序说明书。内容应包括:程序名称、程序功能、运行环境、程序的装入和启动、需要输入的数据,以及使用注意事项等。

13.3.2 程序的基本结构

早在 1966 年,Bohm 和 Jacopin 就证明了程序设计语言中只要有三种形式的控制结构,就可以表示出各式各样的其他复杂结构。这三种基本控制结构是顺序、选择和循环。对于具体的程序语句来说,每种基本结构都包含若干语句。

1. 顺序结构

顺序结构表示程序中的各操作是按照它们出现的先后顺序执行的。先执行 A 模块,再执行 B 模块,见图 13-1(a)。

2. 选择结构

选择结构表示程序的处理步骤出现了分支,它需要根据某一特定的条件选择其中的一个分支执行。选择结构有单选择、双选择和多选择三种形式。当条件 P 的值为真时执行 A 模块,否则执行 B 模块,见图 13-1(b)。

3. 循环结构

循环结构表示程序反复执行某个或某些操作,直到某条件为假(或为真)时才可终止循环。在循环结构中最主要的是:什么情况下执行循环,哪些操作需要循环执行。

当型循环结构:当条件 P 的值为真时,就执行 A 模块,然后再次判断条件 P 的值是否为真,直到条件 P 的值为假时才向下执行,见图 13-1(c)。

直到型循环结构:先执行 A 模块,然后判断条件 P 的值是否为真,若 P 为真,再次执行 A 模块,直到条件 P 的值为假时才向下执行,见图 13-1(d)。

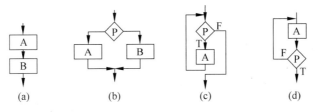

(a)　　　　　　(b)　　　　　　(c)　　　　　　(d)

图 13-1　程序的三种基本结构

13.3.3　计算机语言发展历史

计算机语言的发展是一个不断演化的过程,其根本的推动力就是抽象机制更高的要求,以及对程序设计思想更好的支持。具体来说,就是把机器能够理解的语言提升到也能够很好地模仿人类思考问题的形式。计算机语言的演化从最开始的机器语言到汇编语言到各种结构化高级语言,最后到支持面向对象技术的面向对象语言。

1. 机器语言

电子计算机所使用的是由“0”和“1”组成的二进制数,二进制是计算机语言的基础。计算机发明之初,人们只能降贵屈尊,用计算机的语言去命令计算机干这干那,一句话,就是写出一串串由“0”和“1”组成的指令序列交由计算机执行,这种语言,就是机器语言。使用机器语言是十分痛苦的,特别是在程序有错需要修改时,更是如此。而且,由于每台计算机的指令系统往往各不相同,所以,在一台计算机上执行的程序,要想在另一台计算机上执行,必须另编程序,造成了重复工作。但由于使用的是针对特定型号计算机的语言,故而运算效率是所有语言中最高的。机器语言,是第一代计算机语言。

2. 汇编语言

为了减轻使用机器语言编程的痛苦,人们进行了一种有益的改进:用一些简洁的英文字母、符号串来替代一个特定指令的二进制串,例如,用 ADD 代表加法,MOV 代表数据传递等。这样一来,人们很容易读懂并理解程序在干什么,纠错及维护都变得方便了,这种程序设计语言就称为汇编语言,即第二代计算机语言。然而计算机是不认识这些符号的,这就需要一个专门的程序,专门负责将这些符号翻译成二进制数的机器语言,这种翻译程序被称为汇编程序。汇编语言同样十分依赖于机器硬件,移植性不好,但效率却十分高,针对计算机特定硬件而编制的汇编语言程序,能准确发挥计算机硬件的功能和特长,程序精练而质量高,所以至今仍是一种常用而强有力的软件开发工具。

3. 高级语言

从最初与计算机交流的痛苦经历中,人们意识到,应该设计一种这样的语言,这种语言接近于数学语言或人的自然语言,同时又不依赖于计算机硬件,编出的程序能在所有机器上通用。经过努力,1954 年,第一个完全脱离机器硬件的高级语言——FORTRAN 问世了,五十多年来,共有几百种高级语言出现,有重要意义的有几十种,影响较大、使用较普遍的有FORTRAN、ALGOL、COBOL、BASIC、LISP、SNOBOL、PL/ 1、Pascal、C、PROLOG、Ada、C++、VC、VB、Delphi、Java 等。高级语言的发展也经历了从早期语言到结构化程序设计语言,从面向过程到非过程化程序语言的过程。相应地,软件的开发也由最初的个体手工作坊式的封闭式生产,发展为产业化、流水线式的工业化生产。

20 世纪 60 年代中后期,软件越来越多,规模越来越大,而软件的生产基本上是人自为战,缺乏科学规范的系统规划与测试、评估标准,其恶果是大批耗费巨资建立起来的软件系统,由于含有错误而无法使用,甚至带来巨大损失,软件给人的感觉是越来越不可靠,以致几乎没有不出错的软件。这一切,极大地震动了计算机界,史称"软件危机"。人们认识到:大型程序的编制不同于写小程序,它应该是一项新的技术,应该像处理工程一样处理软件研制的全过程。程序的设计应易于保证正确性,也便于验证正确性。1969 年,提出了结构化程序设计方法。1970 年,第一个结构化程序设计语言——Pascal 语言出现,标志着结构化程序设计时期的开始。

20 世纪 80 年代初开始,出现了面向对象程序设计。在此之前的高级语言,几乎都是面向过程的,程序的执行是流水线似的,在一个模块被执行完成前,人们不能干别的事,也无法动态地改变程序的执行方向。这和人们日常处理事物的方式是不一致的,对人而言是希望发生一件事就处理一件事,也就是说,不能面向过程,而应是面向具体的应用功能,也就是对象(Object)。其方法就是软件的集成化,如同硬件的集成电路一样,生产一些通用的、封装紧密的功能模块,称为软件集成块,它与具体应用无关,但能相互组合,完成具体的应用功能,同时又能重复使用。对使用者来说,只关心它的接口(输入量、输出量)及能实现的功能,至于是如何实现的,那是它内部的事,使用者完全不用关心,C++、VB、Delphi 就是典型代表。高级语言的下一个发展目标是面向应用,也就是说,只需要告诉程序你要干什么,程序就能自动生成算法,自动进行处理,这就是非过程化的程序语言。

4. 计算机语言的未来发展趋势

面向对象程序设计以及数据抽象在现代程序设计思想中占有很重要的地位,未来语言的发展将不再是一种单纯的语言标准,将会以一种完全面向对象,更易表达现实世界,更易为人编写,其使用将不再只是专业的编程人员,人们完全可以用订制真实生活中一项工作流程的简单方式来完成编程。计算机语言发展的特性:①简单性,提供最基本的方法来完成指定的任务,只需理解一些基本的概念,就可以用它编写出适合于各种情况的应用程序;②面向对象,提供简单的类机制以及动态的接口模型,对象中封装状态变量以及相应的方法,实现了模块化和信息隐藏;提供了一类对象的原型,并且通过继承机制,子类可以使用父类所提供的方法,实现了代码的复用;③安全性,用于网络、分布环境下有安全机制保证;④平台无关性,与平台无关的特性使程序可以方便地被移植到网络上的不同机器和不同平台。

13.3.4 汇编语言

1. 汇编语言简介

汇编语言(Assembly Language)是面向机器的程序设计语言。在汇编语言中,用助记符(Memoni)代替操作码,用地址符号(Symbol)或标号(Label)代替地址码,这样用符号代替机器语言的二进制码,就把机器语言变成了汇编语言,于是汇编语言也称为符号语言。使用汇编语言编写的程序,机器不能直接识别,要由一种程序将汇编语言翻译成机器语言,这种起翻译作用的程序叫汇编程序。汇编程序是系统软件中语言处理系统软件。汇编程序把汇编语言翻译成机器语言的过程称为汇编。

汇编语言是一种功能很强的程序设计语言,也是利用计算机所有硬件特性并能直接控制硬件的语言。汇编语言,作为一门语言,对应于高级语言的编译器,需要一个"汇编器"来把汇编语言源文件汇编成机器可执行的代码。高级的汇编器如 MASM、TASM 等为写汇编程序提供了很多类似于高级语言的特征,如结构化、抽象等。在这样的环境中编写的汇编程序,有很大一部分是面向汇编器的伪指令,已经类同于高级语言。现在的汇编环境已经如此高级,即使全部用汇编语言来编写 Windows 的应用程序也是可行的,但这不是汇编语言的长处。汇编语言的长处在于编写高效且需要对机器硬件精确控制的程序。

大多数情况下,Linux 程序员不需要使用汇编语言,因为即便是硬件驱动这样的底层程序,在 Linux 操作系统中也可以完全用 C 语言来实现,再加上 GCC 这一优秀的编译器目前已经能够对最终生成的代码进行很好的优化,的确有足够的理由让我们可以暂时将汇编语言抛在一边了。但实际情况是,Linux 程序员有时还是需要使用汇编,或者不得不使用汇编,理由很简单:精简、高效和无关性。假设要移植 Linux 到某一特定的嵌入式硬件环境下,首先必然面临如何减少系统大小、提高执行效率等问题,此时或许只有汇编语言能帮上忙了。

2. 优缺点

汇编语言直接同计算机的底层软件甚至硬件进行交互,它具有如下一些优点。

（1）能够直接访问与硬件相关的存储器或 I/O 端口。

（2）能够不受编译器的限制,对生成的二进制代码进行完全的控制。

（3）能够对关键代码进行更准确的控制,避免因线程共同访问或者硬件设备共享引起的死锁。

（4）能够根据特定的应用对代码做最佳的优化,提高运行速度。

（5）能够最大限度地发挥硬件的功能。

汇编语言是一种层次非常低的语言,它仅高于直接手工编写二进制的机器指令码,因此不可避免地存在一些缺点。

（1）编写的代码非常难懂,不好维护。

（2）很容易产生 bug,难于调试。

（3）只能针对特定的体系结构和处理器进行优化。

（4）开发效率很低,时间长且单调。

3. 特点

汇编语言比机器语言易于读写、调试和修改,同时具有机器语言的全部优点。但在编写复杂程序时,相对高级语言代码量较大,而且汇编语言依赖于具体的处理器体系结构,不能通用,因此不能直接在不同处理器体系结构之间移植。

汇编语言的特点如下。

（1）面向机器的低级语言,通常是为特定的计算机或系列计算机专门设计的。

（2）保持了机器语言的优点,具有直接和简洁的特点。

（3）可有效地访问、控制计算机的各种硬件设备,如磁盘、存储器、CPU、I/O 端口等。

（4）目标代码简短,占用内存少,执行速度快,是高效的程序设计语言。

（5）经常与高级语言配合使用,应用十分广泛。

汇编语言由于采用了助记符号来编写程序,比用机器语言的二进制代码编程要方便些,在一定程度上简化了编程过程。汇编语言的特点是用符号代替了机器指令代码,而且助记符与指令代码一一对应,基本保留了机器语言的灵活性。使用汇编语言能面向机器并较好地发挥机器的特性,得到质量较高的程序。

汇编语言是面向具体机型的,它离不开具体计算机的指令系统,因此,对于不同型号的计算机,有着不同结构的汇编语言,而且,对于同一问题所编制的汇编语言程序在不同种类的计算机间是互不相通的。

汇编语言中由于使用了助记符号,用汇编语言编制的程序输入计算机,计算机不能像用机器语言编写的程序一样被直接识别和执行,必须通过预先放入计算机的“汇编程序”中进行加工和翻译,才能变成能够被计算机直接识别和处理的二进制代码程序。用汇编语言等非机器语言书写好的符号程序称为源程序,运行时汇编程序要将源程序翻译成目标程序。目标程序是机器语言程序,当它被安置在内存的预定位置上,就能被计算机的 CPU 处理和执行。

汇编语言像机器指令一样,是硬件操作的控制信息,因而仍然是面向机器的语言,使用起来还是比较烦琐费时,通用性也差。但是,汇编语言用来编制系统软件和过程控制软件,其目标程序占用内存空间少,运行速度快,有着高级语言不可替代的用途。

4. 应用

作为最基本的编程语言之一,汇编语言虽然应用的范围不算很广,但它能够完成许多其他语言所无法完成的功能。就拿 Linux 内核来讲,虽然绝大部分代码是用 C 语言编写的,但仍然不可避免地在某些关键地方使用了汇编代码,其中主要是在 Linux 的启动部分。由于这部分代码与硬件的关系非常密切,即使是 C 语言也会有些力不从心,而汇编语言则能够很好地扬长避短,最大限度地发挥硬件的性能。

(1) 70%以上的系统软件是用汇编语言编写的。

(2) 某些快速处理、位处理、访问硬件设备等高效程序是用汇编语言编写的。

(3) 某些高级绘图程序、视频游戏程序是用汇编语言编写的。

13.3.5 Python 语言

1990 年,Python 语言由荷兰的 Guido van Rossum 设计出,它是一个面向对象、解释型的编程语言,可作为多种平台上编程序写脚本和快速开发应用项目的语言使用。它是一款免费、开源的软件。Python 已被移植到多个平台,如 Linux、Windows、FreeBSD、Macintosh、Solaris、OS/2、Amiga、AROS、AS/400、BeOS、OS/390、z/OS、Palm OS、QNX、VMS、Psion、Acom RISC OS、VxWorks、PlayStation、Sharp Zaurus、Windows CE、PocketPC、Symbian、Android 平台。作为面向对象的语言,其函数、模块、数字、字符串都属于对象性质,支持继承、重载、派生、多继承,有益于增强源代码的复用性。Python 支持重载运算符和动态类型。

Python 语言的简洁性、易读性以及可扩展性较好,其提供了丰富的 API 和工具,以便可轻松使用 C、C++、Python 编写扩充模块。Python 编译器也可以被集成到其他需要脚本语言的程序内。因此,Python 被称为"胶水语言"。Python 与其他语言可以进行集成和封装。其解释器易于扩展,可用于定制化软件中的扩展程序语言。Python 庞大的标准库可以帮助处理各种工作,如正则表达式、文档生成、单元测试、线程、数据库、网页浏览器、CGI、FTP、电子邮件、XML、XML-RPC、HTML、WAV 文件、密码系统、GUI(图形用户界面)、Tk 和其他与系统有关的操作。Python 的丰富标准库,提供了适合于各类主要系统平台的源码或机器码。Python 的科学计算能力较强,其科学计算软件包提供了 Python 的调用接口,计算机视觉库 OpenCV、三维可视化库 VTK、医学图像处理库 ITK。另外,Python 的专用科学计算扩展库包括 NumPy、SciPy 和 matplotlib 等,具有快速数组处理、数值运算和绘图功能,适合工程技术、科研人员处理实验数据、制作图表,以及科学计算应用程序的开发。Python 强制缩进的方式使程序代码具有较好的可读性。Python 程序编写的设计限制使编程习惯不好的代码不能通过编译。其中很重要的一项就是 Python 的缩进规则。与其他大多数语言(如 C)不同的是,一个模块的界限,完全是由每行的首字符在这一行的位置来决定的。通过强制程序员缩进,Python 程序更清晰和美观。

13.3.6 脚本语言

脚本技术得益于计算机硬件的加速发展。计算机性能快速提高,使计算机程序越来越复杂,而开发时间紧迫。这时,脚本语言成为系统程序设计语言的补充,开始被主要的计算机平台所同时提供。编程语言由性能低的硬件与执行效率之间的矛盾,转变为快速变化的市场需要与低效的开发工具之间的矛盾,所以脚本语言的发展在软件开发领域成为必然的趋势。

1. 定义

脚本语言(Script Languages)是为了缩短传统的编写-编译-链接-运行过程而创建的计算机编程语言。脚本语言又被称为扩建的语言,或者动态语言,是一种编程语言,用来控制软件应用程序。脚本通常以文本(如 ASCII)保存,只在被调用时进行解释或编译。虽然许多脚本语言都超越了计算机简单任务自动化的领域,成熟到可以编写精巧的程序,但仍然还是被称为脚本。几乎所有计算机系统的各个层次都有一种脚本语言,包括操作系统层、如计算机游戏、网络应用程序、文字处理文档、网络软件等。在许多方面,高级编程语言和脚本语言之间已互相交叉,二者之间已经没有明确的界限。一个脚本可以使得本来要用键盘进行的交互式操作自动化。一个 Shell 脚本主要由原本需要在命令行输入的命令组成,或在一个文本编辑器中,用户可以使用脚本来把一些常用的操作组合成一组序列。主要用来书写这种脚本的语言叫作脚本语言。很多脚本语言实际上已经超过简单的用户命令序列的指令,还可以编写更复杂的程序。脚本语言的命名起源于一个脚本"screenplay",每次运行都会使对话框逐字重复。早期的脚本语言经常被称为批量处理语言或工作控制语言。

一个脚本通常是解释执行而非编译的。脚本语言通常很简单且易学易用,目的就是希望能让程序员快速完成程序的编写工作。而宏语言则可视为脚本语言的分支,两者也有实质上的相同之处。

2. 应用

(1) 作为批处理语言或工作控制语言。很多脚本语言用来执行一次性任务,尤其是系统管理方面。DOS、Windows 的批处理文件和 UNIX 的 shell 脚本都属于这种应用。

(2) 作为通用的编程语言存在,如 Perl、Python、Ruby 等。由于"解释执行,内存管理,动态"等特性,其仍被称为脚本语言,可用于应用程序编写。

(3) 很多大型的应用程序都包括根据用户需求而定制的惯用脚本语言。同样,很多游戏系统在使用一种自定义脚本语言来表现 NPC(Non-Player Character)和游戏环境的预编程动作。此类语言通常是为一个单独的应用程序所设计,类似于通用语言(如 Quake C、Modeled After C)。

(4) 网页中的嵌入式脚本语言。HTML 也是一种脚本语言,它的解释器就是浏览器。JavaScript 是网页浏览器内的主要编程语言,ECMAScript 标准化保证了其通用嵌入式脚本语言。随着动态网页技术发展,ASP、JSP、PHP 等嵌入网页的脚本语言被广泛使用,不过这些脚本要通过 Web Server 解释执行,而 HTML 则被浏览器执行。

(5) 脚本语言在系统应用程序中嵌入使用,作为用户与系统的接口方式。在工业控制领域,PLC 编程、组态软件的脚本语言是扩充组态系统功能的重要手段;在通信平台领域,脚本语言是 IVR(自动语音应管)流程编程;Office 办公软件中,脚本语言是宏和 VBA;其他应用软件,如 ER Studio,其脚本语言是 Basic MacroEditor,用户可以编写 Sax Basic,脚本操作 ER 图,生成 Access 库、导出 Word 文档等扩展功能。

13.4　中间件技术

13.4.1　中间件

1. 定义

中间件(Middleware)是一种独立的系统软件或服务程序,分布式应用软件借助这种软件在不同的技术之间共享资源。中间件位于客户机/服务器的操作系统之上,管理计算机资源和网络通信,是连接两个独立应用程序或独立系统的软件。相连接的系统,即使它们具有不同的接口,但通过中间件相互之间仍能交换信息。执行中间件的一个关键途径是信息传递,通过中间件,应用程序可以工作于多平台或 OS 环境。

中间件是一类连接软件组件和应用的计算机软件,它包括一组服务,以便于运行在一台或多台机器上的多个软件通过网络进行交互。该技术所提供的互操作性,推动了一致分布式体系架构的演进。该架构通常用于支持分布式应用程序并简化其复杂度,包括 Web 服务器、事务监控器和消息队列软件。

为解决分布异构问题,提出了中间件的概念。中间件是位于平台(硬件和操作系统)和应用之间的通用服务,如图 13-2 所示,这些服务具有标准的程序接口和协议。针对不同的操作系统和硬件平台,它们可以有符合接口和协议规范的多种实现。

图 13-2　中间件

人们在使用中间件时,往往是一组中间件集成在一起,构成一个平台(包括开发平台和运行平台),但在这组中间件中必须要有一个通信中间件,即"中间件＝平台＋通信",这个定义也限定了只有用于分布式系统中才能称为中间件,同时还可以把它与支撑软件和实用软件区分开来。

具体地说,中间件屏蔽了底层操作系统的复杂性,使程序开发人员面对一个简单而统一的开发环境,减少程序设计的复杂性,将注意力集中在自己的业务上,不必再为程序在不同系统软件上的移植而重复工作,从而大大减少了技术上的负担。中间件带给应用系统的,不只是开发的简便、开发周期的缩短,也减少了系统的维护、运行和管理的工作量,还减少了计算机总体费用的投入。

2. 中间件的分类

按照 IDC 的定义,中间件是一类软件,而非一种软件;中间件不仅实现互连,还要实现应用之间的互操作;中间件是基于分布式处理的软件,最突出的特点是其网络通信功能。中间件的主要类型如下。

(1)屏幕转换及仿真中间件。应用于早期的大型计算机系统,主要功能是将终端机的字符界面转换为图形界面,目前此类中间件在国内已没有应用市场。

(2)数据库访问中间件。用于连接客户端到数据库的中间件产品。早期,由于用户使用的数据库产品单一,因此,该中间件一般由数据库厂商直接提供。目前其正在逐渐被为解决不同品牌数据库之间格式差异而开发的多数据库访问中间件取代。

(3) 消息中间件。连接不同应用之间的通信,将不同的通信格式转换成同一格式。

(4) 交易中间件。为保持终端与后台服务器数据的一致性而开发的中间件,是应用集成的基础软件,目前正处于高速发展期。

(5) 应用服务器中间件。功能与交易中间件类似,但主要应用于互联网环境。随着互联网的快速发展,其市场开始逐渐启动并快速发展。

(6) 安全中间件。为网络安全而开发的一种软件产品。

3. 优点

咨询机构 The Standish Group 在一份研究报告中归纳了中间件的十大优点。

(1) 应用开发。The Standish Group 分析了 100 个关键应用系统中的业务逻辑程序、应用逻辑程序及基础程序所占的比例,其中,业务逻辑程序和应用逻辑程序仅占总程序量的30%,而基础程序占了 70%,使用传统意义上的中间件一项就可以节省 25%～60% 的应用开发费用。如是以新一代的中间件系列产品来组合应用,同时配合以可复用的商务对象构件,则应用开发费用可节省 20%。

(2) 系统运行。没有使用中间件的应用系统,其初期的资金及运行费用的投入要比同规模的使用中间件的应用系统多一倍。

(3) 开发周期。基础软件的开发是一件耗时的工作,若使用标准商业中间件则可缩短开发周期 50%～75%。

(4) 减少项目开发风险。研究表明,没有使用标准商业中间件的关键应用系统开发项目的失败率高于 90%。企业自己开发内置的基础(中间件)软件是得不偿失的,项目总的开支至少要提高一倍,甚至十几倍。

(5) 合理运用资金。借助标准的商业中间件,企业可以很容易地在现有或遗留系统之上或之外增加新的功能模块,并将它们与原有系统无缝集合。依靠标准的中间件,可以将老的系统改头换面成新潮的 Internet/Intranet 应用系统。

(6) 应用集合。依靠标准的中间件可以将现有的应用、新的应用和购买的商务构件融合在一起进行应用集合。

(7) 系统维护。需要注意的是,基础(中间件)软件的自我开发是要付出很高代价的,此外,每年维护自我开发的基础(中间件)软件的开支则需要当初开发费用的 15%～25%,每年应用程序的维护开支也还需要当初项目总费用的 10%～20%。而在一般情况下,购买标准商业中间件每年只需付出产品价格的 15%～20% 的维护费,当然,中间件产品的具体价格要依据产品购买数量及哪一家厂商而定。

(8) 质量。基于企业自我建造的基础(中间件)软件平台上的应用系统,每增加一个新的模块,就要相应地在基础(中间件)软件之上进行改动。而标准的中间件在接口方面都是清晰和规范的。标准中间件的规范化模块可以有效地保证应用系统质量及减少新旧系统维护开支。

(9) 技术革新。企业对自我建造的基础(中间件)软件平台的频繁革新是极不容易实现的(不实际的)。而购买标准的商业中间件,则对技术的发展与变化可以放心,中间件厂商会责无旁贷地把握技术方向和进行技术革新。

（10）增加产品吸引力。不同的商业中间件提供不同的功能模型，合理使用，可以让应用更容易增添新的表现形式与新的服务项目。从另一个角度看，可靠的商业中间件也使得企业的应用系统更完善，更出众。

13.4.2　主流中间件技术平台

当前主流的分布计算技术平台，有 OMG 的 CORBA、Sun 的 J2EE 和 Microsoft DNA 2000。它们都是支持服务器端中间件技术开发的平台，且各有特点，下面分别阐述。

1. OMG 的 CORBA

CORBA 分布计算技术是 OMG 组织基于众多开放系统平台厂商提交的分布对象互操作内容的基础上制定的公共对象请求代理体系规范。

CORBA 分布计算技术，是由绝大多数分布计算平台厂商所支持和遵循的系统规范技术，具有模型完整、先进，独立于系统平台和开发语言，被支持程度广泛的特点，已逐渐成为分布计算技术的标准。CORBA 标准主要分为三个层次：对象请求代理、公共对象服务和公共设施。最底层是对象请求代理 ORB，规定了分布对象的定义（接口）和语言映射，实现对象间的通信和互操作，是分布对象系统中的"软总线"；在 ORB 之上定义了很多公共服务，可以提供诸如并发服务、名字服务、事务（交易）服务和安全服务等各种各样的服务；最上层的公共设施则定义了组件框架，提供可直接为业务对象使用的服务，规定业务对象有效协作所需的协定规则。目前，CORBA 兼容的分布计算产品层出不穷，其中有中间件厂商的 ORB 产品，如 BEAM3、IBM Component Broker，有分布对象厂商推出的产品，如 IONAObix 和 OOCObacus 等。

CORBA 规范的近期发展，增加了面向 Internet 的特性，服务质量控制和 CORBA 构件模型（CORBA Component Model）。

Internet 集成特性包括针对 IIOP 传输的防火墙（Firewall）和可内部操作地定义了 URL 命名格式的命名服务（Naming Service）。

服务质量控制包括能够具有质量控制的异步消息服务，一组针对嵌入系统的 CORBA 定义，一组关于实时 CORBA 与容错 CORBA 的请求方案。

CORBA CCM（CORBA Component Model）技术，是在支持 POA 的 CORBA 规范（版本 2.3 以后）基础上，结合 EJB 当前规范的基础上发展起来的。CORBA 构件模型，是 OMG 组织制定的一个用于开发和配置分布式应用的服务器端中间件模型规范，它主要包括如下三项内容。

（1）抽象构件模型，用以描述服务器端构件结构及构件间互操作的结构。

（2）构件容器结构，用以提供通用的构件运行和管理环境，并支持对安全、事务、持久状态等系统服务的集成。

（3）构件的配置和打包规范，CCM 使用打包技术来管理构件的二进制、多语言版本的可执行代码和配置信息，并制定了构件包的具体内容和基于 XML 的文档内容标准。

总之，CORBA 的特点是大而全，互操作性和开放性非常好。CORBA 的缺点是庞大而复杂，并且技术和标准的更新相对较慢，COBRA 规范从 1.0 升级到 2.0 所花的时间非常短,而再往上的版本发布就相对十分缓慢了。在具体的应用中使用不是很多。

2. Sun 的 J2EE

为了推动基于 Java 的服务器端应用开发,Sun 在 1999 年年底推出了 Java2 技术及相关的 J2EE 规范,J2EE 的目标是：提供平台无关的、可移植的、支持并发访问和安全的,完全基于 Java 的开发服务器端中间件的标准。

在 J2EE 中,Sun 给出了完整的基于 Java 语言开发面向企业分布应用规范,其中,在分布式互操作协议上,J2EE 同时支持 RMI 和 IIOP,而在服务器端分布式应用的构造形式,则包括 Java Servlet、JSP(Java Server Page)、EJB 等多种形式,以支持不同的业务需求,而且 Java 应用程序具有"write once,run anywhere"的特性,使得 J2EE 技术在分布计算领域得到了快速发展。

J2EE 简化了构件可伸缩的、基于构件服务器端应用的复杂度,虽然 DNA 2000 也一样,但最大的区别是 DNA 2000 是一个产品,J2EE 是一个规范,不同的厂家可以实现自己符合 J2EE 规范的产品,J2EE 规范是众多厂家参与制定的,它不为 Sun 所独有,而且其支持跨平台的开发,目前许多大的分布计算平台厂商都公开支持与 J2EE 兼容技术。

EJB 是 Sun 推出的基于 Java 的服务器端构件规范 J2EE 的一部分,自从 J2EE 推出之后,得到了广泛的发展,已经成为应用服务器端的标准技术。Sun EJB 技术是在 Java Bean 本地构件基础上,发展的面向服务器端分布应用构件技术。它基于 Java 语言,提供了基于 Java 二进制字节代码的重用方式。EJB 给出了系统的服务器端分布构件规范,这包括构件、构件容器的接口规范以及构件打包、构件配置等的标准规范内容。EJB 技术的推出,使得用 Java 基于构件方法开发服务器端分布式应用成为可能。从企业应用多层结构的角度,EJB 是业务逻辑层的中间件技术,与 Java Bean 不同,它提供了事务处理的能力,自从三层结构提出以后,中间层也就是业务逻辑层,是处理事务的核心,从数据存储层分离,取代了存储层的大部分地位。从分布式计算的角度,EJB 像 CORBA 一样,提供了分布式技术的基础,提供了对象之间的通信手段。从 Internet 技术应用的角度,EJB 和 Servlet、JSP 一起成为新一代应用服务器的技术标准,EJB 中的 Bean 可以分为会话 Bean 和实体 Bean,前者维护会话,后者处理事务,现在 Servlet 负责与客户端通信,访问 EJB,并把结果通过 JSP 产生页面传回客户端。

J2EE 的优点是,服务器市场的主流还是大型计算机和 UNIX 平台,这意味着以 Java 开发构件,能够做到"write once,run anywhere",开发的应用可以配置到包括 Windows 平台在内的任何服务器端环境中去。

3. Microsoft DNA 2000

Microsoft DNA 2000(Distributed Internet Applications)是 Microsoft 在推出 Windows 2000 系列操作系统平台基础上,在扩展了分布计算模型,以及改造 Back Office 系列服务器端分布计算产品后发布的新的分布计算体系结构和规范。

在服务器端,DNA 2000 提供了 ASP、COM、Cluster 等的应用支持。目前,DNA 2000 在技术结构上有着巨大的优越性。一方面,由于 Microsoft 是操作系统平台厂商,因此 DNA 2000 技术得到了底层操作系统平台的强大支持；另一方面,由于 Microsoft 的操作系统平台应用广泛，支持该系统平台的应用开发厂商数目众多，因此在实际应用中，DNA 2000 得到了众多应用开发商的采用和支持。

DNA 2000 融合了当今最先进的分布计算理论和思想，如事务处理、可伸缩性、异步消息队列和集群等内容。DNA 使得开发可以基于 Microsoft 平台的服务器构件应用，其中，如数据库事务服务、异步通信服务和安全服务等，都由底层的分布对象系统提供。以 Microsoft 为首的 DCOM/COM/COM＋阵营，从 DDE、OLE 到 ActiveX 等，提供了中间件开发的基础，如 VC、VB、Delphi 等都支持 DCOM，包括 OLE DB 在内新的数据库存取技术，随着 Windows 2000 的发布，Microsoft 的 DCOM/COM/COM＋技术在 DNA 2000 分布计算结构基础上，展现了一个全新的分布构件应用模型。首先，DCOM/COM/COM＋的构件仍然采用普通的 COM(Component Object Model)模型。COM 最初作为 Microsoft 桌面系统的构件技术，主要为本地的 OLE 应用服务，但是随着 Microsoft 服务器操作系统 NT 和 DCOM 的发布，COM 通过底层的远程支持使得构件技术延伸到了分布应用领域。DCOM/COM/COM＋更将其扩充为面向服务器端分布应用的业务逻辑中间件。通过 COM＋的相关服务设施，如负载均衡、内存数据库、对象池、构件管理与配置等，DCOM/COM/COM＋将 COM、DCOM、MTS 的功能有机地统一在一起，形成了一个概念、功能强的构件应用体系结构。而且，DNA 2000 是单一厂家提供的分布对象构件模型，开发者使用的是同一厂家提供的系列开发工具，这比组合多家开发工具更有吸引力。

但是它的不足是依赖于 Microsoft 的操作系统平台，因而在其他开发系统平台(如 UNIX，Linux)上不能发挥作用。

13.4.3　基于中间件的软件开发方法

与传统的软件开发方式相比，基于中间件的软件开发方法有如下不同。

1. 体系结构

软件体系结构代表了系统公共的高层次的抽象，它是系统设计成败的关键。其设计的核心是能否使用重复的体系模式。传统的应用系统体系结构从基于主机的集中式框架，到在网络的客户端上通过网络访问服务器的框架，都不能适应目前企业所处的商业环境，原因是企业过分地依赖于某个供应商的软件和硬件产品。这种单一供应商使得企业难以利用计算供应商的免费市场，将重要的计算基础设施决定交给第三方处理，这显然不利于企业在合作伙伴之间共享信息。

如今，应用系统已经发展成为在 Intranet 和 Internet 上的各种客户端可远程访问的分布式、多层次异构系统。CBSD(Component Based Software Development，基于构件的软件开发)为开发这样的应用系统提供了新的系统体系结构。它是标准定义的、分布式、模块化结构，使应用系统可分成几个独立部分开发，可用增量方式开发。

这样的体系结构实现了 CBSD 的以下几点目标：①能够通过内部开发的、第三方提供的或市场上购买的现有中间件，来集成和订制应用软件系统；②鼓励在各种应用系统中重用核心功能，努力实现分析、设计的重用；③系统都应具有灵活方便的升级和系统模块的更新维护能力；④封装最好的实践案例，并使其在商业条件改变的情况下，还能够被采用，并能保留已有资源。

　　由此看出,CBSD 从系统高层次的抽象上解决了复用性与异构互操作性,这正是分布式网络系统所希望解决的难题。

2. 开发过程

　　传统的软件开发过程在重用元素、开发方法上都与 CBSD 有很大的不同。虽然面向对象技术促进了软件重用,但是只实现了类和类继承的重用。在整个系统和类之间还存在很大的缺口。为填补这个缺口,人们曾想了许多方法,如系统体系结构、框架和设计模式等。

　　自从中间件技术出现后,软件重用才得到了根本改变。CBSD 实现了分析、设计和类等多层次上的重用。图 13-3 显示了它的重用元素分层实现。在分析抽象层上,重用元素有子系统、类;在设计层上,重用元素有系统体系结构、子系统体系结构、设计模式、框架、容器、中间件、类库、模板和抽象类等。

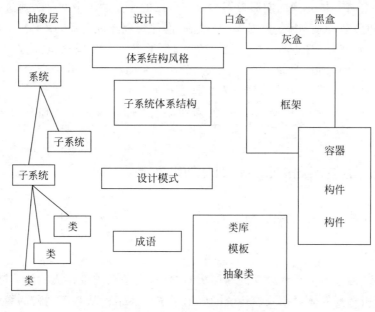

图 13-3　基于构件的软件开发

　　在软件开发方法上,CBSD 引导软件开发从应用系统开发转变为应用系统集成。建立一个应用系统需要重用很多已有的中间件模块,这些中间件模块可能是在不同的时间、由不同的人员开发的,并有各种不同的用途。在这种情况下,应用系统的开发过程就变成对中间件接口、中间件上下文以及框架环境一致性的逐渐探索过程。例如,在 J2EE 平台上,用 EJB 框架开发应用系统,主要工作是将应用逻辑,按 session Bean、entity Bean 设计开发,并利用 JTS 事务处理的服务实现应用系统。其主要难点是事务划分、中间件的部署与开发环境配置。概括地说,传统的软件开发过程是串行瀑布式、流水线的过程;而 CBSD 是并发进化式,不断升级完善的过程。图 13-4 显示了传统软件开发过程与 CBSD 过程的不同。

3. CBSD 软件开发方法

　　软件方法学是从各种不同角度、不同思路去认识软件的本质。传统的软件方法学是从

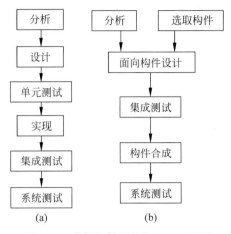

图 13-4　传统软件过程与 CBSD 过程

面向机器、面向数据、面向过程、面向功能、面向数据流和面向对象等不断创新的观点反映问题的本质。整个软件的发展历程使人们越来越认识到应按客观世界规律去解决软件方法学问题。直到面向对象方法的出现，才使软件方法学迈进了一大步。但是，高层次上的重用、分布式异构互操作的难点还没有解决。CBSD 发展到今天，才在软件方法学上为解决这个难题提供了机会。它把应用业务和实现分离，即逻辑与数据的分离，提供标准接口和框架，使软件开发方法变成中间件的组合。因此，软件方法学是以接口为中心，面向行为的设计。图 13-5 是其开发过程。

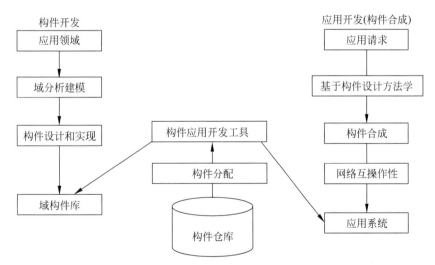

图 13-5　CBSD 的软件开发方法

　　归纳起来，CBSD 的软件开发方法学应包括如下几方面：①对中间件有明确的定义；②基于中间件的概念需要有中间件的描述技术和规范，如 UML、Java Bean、EJB 和 Servlet 规范等；③开发应用系统必须按中间件裁剪划分组织，包括分配不同的角色；④有支持检验中间件特性和生成文档的工具，确保中间件规范的实现和质量测试。

　　总之，传统的软件方法学从草稿自顶向下进行，对重用没有提供更多的辅助。CBSD 的软件方法学要丰富得多，它是即插即用，基于体系结构，以接口为中心，将中间件有机组合，它把自顶向下和自底向上方法结合起来进行开发。

4. 构造方法

传统应用软件的构造是用白盒方法,应用系统的实现全在代码中,应用逻辑和数据连接在一起。而 CBSD 的构造是用白盒和黑盒相结合的方法。

基于中间件的框架是用两个概念来支持演变。第一个概念是中间件有很强的性能接口,使中间件逻辑功能和中间件模型的实现都隐藏起来。这样,只要接口相同,中间件就可以被替换。第二个概念是隐式调用,即在基于中间件的框架中,从来不直接给中间件的接口分配地址,只在识别中间件用户后才分配地址。因此,中间件用户只要了解接口要求和为中间件接口提供的引用后的返回信息。中间件接口的信息并不存入中间件内,而是存入中间件仓库或注册处。这样才能保证中间件替换灵活,并很容易利用隐式调用去重新部署中间件。由于中间件的实现对用户透明,因此也使中间件能适应各种不同的个性化要求。为此,中间件提供自检和规范化两个机制。自检保证在不了解中间件的具体实现时,就能获得中间件接口信息。规范化允许不访问中间件就可以修改它,复杂的修改由用户通过定制器设置参数完成。

13.4.4　物联网中间件

1. RFID 中间件定义

RFID 中间件扮演 RFID 标签和应用程序之间的中介角色,从应用程序端使用中间件所提供的一组通用的应用程序接口(API),即能连到 RFID 读写器,读取 RFID 标签数据。这样一来,即使存储 RFID 标签情报的数据库软件或后端应用程序增加或改由其他软件取代,或者读写 RFID 读写器种类增加等情况发生时,应用端无须修改也能处理,省去多对多连接的维护复杂性问题。RFID 中间件是一种面向消息的中间件(Message Oriented Middleware,MOM),信息(Information)是以消息(Message)的形式,从一个程序传送到另一个或多个程序。信息可以用异步(Asynchronous)的方式传送,所以传送者不必等待回应。面向消息的中间件包含的功能不仅是传递信息,还必须包括解释数据、安全性、数据广播、错误恢复、定位网络资源、找出符合成本的路径、消息与要求的优先次序以及延伸的除错工具等服务。

2. RFID 中间件原理

RFID 中间件扮演 RFID 标签和应用程序之间的中介角色,从应用程序端使用中间件所提供的一组通用的应用程序接口(API),即能连到 RFID 读写器,读取 RFID 标签数据。这样一来,即使存储 RFID 标签情报的数据库软件或后端应用程序增加或改由其他软件取代,或者读写 RFID 读写器种类增加等情况发生时,应用端不需要修改也能处理,省去多对多连接的维护复杂性问题。

3. RFID 中间件分类

RFID 中间件可以从架构上分为以下两种。

（1）以应用程序为中心（Application Centric）。这种设计概念是通过 RFID Reader 厂商提供的 API，以 Hot Code 方式直接编写特定 Reader 读取数据的 Adapter，并传送至后端系统的应用程序或数据库，从而达成与后端系统或服务串接的目的。

（2）以架构为中心（Infrastructure Centric）。随着企业应用系统的复杂度提高，企业无法负责以 Hot Code 方式为每个应用程序编写 Adapter，同时面对对象标准化等问题，企业可以考虑采用厂商所提供标准规格的 RFID 中间件。这样一来，即使存储 RFID 标签情报的数据库软件改由其他软件代替，或读写 RFID 标签的 RFID Reader 种类增加等情况发生时，应用端不做修改也能应付。

4. RFID 中间件的特点

（1）独立于架构。RFID 中间件独立并介于 RFID 读写器与后端应用程序之间，并且能够与多个 RFID 读写器以及多个后端应用程序连接，以减轻架构与维护的复杂性。

（2）数据流。RFID 的主要目的在于将实体对象转换为信息环境下的虚拟对象，因此数据处理是 RFID 最重要的功能。RFID 中间件具有数据的搜集、过滤、整合与传递等特性，以便将正确的对象信息传到企业后端的应用系统。

（3）处理流。RFID 中间件采用程序逻辑及存储再转送的功能来提供顺序的消息流，具有数据流设计与管理的能力。

（4）标准。RFID 为自动数据采样技术与辨识实体对象的应用。EPC global 目前正在研究为各种产品的全球唯一识别号码提出通用标准，即 EPC（产品电子编码）。EPC 是在供应链系统中，以一串数字来识别一项特定的商品，通过无线射频辨识标签由 RFID 读写器读入后，传送到计算机或是应用系统中的过程称为对象命名服务。对象命名服务系统会锁定计算机网络中的固定点抓取有关商品的消息。EPC 存放在 RFID 标签中，被 RFID 读写器读出后，即可提供追踪 EPC 所代表的物品名称及相关信息，并立即识别及分享供应链中的物品数据，有效地提供信息透明度。

5. RFID 中间件的发展阶段

从发展趋势看，RFID 中间件可分为以下三个发展阶段。

（1）应用程序中间件发展阶段。RFID 初期的发展多以整合、串接 RFID 读写器为目的，这个阶段多为 RFID 读写器厂商主动提供简单 API，以供企业将后端系统与 RFID 读写器串接。以整体发展架构来看，此时企业的导入须自行花费许多成本去处理前后端系统连接的问题，通常企业在本阶段会通过试点工程方式来评估成本效益与导入的关键议题。

（2）架构中间件发展阶段。这个阶段是 RFID 中间件成长的关键阶段。由于 RFID 的强大应用，沃尔玛与美国国防部等关键使用者相继进行 RFID 技术的规划并进行导入的试点工程，促使各国际大厂持续关注 RFID 相关市场的发展。本阶段 RFID 中间件的发展不但已经具备基本数据搜集、过滤等功能，同时也满足企业多对多的连接需求，并具备平台的管理与维护功能。

（3）解决方案中间件发展阶段。未来在 RFID 标签、读写器与中间件发展成熟过程中，各厂商针对不同领域提出各项创新应用解决方案，例如，曼哈特联合软件公司提出"RFID 一盒方案（RFID in a Box）"，企业不需要再为前端 RFID 硬件与后端应用系统的连接而烦恼,该公司与 Alien 技术公司在 RFID 硬件端合作,发展以 Microsoft . NET 平台为基础的中间件,针对该公司 900 家已有供应链客户群发展供应链执行解决方案,原本使用曼哈特联合软件公司供应链执行解决方案的企业只需通过"RFID 一盒方案",就可以在原有应用系统上快速利用 RFID 来加强供应链管理的透明度。

6. RFID 中间件两个应用方向

(1) 面向服务架构的 RFID 中间件。其目标就是建立沟通标准,突破应用程序对应用程序沟通的障碍,实现商业流程自动化,支持商业模式的创新,让 IT 变得更灵活,从而更快地响应需求。因此,RFID 中间件在未来发展上,将会以面向服务架构为基础的趋势,提供企业更弹性灵活的服务。

(2) 安全架构的 RFID 中间件。RFID 应用最让外界质疑的是 RFID 后端系统所连接的大量厂商数据库可能引发的商业信息安全问题,尤其是消费者的信息隐私权。通过大量 RFID 读写器的布置,人类的生活与行为将因 RFID 而容易被追踪,沃尔玛、Tesco(英国最大零售商)初期 RFID 试点工程都因为用户隐私权问题而遭受过抵制与抗议。为此,飞利浦半导体等厂商已经开始在批量生产的 RFID 芯片上加入"屏蔽"功能。RSA 信息安全公司也发布了能成功干扰 RFID 信号的技术"RSA Blocker 标签",通过发射无线射频扰乱 RFID 读写器,让 RFID 读写器误以为搜集到的是垃圾信息而错失数据,达到保护消费者隐私权的目的。目前 Auto-ID 中心也在研究安全机制以配合 RFID 中间件的工作。相信安全将是 RFID 未来发展的重点之一,也是成功的关键因素。

习题

1. 名词解释

(1) 软件工程;(2) 生命周期;(3) 结构化方法;(4) 面向对象方法;(5) 软件复用;(6) 构件;(7) 汇编语言;(8) 中间件;(9) CORBA 分布计算技术。

2. 判断题

(1) 软件就是程序。 (　　)

(2) 软件生存周期包括需求分析、设计、编码、测试、维护几个过程。 (　　)

(3) 软件复用就是把快报废的软件重新修改后再用。 (　　)

3. 填空题

(1) 软件过程可概括为三类:_____、支持过程类和组织过程类。

(2) 软件生存周期包括:可行性分析与开发项计划、_____、设计(概要设计和详细设计)、编码、测试、维护等活动,可以将这些活动以适当的方式分配到不同的阶段去完成。

(3) 软件复用级别:代码复用、_____、分析复用和测试复用。

(4) 程序设计原则:自顶向下、逐步细化、_____和限制使用 goto 语句。

(5) 程序设计的步骤:分析问题;_____;编写程序;对源程序进行编辑、编译和连接;运行程序,分析结果;编写程序文档。

(6) 计算机语言的演化:从最开始的机器语言,到_____,到高级语言。

（7）当前主流的分布计算技术平台有：OMG 的 CORBA、_____ 和 Microsoft DNA 2000。

4. 选择题

（1）以下属于软件生存周期范围的是(　　)。

    A. 需求分析　　　　B. 设计　　　　　　C. 编码　　　　　　D. 维护过程

（2）以下属于计算机语言的是(　　)。

    A. 机器语言　　　　B. 汇编语言　　　　C. 高级语言　　　　D. 自然语言

（3）物联网软件开发的方法可以是(　　)。

    A. 结构化的设计方法　　　　　　　　B. 面向对象的设计方法

    C. 基于构件的软件开发　　　　　　　D. 同时用上述三种方法

5. 简答题

（1）简述软件生命周期的几个阶段。

（2）简述结构化的设计方法。

（3）简述结构化分析的步骤。

（4）简述结构化设计的步骤。

（5）简述面向对象的设计方法。

（6）简述基于构件的软件开发。

（7）简述物联网中间件的分类。

（8）简述 CORBA 分布计算技术。

（9）简述 RFID 中间件原理。

（10）简述 RFID 中间件分类。

（11）简述 RFID 中间件的两个应用方向。

6. 论述题

软件工程技术如何应用于物联网？

第 14 章
CHAPTER 14 | 人工智能及其应用

本章将介绍人工智能技术及应用。通过本章的学习,学生需要了解人工智能概念、人类智能学派、智能控制、机器人、机器学习、模式识别、专家系统、深度学习与推荐系统、及其在物联网中的应用。

14.1 人工智能概述

14.1.1 人工智能概念

人工智能(Artificial Intelligence,AI)是一门综合了计算机科学、生理学和哲学的交叉学科。人工智能的研究课题涵盖面很广,从机器视觉到专家系统,包括许多不同的领域,其特点是让机器学会"思考"。为了区分机器是否会"思考",有必要给出"智能"的定义,包括究竟"会思考"到什么程度才叫智能。

人工智能学科是计算机科学中涉及研究、设计和应用智能机器的一个分支。它的近期主要目标在于研究用机器来模仿和执行人脑的某些智力功能,并开发相关理论和技术。

人工智能是智能机器所执行的通常与人类智能有关的智能行为,如判断、推理、证明、识别、感知、理解、通信、设计、思考、规划、学习和问题求解等思维活动。

14.1.2 人工智能历史与展望

人工智能的发展并非一帆风顺,它经历了以下几个阶段。

第一阶段。20 世纪 50 年代人工智能的兴起和冷落。人工智能概念首次提出后,相继出现了一批显著的成果,如机器定理证明、跳棋程序、通用问题求解程序、LISP 表处理语言等。但由于消解法推理能力有限,以及机器翻译等的失败,使人工智能走入了低谷。

第二阶段。20 世纪 60 年代末到 20 世纪 70 年代,专家系统使人工智能研究出现新高潮。DENDRAL 化学质谱分析系统、MYCIN 疾病诊断和治疗系统、PROSPECTIOR 探矿系统、Hearsay-II 语音理解系统等专家系统的研究和开发,将人工智能引向了实用化。并且,1969 年成立了国际人工智能联合会议。

第三阶段。20 世纪 80 年代,第五代计算机使人工智能得到了很大发展。1982 年,日本开始了"第五代计算机研制计划",即"知识信息处理计算机系统 KIPS",其目的是使逻辑推理达到数值运算那么快。虽然此计划最终失败,但它的开展形成了一股研究人工智能的热潮。

第四阶段。20 世纪 80 年代末,神经网络飞速发展。1987 年,美国召开第一次神经网络国际会议,宣告了这一新学科的诞生。此后,各国在神经网络方面的投资逐渐增加,神经网络迅速发展起来。

第五阶段。20 世纪 90 年代,人工智能再次出现新的研究高潮。互联网技术的发展,使人工智能由单个智能主体转向基于网络环境下的分布式人工智能研究。不仅研究基于同一目标的分布式问题求解,而且研究多个智能主体的多目标问题求解,将人工智能更面向实用。另外,由于 Hopfield 多层神经网络模型的提出,人工神经网络研究与应用出现了欣欣向荣的景象。

14.1.3 人类智能学派

人工智能自诞生以来,从符号主义、连接主义到行为主义变迁,这些研究从不同角度模拟人类智能,在各自研究中都取得了很大的成就。

1. 符号主义

符号主义,又称为逻辑主义、心理学派或计算机学派,其原理主要为物理符号系统假设和有限合理性原理。符号主义认为,人工智能源于数学逻辑,人的认知基元是符号,而且认知过程即符号操作过程,通过分析人类认知系统所具备的功能和机能,然后用计算机模拟这些功能,来实现人工智能。符号主义的主要困难表现在机器博弈的困难、机器翻译不完善和人的基本常识问题表现不足。

2. 连接主义

连接主义,又称为仿生学派或生理学派,其原理主要为神经网络及神经网络间的连接机制与学习算法。连接主义认为,人工智能源于仿生学,特别是人脑模型的研究,人的思维基元是神经元,而不是符号处理过程,因而人工智能应着重于结构模拟,也就是模拟人的生理神经网络结构,功能、结构和智能行为是密切相关的,不同的结构表现出不同的功能和行为。人工神经网络模拟,也即通过改变神经元之间的连接强度来控制神经元的活动,使之模拟生物的感知与学习能力,可用于模式识别、联想记忆等。连接主义的主要困难表现在知识获取在技术上的困难和模拟人类心智方面的局限。

3. 行为主义

行为主义,又称进化主义或控制论学派,他们认为,人工智能源于控制论,智能取决于感知和行动,提出了智能行为的"感知-动作"模式,智能不需要知识、表示和推理;人工智能可以像人类智能一样逐步进化;智能行为只能在现实世界中与周围环境交互作用而表现出来。

14.2 人工智能技术及应用

14.2.1 智能控制

智能控制(Intelligent Control)是在无人干预的情况下能自主地驱动智能机器实现控制目标的自动控制技术。智能控制是多学科交叉的学科,它的发展得益于人工智能、认知科学、模糊集理论和生物控制论等许多学科的发展,同时也促进了相关学科的发展。智能控制也是发展较快的新兴学科,尽管其理论体系还远没有经典控制理论那样成熟和完善,但智能控制理论和应用研究所取得的成果显示出其旺盛的生命力,受到相关研究和工程技术人员的关注。随着科学技术的发展,智能控制的应用领域将不断拓展,理论和技术也必将得到不断的发展和完善。

1. 历史

控制理论发展至今已有一百多年的历史,经历了"经典控制理论"和"现代控制理论"的发展阶段,已进入"大系统理论"和"智能控制理论"阶段。智能控制理论的研究和应用是现代控制理论在深度和广度上的拓展。20 世纪 80 年代以来,信息技术、计算技术的快速发展及其他相关学科的发展和相互渗透,也推动了控制科学与工程研究的不断深入,控制系统向智能控制系统的发展已成为一种趋势。

自 1932 年奈魁斯特(H. Nyquist)的有关反馈放大器稳定性的论文发表以来,控制理论的发展已走过了八十多年的历程。

20 世纪 60 年代,计算机技术和人工智能技术迅速发展,为了提高控制系统的自学习能力,控制界学者开始将人工智能技术应用于控制系统。1965 年,美籍华裔科学家傅京孙教授首先把人工智能的启发式推理规则用于学习控制系统,1966 年,Mendel 进一步在空间飞行器的学习控制系统中应用了人工智能技术,并提出了"人工智能控制"的概念。1967 年,Leondes 和 Mendel 首先正式使用"智能控制"一词。

20 世纪 70 年代初,傅京孙、Glofiso 和 Saridis 等学者从控制论角度总结了人工智能技术与自适应、自组织、自学习控制的关系,提出了智能控制就是人工智能技术与控制理论交叉的思想,并创立了人机交互式分级递阶智能控制的系统结构。

20 世纪 70 年代中期,以模糊集合论为基础,智能控制在规则控制研究上取得了重要进展。1974 年,Mamdani 提出了基于模糊语言描述控制规则的模糊控制器,将模糊集和模糊语言逻辑用于工业过程控制,之后又成功地研制出自组织模糊控制器,使得模糊控制器的智能化水平有了较大提高。模糊控制的形成和发展,以及与人工智能的相互渗透,对智能控制理论的形成起了十分重要的推动作用。

20 世纪 80 年代,专家系统技术的逐渐成熟及计算机技术的迅速发展,使得智能控制和决策的研究也取得了较大进展。1986 年,K. J. Astrom 发表的著名论著《专家控制》中,将人工智能中的专家系统技术引入控制系统,组成了另一种类型的智能控制系统——专家控制。目前,专家控制方法已有许多成功应用的实例。

近年来,智能控制技术在国内外已有了较大的发展,已进入工程化和实用化的阶段。但作为一门新兴的理论技术,它还处在一个发展时期。然而,随着人工智能技术、计算机技术的迅速发展,智能控制必将迎来它的发展新时期。

2. 各行各业的应用

(1) 工业过程中的智能控制。生产过程的智能控制主要包括两个方面:局部级和全局级。局部级的智能控制是指将智能引入工艺过程中的某一单元进行控制器设计,例如智能PID 控制器、专家控制器、神经元网络控制器等。研究热点是智能 PID 控制器,因为其在参数的整定和在线自适应调整方面具有明显的优势,且可用于控制一些非线性的复杂对象。全局级的智能控制主要针对整个生产过程的自动化,包括整个操作工艺的控制、过程的故障诊断、规划过程操作处理异常等。

(2) 机械制造中的智能控制。在现代先进制造系统中,需要依赖那些不够完备和不够精确的数据来解决难以或无法预测的情况,人工智能技术为解决这一难题提供了有效的解决方案。智能控制随之也被广泛地应用于机械制造行业,它利用模糊数学、神经网络的方法对制造过程进行动态环境建模,利用传感器融合技术来进行信息的预处理和综合。可采用专家系统的“Then-If”逆向推理作为反馈机构,修改控制机构或者选择较好的控制模式和参数。利用模糊集合和模糊关系的鲁棒性,将模糊信息集成到闭环控制的外环决策选取机构来选择控制动作。利用神经网络的学习功能和并行处理信息的能力,进行在线的模式识别,处理那些可能是残缺不全的信息。

(3) 电力电子学研究领域中的智能控制。电力系统中发电机、变压器、电动机等电机电器设备的设计、生产、运行和控制是一个复杂的过程,国内外的电气工作者将人工智能技术引入到电气设备的优化设计、故障诊断及控制中,取得了良好的控制效果。遗传算法是一种先进的优化算法,采用此方法来对电器设备的设计进行优化,可以降低成本,缩短计算时间,提高产品设计的效率和质量。应用于电气设备故障诊断的智能控制技术有:模糊逻辑、专家系统和神经网络。在电力电子学的众多应用领域中,智能控制在电流控制 PWM 技术中的应用是具有代表性的技术应用方向之一,也是研究的新热点之一。

14.2.2　机器人

1. 机器人概念引入

1920 年,捷克斯洛伐克作家雷尔·卡佩克发表了科幻剧《罗萨姆的万能机器人》。在剧本中,卡佩克把捷克语“Robota”写成了“Robot”,“Robota”是农奴的意思。该剧预告了机器人的发展对人类社会的悲剧性影响,引起了人们的广泛关注,被当成了机器人的起源。

2. 什么是机器人

机器人是具有一些类似人的功能的机械电子装置或者叫自动化装置。

机器人有三个特点:一个是有类人的功能,比如作业功能、感知功能、行走功能、还能完成各种动作;它还有一个特点是根据人的编程能自动工作;另外一个显著的特点,就是它可以编程,改变它的工作、动作、工作的对象和工作的一些要求。它是人造的机器或机械电子装置,所以机器人仍然是个机器,见图 14-1。

图 14-1   机器人

智能机器人具有以下三个基本特点。

(1) 具有感知功能,即获取信息的功能。机器人通过"感知"系统可以获取外界环境信息,如声音、光线、物体温度等。

(2) 具有思考功能,即加工处理信息的功能。机器人通过"大脑"系统进行思考,它的思考过程就是对各种信息进行加工、处理、决策的过程。

(3) 具有行动功能,即输出信息的功能。机器人通过"执行"系统(执行器)来完成工作,如行走、发声等。

3. 机器人三原则

美国科幻小说家阿西莫夫总结出了著名的"机器人三原则"。

第一:机器人不可伤害人,或眼看着人将遇害而袖手不管。

第二:机器人必修服从人给它的命令,当该命令与第一条抵触时,不予服从。

第三:机器人必须在不违反第一、第二项原则的情况下保护自己。

4. 机器人的发展阶段

1947 年,美国橡树岭国家实验室在研究核燃料的时候,由于 X 射线对人体具有伤害性,必须由一台机器来完成像搬运和核燃料的处理工作。于是,1947 年产生了世界上第一台主从遥控的机器人。

机器人发展有以下三个发展阶段。

1）第一阶段

第一代机器人，也叫示教再现型机器人，它是通过一个计算机来控制一个多自由度的机械，通过示教存储程序和信息，工作时把信息读取出来，然后发出指令，机器人可以重复地根据人当时示教的结果，再现出这种动作。例如汽车的点焊机器人，它只要把这个点焊的过程示教完以后，就总是重复这样一种工作，对于外界的环境没有感知，这个操作力的大小，这个工件存在不存在，焊的好与坏，它并不知道，见图 14-2。

图 14-2　第一代机器人

2）第二阶段

20 世纪 70 年代后期，人们开始研究第二代机器人，也叫带感觉的机器人。这种带感觉的机器人具有类似人某种功能的感觉，如力觉、触觉、滑觉、视觉、听觉。有了各种各样的感觉，在机器人抓一个物体的时候，通过力的大小能感觉出来，还能够通过视觉，去感受和识别它的形状、大小、颜色。例如抓一个鸡蛋，机器人能通过触觉，知道它的力的大小和滑动的情况，见图 14-3。

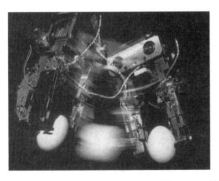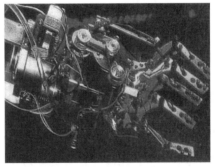

图 14-3　第二代机器人

3）第三阶段

第三代机器人，也是机器人学中一个理想的所追求的最高级阶段，也叫智能机器人。只要告诉智能机器人做什么，不用告诉它怎么去做，它就能完成运动。目前的发展还是相对的，只是在局部有这种智能的概念和含义，真正完整意义上的这种智能机器人实际上并没有存在，而只是随着科学技术的不断发展，智能的概念越来越丰富，内涵越来越宽泛，见图 14-4。

图 14-4　第三代机器人

14.2.3　机器学习

1. 机器学习的定义

机器学习(Machine Learning)是研究计算机怎样模拟或实现人类的学习行为,以获取新的知识或技能,重新组织已有的知识结构使之不断改善自身的性能。它是人工智能的核心,是使计算机具有智能的根本途径,其应用遍及人工智能的各个领域,它主要使用归纳、综合而不是演绎。

机器学习在人工智能的研究中具有十分重要的地位。机器学习逐渐成为人工智能研究的核心之一。它的应用已遍及人工智能的各个分支,如专家系统、自动推理、自然语言理解、模式识别、计算机视觉和智能机器人等领域。其中尤其典型的是专家系统中的知识获取瓶颈问题,人们一直在努力试图采用机器学习的方法加以克服。

机器学习的研究是根据生理学、认知科学等对人类学习机理的了解,建立人类学习过程的计算模型或认识模型,发展各种学习理论和学习方法,研究通用的学习算法并进行理论上的分析,建立面向任务的具有特定应用的学习系统。这些研究目标相互影响和相互促进。自从1980年在卡内基·梅隆大学召开第一届机器学术研讨会以来,机器学习的研究工作发展很快,已成为中心课题之一。

2. 机器学习的发展史

机器学习是人工智能研究中较为年轻的分支,它的发展过程大体上可分为4个时期。第一阶段是在20世纪50年代中期到20世纪60年代中期,属于热烈时期。第二阶段是在20世纪60年代中期至20世纪70年代中期,被称为机器学习的冷静时期。第三阶段是从20世纪70年代中期至20世纪80年代中期,称为复兴时期。机器学习的最新阶段始于1986年。

机器学习进入新阶段主要表现在下列诸方面:①机器学习已成为新的边缘学科并在高校形成一门课程。它综合应用心理学、生物学和神经生理学以及数学、自动化和计算机科学形成机器学习理论基础;②结合各种学习方法,取长补短的多种形式的集成学习系统研究正在兴起。特别是连接符号学习的耦合可以更好地解决连续性信号处理中知识与技能的获取与求精问题而受到重视;③机器学习与人工智能各种基础问题的统一性观点正在形成。例如,学习与问题求解结合进行、知识表达便于学习的观点产生了通用智能系统 SOAR 的组块学习。类比学习与问题求解结合的基于案例方法已成为经验学习的重要方向;④各种学习方法的应用范围不断扩大,一部分已形成商品。归纳学习的知识获取工具已在诊断分类型专家系统中广泛使用;连接学习在声图文识别中占优势;分析学习已用于设计综合型专家系统;遗传算法与强化学习在工程控制中有较好的应用前景;与符号系统耦合的神经网络连接学习将在企业的智能管理与智能机器人运动规划中发挥作用;⑤与机器学习有关的学术活动空前活跃。国际上除每年一次的机器学习研讨会外,还有计算机学习理论会议以及遗传算法会议。

14.2.4　模式识别

1. 模式识别概述

模式识别(Pattern Recognition)是人类的一项基本智能,在日常生活中,人们经常在进行"模式识别"。随着 20 世纪 40 年代计算机的出现以及 20 世纪 50 年代人工智能的兴起,人们当然也希望能用计算机来代替或扩展人类的部分脑力劳动。(计算机)模式识别在 20 世纪 60 年代初迅速发展并成为一门新学科。

模式识别是指对表征事物或现象的各种形式的(数值的、文字的和逻辑关系的)信息进行处理和分析,以对事物或现象进行描述、辨认、分类和解释的过程,是信息科学和人工智能的重要组成部分。模式识别又常称作模式分类,从处理问题的性质和解决问题的方法等角度,模式识别分为有监督的分类(Supervised Classification)和无监督的分类(Unsupervised Classification)两种。二者的主要差别在于,各实验样本所属的类别是否预先已知。一般说来,有监督的分类往往需要提供大量已知类别的样本,但在实际问题中,这是存在一定困难的,因此研究无监督的分类就变得十分有必要了。

应用计算机对一组事件或过程进行辨识和分类,所识别的事件或过程可以是文字、声音、图像等具体对象,也可以是状态、程度等抽象对象。这些对象与数字形式的信息相区别,称为模式信息。

模式识别所分类的类别数目由特定的识别问题决定。有时,开始时无法得知实际的类别数,需要识别系统反复观测被识别对象以后确定。

模式识别与统计学、心理学、语言学、计算机科学、生物学和控制论等都有关系。它与人工智能、图像处理的研究有交叉关系。例如,自适应或自组织的模式识别系统包含人工智能的学习机制;人工智能研究的景物理解、自然语言理解也包含模式识别问题。又如,模式识别中的预处理和特征抽取环节应用图像处理的技术;图像处理中的图像分析也应用模式识别的技术。

2. 模式识别的应用

(1) 文字识别。文字识别可应用于许多领域,如阅读、翻译、文献资料的检索、信件和包裹的分拣、稿件的编辑和校对、大量统计报表和卡片的汇总与分析、银行支票的处理、商品发票的统计汇总、商品编码的识别、商品仓库的管理,以及水、电、煤气、房租和人身保险等费用的征收业务中的大量信用卡片的自动处理和办公室打字员工作的局部自动化等。

（2）语音识别。近二十年来,语音识别技术取得显著进步,开始从实验室走向市场。语音识别技术将进入工业、家电、通信、汽车电子、医疗、家庭服务和消费电子产品等各个领域。

（3）图像识别。图像识别是利用计算机对图像进行处理、分析和理解,以识别各种不同模式的目标和对象的技术。遥感图像识别已广泛用于农作物估产、资源勘察、气象预报和军事侦察等。

（4）医学诊断。在癌细胞检测、X 射线照片分析、血液化验、染色体分析、心电图诊断和脑电图诊断等方面,模式识别已取得了成效。

14.2.5　专家系统

1. 专家系统概述

专家系统是一个智能计算机程序系统,其内部含有大量的某个领域专家水平的知识与经验,能够利用人类专家的知识和解决问题的方法来处理该领域问题。也就是说,专家系统是一个具有大量的专门知识与经验的程序系统,它应用人工智能技术和计算机技术,根据某领域一个或多个专家提供的知识和经验,进行推理和判断,模拟人类专家的决策过程,以便解决那些需要人类专家处理的复杂问题,简而言之,专家系统是一种模拟人类专家解决领域问题的计算机程序系统。

专家系统是人工智能中最重要的也是最活跃的一个应用领域,它实现了人工智能从理论研究走向实际应用、从一般推理策略探讨转向运用专门知识的重大突破。二十多年来,知识工程的研究,专家系统的理论和技术不断发展,应用渗透到几乎各个领域,包括化学、数学、物理、生物、医学、农业、气象、地质勘探、军事、工程技术、法律、商业、空间技术、自动控制、计算机设计和制造等众多领域,开发了几千个专家系统,其中不少在功能上已达到,甚至超过同领域中人类专家的水平,并在实际应用中产生了巨大的经济效益。

2. 发展历史

专家系统的发展已经历了三个阶段,正向第四代过渡和发展。

第一代专家系统以高度专业化、求解专门问题的能力强为特点。但在体系结构的完整性、可移植性等方面存在缺陷,求解问题的能力弱。

第二代专家系统属单学科专业型、应用型系统,其体系结构较完整,移植性方面也有所改善,而且在系统的人机接口、解释机制、知识获取技术、不确定推理技术、增强专家系统的知识表示和推理方法的启发性、通用性等方面都有所改进。

第三代专家系统属多学科综合型系统,采用多种人工智能语言,综合采用各种知识表示方法和多种推理机制及控制策略,并开始运用各种知识工程语言、骨架系统及专家系统开发工具和环境来研制大型综合专家系统。

在总结前三代专家系统的设计方法和实现技术的基础上,已开始采用大型多专家协作系统、多种知识表示、综合知识库、自组织解题机制、多学科协同解题与并行推理、专家系统工具与环境、人工神经网络知识获取及学习机制等最新人工智能技术来实现具有多知识库、多主体的第四代专家系统。

3. 专家系统的基本结构

专家系统的基本结构如图 14-5 所示,其中箭头方向为数据流动的方向。专家系统通常由人机交互界面、知识库、推理机、解释器、综合数据库、知识获取 6 个部分构成。

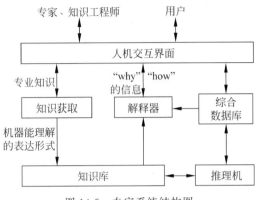

图 14-5　专家系统结构图

（1）知识库用来存放专家提供的知识。专家系统的问题求解过程是通过知识库中的知识来模拟专家的思维方式,因此,知识库是专家系统质量是否优越的关键所在,即知识库中知识的质量和数量决定着专家系统的质量水平。

（2）推理机针对当前问题的条件或已知信息,反复匹配知识库中的规则,获得新的结论,以得到问题求解结果。推理机就如同专家解决问题的思维方式,知识库就是通过推理机来实现其价值的。

（3）人机界面是系统与用户进行交流时的界面。通过该界面,用户输入基本信息、回答系统提出的相关问题,并输出推理结果及相关的解释等。

（4）综合数据库专门用于存储推理过程中所需的原始数据、中间结果和最终结论,往往是作为暂时的存储区。

（5）解释器能够根据用户的提问,对结论、求解过程做出说明,因而使专家系统更具有人情味。

（6）知识获取是专家系统知识库是否优越的关键,也是专家系统设计的"瓶颈"问题,通过知识获取,可以扩充和修改知识库中的内容,也可以实现自动学习功能。

14.2.6　深度学习与推荐系统

1. 深度学习

深度学习的概念源于人工神经网络的研究。含多隐层的感知器是一种深度学习结构。深度学习通过组合低层特征形成更加抽象的高层表示属性类别或特征,以发现数据的分布式特征。深度学习是机器学习中一种基于对数据进行表征学习的方法。观测值可以使用多种方式来表示,如每个图像像素强度值的向量,或者更抽象地表示成一系列边、特定形状的区域等。而使用某些特定的表示方法更容易从实例中学习(如人脸识别或面部表情识别)。深度学习的好处是用非监督式或半监督式的特征学习和分层特征提取高效算法来替代手工获取特征。

从一个输入中产生一个输出所涉及的计算可以通过一个流向图来表示。流向图是一种能够表示计算的图,在这种图中每一个结点表示一个基本的计算及一个计算的值,计算的结果被应用到这个结点的子结点。考虑这样一个计算集合,它可以被允许在每一个结点和可能的图结构中,并定义一个函数族。输入结点没有父结点,输出结点没有子结点。这种流向图的一个特别属性是深度,即从一个输入到一个输出的最长路径的长度。

深度机器学习方法分为有监督学习与无监督学习。不同学习框架下建立的学习模型不一定相同。例如,卷积神经网络(Convolutional Neural Networks,CNNs)是一种深度的监督学习下的机器学习模型,而深度置信网(Deep Belief Nets,DBNs)就是一种无监督学习下的机器学习模型。

深度学习的概念于 2006 年由 Hinton 等人提出。基于深度置信网络提出的非监督贪心逐层训练算法,为解决深层结构相关的优化难题带来希望,随后提出多层自动编码器属于深层次结构。此外,Lecun 等人提出的卷积神经网络是第一个真正多层结构学习算法,它利用空间相对关系减少参数数目以提高训练性能。深度学习是机器学习研究中的一个新的领域,其动机在于建立、模拟人脑进行分析学习的神经网络,它模仿人脑的机制来解释(图像、声音和文本)数据。

2. 个性推荐系统

1) 概述

个性化推荐系统是互联网和电子商务发展的产物,是建立在海量数据挖掘基础上的一种高级商务智能平台,可向顾客提供个性化的信息服务和决策支持。近年来已经出现了许多非常成功的大型推荐系统实例,与此同时,个性化推荐系统也逐渐成为学术界的研究热点之一。

推荐系统是利用电子商务网站向客户提供商品信息和建议,帮助用户决定应该购买什么产品,模拟销售人员帮助客户完成购买过程。个性化推荐是根据用户的兴趣特点和购买行为,向用户推荐用户感兴趣的信息和商品。

随着电子商务规模的不断扩大,商品个数和种类快速增长,顾客需要花费大量的时间才能找到自己想买的商品。这种浏览大量无关信息和产品的过程无疑会使淹没在信息过载问题中的消费者不断流失。

为了解决这些问题,个性化推荐系统应运而生。个性化推荐系统是建立在海量数据挖掘基础上的一种高级商务智能平台,以帮助电子商务网站为其顾客购物提供完全个性化的决策支持和信息服务。

互联网的出现和普及给用户带来了大量的信息,满足了用户在信息时代对信息的需求,但随着网络的迅速发展而带来的网上信息量的大幅增长,使得用户在面对大量信息时无法从中获得对自己真正有用的那部分信息,对信息的使用效率反而降低了,这就是所谓的信息超载(Information Overload)问题。

解决信息超载问题一个非常有潜力的办法是推荐系统,它是根据用户的信息需求、兴趣等,将用户感兴趣的信息、产品等推荐给用户。和搜索引擎相比,推荐系统通过研究用户的兴趣偏好,进行个性化计算,由系统发现用户的兴趣点,从而引导用户发现自己的信息需求。一个好的推荐系统不仅能为用户提供个性化的服务,还能和用户之间建立密切关系,让用户对推荐产生依赖。

推荐系统现已广泛应用于很多领域,其中最典型并具有良好发展和应用前景的领域就是电子商务。同时,学术界对推荐系统的研究热度一直很高,逐步形成了一门独立的学科。

推荐系统有 3 个重要的模块:用户建模模块、推荐对象建模模块、推荐算法模块。推荐系统把用户模型中兴趣需求信息和推荐对象模型中的特征信息匹配,同时使用相应的推荐算法进行计算筛选,找到用户可能感兴趣的推荐对象,然后推荐给用户。

2) 应用

随着推荐技术的研究和发展,其应用领域也越来越多。例如,新闻推荐、商务推荐、娱乐推荐、学习推荐、生活推荐、决策支持等。推荐方法的创新性、实用性、实时性、简单性也越来越强。例如,上下文感知推荐、移动应用推荐、从服务推荐到应用推荐。下面分别分析几种技术的特点及应用案例。

(1) 新闻推荐。新闻推荐包括传统新闻、博客、微博、RSS 等新闻内容的推荐,一般有三个特点:①新闻的时效性很强,更新速度快;②新闻领域里的用户更容易受流行和热门的事件影响;③新闻领域推荐的另一个特点是新闻的展现问题。

(2) 电子商务推荐。电子商务推荐算法可能会面临各种难题,例如:①大型零售商有海量的数据,以千万计的顾客,及数以百万计的登记在册的商品;②实时反馈需求,在半秒之内,还要产生高质量的推荐;③新顾客的信息有限,只能以少量购买或产品评级为基础;④老顾客信息丰富,以大量的购买和评级为基础;⑤顾客数据不稳定,每次的兴趣和关注内容差别较大,算法必须对新的需求及时响应。解决电子商务推荐问题通常有三个途径:协同过滤,聚类模型,基于搜索的方法。

(3) 娱乐推荐。音乐推荐系统的目标是基于用户的音乐口味向终端用户推送喜欢和可能喜欢但不了解的音乐。而音乐口味和音乐的参数设定受用户群特征和用户个性特征等不确定因素影响。例如,年龄、性别、职业、音乐受教育程度等的分析能帮助提升音乐推荐的准确度。部分因素可以通过使用类似 FOAF(Friend Of A Friend,朋友的朋友)的方法去获得。

14.2.7 物联网的应用

物联网智能是利用人工智能技术服务于物联网的技术,是将人工智能的理论方法和技术通过具有智能处理功能的软件部署在网络服务器中,去服务于接入物联网的物品设备和人。

1. 智能物联网

1) 智能物联网概念

智能物联网就是对接入物联网的物品设备产生的信息能够实现自动识别和处理判断,并能将处理结果反馈给接入的物品设备,同时能根据处理结果对物品设备进行某种操作指令的下达使接入的物品设备做出某种动作响应,而整个处理过程无须人类的参与。

物联网就是实现智能化识别、定位、跟踪、监控和管理的一种网络。但是在目前的实际应用过程中,往往忽略了物联网的智能化本质。也就是说,物联的核心技术是智能化,而不仅仅是接入的传感器、网络传输或者是哪个行业的应用。

2) 智能物联网的实现途径

要实现物联网智能化就必须让人工智能应用于物联网终端、传输网络、具有人工智能的数据处理服务器。

可以理解为把若干个智能机器人进行了分布式部署,将智能机器人的传感器、动作部件放在远端而将智能机器人的大脑作为大型数据处理服务器放在网络上从而实现多个智能机器协同处理控制远端的传感器或动作部件的目的。

智能物联网结构如图14-6所示,无论是物联网的使用者还是接入物联网的设备都通过互联网来接收和发送数据,充分利用了互联网的数据共享特性。

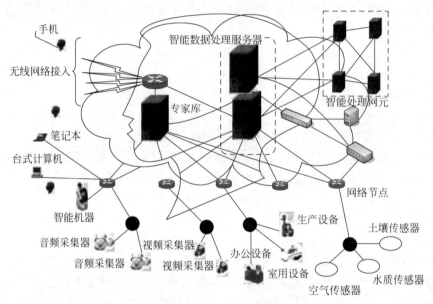

图 14-6　智能物联网结构

2. 物联网需要的人工智能技术

物联网中需要来自人工智能技术的研究成果,如问题求解、逻辑推理证明、专家系统、数据挖掘、模式识别、自动推理、机器学习和智能控制等技术。通过对这些技术的应用,使物联网具有人工智能机器的特性,从而实现物联网智能处理数据的能力。特别是在智能物联网发展初期,专家系统、智能控制应该首先被应用到物联网中去,使物联网拥有最基本的智能特性。

1) 物联网专家系统

物联网专家系统是指在物联网上存在一类具有专门知识和经验的计算机智能程序系统或智能机器设备(服务器),通过网络化部署的专家系统来实现物联网数据的基本智能处理,以实现对物联网用户提供智能化专家服务功能。物联网专家系统的特点是实现对多用户的专家服务,其决策数据来源于物联网智能终端的采集数据。物联网专家系统工作原理如图 14-7 所示,其中,智能采集终端负责将采集的数据提交到物联网应用数据库;数据库也称为动态库或工作存储器,是反映当前问题求解状态的集合,用于存放系统运行过程中所需要的原始数据等。

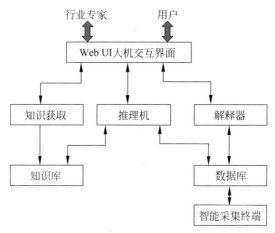

图 14-7　物联网专家系统工作原理

推理机是实施问题求解的核心执行机构,它实际上是对知识进行解释的程序。根据知识的语义,对按一定策略找到的知识进行解释执行,并把结果记录到动态库的适当空间中。

解释器用于对求解过程做出说明并回答用户的提问。两个最基本的问题是"why"和"how"。

知识库是问题求解所需要的行业领域知识的集合,包括基本事实、规则和其他有关信息。知识获取负责建立、修改和扩充知识库,是专家系统中把问题求解的各种专门知识,从专家的头脑中或其他知识源那里转换到知识库中的一个重要机构。在物联网中引入专家系统使物联网对其接入的数据具有分析判断并提供决策依据的能力,从而实现物联网初步的智能化。

2)物联网的智能控制

在物联网的应用中,控制将是物联网的主要环节,如何在物联网中实现智能控制将是物联网发展的关键。将智能控制技术移植到物联网领域将极大丰富物联网的应用价值,接入物联网的设备将接收来自物联网的操作指令,实现无人参与的自我管理和操作。

在物联网的智能控制应用中,智能控制指令主要来自接入物联网的某一个用户或某一类用户,用以实现该类用户的无人值守工作。

3. 物联网智能模型

基于对人工智能技术的认识和研究,依据人工智能模型推演出了智能物联网智能化模型,如图 14-8 所示。智能物联网被分为五个层次:机器感知交互层、通信层、数据层、智能处理层和人机交互层等。

(1)机器感知交互层。包括各类传感器、PLC 和数据接口,该层主要是从设备物品获取数据,是物物联网的基础。

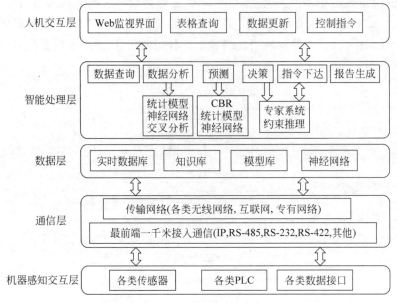

图 14-8   物联网智能化模型

（2）通信层。包括设备物品最前端 1km 的接入通信和远程传输网络（互联网、各类移动通信网、专有网络）。该层是设备物品之间、人与设备物品之间、人与人之间进行信息沟通的基础。

（3）数据层。包括实时数据库、知识库、模型库、神经网络和历史数据库等。实时数据库存放了来自设备物品的状态数据；知识库存放了对某一类问题的判读经验；模型库存放了对一些事件处理抽象化的数学模型；历史数据库存放了以往的一些状态或处理结果；人工神经网络（Artificial Neural Networks，ANN）是一种模仿神经网络行为特征，进行分布式并行信息处理的算法数学模型。数据层是智能物联网的基础核心，是物联网智能处理层的基础。

（4）智能处理层。包括数据查询、数据分析、预测、决策、指令下达和报告生成等智能化的数据处理功能。其中，数据分析需要统计模型、神经网络、交叉分析等人工智能工具去进行处理支持；预测需要基于案例的推理（Case Based Reasoning，CBR）、统计学模型、神经网络等数据处理手段来支持；决策和指令下达都需要专家系统和约束推理来进行。智能处理层的智能化数据处理程度直接关系到物联网智能化水平的程度。智能处理层的技术状态和核心技术的掌握关乎物联网智能化发展的进程。

（5）人机交互层。包括 Web 监视界面、表格查询、数据更新和控制指令等部分，是人参与物联网智能化处理同时监视处理的窗口。完全智能化的处理无须全部在人机交互界面展示，但是必须是可被查询和跟踪的。人通过人机交互层与物联网的参与者（机器或人）进行交互。

习题

1. 名词解释

（1）人工智能；（2）智能控制；（3）机器学习；（4）模式识别；（5）专家系统；（6）智能

物联网；(7) 物联网专家系统；(8)机器人。

2. 判断题

(1) 人工智能学科是计算机科学中涉及研究、设计和应用智能机器的一个分支。

（　　）

(2) 人工智能自诞生以来，从符号主义、连接主义到行为主义变迁。 （　　）

(3) 模式识别又常称作模式分类，从处理问题的性质和解决问题的方法等角度，模式识别分为有监督的分类(Supervised Classification)和无监督的分类(Unsupervised Classification)两种。二者的主要差别在于，各实验样本所属的类别是否预先已知。 （　　）

(4) 物联网智能，是利用人工智能技术服务于物联网的一种技术，是将人工智能的理论方法和技术，通过具有智能处理功能的软件部署在网络服务器中去，服务于接入物联网的物品设备和人。 （　　）

3. 填空题

(1) 专家系统通常由人机交互界面、知识库、_____、解释器、综合数据库、知识获取 6个部分构成。

(2) 智能物联网被分为 5 个层次：机器感知交互层、_____、数据层、智能处理层、人机交互层。

4. 简答题

(1) 简述人工智能的发展史。

(2) 简述人工智能的几个学派。

(3) 简述智能控制的历史。

(4) 简述机器学习的发展史。

(5) 简述专家系统的发展史。

5. 论述题

人工智能技术如何应用于物联网？

第 15 章
CHAPTER 15 ## 物联网开发与应用

本章将介绍物联网应用技术和应用领域。通过本章的学习,学生需要了解物联网系统设计、M2M 技术、以及在智能交通、智能电网、环境监测、公共安全、工业监测、智能家居方面的应用。

15.1 物联网应用技术

15.1.1 物联网系统设计

物联网的设计方法具有三阶段共性,根据三层结构,物联网设计可分为感知层、网络层和应用层的设计。

1. 物联网的感知层设计

感知层包括二维码标签和识读器、RFID 标签和读写器、摄像头、GPS、传感器、终端、传感器网络等,主要是识别物体和采集信息。如果传感器的单元简单唯一,直接能接上 TCP/IP 接口(如摄像头 Web 传感器),那问题就简单多了,可以直接写接口数据。实际工程中显然没那么简单,如果购买到某一款装置,硬件接口往往是 RS-232 或 USB,其电源电压、电流都不同,更何况传感器往往是多种装置的集合,需要在一定条件下整合。感知层设计需要在嵌入式智能平台上整合,也就是以 ARM 芯片控制单元为基础,实行软硬件可裁剪,适度对不同种类的接口、控制功能进行搭建。

2. 物联网的网络层设计

网络层包括通信与互联网的融合网络、网络管理中心、信息中心和智能处理中心等,其将感知层获取的信息进行传递和处理。总之,物联网的网络层设计需要软件设计人员熟悉传感网设计结构,保持数据不丢失并平衡两端设计工作量。物联网的网络层设计关键是端口信号获取,保证信号从传感器端流畅导入到 Web Service 中,这也就是移动、电信和互联网的数据融合。

3. 物联网的应用层设计

应用层是物联网与行业专业技术的深度融合,与行业需求相结合,实现行业智能化,这一部分必须建立一个适合行业的前端(ASP 或 JSP 界面)和后端(Web Service),后端要考虑 SOA 架构及 Database 数据存放。

总之,设计步骤是根据用信息域表示的软件需求,以及功能和性能需求,采用某种设计方法进行数据设计、系统结构设计和过程设计。数据设计侧重于数据结构的定义,系统结构设计定义软件系统各主要成分之间的关系,过程设计则是把结构成分转换成软件的过程性描述。在编码步骤中,根据这种过程性描述生成源程序代码,然后通过测试最终得到完整有效的软件。

15.1.2　M2M 技术

1. 概念

M2M 是 Machine-to-Machine/Man 的简称,是一种以机器终端智能交互为核心的、网络化的应用与服务。它通过在机器内部嵌入无线通信模块,以无线通信等为接入手段,为客户提供综合的信息化解决方案,来满足客户对监控、指挥调度、数据采集和测量等方面的信息化需求。M2M 的应用服务对象可以分为个人、家庭、行业三大类。

通信网络技术的出现和发展给社会生活面貌带来了极大的变化,人与人之间可以更加快捷地沟通,信息的交流更顺畅。但是目前仅仅是计算机和其他一些 IT 类设备具有这种通信和网络能力。众多的普通机器设备几乎不具备联网和通信能力,如家电、车辆、自动售货机和工厂设备等。M2M 技术的目标就是使所有机器设备都具备联网和通信能力,其核心理念为网络就是一切(Network Everything)。M2M 技术具有非常重要的意义,有着广阔的市场和应用,推动着社会生产和生活方式新一轮的变革。

M2M 是一种理念,也是所有增强机器设备通信和网络能力的技术总称。人与人之间的沟通很多也是通过机器实现的,例如,通过手机、电话、计算机和传真机等机器设备之间的通信来实现人与人之间的沟通。另外一类技术是专为机器和机器建立通信而设计的,如许多智能化仪器仪表都带有 RS-232 接口和 GPIB 通信接口,增强了仪器与仪器之间,仪器与计算机之间的通信能力。目前,绝大多数的机器和传感器不具备本地或者远程的通信和联网能力。

2. M2M 系统框架

(1) M2M 硬件。实现 M2M 的第一步就是从机器或设备中获得数据,然后把数据通过网络发送出去。使机器具备"说话"能力的基本方法有两种:生产设备的时候嵌入 M2M 硬件;对已有机器进行改装,使其具备通信和联网能力。M2M 硬件是使机器获得远程通信和联网能力的部件,可以分为 5 种:嵌入式硬件、可组装硬件、调制解调器、传感器和识别标识。

(2) 通信网络。它主要负责将信息传送到目的地。随着 M2M 技术的出现,网络社会的内涵有了新的内容,网络社会的成员除了原有人、计算机、IT 设备之外,数以亿计的非 IT 机器和设备正要加入进来。同时,这些新成员的数量及其数据交换的网络流量将会迅速增加。

(3) 中间件。中间件在通信网络和 IT 系统间起桥接作用,它包括两部分:M2M 网关、数据收集和集成部件。网关是 M2M 系统中的"翻译员",它获取来自通信网络的数据,将数据传送给信息处理系统,主要的功能是完成不同通信协议之间的转换。数据收集和集成部件则是为了将数据变成有价值的信息。

(4) 应用。对获得数据进行加工分析,为决策和控制提供依据,对原始数据进行不同加工和处理,并将结果呈现给需要这些信息的观察者和决策者。

15.2　应用领域

15.2.1　智能交通

1. 概述

物联网已应用到诸多领域,智能交通领域即是其中之一。根据 ITS(智慧交通系统)的定义,将传感器技术、RFID 技术、无线通信技术、数据处理技术、网络技术、自动控制技术、视频检测识别技术、GPS 和信息发布技术等运用于整个交通运输管理体系中,从而建立起实时的、准确的、高效的交通运输综合管理控制系统。

智能交通行业中无处不在利用物联网技术、网络和设备来实现交通运输的智能化。ITS 是继计算机产业、互联网产业、通信产业之后的又一新兴产业,其与物联网的结合是必需的,也是必然的。智能交通行业已被公认为是物联网产业化发展落实到实际应用的最能够取得成功的优先行业之一,必将能够创造出巨大的应用空间和市场价值。

智能交通的发展,将带动智能汽车、导航、车辆远程信息系统、RFID、交通基础设施运行状况的感知技术(如智能公路、智能铁路、智能水运航道等)、运载工具与交通基础设施之间的通信技术、运载工具与同种运载工具或不同种运载工具之间的通信技术、动态实时交通信息发布技术等多个产业的发展,具有很广泛的应用需求。

美国是应用 ITS 较为成功的国家之一。1995 年,美国交通部的"国家智能交通系统项目规划",明确规定了智能交通系统的 7 大领域和 29 个用户服务功能。7 大领域包括出行和交通管理系统、出行需求管理系统、公共交通运营系统、商用车辆运营系统、电子收费系统、应急管理系统、先进的车辆控制和安全系统。目前,ITS 在美国的应用已达 80% 以上,而且相关的产品也较先进。美国 ITS 应用于车辆安全系统(占 51%)、电子收费(占 37%)、公路及车辆管理系统(占 28%)、导航定位系统(占 20%)、商业车辆管理系统(占 14%)等各方面。

随着车载导航装置的发展和手机的普及,在北京、上海、广东珠海等比较发达的城市已经出现了基于车载导航装置和手机的动态交通信息服务,这些发布方式必将随着城市智能交通的发展进一步得到普及。可以说,随着交通信息发布系统的进一步建设,广大交通参与者将能够越来越方便、越来越及时地获得各种交通信息,从而更好地帮助其出行。

2. 物联网智能交通的原理

ITS 作为一个信息化系统,它的各个组成部分和各种功能都是以交通信息应用为中心展开的,因此,实时、全面、准确的交通信息是实现城市交通智能化的关键。

从系统功能上讲,这个系统必须将汽车、驾驶者、道路以及相关的服务部门相互连接起来,使道路与汽车的运行功能智能化,从而使公众能够高效地使用公路交通设施和能源。其具体的实现方式是:该系统采集到各种道路交通及各种服务信息,经过交通管理中心集中处理后,传送到公路交通系统的各个用户。出行者可以做实时的交通方式和交通路线选择,交通管理部门可以自动进行交通疏导、控制和事故处理;运输部门可以随时掌握所属车辆的动态情况,进行合理的调度。这样,路网上的交通就能够处于较好的状态,改善交通拥挤,最大限度地提高路网的通行能力及机动性、安全性和生产效率。

3. 物联网智能交通模型

(1)中心型子系统模型。该子系统包括交通管理子系统、突发事件管理子系统、收费管理子系统、商用车辆管理子系统、维护与工程管理子系统、信息服务提供子系统、尾气排放管理子系统、公共交通管理子系统、车队及货运管理子系统及存档数据管理子系统 10 个子系统。该类子系统的共同特点是空间上的独立性,即在空间位置的选择上不受交通基础设施的制约,这类子系统与其他子系统的联络通畅依赖于有线通信。

(2)区域型子系统模型。该子系统包括道路子系统、安全监控子系统、公路收费子系统、停车管理子系统和商用车辆核查子系统 5 个子系统。这类子系统通常需要进入路边的某些具体位置来安装或维护诸如检测器、信号灯、程控信息板等设施。区域型子系统一般要与一个或多个中心型子系统以有线的方式连接,同时还往往需要与通过其所部署路段的车辆进行信息交互。

(3)旅行者子系统模型。该类子系统以旅行者或旅行服务业经营者为服务对象,运用智能交通系统的有关功能实现一对多式联运旅行的有效支持。远程旅行支持子系统和个人信息访问子系统属于旅行者子系统。旅行者子系统还可以通过有线或无线方式与其他类型的子系统进行直接信息传递。

(4)车辆型子系统模型。该类子系统一般安装在车辆上,根据载体车辆的种类,车辆型子系统又可细分为普通车辆子系统、紧急车辆子系统、商用车辆子系统、公交车辆子系统和维护与工程车辆子系统。这些子系统可根据需要与中心型子系统、区域型子系统及旅行者子系统进行无线通信,也可与其他载体车辆进行车辆间通信。

每种类型的子系统通常共享通信单元。作为子系统间信息渠道的一个构成部分,通信单元所起的作用仅仅是传递信息,不参与智能交通系统的信息加工和处理。具体通信单元的选定具有相当大的自由度,有线通信单元可选择光缆、同轴电缆或双绞线网络等。而广域无线通信则是近些年来发展很快的一个领域,可供选择的技术种类繁多且更新很快。

4. 关键技术

(1)先进的检测、感知、识别技术和车载设备。通过采用射频识别技术、传感器技术获取人与物的地理位置、身份信息等,实现物物相通,也包括新一代车载电子装置、车辆自动驾驶设备、驾驶员驾驶能力和精神状态自动检测仪表的研制与开发使用。

(2)建立信息网络。信息网络需要收集的信息包括交通基础设施的现行自然状态,设计、施工、使用与维护档案,环境状况,有关的天气条件和预测的天气变化等信息。

（3）交通事故自动检测、预警应变技术。交通事故一旦发生,关键是要尽快地将救护人员召集到事故现场。要求车载装置能自动检测事故的发生,及时地通报事故发生地点、伤员人数及其伤情。

（4）先进的交通管理调度系统。需要具备"智能地""自适应地"管理各种地面交通的能力,实时地监视、探测区域性交通流运行状况,快速地收集各种交通流运行数据,及时地分析交通流运行特征,从而预测交通流的变化,并制定最佳应变措施和方案。

15.2.2 智能电网

1. 概述

智能电网的核心在于构建具备智能判断与自适应调节能力的多种能源统一入网和分布式管理的智能化网络系统,可对电网与客户用电信息进行实时监控和采集,且采用最经济最安全的输配电方式将电能输送给终端用户,实现对电能的最优配置与利用,提高电网运行的可靠性和能源利用效率。智能电网的本质是能源替代和兼容利用,它需要在开放的系统和共享信息模式的基础上,整合系统中的数据,优化电网的运行和管理。

信息流的控制是整个智能电网的核心,我们讲的物联网其实有三个大的要素：信息的采集、信息的传递和信息的处理。其中,关键性的技术是在信息采集上面。物联网最大的革命性变化就是信息采集手段的不同,即通过传感器等实时获取需要采集的物品、地点及其属性变化等信息。

2009 年 5 月,国家电网公司首次公布了智能电网计划,全面建设以特高压电网为骨干网架、各级电网协调发展的,以坚强电网为基础,信息化、自动化、互动化为特征的自主创新、国际领先的坚强智能电网。国家电网公司还提出物联网发展的三个阶段：信息汇聚阶段、协同感知阶段、泛在聚合阶段。

国家电网公司提出了"面向应用、立足创新、形成标准、建立示范"的研究指导思想,在物联网的专用芯片、标准体系、信息安全、软件平台、测试技术、实验技术、应用系统开发、无线宽带通信等方面进行了全面部署,力争在未来 3 年内实现物联网技术应用在电力系统的多项核心技术突破。形成若干项有重大影响的创新性科研成果,成为在国内外有重要影响的从事智能电网物联网技术研究和应用的研发中心和产业化基地。

2011 年 3 月 2 日,国家电网宣布,2011 年智能电网将进入全面建设阶段,并在示范工程、新能源接纳、居民智能用电等方面大力推进。智能电网是一个涵盖广泛的工程,信息网络传输能力只是其中之一,如果智能电网全面建成,它将对现有信息网络具有完全的可替代性,而且能力甚至更为强大。

2. 应用系统

国家电网在物联网领域的切入可谓全面,从输电环节到最终到户的智能电表以及接入设备,甚至到达用电终端。国家电网早在 2010 年之前就已经与国内多家大型家电企业进行战略合作,共同推进研发适合物联网时代的家电。国网信息通信有限公司从 2009 年 9 月起开始研发物联网在智能电网中的应用,下面是几种具体的应用系统。

（1）智能用电信息采集系统。该系统是基于无线传感网络和光纤/电力线载波通信技术相结合的远程抄表系统，该结合使用了现代通信技术和计算机技术以及电能量测量技术，通过电力通信专网、公网将电量数据和其他所需信息实时可靠地采集回来，通过应用具有智能化分析功能的系统软件，实现用户用电量的统计、用电情况的分析及用户使用状态的获得。

（2）智能用电服务系统。智能用电方面已开展相关的技术研究，先后在北京、上海、浙江、福建等众多省市建立了集中抄表、智能用电等智能电网用户测试点工程，覆盖数万居民用户。试点工程主要包括利用智能表计、高级量测、智能交互终端、智能插座等，提供水电气三表抄收、家庭安全防范、家电控制、用电监测与管理等功能。

（3）智能电网输电线路可视化在线监测平台。该系统将可视化技术、无线宽带技术、卫星通信技术集为一体，应用于高压线路建设过程的可视化综合方案，并在 1000kV 黄河大跨越和汉江大跨越过程中成功应用。对于输电线路关键点或全程进行视频监控及环境数据采集。实现高压线路现场视频及重要数据的回传，对高压线路的舞动、覆冰、鸟害等进行实时监视监测，为输电线路安全运行提供可视化支持。在网络视频监控承载网的构建中，以地面光纤网络为主，以电力宽带无线网络为必要补充和扩展。

（4）智能巡检系统。该系统通过识别标签辅助设备定位，实现到位监督，从而指导巡检人员执行标准化和规范化的工作流程。智能巡检的应用主要包括巡检人员的定位、设备运行环境和状态信息的感知、辅助状态检修和标准化作业指导等。

（5）电动汽车辅助管理系统。该系统利用并结合物联网技术、GPS 技术、无线通信技术等实现对电动汽车、电池、充电站的智能感知、联动及高度互动，使充电站和电动汽车的客户充分了解和感知可用的资源以及资源的使用状况，实现资源的统一配置和高效优质服务。该系统由电动汽车、充电站、监控中心三部分组成，通过电动汽车的感知系统，充电站、电动汽车之间可以实现双向信息互动。通过 GPS 导航系统，用户可以查看周围的充电站及其停车位信息，它可以自动规划并引导驾驶员到最合适的充电站。通过监控中心实现一体化集中式管控，可实现车载电池、充电设备、充电站以及站内资源的优化配置、设备的全寿命管理，同时可实现充电流程、费用结算以及综合服务的全过程管理。系统包括电池及电动汽车统一的编码体系，使其具有唯一的身份 ID，包含生产厂家、生产日期、城市、车主、购置年限、使用情况、维修和报废等相关信息。

（6）智能用能服务以及家庭传感局域网通用平台的开发。该平台应用于智能家电、多表抄收、用能（电、气、水、热等）信息采集及分析、家庭灵敏负荷监测与控制、可再生能源接入、智能家居、用户互动和信息服务等方面。开发智能家庭用能服务系统的通用家庭传感局域网、通用化开发平台以及智能用能服务系统、研究无线传感、电力线通信、电力线复合光缆以及新一代宽带无线通信技术的综合组网技术、建立服务于城市数字化、信息化的宽带综合通信网络。并进一步开发用能采集、分析及专家决策系统，研究多种资源及信息的融合技术，实现智能用能服务的典型应用，从而达到人人节能、人人减排以及各种资源的集中高效智能运用的目的。

（7）绿色智能机房管理中的应用。这类应用建立于绿色智能数据中心与机房，内容包括运行环境感知与设备运行情况信息结合、动力环境感知、用能状态分析、信息系统的交互感知和协同工作。

15.2.3　环境监测

1. 概述

物联网引入环境监测的应用在我国已有很多应用案例。GIS 技术把地理位置与相关属性信息有机地结合起来,根据实际需要科学、准确、图文并茂地将处理结果交给用户。用户借助其独特的空间分析功能和可视化表达,将两者结合用以进行各种决策。GIS 和物联网的产生改变了传统的信息收集和信息处理方式,使信息的处理由数值领域进入到了空间领域。目前,物联网和 GIS 已经在环境保护与治理、环境监测、灾害监测和防治、生态资源保护与利用等诸多领域得到了初步应用。

环保领域的空间信息量相当大,运用物联网的物物相联,把环境信息通过数据采集传感器、智能设备等采集后收集至一个平台进行存储和分析,对空间信息的管理与分析也正是二者结合的优势。物联网和 GIS 能够提供的远远不只是地图可视化和简单查询、定位,其更加强大和本质的部分,在于可以对相同空间范围内各种不同因素之间的内在关系进行发掘和分析,帮助我们寻找到这些不同因素之间的内在联系,从而更好地认识其规律和现象后面更深层的原因。这对于决策者而言是十分重要的,它可以帮助决策者在更加全面、系统地把握信息的基础上进行科学的决策。因此,物联网和 GIS 技术是政府部门监控污染、保护环境资源的理想选择。

2. 应用领域

物联网系统具有广泛的应用范围。具体体现在两个方面,一是它可以应用在环境管理的各个环节,如区域环境规划、环境评价研究、区域环境监测等;二是它可以广泛应用于不同层次的管理。目前,在环境监测领域还属小范围应用阶段。

(1) 从早期的矿产资源管理拓展到与空间地理相关联的更广泛领域,特别是在环境领域,原有的各种环境信息处理技术(环境模型、环境规划分析)正在与 GIS 融合,逐渐形成具有强大功能并具有环境特征的地理信息管理系统。它将成为环境监测等领域日常信息处理不可缺少的工具,彻底改变传统的环境信息采集和传输处理方式,实现信息实时动态采集、处理和分析,大大提高环境监测领域的现代化、自动化程度,可以说它是环境监测进入信息时代的标志。

(2) GIS 应用于环境应急监测。立足于物联网 GIS 环境监测系统,在数据采集过程中设立异常情况报警系统,建立重大环境污染事故区域预警系统,对事故风险源的地理位置、人口集中居住区、饮用水源地等环境敏感区域制定监控。并对其属性、事故敏感区域进行管理,提供污染扩散的模拟过程和应急方案。例如,大连市的"重大污染事故区域预警系统"把多种预测模型与 GIS 技术相结合,当某一风险源发生事故时,即可及时获取应急措施,这为重大污染事故应急指挥奠定了基础。上海市应用 GIS、遥感与 GPS 技术开发的环保应急热线系统,采用 GIS 技术进行污染源搜索和定位,将 GIS 与 GPS 结合起来,用于出警指挥和导航。其用遥感技术获取地面信息,解决了 GIS 基础底图动态更新问题。

(3) 利用 GIS 技术开发的水系水环境管理信息系统,可以直观显示和分析该流域水环境质量状况,追踪污染物来源。尤其在常规水环境质量监测中,可对历年来各监测点位水质变化情况进行纵向分析,对主要污染因子可进行实时跟踪对比,结合数字地图查询监测数据变化及各种统计数据的空间分析,为该流域水环境的科学化管理和决策提供了先进、高效的技术手段。

（4）直观的图像使环境管理工作更轻松。由于信息采集实现了数据可视化,环境主管部门对环境要素的管理变得直观、简单。通过直接查询地图要素,可以获得环境监测点位的空间分布信息,对各种环境数据进行综合分析以及采用直观的表现方式进行展示,为决策提供了快捷的技术支持。

（5）物联网加 GIS 应用于环境监测。在环境监测过程中,需对数据量庞大、分类繁多的各种环境信息进行采集、记录、处理、统计分析、绘图与汇总上报等。这个过程通常需要几天甚至十几天,难以保证数据的及时性。况且传统的环境数据库缺乏空间性,无法对环境问题进行空间管理和空间分析。利用物联网和 GIS 技术可实现对数据的实时采集、存储、传输、处理、分析和显示。

（6）由于两者在数据的空间查询和空间分析上占有绝对的优势,可对如大气环境质量监测点、水环境质量监测点、交通噪声监测点、区域噪声监测点等的位置、级别和项目信息进行查询。还可以对环境信息进一步统计、分析,利用其显示、分析功能,获得各种污染物的浓度分布图,并了解空间分布及超标情况,绘出相应的图以便直观地进行分析。通过移植和开发环境模型,利用 GIS 的二维矢量数据,扩展 GIS 分析模型和物联网可视化功能,都将大力提升环境管理信息系统的水平,使信息交换和评价分析区域环境质量更加直观、容易。物联网通过传感器采集环境数据,GIS 分析信息的空间分布,以此监测信息的时序变化,实现对空间信息和其他信息的管理与交换,使大量抽象、枯燥的数据变得易于理解,并能输出各种形式生动直观的专题图表。

15.2.4　公共安全

根据用户范围的不同,可将物联网分为公共物联网和专用物联网两大类。公共物联网是指为满足大众生活和信息需求提供的物联网服务,而专用物联网就指满足特定应用需求,有针对性地提供专业性的物联网服务。专用物联网可以利用公共网络(互联网)、专网(局域网、企业网、移动通信网)等进行信息传送。公共安全物联网是一种应用范围广阔,与广大民众各项利益息息相关的专用物联网。

RFID 技术在公共安全的各项领域中都有着广泛的应用。使用 RFID 技术以安全监管为依据,建立信息采集和处理方案,保证信息传递与共享,实现管理的信息化、规范化和可视化,从而才能够最大限度地保障人员安全。

1. 传感网络的应用

传感网络尤其是无线传感网络由大量按照无线、多跳方式通信的传感器结点构成,能够测量结点所在周边环境中的热、红外、声纳、雷达和地震波信号,帮助人们探测包括温度、湿度、噪声、光强度、压力、气体成分和物体速度等众多参数。因此,无线传感网络的重点应用领域是监测监控,也是公共安全物联网采集层的重要组成部分。

在城市公共安全中,对典型风险源的监测监控是防灾减灾的重要手段。在化工厂尤其是危化品生产、存储和使用的区域,应该优先布置无线传感网络。作为采集终端的传感器包括有毒气体检测器、危化品浓度检测器、温湿度传感器、防爆压力传感器等,这些设备加装相关射频模块后,使用无线传输协议来组成网络,互通数据和指令,并通过网关与上位机相连。上位机中运行组态软件,工作人员通过监控界面能够直观地观察到整个传感网络的拓扑状态,设备的工作状况和实时数据,并能够查看历史数据以及向某个特定设备下达控制指令。

2. 智能技术的应用

智能技术在公共安全领域中的应用主要体现在智能人机交互和智能设备方面。其中,智能视频分析技术是高端监控技术,它是指运用计算机图像视觉分析技术,通过智能运算对视频内容进行实时分析,将场景中背景和目标分离,进而锁定并追踪在摄像机场景内出现的目标。用户可以根据视频的内容分析功能,在不同摄像机场景中预设不同的报警规则,一旦目标在场景中出现了违反预定义规则的行为,系统会自动发出报警,监控工作站自动弹出报警信息并发出警示音。用户可以通过单击报警信息,实现报警的场景重组并采取相关措施。智能视频分析可广泛应用于机场、监狱、油田、隧道、海关、边防和军事重地等区域的监控,是一套完整的智能安防系统的解决方案。通过对涉及公共安全的相关领域场所进行实时监控、智能分析,对异常行为、突发事件进行监测,使社会治安动态防范系统具有智能判断能力,从而有效地提升了国家公共安全的防范能力。

15.2.5 工业监测

济宁移动利用自身优势研发了"E 矿山"综合管理系统,可以实现对井下人员的实时定位,并对井下视频转移的手机端进行监控。遇到瓦斯、水文、风速等监测数据超标情况,系统第一时间向相关人员发送报警信息,可有效降低事故发生概率。

1. "E 矿山"关键技术

"E 矿山"综合管理系统将 RFID 技术与中国移动的 M2M 平台有效对接;将传感技术与通信技术进行了有机融合;将矿井下的人员定位、安全监测等数据实时传送到煤矿管理层的手机终端上。实现了管理人员对煤矿产、运、销等各环节的实时掌控,为满足安全管理、信息掌控、考核监督等各方面需求提供了全新解决方案。

系统通过识别矿工随身携带的 RFID 射频识别卡监控矿工的位置信息,通过称重传感器监测煤炭产量,通过一氧化碳传感器监测瓦斯浓度等,然后将数据经移动 GPRS 网络传送至系统平台,实现实时系统监测。

系统将服务器搭建在企业侧,通过数据专线与移动网络实现连接,通过建设防病毒库、防火墙等确保系统自身安全,并提供三位一体的安全解决方案,确保企业信息安全。

系统采用"终端+平台"模式,自建系统服务器,利用物联网技术,通过行业网关和移动专线将煤矿企业内网、移动通信网实现有机融合,在确保企业信息安全的同时,将物联网的感知层、网络层、应用层进行了实际结合和应用,为煤炭行业信息化量身打造了"端到端"高新技术解决方案。

2."E 矿山"系统功能

1）人员定位子系统

系统采集矿工射频 RFID 定位信息,并将采集数据经移动通信网络实时传送至煤矿领导层手机终端上,管理层可以随时掌控井下人员数量和分布情况。

(1)定位及轨迹跟踪。对井下矿工的分布情况、分布区域进行实时监控,对井下人员行进路线进行跟踪记录,生成历史轨迹。

(2)遇险救援。根据井下人员最新的位置信息,发现遇险地点的人员数量、人员信息,利用手持无线搜救仪寻找 RFID 标识卡信息,准确定位遇险人员位置,帮助制定解决方案。

(3)考勤管理。企业管理者可以利用手机终端对个人、部门进行考勤和实时查询。

2）安全及生产数据查询子系统

(1)安全监测。对井下各种有毒有害气体及工作面的作业条件进行实时监测,如高浓度甲烷气体、低浓度甲烷气体、一氧化碳、氧气浓度、风速、负压、温度、岩煤温度、顶板压力和烟雾等。

(2)生产监控。对井上、井下主要生产环节的各种生产参数和重要设备的运行状态进行实时监控,如煤仓煤位、水仓水位、供电电压、供电电流、功率等模拟量;水泵、提升机、局扇、主扇、胶带机、采煤机、开关、磁力起动器的运行状态和参数等。

3）出煤量查询子系统

系统将轨道衡、皮带秤、吊钩秤和汽车衡等出煤量都展示在手机终端上,便于随时掌控。

4）手机视频监控子系统

系统的移动视频服务器,通过与原有视频系统对接,即可实现手机终端对原有视频信号的调用和监控,系统支持 2G/3G 网络环境。

5）报表发送子系统

对矿山企业来说,日报表代表了每日的工作和生产情况。日报表信息一般是每天下班或早上发送,而通过使用手机客户端来获取报表内容,管理者就可以提前查看报表数据。

(1)生产调度日报表。包括原煤采集量、总进量、开拓量、电厂发电量、销售情况、专题调度问题等。

(2)安全管理日报表。包括煤矿下井基本情况、现场主要问题及监控、查岗情况、罚款情况、带班情况等,系统同时支持个性化领导关注项目。

6）数据超限报警子系统

安全生产系统中采集到的数据,除使用手机终端主动查询外,还可根据企业具体要求定时发送给相关人员。数据以短信或彩信方式发送,发送频率可进行相应配置。

7）矿山信息发布子系统

安全生产系统如遇超标、超限或数据故障,系统将立即把异常信息群发给相关人员。通知方式不仅限于短信、彩信,还具有外呼功能等,提请相关人员及时关注和决策。

15.2.6　智能家居

1.概述

家庭智能化即智能化家居,也称为数字家园、家庭自动化、电子家庭、智能化住宅、网络家居、智能屋和智能建筑等。它是利用计算机、通信、网络、电力自动化、信息、结构化布线、无线等技术将所有不同的设备应用和综合功能互联于一体的系统。它以住宅为平台,兼备建筑、网络家电、通信、家电设备自动化、远程医疗、家庭办公、娱乐等功能,集系统、结构、服务、管理为一体的安全、便利、舒适、节能、娱乐、高效、环保的居住环境。

20世纪80年代初,随着大量采用电子技术的家用电器面市,住宅电子化(Home Electronics,HE)出现。20世纪80年代中期,将家用电器、通信设备与安保防灾设备各自独立的功能综合为一体后,形成了住宅自动化概念(Home Automation,HA)。20世纪80年代末,由于通信与信息技术的发展,出现了对住宅中各种通信、家电、安保设备通过总线技术进行监视、控制与管理的商用系统,这是现在智能家居的原型。1984年,美国联合科技公司(United Techonologies Building System)将建筑设备信息化、整合化概念应用于美国康乃迪克州哈特佛市的City Place Building时,才出现了首幢"智能型建筑"。

2. 智能家居系统体系结构

智能家居控制系统的总体目标是通过采用计算机、网络、自动控制和集成技术建立一个由家庭到小区乃至整个城市的综合信息服务和管理系统。家居系统主要由智能灯光控制、智能家电控制、智能安防报警、智能娱乐系统、可视对讲系统、远程监控系统、远程医疗监护系统等组成,框图如图15-1所示。

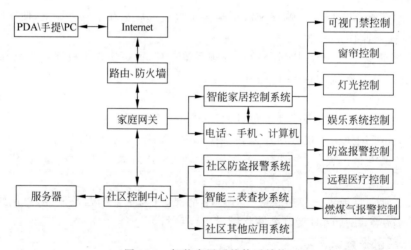

图15-1   智能家居系统体系结构

3. 系统主要模块设计

(1) 照明及设备控制。系统中照明及设备控制可以通过智能总线开关来控制。本系统主要采用交互式通信控制方式,分为主从机两大模块,当主机触发后,通过CPU将信号发送,进行编码后通过线传输到从模块,进行解码后通过CPU触发响应块。因为主机模块与从机模块完全相同,所以从机模块也可以进行相反操作控制主机模块实现交互式通信系统。其中主机相当于网络的服务器,主要负责系统的协调工作。

(2) 智能安防及远程监控系统设计。智能安防系统主要由各种报警传感器(人体红外、烟感、可燃气体等)及其检测、处理模块组成。

（3）远程医疗系统设计。基于 GPRS 的远程医疗监控系统由中央控制器、GPRS 通信模块、GPRS 网络、Internet 公共网络、数据服务器、医院局域网等组成。系统工作时，患者可随身携带的远程医疗智能终端首先实现对患者心电、血压、体温的监测，当发现可疑病情时，通信模块对采集到的人体现场参数进行加密、压缩处理后，以数据流形式通过串行方式（RS-232）连接到 GPRS 通信模块上，并与中国移动基站进行通信，基站 SGSN 再与网关支持结点 GGSN 进行通信，GGSN 对分组资料进行相应处理并把资料发送到 Internet 上，并且去寻找在 Internet 上一个指定 IP 地址的监护中心，并接入后台数据库系统。这样，信息就开始在移动病人单元和远程移动监护医院工作站之间不断进行交流，所有的诊断数据和病人报告电子表格都会被传送到远程移动监护信息系统存档，远程移动监护信息系统存储数据以供将来研究、评估和资源规划所用。

习题

1. 名词解释

（1）M2M；（2）智能交通；（3）智能电网；（4）智能家居。

2. 判断题

（1）物联网的设计方法都具有三阶段共性，根据三层结构物联网设计可分为感知层设计、网络层设计和应用层设计。   （   ）

（2）M2M 技术的目标就是使所有机器设备都具备联网和通信能力，其核心理念为网络就是一切（Network is Everything）。   （   ）

（3）M2M 是一种理念，也是所有增强机器设备通信和网络能力的技术总称。 （   ）

3. 简答题

（1）简述物联网的感知层设计。

（2）简述物联网的网络层设计。

（3）简述物联网的应用层设计。

（4）简述 M2M 系统的框架。

（5）简述物联网智能交通的原理。

（6）简述物联网智能交通的子系统。

（7）简述智能交通的关键技术。

（8）简述智能电网应用系统。

（9）简述传感网络在公共安全领域的应用。

（10）简述智能物联网技术在公共安全领域的应用。

（11）简述智能家居系统体系结构。

4. 论述题

请综述物联网技术最有可能广泛应用的领域。

*第 16 章 物联网应用新技术
CHAPTER 16

本章将介绍网络新技术、硬件新技术和软件开发新技术。通过本章的学习,学生需要了解全光网、云计算、网格计算、普适计算、第六代移动通信技术、量子通信、区块链、信息材料、SoC 技术、纳米器件、生物芯片、量子计算机、第四代语言、敏捷设计、软件产品线和网构软件。

16.1 网络新技术

16.1.1 全光网

1. 全光网概述

随着 Internet 业务和多媒体应用的快速发展,网络的业务量正在以指数级的速度迅速膨胀,这就要求网络必须具有高比特率数据传输能力和大吞吐量的交互能力。光纤通信技术出现以后,其近 30THz 的巨大潜在带宽容量给通信领域带来了蓬勃发展的机遇,特别是在提出信息高速公路以来,光技术开始渗透于整个通信网,光纤通信有向全光网推进的趋势。

全光网(All Optical Network)是指光信息流在网中的传输及交换时始终以光的形式存在,而不需要经过光/电、电/光转换。

全光网的主要技术有光纤技术、SDH、WDM、光交换技术、OXC、无源光网技术、光纤放大器技术等。为此,网络的交换功能应当直接在光层中完成,这样的网络称为全光网。它需要新型的全光交换器件,如光交叉连接(OXC)、光分插复用(OADM)和光保护倒换等。全光网是以光结点取代现有网络的电结点,并用光线将光结点互联成网,采用光波完成信号的传输和交换等功能,克服了现有网络在传输和交换时的瓶颈,减少信息传输的拥塞延时,提高网络的吞吐量。

2. 全光网关键技术

(1) 光交叉连接(OXC)是全光网中的核心器件,它与光纤组成了一个全光网络。OXC交换的是全光信号,它在网络结点处,对指定波长进行互联,从而有效地利用波长资源,实现波长重用,也就是使用较少数量的波长,互联较大数量的网络结点。当光纤中断或业务失效时,OXC 能够自动完成故障隔离、重新选择路由和网络重新配置等操作,使业务不中断。

(2) 光分插复用(OADM)具有选择性,可以从传输设备中选择下路信号或上路信号,也可仅仅通过某个波长信号,但不要影响其他波长信道的传输。OADM 在光域内实现了 SDH 中的分插复用器在时域内完成的功能,且具有透明性,可以处理任何格式和速率的信号,能提高网络的可靠性,降低结点成本,提高网络运行效率,是组建全光网必不可少的关键性设备。

(3) 全光网的管理、控制和运作。全光网对管理和控制提出了新的问题:①现行的传输系统(SDH)有自定义的表示故障状态监控的协议,这就存在着要求网络层必须与传输层一致的问题;②由于表示网络状况的正常数字信号不能从透明的光网络中取得,所以存在着必须使用新的监控方法的问题;③在透明的全光网中,有可能不同的传输系统共享相同的传输媒质,而每一个不同的传输系统会有自己定义的处理故障的方法,这便产生了如何协调处理好不同系统、不同传输层之间关系的问题。

(4) 光交换技术可以分成光路交换技术和分组交换技术。光路交换又可分成三种类型,即空分(SD)、时分(TD)和波分/频分(WD/FD)光交换,以及由这些交换形式组合而成的结合型。其中,空分交换按光矩阵开关所使用的技术又分成两类,一类是基于波导技术的波导空分,另一类是使用自由空间光传播技术的自由空分光交换。在光分组交换中,异步传送模式是近年来广泛研究的一种方式。

(5) 全光中继技术。在传输方面,光纤放大器是建立全光通信网的核心技术之一。DWDM 系统的传统基础是掺铒光纤放大器(EDFA)。光纤在 $1.55\mu m$ 窗口有一较宽的低损耗带宽(30THz),可以容纳 DWDM 的光信号同时在一根光纤上传输。最近研究表明,1590nm 宽波段光纤放大器能够把 DWDM 系统的工作窗口扩展到 1600nm 以上。

16.1.2 云计算

1. 云计算概念

狭义云计算指 IT 基础设施的交付和使用模式,指通过网络以按需、易扩展的方式获得所需资源;广义云计算指服务的交付和使用模式,指通过网络以按需、易扩展的方式获得所需服务。这种服务可以是 IT 和软件、互联网相关,也可以是其他服务。云计算的核心思想,是将大量用网络连接的计算资源统一管理和调度,构成一个计算资源池向用户按需服务,提供资源的网络被称为"云"。"云"中的资源在使用者看来是可以无限扩展的,并且可以随时获取,按需使用;随时扩展,按使用付费。

云计算是网格计算、分布式计算、并行计算、效用计算、网络存储、虚拟化和负载均衡等传统计算机和网络技术发展融合的产物。事实上,许多云计算部署依赖于计算机集群(但与网格的组成、体系机构、目的、工作方式大相径庭),也吸收了自主计算和效用计算的特点。通过使计算分布在大量的分布式计算机上,而非本地计算机或远程服务器中,企业数据中心的运行将与互联网更相似。这使得企业能够将资源切换到需要的应用上,根据需求访问计算机和存储系统。好比是从古老的单台发电机模式转向了电厂集中供电的模式,它意味着计算能力也可以作为一种商品进行流通,就像煤气、水电一样,取用方便,费用低廉。最大的不同在于,它是通过互联网进行传输的。

2. 云计算服务

云计算可以认为包括以下几个层次的服务:基础设施即服务(IaaS),平台即服务(PaaS)和软件即服务(SaaS)。云计算服务通常提供通用的通过浏览器访问的在线商业应用,软件和数据可存储在数据中心。

IaaS(Infrastructure-as-a-Service):基础设施即服务。消费者通过 Internet 可以从完善的计算机基础设施获得服务。

PaaS(Platform-as-a-Service):平台即服务。PaaS 实际上是指将软件研发的平台作为一种服务,以 SaaS 的模式提交给用户。因此,PaaS 也是 SaaS 模式的一种应用。但是,PaaS 的出现可以加快 SaaS 的发展,尤其是加快 SaaS 应用的开发速度。

SaaS(Software-as-a-Service):软件即服务。它是一种通过 Internet 提供软件的模式,用户无须购买软件,而是向提供商租用基于 Web 的软件,来管理企业经营活动。相对于传统的软件,SaaS 解决方案有明显的优势,包括较低的前期成本,便于维护,快速展开使用等。

3. 云计算体系架构

云计算的三级分层:云软件、云平台、云设备,见图 16-1,分别对应应用程序、平台和基础设备。

客户端
应用程序
平台
基础设备
服务器

图 16-1　云层次结构

上层分级:云软件打破以往大厂垄断的局面,所有人都可以在上面自由挥洒创意,提供各式各样的软件服务。参与者是世界各地的软件开发者。

中层分级:云平台打造程序开发平台与操作系统平台,让开发人员可以通过网络撰写程序与服务,一般消费者也可以在上面运行程序。参与者是 Google、微软、苹果和 Yahoo 等。

下层分级:云设备将基础设备(如 IT 系统、数据库等)集成起来,像旅馆一样,分隔成不同的房间供企业租用。参与者是英业达、IBM、戴尔、升阳、惠普和亚马逊等。

大部分的云计算基础构架是由通过数据中心传送的可信赖的服务和创建在服务器上的不同层次的虚拟化技术组成。人们可以在任何有提供网络基础设施的地方使用这些服务。"云"通常表现为对所有用户计算需求的单一访问点。人们通常希望商业化的产品能够满足服务质量(QoS)的要求,并且一般情况下要提供服务水平协议。开放标准对于云计算的发展是至关重要的,并且开源软件已经为众多的云计算实例提供了基础。

云的基本概念,是通过网络将庞大的计算处理程序自动分拆成无数个较小的子程序,再由多部服务器所组成的庞大系统搜索、计算分析之后将处理结果回传给用户。通过这项技术,远程的服务供应商可以在数秒之内,达成处理数以千万计甚至亿计的信息,达到和"超级计算机"同样强大性能的网络服务。它可分析 DNA 结构、基因图谱定序、解析癌症细胞等高级计算。例如,Skype 以点对点(P2P)方式来共同组成单一系统;又如,Google 通过 MapReduce 架构将数据拆成小块计算后再重组回来,而且 Big Table 技术完全跳脱一般数据库数据运作方式,以 row 设计存储,又完全配合 Google 自己的文件系统(Google 文件系统),以帮助数据快速穿过"云"。

16.1.3　网格计算

1．网格计算概述

20 世纪 90 年代初,根据 Internet 上主机大量增加但利用率并不高的状况,美国国家科学基金会(NFS)将其四个超级计算中心构筑成一个元计算机,逐渐发展到利用它研究解决具有重大挑战性的并行问题。它提供统一的管理、单一的分配机制和协调应用程序,使任务可以透明地按需要分配到系统内的各种结构的计算机中,包括向量机、标量机、SIMD 和 MIMD 型的各类计算机。NFS 元计算环境主要包括高速的互联通信链路、全局的文件系统、普通用户接口和信息、视频电话系统、支持分布并行的软件系统等。

元计算被定义为"通过网络连接强力计算资源,形成对用户透明的超级计算环境",目前用得较多的术语"网格计算(Grid Computing)"更系统化地发展了最初元计算的概念,它通过网络连接地理上分布的各类计算机(包括机群)、数据库、各类设备和存储设备等,形成对用户相对透明的虚拟的高性能计算环境,应用包括分布式计算、高吞吐量计算、协同工程和数据查询等诸多功能。网格计算被定义为一个广域范围的"无缝的集成和协同计算环境"。网格计算模式已经发展为连接和统一各类不同远程资源的一种基础结构。

网格是把整个 Internet 整合成一台巨大的超级计算机,实现计算资源、存储资源、数据资源、信息资源、知识资源和专家资源的全面共享。当然,网格并不一定非要这么大,也可以构造地区性的网格,如中关村科技园区网格、企事业内部网格、局域网网格,甚至家庭网格和个人网格。事实上,网格的根本特征是资源共享而不是它的规模。由于网格是一种新技术,因此具有新技术的两个特征:其一,不同的群体用不同的名词来称谓它;其二,网格的精确含义和内容还没有固定,而是在不断变化。

2．网格的结构

1) 网格计算"三要素"

(1) 任务管理。用户通过该功能向网格提交任务、为任务指定所需资源、删除任务并监测任务的运行状态。

(2) 任务调度。用户提交的任务由该功能按照任务的类型、所需资源、可用资源等情况安排运行日程和策略。

(3) 资源管理。确定并监测网格资源状况,收集任务运行时的资源占用数据。

2) Globus 的体系结构

Globus 网格计算协议建立在互联网协议之上,以互联网协议中的通信、路由、名字解析等功能为基础。Globus 的协议分为五层:构造层、连接层、资源层、汇集层和应用层。每层都有自己的服务、API 和 SDK,上层协议调用下层协议的服务。网格内全局应用都通过协议提供的服务调用操作系统,见图 16-2。

3．网格计算发展趋势

(1) 标准化趋势。就像 Internet 需要依赖 TCP/IP 一样,网格也需要依赖标准协议才能共享和互通。目前,包括全球网格论坛(Global Grid Forum,GGF)、对象管理组织

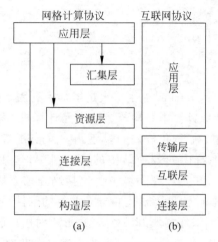

图 16-2　Globus 的体系结构

(Object Management Group,OMG)、环球网联盟(World Wide Web Consortium,W3C)以及 Globus 项目组在内的诸多团体都试图争夺网格标准的制定权。Globus 项目组在网格协议制定上有很大发言权,因为迄今为止,Globus Toolkit 已经成为事实上的网格标准。

(2) 技术融合趋势。在 OGSA 出现之前,已经出现很多种用于分布式计算的技术和产品。2002 年,Globus Toolkit 的开发转向了 Web Services 平台,用 OGSA 在网格世界一统天下。OGSA 之后,网格的一切对外功能都以网格服务(Grid Service)来体现,并借助一些现成的、与平台无关的技术,如 XML、SOAP、WSDL、UDDI、WSFL 和 WSEL 等,来实现这些服务的描述、查找、访问和信息传输等功能。这样,一切平台及所使用技术的异构性都被屏蔽。用户访问网格服务时,根本就无须关心该服务是 CORBA 提供的,还是. NET 提供的。

(3) 大型化趋势。不单美国政府对网格做了巨大投资,一些公司也不甘示弱。IBM 在2001 年 8 月投入四十多亿美元进行"网格计算创新计划"(Grid Computing Initiative),全面支持网格计算。英国政府宣布投资 1 亿英镑,用以研发"英国国家网格"(UK National Grid)。除此之外,欧洲还有 Data Grid、UNICORE、MOL 等网格研究项目正在开展。其中,Data Grid 涉及欧盟的二十几个国家,是一种典型的"大科学"应用平台。日本和印度都启动了建设国家网格计划。

16.1.4　普适计算

1. 普适计算概述

1) 计算的历程

综观计算机技术的发展历史,计算模式经历了第一代的主机(大型计算机)计算模式和第二代的 PC(桌面)计算模式,即将到来的下一轮计算则为普适计算(Pervasive Computing 或 Ubiquitous Computing)。普适计算是当前计算技术的研究热点,也被称为第三代计算模式。

在主机计算时代,计算机是稀缺的资源,人与计算机的关系是多对一的关系,计算机安装在为数不多的计算中心里,人们必须用生涩的机器语言与计算机打交道。此时,信息空间与人们生活的物理空间是脱节的,计算机的应用也局限于科学计算领域。

20 世纪 80 年代,PC 开始流行,计算模式也随之跨入桌面计算时代。这时,人与计算机的关系演变为一对一的关系。随后,图形用户界面和多媒体技术的发展使计算机使用者的范围从计算机专业人员扩展到其他行业的从业人员和家庭用户,计算机也从计算中心步入办公室和家庭,人们能够方便地获得计算服务。现在,伴随着人类社会进入 21 世纪的脚步,计算模式也开始跨入普适计算时代。

随着计算机及相关技术的发展,通信能力和计算能力的价格正变得越来越便宜,所占用的体积也越来越小,各种新形态的传感器、计算和联网设备蓬勃发展。同时,由于人类对生产效率、生活质量的不懈追求,人们开始希望能随时、随地、无困难地享用计算能力和信息服务,由此带来了计算模式的新变革,这就是计算模式的第三个时代——普适计算时代。

从图 16-3 可以看出,主机计算模式经过了一个高峰后,多年来已呈下降趋势;PC 计算模式这几年也开始呈下降趋势,而普适计算模式这些年在呈上升趋势。

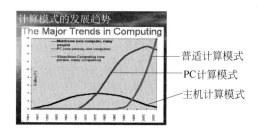

图 16-3　三种计算模式的发展趋势

在普适计算时代,各种具有计算和联网能力的设备将变得像现在的水、电、纸、笔一样,随手可得,人与计算机的关系将发生革命性的改变,变成一对多、一对数十甚至数百,同时,计算机的受众也将从必须具有一定计算机知识的人员普及为普通百姓。计算机不再局限于桌面,它将被嵌入到人们的工作、生活空间中,变为手持或可穿戴的设备,甚至与人们日常生活中使用的各种器具融合在一起。此时,信息空间将与物理空间融合为一体,这种融合体现在两方面:首先,物理空间中的物体将与信息空间中的对象互相关联,例如,一张挂在墙上的油画将同时带有一个 URL,指向与这幅油画相关的 Web 站点;其次,在操作物理空间中的物体时,可以同时透明地改变相关联的信息空间中对象的状态,反之亦然。

2) 普适计算定义

普适计算是指在普适环境下使人们能够使用任意设备、通过任意网络、在任意时间都可以获得一定质量的网络服务的技术。

普适计算的含义十分广泛,所涉及的技术包括移动通信技术、小型计算设备制造技术、小型计算设备上的操作系统技术及软件技术等。

间断连接与轻量计算(即计算资源相对有限)是普适计算最重要的两个特征。普适计算的软件技术就是要实现在这种环境下的事务和数据处理。

在信息时代,普适计算可以降低设备使用的复杂程度,使人们的生活更轻松、更有效率。实际上,普适计算是网络计算的自然延伸,它使得不仅个人计算机,而且其他小巧的智能设备也可以连接到网络中,从而方便人们即时地获得信息并采取行动。

普适计算是在网络技术和移动计算的基础上发展起来的,其重点在于提供面向客户的、统一的、自适应的网络服务。普适环境主要包括网络、设备和服务,网络环境包括 Internet、移动网络、电话网、电视网和各种无线网络等；普适计算设备更是多种多样，包括计算机、手机、汽车、家电等能够通过任意网络上网的设备；服务内容包括计算、管理、控制、资源浏览等，见图 16-4。

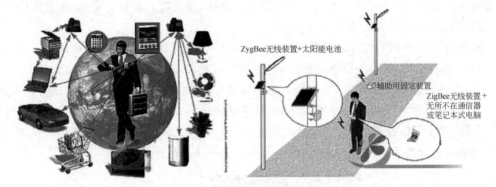

图 16-4 普适计算系统

实现普适计算的目标需要以下一些关键技术：场景识别、资源组织、人机接口、设备无关性技术和设备自适应技术等。

普适计算具有以下环境特点：在任何时间、任何地点、任何方式的方便服务，不同的网络（不同协议、不同带宽）、不同的设备（屏幕、平台、资源）、不同的个人偏好等。

2. 普适计算的发展历史

被称为普适计算之父的是施乐公司 PALOATO 研究中心的首席技术官 Mark Weiser，他最早在 1991 年提出，21 世纪的计算将是一种无所不在的计算(Ubiquitous Computing)模式。

1999 年，IBM 提出普适计算（又叫普及计算）的概念。目前，IBM 已将普适计算确定为电子商务之后的又一重大发展战略，并开始了端到端解决方案的技术研发。IBM 认为，实现普适计算的基本条件是计算设备越来越小，方便人们随时随地佩带和使用。在计算设备无时不在、无处不在的条件下，普适计算才有可能实现。从 1999 年开始的 Ubicomp 国际会议、2000 年开始的 Pervasive Computing 国际会议，到 2002 年 IEEE Pervasive Computing 期刊的创刊，学术界开始研究普适计算。

早在 20 世纪 90 年代中期，作为普适计算研究的发源地，Xerox Parc 研究室的科学家就曾预言普适计算设备（智能手机、PDA 等）的销量将在 2003 年前后超过代表桌面计算模式的 PC，这一点已经得到了验证。据 IDC 统计，2001 年，美国和西欧的 PC 销量已经开始进入平稳期，甚至开始下滑，而在同期，手机、PDA 的销量却大幅度攀升，在很多国家，手机的拥有量已经超过了 PC。

3. 普适计算的技术

简单地对桌面计算模式下的理论和技术进行线性扩展已经不能满足普适计算模式的要求，必须建立一整套与之相适应的计算理论和技术，包括硬件、网络、中间件、人机交互和应用软件等。通过国际上各研究团体几年的探索，普适计算模式中一些关键性的研究课题已经逐渐明确，包括以下几个方面。

（1）开发针对普适计算的软件平台和中间件。在普适计算时代，人们关注的是如何让多个计算实体（进程或设备）互相协作，共同为人类提供服务。屏蔽计算任务是由哪个计算实体具体执行的细节而展现出一个统一的服务界面，这是支持普适计算的软件平台和中间件研究要完成的任务。具体来说，这方面的研究内容包括：服务的描述、发现和组织机制、计算实体间通信和协作的模型、开发接口等。

（2）建立新型的人与计算服务的交互通道。在普适计算时代，人与计算服务的交互通道将变得更加多样化、透明和无处不在。例如，"可穿戴计算"提出把计算设备和交互设备穿戴在身上，如此一来，人们就可以随时随地获得计算和信息服务，这对于在各种复杂和未知环境中工作的人来说是十分有用的。而信息设备的研究则通过在日常生活中的各种器具中嵌入与其用途相适应的计算和感知能力，使人们在使用这些器具时可以直接获得计算服务，而不必依赖桌面计算机。交互空间的研究则试图把计算和感知能力嵌入人们的生活和工作环境中，使人可以不必离开工作和生活的现场，也不必佩带任何辅助设备就可以通过自然的方式（如语音、手势等）获取计算服务，同时环境也可以主动地观察用户、推断其意图而提供合适的服务，这就是所谓的"伺候式服务"。

（3）建立面向普适计算模式的新型应用模型。当一个人需要面对多个计算实体的时候，人的注意力就成为最重要的资源。在这种情况下，如果各种应用还是延续桌面计算下的模型，这些应用模块的启动、连接、配置、基于 GUI 的对话本身等就会耗费大量的注意力资源，从而降低人的工作效率。所以必须建立新的、关注人的注意力资源应用模型。为此，研究者们提出了感知上下文（Context Awareness）的计算、无缝移动（Seamless Mobility）等概念。在普适计算模式下，无处不在的传感器和感知模块完全可以提供这些上下文信息，而支持普适计算的软件平台也使得这些信息的发布和获取变得十分容易，这就为开发感知上下文的应用提供了可能。该领域的研究课题包括上下文的表示、综合、查询机制以及相应的编程模型。无缝移动重点关注如何使人在移动中可以透明、连续地获得计算服务，而无须频繁地配置系统。普适计算的基础设施为此提供了一个很好的基础，例如，用户手持设备可以通过与用户所处交互空间的交互获得该空间中可以使用的服务列表以及用户的移动位置等信息。

（4）提供适合普适计算时代需求的新型服务。在普适计算时代，由于计算资源、网络联接和人与计算服务的交互通道变得无所不在，因此可以提出一些在桌面计算时代无法实现的新型服务。例如，有人提出了"移动会议（Mobile Meeting）"概念，即一个项目组的讨论可以不局限于一个固定的地方，而是可以通过各种手持设备或交互空间来随时随地举行。还有人提出"灵感捕捉"概念，即我们可以随时随地把脑海中闪现的灵感火花或我们经历的事件（如一堂课、一次会议）快速和方便地记录下来，并在以后根据时间、地点、参加者和场景等上下文线索进行快速检索。此外还有"普遍交互"概念，即所有家电的控制都可以通过基于Web 的界面来完成，这样人们就可以随时随地对家里的设备进行操作。

16.1.5　第六代移动通信技术

1. 6G 提出的背景

6G 指的是第六代移动通信技术，6G 网络属于概念性技术，是 5G 的延伸，理论下载速度可达每秒 1TB，目前已有机构开始其研发，预计 2026 年正式投入商用。

2018 年 3 月 9 日,工业与信息化部时任部长苗圩对中央电视台表示,中国已经开始着手 6G 研究。2019 年 3 月 15 日,美国联邦通信委员会(FCC)投票通过了开放 95GHz～3THz 频段的决定,以供 6G 实验使用。纽约大学教授泰德·拉帕波特称:"联邦通信委员会已经启动了 6G 的全球竞赛"。美国前总统特朗普发推特说:"我希望 5G 甚至 6G 的技术能尽快在美国普及。这比当前的标准要更强、更快、更智能。美国公司必须加紧努力,否则就会落后。我们没有理由落后……"。除中美两国外,欧盟、俄罗斯等也正在紧锣密鼓地开展相关工作。

因为中国华为公司在 5G 方面的技术领先优势,美国出台了一系列限制华为发展的政策,这使得 5G 和 6G 已经附带了很多政治"色彩"。5G 和 6G 已经远远超越了技术层面的发展和创新,它已上升为国家层面的技术竞争。实际上,5G 的发展需求源自高速视频图像的传输。随着人们对视频体验要求的提升,视频在媒介中占据着越来越重要的地位。除了更高的清晰度之外,一些新技术,如增强现实、虚拟现实等的融入,要求视频技术必须具有更快的传输速度和处理能力,这是 6G 发展的原动力。

从 1G 到 5G,有一个"诡异"现象在不断出现,即移动通信每次更新换代时,每逢奇数 G,都会出现"短命"的景象。由于 1G 只能语音不能上网,1971 年 12 月被 AT&T 提出并实施后,很快被 2G 取代。尽管 3G 在处理图像、音乐、视频流等方面有一定优势,但 4G 以广带接入和分布网络为基础且 50 倍于 3G 速度实现三维图像高质量传输,而迅速将其代替。目前的 5G 似乎也有类似的开端"景象",因为 6G 似乎在各方面都有较多的优势。这也提醒移动通信厂商在加紧部署 5G 应用推广的同时,也需尽快展开 6G 技术的开发和应用研究。

2. 关键技术

频率范围为 95GHz～3THz 的"太赫兹波"频谱被开放供实验使用,使下一代 6G 无线网络的研发有了技术政策层面的许可。曾经被认为无用的太赫兹频谱,或将成为未来高速通信的频段。从 1G 到 5G,为了提高速率、提升容量,移动通信在向着更多的频谱、更高的频段扩展。5G 由小于 6GHz 扩展到毫米波频段,6G 将迈进太赫兹时代。通常,太赫兹波指 0.1～3THz 的电磁波,见图 16-5。

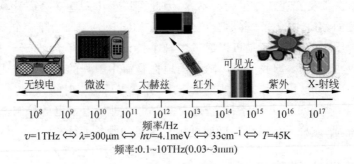

图 16-5　频率范围及其应用(http://www.mwrf.net/news/suppliers/2012/5282.html)

太赫兹波的波长为 3～1000μm,它被认为是 6G 的关键技术之一。事实上,太赫兹能否用于无线通信还需科学家和工程师进一步认证。以前太赫兹主要用于雷达探测、医疗成像,其在无线通信方面的应用是近两年刚刚开始的研究工作。其特点是频率高、通信速率高,理论上能够达到太字节每秒(TB/s),但太赫兹有明显的缺点,那就是传输距离短,易受障碍物干扰,现在能做到的通信距离只有 10m 左右,也就是说,只有解决通信距离问题,才能用于现有的移动通信蜂窝网络。此外,通信频率越高对硬件设备的要求越高,需要更好的性能和加工工艺。这些技术难题是目前必须在短时间内解决的问题。

因为 300GHz 频段的频率是下一代移动通信技术的重点研究领域,泰克科技公司及法国著名的研究实验室 IEMN 已经实现了 300GHz 频段中使用单载波无线链路实现 100Gb/s 数据传输,见图 16-6。

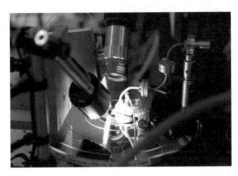

图 16-6　300 GHz 传输实验(http://www.elecfans.com/tongxin/rf/20180601688185.html)

300GHz 频段通信的实验原理是将一种高隔离技术应用于混频器元件,借助一种带有磷化铟高电子迁移率晶体管(InP-HEMT)的 IC,以抑制每个 IC 内部和 IC 中端口之间的信号泄漏,这解决了 300GHz 频段无线前端长期以来面临的挑战,实现了 100Gb/s 的传输速率,见图 16-7。

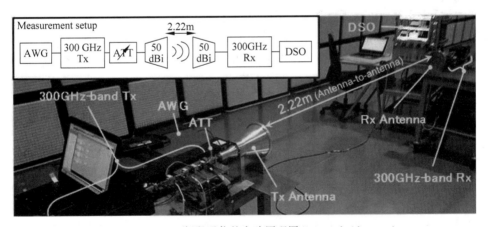

图 16-7　300GHz 频段通信的实验原理图(image.baidu.com)

3. 技术方案

4G 主要依托正交频分复用技术,而 5G 主要依托天线技术和高频段技术。由于 6G 要求更短的网络延迟时间、更大的带宽、更广的覆盖和更高资源利用率,因此 6G 除了要求高密度组网、全双工技术外,将卫星通信技术、平流层通信技术与地面技术的融合使此前大量未被通信信号覆盖的地方,如无法建基站的海洋、难以铺设光纤的偏远无人地区都有可能收发信号。除陆地通信覆盖外,水下通信覆盖也有望在 6G 时代启动,6G 将实现地面无线与卫星通信集成的全连接。通过将卫星通信整合到 6G 移动通信,实现永远在线的全球无缝覆盖。

1) 技术研究

目前,国际通信技术研发机构相继提出了多种 6G 技术路线,但这些方案都处于概念阶段,能否落地还需验证。

奥卢大学无线通信中心是全球最先开始 6G 研发的机构,目前正在无线连接、分布式计算、设备硬件、服务应用四个领域展开研究。无线连接是利用太赫兹甚至更高频率无线电波通信;分布式计算则是通过人工智能、边缘计算等算法解决大量数据带来的时延问题;设备硬件主要面向太赫兹通信,研发对应的天线、芯片等硬件;服务应用则是研究 6G 可能的应用领域,如自动驾驶等。

韩国 SK 集团信息通信技术中心曾在 2018 年提出了"太赫兹+去蜂窝化结构+高空无线平台(如卫星等)"的 6G 技术方案,不仅应用太赫兹通信技术,还要彻底变革现有的移动通信蜂窝架构,并建立空天地一体的通信网络。去蜂窝化结构是当前的研究热点之一,即基站未必按照蜂窝状布置,终端也未必只和一个基站通信,这确实能提高频谱效率。去蜂窝结构构想最早由瑞典林雪平大学的研究团队提出。但这一构想能否满足 6G 时延、通信速率等指标,还尚需验证。

美国贝尔实验室提出了"太赫兹+网络切片"的技术路线。但该方案的技术细节尚需要长时间实验和验证。

2) 硬件技术方案

提高通信速率有两个技术方案:第一种方案是基站更密集,部署量增加,虽然基站功率可以降低,但数量增加仍会带来成本上升;第二种方案就是使用更高频率通信,比如太赫兹或者毫米波,但高频率对基站、天线等硬件设备的要求更高,现在进行太赫兹通信硬件实验的成本都非常高,超出一般研究机构的承受能力。另外,从基站天线数上来看,4G 基站天线数只有 8 根,5G 能够做到 64 根、128 根甚至 256 根,6G 的天线数可能会更高,基站的更换也会提高应用成本。

基站小型化是一个发展趋势,比如已有公司正在研究"纳米天线",如同将手机天线嵌入手机一样,将采用新材料的天线紧凑集成于小基站里,以实现基站小型化和便利化,让基站无处不在。

不改变现有的通信频段,只依靠通过算法优化等措施很难实现设想的 6G 愿景,全部替换所有基站也不现实。未来很有可能会采取非独立组网的方式,即在原有基站等设施的基础上部署 6G 设备,6G 与 5G 甚至 4G、4.5G 网络共存,6G 主要用于人口密集区域或者满足自动驾驶、远程医疗、智能工厂等垂直行业的高端应用。其实,普通百姓对几十个 G、甚至太字节每秒的速率没有太高的需求,况且如果 6G 以毫米波或太赫兹为通信频率,其移动终端的价格必然不菲。因此,混合网也是一种方案。

3) 软件技术方案

软件与开源化将颠覆 6G 网络建设方式。软件化和开源化趋势正在涌入移动通信领域,在 6G 时代,软件无线电(SDR)、软件定义网络(SDN)、云化、开放硬件等技术估计将进入成熟阶段。这意味着,从 5G 到 6G,电信基础设施的升级更加便利,基于云资源和软件升级就可实现。同时,随着硬件白盒化、模块化、软件开源化,本地化和自主式的网络建设方式或将是 6G 时代的新趋势。

16.1.6 量子通信

量子通信是指利用量子纠缠效应进行信息传递的一种新型通信方式。量子通信是近二十年发展起来的新型交叉学科,是量子论和信息论相结合的新的研究领域。量子通信主要涉及:量子密码通信、量子远程传态和量子密集编码等,近来这门学科已逐步从理论走向实验,并向实用化方面发展。高效安全的信息传输日益受到人们的关注。目前,它已成为国际上量子物理和信息科学的研究热点。

量子通信系统的基本部件包括量子态发生器、量子通道和量子测量装置。按其所传输的信息是经典还是量子而分为两类。前者主要用于量子密钥的传输,后者则可用于量子隐形传态和量子纠缠的分发。隐形传送指的是脱离实物的一种"完全"的信息传送。从物理学角度,可以这样来想象隐形传送的过程:先提取原物的所有信息,然后将这些信息传送到接收地点,接收者依据这些信息,选取与构成原物完全相同的基本单元,制造出原物完美的复制品。但是,量子力学的不确定性原理不允许精确地提取原物的全部信息,这个复制品不可能是完美的。因此长期以来,隐形传送不过是一种幻想而已。

1. 量子密码术

量子密码术是密码术与量子力学结合的产物,它利用了系统所具有的量子性质。量子密码术并不用于传输密文,而是用于建立、传输密码本。根据量子力学的不确定性原理以及量子不可克隆定理,任何窃听者的存在都会被发现,从而保证密码本的绝对安全,也就保证了加密信息的绝对安全。最初的量子密码通信利用的都是光子的偏振特性,目前主流的实验方案则用光子的相位特性进行编码。首先想到将量子物理用于密码术的是美国科学家威斯纳。他于 1970 年提出,可利用单量子态制造不可伪造的"电子钞票"。但这个设想的实现需要长时间保存单量子态,不太现实。

2. 量子信息学

量子力学的研究进展促使了新兴交叉学科"量子信息学"的诞生,为信息科学展示了美好的前景。另一方面,量子信息学的深入发展,遇到了许多新课题,反过来又有力地促进了量子力学自身的发展。当前量子信息学无论在理论上还是在实验上都在不断取得重要突破,从而激发了研究人员更大的研究热情。但是,实用的量子信息系统是宏观尺度上的量子体系,人们要想做到有效地制备和操作这种量子体系的量子态目前还是十分困难的。其应用主要在下面三个方面:保密通信、量子算法和快速搜索。

3. 国内量子通信的发展

中国科学院物理所于 1995 年以 BB84 方案在国内首次做了演示性实验,华东师范大学用 B92 方案做了实验,但也是在距离较短的自由空间里进行的。2000 年,中国科学院物理所与研究生院合作,在 850nm 的单模光纤中完成了 1.1km 的量子密码通信演示性实验。

2008 年 8 月 12 日,美国《国家科学院院刊》发表了中国科学技术大学潘建伟教授关于量子容失编码实验验证的研究成果。潘建伟小组首次在国际上原理性地证明了利用量子编码技术可以有效克服量子计算过程中的一类严重错误——量子比特的丢失,为光量子计算机的实用化发展扫除了一个重要障碍。

2012年,潘建伟等人在国际上首次成功实现百千米量级的自由空间量子隐形传态和纠缠分发,为发射全球首颗"墨子号"量子通信卫星奠定技术基础。国际权威学术期刊《自然》杂志于2012年8月9日重点介绍了该成果,见图16-8。

图16-8 "墨子号"量子通信卫星

2017年9月29日,世界首条量子保密通信干线——"京沪干线"正式开通。中国科学家成功实现了洲际量子保密通信。这标志着中国在全球已构建出首个天地一体化广域量子通信网络雏形,为未来实现覆盖全球的量子保密通信网络迈出了坚实的一步。

16.1.7 区块链

1. 区块链的概念

区块链(Blockchain),从科技层面看,涉及数学、密码学、互联网和计算机编程等很多科学技术问题。从应用视角看,是一个分布式的共享账本和数据库,具有去中心化、不可篡改、全程留痕、可以追溯、集体维护、公开透明等特点。这些特点保证了区块链的"诚实"与"透明",为区块链创造信任奠定了基础。而区块链丰富的应用场景,基本上都基于区块链能够解决信息不对称问题,实现多个主体之间的协作信任与一致行动。

区块链提供了分布式数据存储、点对点传输、共识机制、加密算法等计算机技术新的应用模式。本质上是一个去中心化的数据库,同时作为比特币的底层技术,是一串使用密码学方法相关联产生的数据块,每一个数据块中包含一批次交易的信息,用于验证其信息的有效性(防伪)和生成下一个区块。但区块链的安全风险是制约其健康发展的短板。因此,区块链的安全保障体系探索迫切需要加快进行。

中本聪(Satoshi Nakamoto)是第一次提出区块链概念的日裔美国人。2008年他发表了一篇名为《比特币:一种点对点式的电子现金系统》(*Bitcoin: A Peer-to-Peer Electronic Cash System*)的论文,描述了一种被他称为"比特币"的电子货币及其算法。2009年,他发布了首个比特币软件Bitcoin-Qt,并正式启动了比特币金融系统。

2014年,区块链2.0成为一个关于去中心化区块链数据库的术语。对这个第二代可编程区块链,经济学家们认为它是一种编程语言,可以允许用户写出更精密和智能的协议。因此,当利润达到一定程度的时候,就能够从完成的货运订单或者共享证书的分红中获得收益。区块链 2.0 技术跳过了交易和"价值交换中担任金钱和信息仲裁的中介机构"。它们被用来使人们远离全球化经济,使隐私得到保护,使人们"将掌握的信息兑换成货币",并且有能力保证知识产权的所有者得到收益。第二代区块链技术使存储个人的"永久数字 ID 和形象"成为可能,并且对"潜在的社会财富分配"不平等提供解决方案。

2019 年 1 月 10 日,中国国家互联网信息办公室发布《区块链信息服务管理规定》,2019 年 2 月 15 日起施行。2018 年,23 个欧洲国家签署了区块链合作协议,法国为此建立了区块链加速器。2018 年,美国联邦政府和各州政府出台了区块链相关立法,美国国会、商务部国家标准与技术研究院(NIST)等部门先后发布了《2018 年联合经济报告》《区块链:背景和政策问题》《区块链和在政府应用中的适用性》《区块链技术概述》等报告,初步阐明了美国政府对监管和发展思路。2017 年,日本经济产业省(METI)公布了区块链平台评估方法。

2. 类型

1) 公有区块链

公有区块链(Public Block Chains)是指世界上任何个体或者团体都可以发送交易,且交易能够获得该区块链的有效确认,任何人都可以参与其共识的过程。公有区块链是最早的区块链,也是应用最广泛的区块链,各大 Bitcoins 系列的虚拟数字货币均基于公有区块链,世界上有且仅有一条该币种对应的区块链。

2) 联合(行业)区块链

行业区块链(Consortium Block Chains)由某个群体内部指定多个预选的结点为记账人,每个块的生成由所有的预选结点共同决定(预选结点参与共识过程),其他接入结点可以参与交易,但不过问记账过程(本质上还是托管记账,只是变成分布式记账,预选结点的多少,如何决定每个块的记账者成为该区块链的主要风险点),其他任何人可以通过该区块链开放的 API 进行限定查询。

3) 私有区块链

私有区块链(Private Block Chains)仅使用区块链的总账技术进行记账,可以是一个公司,也可以是个人,独享该区块链的写入权限,本链与其他的分布式存储方案没有太大区别。传统金融都是想实验尝试私有区块链,而公链的应用例如 Bitcoin 已经工业化,私链的应用产品还在摸索当中。

3. 特征

(1) 去中心化。区块链技术不依赖额外的第三方管理机构或硬件设施,没有中心管制,除了自成一体的区块链本身,通过分布式核算和存储,各个结点实现了信息自我验证、传递和管理。去中心化是区块链最突出最本质的特征。

(2) 开放性。区块链技术的基础是开源的,除了交易各方的私有信息被加密外,区块链的数据对所有人开放,任何人都可以通过公开的接口查询区块链数据和开发相关应用,因此整个系统信息高度透明。

(3) 独立性。基于协商一致的规范和协议(类似比特币采用的哈希算法等各种数学算法),整个区块链系统不依赖其他第三方,所有结点能够在系统内自动安全地验证、交换数据,不需要任何人为的干预。

（4）安全性。只要不能掌控全部数据结点的 51%，就无法肆意操控修改网络数据，这使区块链本身变得相对安全，避免了主观人为的数据变更。

（5）匿名性。除非有法律规范要求，单从技术上来讲，各区块结点的身份信息不需要公开或验证，信息传递可以匿名进行。

4. 架构模型

区块链系统架构模型，自下而上由数据层、网络层、共识层、激励层、合约层和应用层组成。其中，数据层封装了底层数据区块以及相关的数据加密和时间戳等基础数据和基本算法；网络层则包括分布式组网机制、数据传播机制和数据验证机制等；共识层主要封装网络结点的各类共识算法；激励层将经济因素集成到区块链技术体系中来，主要包括经济激励的发行机制和分配机制等；合约层主要封装各类脚本、算法和智能合约，是区块链可编程特性的基础；应用层则封装了区块链的各种应用场景和案例。该模型中，基于时间戳的链式区块结构、分布式结点的共识机制、基于共识算力的经济激励和灵活可编程的智能合约是区块链技术最具代表性的创新点。

5. 核心技术

1）分布式账本

分布式账本指的是交易记账由分布在不同地方的多个结点共同完成，而且每一个结点记录的是完整的账目，因此它们都可以参与监督交易合法性，同时也可以共同为其作证。

与传统分布式存储不同，区块链分布式存储的独特性主要有两点：一是区块链每个结点都按照块链式结构存储完整的数据，传统分布式存储一般是将数据按照一定的规则分成多份进行存储；二是区块链每个结点存储都是独立的、地位等同的，依靠共识机制保证存储的一致性，而传统分布式存储一般是通过中心结点往其他备份结点同步数据。没有任何一个结点可以单独记录账本数据，从而避免了单一记账人被控制或者被贿赂而记假账的可能性。也由于记账结点足够多，理论上讲除非所有的结点被破坏，否则账目就不会丢失，从而保证了账目数据的安全性。

2）非对称加密

存储在区块链上的交易信息是公开的，但是账户身份信息是高度加密的，只有在数据拥有者授权的情况下才能访问到，从而保证了数据的安全和个人的隐私。其使用计算机密码学的非对称加密方法。

3）共识机制

共识机制就是所有记账结点之间怎么达成共识，去认定一个记录的有效性，这既是认定的手段，也是防止篡改的手段。区块链提出了四种不同的共识机制，适用于不同的应用场景，在效率和安全性之间取得平衡。

区块链的共识机制具备"少数服从多数"以及"人人平等"的特点，其中，"少数服从多数"并不完全指结点个数，也可以是计算能力、股权数或者其他的计算机可以比较的特征量。"人人平等"是当结点满足条件时，所有结点都有权优先提出共识结果、直接被其他结点认同后并最后有可能成为最终共识结果。以比特币为例，采用的是工作量证明，只有在控制了全网超过 51% 的记账结点的情况下，才有可能伪造出一条不存在的记录。当加入区块链的结点足够多的时候,这基本上不可能,从而杜绝了造假的可能。

4) 智能合约

智能合约是基于这些可信的不可篡改的数据,可以自动化地执行一些预先定义好的规则和条款。以保险为例,如果说每个人的信息(包括医疗信息和风险发生的信息)都是真实可信的,那就很容易在一些标准化的保险产品中,进行自动化的理赔。在保险公司的日常业务中,虽然交易不像银行和证券行业那样频繁,但是对可信数据的依赖有增无减。因此,利用区块链技术,从数据管理的角度切入,能够有效地帮助保险公司提高风险管理能力。具体来讲,主要分为投保人风险管理和保险公司的风险监督。

6. 物流与物联网领域的应用

在物流领域,通过区块链技术可以降低物流成本,追溯物品的生产和运送过程,并且提高供应链管理的效率。该领域被认为是区块链一个很有前景的应用方向。

区块链通过结点连接的散状网络分层结构,能够在整个网络中实现信息的全面传递,并能够检验信息的准确程度。这种特性一定程度上提高了物联网交易的便利性和智能化。区块链+大数据的解决方案利用了大数据的自动筛选过滤模式,在区块链中建立信用资源,可双重提高交易的安全性,并提高物联网交易便利程度,为智能物流模式应用节约时间成本。区块链结点具有十分自由的进出能力,可独立地参与或离开区块链体系,不对整个区块链体系有任何干扰。区块链+大数据解决方案利用了大数据的整合能力,促使物联网基础用户拓展更具有方向性,便于在智能物流的分散用户之间实现用户拓展。

7. 面临的挑战

区块链技术在商业银行方面的应用仍在构想和测试之中,距离在生活、生产中的运用还有很长的路要走,而要获得监管部门和市场的认可也面临不少困难,主要有以下几个方面。

(1) 受到现行观念、制度和法律的制约。区块链去中心化、自我管理、集体维护的特性颠覆了人们的生产生活方式,淡化了国家、监管概念,冲击了现行法律安排。对此,现实世界缺少理论准备和制度探讨。即使是区块链应用最成熟的比特币,不同国家持有态度也不相同,其不可避免地阻碍了区块链技术的应用与发展。

(2) 在技术层面,区块链尚需突破性进展。区块链应用尚在实验室初创开发阶段,没有直观可用的成熟产品。比如互联网技术,可以用浏览器、APP 等具体应用程序,实现信息的浏览、传递、交换和应用,但区块链明显缺乏这类突破性的应用程序。再比如,区块容量问题,由于区块链需要承载复制之前产生的全部信息,下一个区块信息量要大于之前区块信息量,这样传递下去,区块写入信息会无限增大,带来的信息存储、验证、容量问题有待解决。

(3) 竞争性技术挑战。虽然有很多人看好区块链技术,但也要看到推动人类发展的技术有很多种,哪种技术更方便更高效,人们就会应用该技术。例如,如果在通信领域应用区块链技术,通过发信息的方式是每次发给全网的所有人,但是只有那个有私钥的人才能解密打开信件,这样信息传递的安全性会大大增加。同样,量子技术也可以做到,量子通信——利用量子纠缠效应进行信息传递——同样具有高效安全的特点,近年来更是取得了不小的进展,这对于区块链技术来说,就具有很强的竞争优势。

16.2 硬件新技术

16.2.1 信息材料

1. 信息材料概述

信息材料属于功能材料,是为实现信息探测、传输、存储、显示和处理等功能使用的材料。信息处理材料是制造信息处理器件如晶体管和集成电路的材料,目前使用最多的是硅,砷化镓也是一种重要的信息处理材料。

信息材料是指在微电子、光电子技术和新型元器件基础产品领域中所用的材料,主要包括以单晶硅为代表的半导体微电子材料;以激光晶体为代表的光电子材料;以介质陶瓷和热敏陶瓷为代表的电子陶瓷材料;以钕铁硼(NdFeB)永磁材料为代表的磁性材料;光纤通信材料;以磁存储和光盘存储为主的数据存储材料;压电晶体与薄膜材料;以储氢材料和锂离子嵌入材料为代表的绿色电池材料等。这些基础材料及其产品支撑着通信、计算机、信息家电与网络技术等现代信息产业的发展。

电子信息材料的总体发展趋势是向着大尺寸、高均匀性、高完整性以及薄膜化、多功能化和集成化方向发展。当前的研究热点和技术前沿包括以柔性晶体管、光子晶体、SiC、GaN、ZnSe 等宽带半导体材料为代表的第三代半导体材料,有机显示材料以及各种纳米电子材料等。

2. 信息材料分类

按功能分,信息材料主要有以下几类。

(1)半导体微电子材料。在半导体产业的发展中,一般将硅、锗称为第一代半导体材料;将砷化镓、磷化铟、磷化镓、砷化铟、砷化铝及其合金等称为第二代半导体材料;而将宽禁带($Eg > 2.3eV$)的氮化镓、碳化硅、硒化锌和金刚石等称为第三代半导体材料。

(2)光电子材料。在光电子技术领域应用的,以光子、电子为载体,处理、存储和传递信息的材料。已使用的光电子材料主要分为光学功能材料、激光材料、发光材料、光电信息传输材料、光电存储材料、光电转换材料、光电显示材料和光电集成材料。

(3)电子陶瓷材料。电子陶瓷是通过对表面、晶界和尺寸结构的精密控制而最终获得具有新功能的陶瓷。其中最重要的是具有高的机械强度,耐高温高湿,抗辐射,介质常数在很宽的范围内变化,介质损耗角正切值小,电容量温度系数可以调整,抗电强度和绝缘电阻值高,以及老化性能优异等。在能源、家用电器、汽车等方面可以广泛应用。

(4)磁性材料。是古老而用途十分广泛的功能材料,而物质的磁性早在 3000 年以前就被人们所认识和应用,例如,中国古代用天然磁铁作为指南针。现代磁性材料已经广泛用在生活之中,例如,将永磁材料用作马达,应用于变压器中的铁心材料,作为存储器使用的磁光盘,计算机用磁记录软盘等。

(5)光纤通信材料。主要是光导纤维,简称光纤,它重量轻、占空间小、抗电磁干扰、通信保密性强,可以制成光缆以取代电缆,是一种很有发展前途的信息传输材料。

(6) 磁存储和光盘存储为主的数据存储材料。信息存储材料是指用于各种存储器的一些能够用来记录和存储信息的材料。这类材料在一定强度的外场(如光、电、磁或热等)作用下发生从某一种状态到另一种状态的突变,并能将变化后的状态保持较长的时间。

(7) 压电晶体与薄膜材料。有一类十分有趣的晶体,对它挤压或拉伸时,它的两端就会产生不同的电荷,这种效应被称为压电效应,能产生压电效应的晶体就叫压电晶体。广泛应用于电子信息产业各领域,如彩电、空调、电脑、DVD、无电线通信等,尤其在高性能电子设备及数字化设备中应用日益扩大。薄膜材料是对溅射类镀膜,可以简单理解为利用电子或高能激光轰击靶材,并使表面组分以原子团或离子形式被溅射出来,并且最终沉积在基片表面,经历成膜过程,最终形成薄膜。

(8) 光伏材料。能将太阳能直接转换成电能的材料。光伏材料又称太阳电池材料,只有半导体材料具有这种功能。目前致力于降低材料成本和提高转换效率,使太阳电池的电力价格与火力发电的电力价格竞争,从而为更广泛更大规模的应用创造条件。

3. 热门信息材料

1) 第三代半导体材料

目前,砷化镓已经成为继硅之后发展最快、应用最广、产量最大的半导体材料。GaN 材料的禁带宽度为硅材料的 3 倍多,其器件在大功率、高温、高频、高速和光电应用方面具有远比硅器件和砷化镓器件更为优良的特性,可制成蓝绿光、紫外光的发光器件和探测器件。第三代半导体材料目前面临的最主要挑战是发展适合 GaN 薄膜生长的低成本衬底材料和大尺寸的 GaN 体单晶生长工艺。可以预见:以硅材料为主体、GaAs 半导体材料及新一代宽禁带半导体材料共同发展将成为集成电路及半导体器件产业发展的主流。

2) 有机显示材料

有机发光材料有两大类,小分子的称为低分子 OLED,大分子的称为高分子 PLED。目前,低分子 OLED 和高分子 PLED 发展前景都被人们所看好。彩色 OLED 和 PLED 可以利用白光发光材料和微型彩色滤光器来实现。已经利用主动矩阵硅芯片,成功地开发了 $800\times600\mathrm{px}$,$0.6\mathrm{inch}$ 的小型彩色显示屏。这种小型显示屏与光学放大设备配合,装配在飞行员、士兵和消防人员的头盔上,三维电子游戏也将为有机发光材料提供一显身手的舞台。

3) 纳米电子材料

在电子通信方面,纳米技术将使电子元件更小、更快、更低能耗,可以制造出存储密度和运算速度比现在大 3~6 个数量级的全频道通信工程和计算机用器件。在医药方面,它可以制造到达身体指定部位的基因和药物传送系统、有生物相容性的器官和血液代用品。在微米粒子状态,有一半药物不溶于水,但是纳米结构药物则能够溶解,更利于吸收。另外,纳米材料可以制造超坚韧的钻头、自修补涂层和纤维、海水除盐膜等新产品。能源、微细加工、飞机、汽车、航天和环保等方面也都将在纳米技术推进下有大的进展。

16.2.2　SoC 技术

集成电路现已进入深亚微米阶段。由于信息市场的需求和微电子自身的发展,引发了以微细加工为主要特征的多种工艺集成技术和面向应用的系统级芯片的发展。随着半导体产业进入超深亚微米乃至纳米加工时代,在单一集成电路芯片上就可以实现一个复杂的电子系统,诸如手机芯片、数字电视芯片、DVD 芯片等。在未来几年内,上亿个晶体管、几千万个逻辑门都可望在单一芯片上实现。

1. SoC 基本概念

20 世纪 90 年代中期,受 ASIC 芯片组启发,人们萌生了将完整计算机所有不同的功能块一次直接集成于一颗硅片上的想法。

SoC(System on Chip,系统级芯片),也称片上系统,意指它是一个产品,是一个有专用目标的集成电路,其中包含完整系统并有嵌入软件的全部内容。同时它又是一种技术,用以实现从确定系统功能开始,到软硬件划分,并完成设计的整个过程。

从狭义角度讲,它是信息系统核心的芯片集成,是将系统关键部件集成在一块芯片上;从广义角度讲,SoC 是一个微小型系统,如果说中央处理器(CPU)是大脑,那么 SoC 就是包括大脑、心脏、眼睛和手的系统。国内外学术界一般倾向将 SoC 定义为将微处理器、模拟 IP 核、数字 IP 核和存储器(或片外存储控制接口)集成在单一芯片上,它通常是客户定制的,或是面向特定用途的标准产品。

SoC 定义的基本内容有两方面:其一是构成,其二是形成过程。系统级芯片的构成可以是系统级芯片控制逻辑模块、微处理器/微控制器 CPU 内核模块、数字信号处理器 DSP 模块、嵌入的存储器模块、和外部进行通信的接口模块、含有 ADC /DAC 的模拟前端模块、电源提供和功耗管理模块。对于一个无线 SoC 还有射频前端模块、用户定义逻辑以及微电子机械模块,更重要的是一个 SoC 芯片内嵌有基本软件模块或可载入的用户软件等。系统级芯片形成或产生过程包含以下三个方面:①基于单片集成系统的软硬件协同设计和验证;②再利用逻辑面积技术使用和产能占有比例有效提高即开发和研究 IP 核生成及复用技术,特别是大容量的存储模块嵌入的重复应用等;③超深亚微米、纳米集成电路的设计理论和技术。

2. SoC 设计的关键技术

SoC 设计的关键技术主要包括总线架构技术、IP 核可复用技术、软硬件协同设计技术、SoC 验证技术、可测性设计技术、低功耗设计技术和超深亚微米电路实现技术等,此外还要做嵌入式软件移植、开发研究。

用 SoC 技术设计系统芯片,一般先要进行软硬件划分,将设计基本分为两部分:芯片硬件设计和软件协同设计。芯片硬件设计包括:功能设计阶段、设计描述和行为级验证、逻辑综合、门级验证、布局和布线等。

16.2.3 纳米器件

1. 纳米电子器件

1959 年,物理学家理查德·费恩曼在一次题目为"在物质底层有大量的空间"的演讲中提出:将来人类有可能建造一种分子大小的微型机器,可以把分子甚至单个的原子作为建筑构件在非常细小的空间构建物质,这意味着人类可以在最底层空间制造任何东西。

纳米是尺寸或大小的度量单位,即 10^{-9} m,4 倍原子大小,万分之一头发粗细。纳米技术就是研究在千万分之一米(10^{-7} m)到亿分之一米(10^{-9} m)内原子、分子和其他类型物质进行操纵和加工的技术。

纳米电子器件在学术文献中的解释是器件和特征尺寸进入纳米范围后的电子器件,也称为纳米器件。纳米技术可以使芯片集成度进一步提高,电子元件尺寸、体积缩小,使半导体技术取得突破性进展,大大提高了计算机的容量和运行速度,见图 16-9。

(a)   (b)

图 16-9　纳米电子器件

2. 纳米器件的典型应用

世界上每一个现实存在的物体都是由分子组成的,在理论上,纳米机器可以构建所有的物体。当然从理论到真正实现应用是不能等同的,但纳米机械专家已经表明,实现纳米技术的应用是可行的。

(1)血管纳米"潜水艇"。2009 年 1 月 22 日,澳大利亚墨尔本莫纳什大学在鞭毛的启发下研制出了一种微型马达,直径只有四分之一毫米(即 250μm),不到两根头发粗。此马达在实验室已经成功航行于人体血液中,科学家希望它能够进入狭窄的大脑动脉中。如图 16-10 所示为未来的血管纳米"潜水艇"。

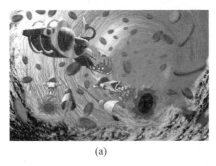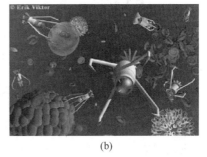

(a)   (b)

图 16-10　血管纳米"潜水艇"

(2)纳米机器人。在纳米尺度上应用生物学原理,研制可编程的分子机器人,也称纳米机器人。第一代纳米机器人是生物系统和机械系统的有机结合体,这种纳米机器人可注入人体血管内,进行健康检查和疾病治疗。还可以用来进行人体器官的修复工作、做整容手术、从基因中除去有害的 DNA,或把正常的 DNA 安装在基因中,使机体正常运行。第二代纳米机器人是直接从原子或分子装配成具有特定功能的纳米尺度的分子装置。第三代纳米机器人将包含纳米计算机,是一种可以进行人机对话的装置。这种纳米机器人一旦问世将彻底改变人类的劳动和生活方式。如图 16-11 所示为纳米机器人。

(a)　　　　　　　　　　　　(b)

图 16-11　纳米机器人

(3) 未来战场纳米"小精灵"。由于纳米技术的飞速发展,可控制、可运动的微型机械电子装置正逐渐成为现实。目前,由纳米技术催生的可应用于未来战场的"小精灵",主要有以下几种。

第一,易潜伏的蚂蚁机器兵。这是一种通过声音加以控制的微型机器人,如果让这些蚂蚁机器兵背上微型探测器,就可在敌方敏感军事区内充当不知疲倦地全天候侦察兵,长期潜伏,不断将敌方情报传回控制站。若它再与微型地雷配合使用,还能实施战略打击。如果把这种蚂蚁机器兵事先潜伏在敌方关键设备中,平时相安无事,一旦交战,就可通过指令遥控激活它们,让它们充当杀手,去炸毁或"蚕噬"敌方设备,特别是破坏信息系统和电力设备等基础设施,见图 16-12。

(a)　　　　　　　　　　　　(b)

图 16-12　纳米机器蚂蚁

第二,易突防的袖珍飞机。这种袖珍飞机长度只有几毫米到几十毫米,甚至连肉眼几乎都看不到。由于体积太小,它的能量消耗非常低,但活动能力却很强,本领也很大,可以几小时甚至几天不停地在敌方空域飞行,通过机载微传感器将战场信息传回己方指挥所。这一类袖珍侦察机使用非常方便,既可由间谍带入敌国,也可通过其他方式散布,一般雷达根本无法发现它们。对于它们,现有的防空武器则只能望空兴叹,见图 16-13。

第三,像种草一样布放"间谍"。利用纳米技术制造微探测器并组网使用,形成分布式战场传感器网络。这种微探测器由战机、直升机或人员实施布放,就像在敌方军事区内种草一样简单,一经布放即自动进入工作状态,能源源不断地送回情报。这些纳米探测器依赖电子、声音、压力和磁性等传感器,可探测 200m 范围内的人员和装备活动情况,对敏感区实施不间断的连续监视。同时,在纳米探测器上还可以安装微型驱动装置,让其具备一定的机动

图 16-13 袖珍飞机

能力。另外,把间谍草传感器网络与战场打击系统连成一体,就可在战场透明化的基础上实施"点穴式"的精确打击,见图 16-14。

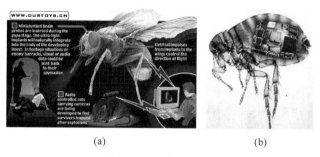

图 16-14 袖珍昆虫

16.2.4 生物芯片

1. 生物芯片定义

生物芯片(Biochip)技术通过微加工和微电子技术在芯片表面构建微型生物化学分析系统,实现了对生命机体的组织、细胞、蛋白质、核酸、糖类及其他生物组分进行准确、快速、大信息量的检测,见图 16-15。

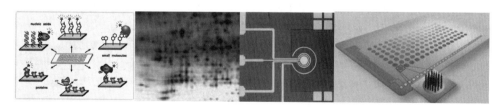

图 16-15 生物芯片

2. 生物芯片的分类

生物芯片主要类型包括基因芯片(gene-chip)、蛋白质芯片(protein-chip)、组织芯片(tissue-chip)和芯片实验室(lab-on-chip)等。

1) 基因芯片

基因芯片,又称为寡核苷酸探针微阵列,是基于核酸探针互补杂交技术原理而研制的。所谓核酸探针只是一段人工合成的碱基序列,在探针上连接上一些可检测的物质,根据碱基互补的原理,利用基因探针到基因混合物中识别特定基因,见图16-16。

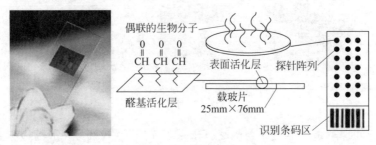

图16-16　基因芯片

2) 蛋白质芯片

蛋白质芯片与基因芯片的原理类似,它是将大量预先设计的蛋白质分子(如抗原或抗体等)或检测探针固定在芯片上组成密集的阵列,利用抗原与抗体、受体与配体、蛋白与其他分子的相互作用进行检测,见图16-17。

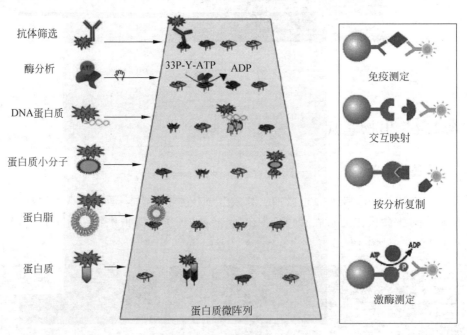

图16-17　蛋白质芯片

3) 组织芯片

组织芯片技术是一种不同于基因芯片和蛋白芯片的新型生物芯片。它是将许多不同个体小组织整齐地排布于一张载玻片上而制成的微缩组织切片,从而进行同一指标(基因、蛋白)的原位组织学的研究,见图16-18。

4) 芯片实验室

芯片实验室是将生命科学研究中所涉及的许多不连续的分析过程(如样品制备、基因扩增、核酸标记及检测等)融为一体,形成便携式微型生物全分析系统。它的最终目的是实现将生物分析的全过程集成在一片芯片上完成,从而使现实许多烦琐、不精确和难以重复的生物分析过程自动化、连续化和微缩化,所以芯片实验室是未来生物芯片发展的最终目标。芯

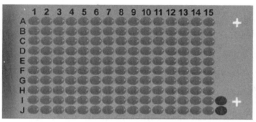
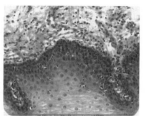

图 16-18　组织芯片

片实验室将生命科学中的样品制备、生化反应、结果检测和数据处理的全过程,集中在一个芯片上进行,构成微型全分析系统,即芯片实验室,见图 16-19。

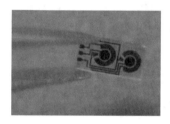

图 16-19　芯片实验室

3. 生物芯片技术的应用

生物芯片技术已经在生物学、医学和食品科学等领域取得了丰硕的成果。生物芯片技术的开发与运用还将在农业、环保、司法鉴定、军事中的基因武器等广泛的领域中开辟一条全新的道路。下面重点展望生物芯片技术在中药研究领域的应用前景。

(1) 生物芯片在基因结构与功能研究上的应用:基因测序与基因表达分析,基因突变和多态性检测,见图 16-20(a)。

(2) 生物芯片在食品科学上的应用:转基因食品的检测,食品中微生物的检测和食品卫生检验,见图 16-20(b)。

(3) 生物芯片在医学中的应用:在疾病诊断中的应用和生物芯片在疫苗研制中的应用,见图 16-20(c)。

(4) 生物芯片在中药研究中的展望:筛选有效的中药复方,筛选药物的有效成分,中药安全性的检测,中药材品质的鉴定。

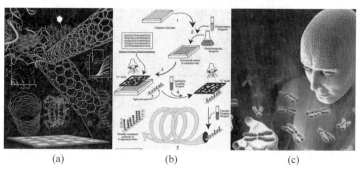

(a)　　　　　　　　(b)　　　　　　　　(c)

图 16-20　生物芯片应用

16.2.5　量子计算机

1. 定义

量子计算机是一类遵循量子力学规律进行高速数学和逻辑运算、存储及处理信息的物理装置。

量子计算机的概念源于可逆计算机的研究。研究可逆计算机的目的是为了解决计算机中的能耗问题。量子计算机对每一个叠加分量实现的变换相当于一种经典计算,所有这些经典计算同时完成,并按一定的概率振幅叠加起来,给出计算结果。这种计算称为量子并行计算,也是量子计算机的优越性。量子计算机与传统计算机一样,也由许多硬件和软件组成。其中,软件包括量子算法、量子编码等;硬件包括量子晶体管、量子存储器、量子效应器等。

量子计算机,以量子态为记忆单元和信息存储形式,以量子动力学演化为信息传递与加工基础的量子通信与量子计算。在量子计算机中其硬件的各种元件的尺寸达到原子或分子的量级。

与传统计算机信息处理基本单元 0 和 1 一样,量子计算机的基本单位量子比特(qubit)也用 0 或 1 表示,其分别对应量子力学体系中的两个态。例如,光子的两个正交的偏振方向,磁场中电子的自旋方向,或核自旋的两个方向,原子中量子处在的两个不同能级,或任何量子系统的空间模式等。量子计算的原理就是量子力学系统中量子态演化的结果。

量子晶体管就是通过电子高速运动来突破物理的能量界限,从而实现晶体管的开关作用,这种晶体管控制开关的速度很快,晶体管比起普通的芯片运算能力更强,而且对使用环境条件适应能力更强,晶体管是量子计算机不可缺少的一部分。量子存储器是一种存储信息效率很高的存储器,它能够在非常短时间里对任何计算信息进行赋值,也是量子计算机不可缺少的组成部分之一。量子计算机的效应器是量子计算机的控制系统,主要用于各部件的运行控制。

2. 技术突破

2007 年,加拿大 DWave 公司成功研制出一台具有 16 昆比特的"猎户星座"量子计算机,并于 2008 年 2 月 13 日和 2 月 15 日分别在美国加州和加拿大温哥华展示,见图 16-21。

图 16-21　DWave 量子计算机

据 2019 年 10 月 23 日《自然》杂志报道,谷歌量子 AI 团队成功用实验证明了"量子的优越性",研制出一个包含 53 个可用量子比特可编程的超导量子计算机,其可在 200s 内完成一个计算,速度相当于 Summit 超级计算机 1 万年耗时,见图 16-22。

图 16-22　"量子霸权"量子计算机

2020 年 12 月 4 日,《科学》杂志公布了中国"九章"的重大突破。中国科学技术大学的潘建伟、陆朝阳等人成功构建 76 个光子的量子计算原型机"九章",求解数学算法高斯玻色取样只需 200s。在特定赛道上,200s 的"量子算力"相当于目前"最强超算"6 亿年的计算能力,其速度比 2019 年谷歌发布的 53 个超导量子计算原型机快一百亿倍,见图 16-23。

图 16-23　"九章"量子计算机

3. 量子计算机理论

1)原理

(1)量子比特。传统计算机信息处理的基本单元是比特,比特是一种有两个状态的物理系统,用 0 与 1 表示。在量子计算机中,基本信息单位是量子比特(qubit),用两个量子态|0>和|1>代替经典比特状态 0 和 1。量子比特相较于比特来说,有独一无二的优点,它以两个逻辑态的叠加态的形式存在,这表示的是两个状态是 0 和 1 的相应量子态叠加。

(2)态叠加原理。量子计算机模型的核心技术是态叠加原理,属于量子力学的一个基本原理。在一个体系中,每一种可能的运动方式被称作态。在微观体系中,量子的运动状态无法确定,呈现统计性,与宏观体系确定的运动状态相反,量子态就是微观体系的态。

(3)量子纠缠。即当两个粒子互相纠缠时,一个粒子的行为会影响另一个粒子的状态,此现象与距离无关,理论上即使相隔足够远,量子纠缠现象依旧能被检测到。因此,当两个粒子中的一个粒子状态发生变化,即此粒子被操作时,另一个粒子的状态也会相应地随之改变。

(4)量子并行原理。量子并行计算是量子计算机能够超越传统计算机最引人注目的先进技术。量子计算机以指数形式存储数字,通过将量子位增至 300 个量子位就能存储比宇宙中所有原子还多的数字,并能同时进行运算。函数计算如果通过经典循环方法,则会耗时很长;如果直接通过幺正变换,将大大缩短工作能量损耗,可真正实现可逆计算。

2) 内文定律

内文(Neven)表示,量子计算机的算力相对于传统计算机之所以能够以双重指数的速率增长,是因为量子计算机有两种变化的指数相互纠缠在一起。

第一个是量子计算机相比传统计算机,具有指数形式的算力。例如,如果量子计算机的计算电路具有四个量子比特位的话,那么传统计算机的计算电路就需要 16 个(2^4)传统比特位才能获得与量子计算机同样的算力。即使现在量子技术还不算很成熟,这个定律也是成立的。

第二个变化的指数来源于量子处理器的不断革新升级,算力不断提升。Neven 表示,性能最好的量子芯片性能将以指数速度发展。

3) 量子计算机技术趋势预测

第一阶段,开发 50~100 个量子比特的高精度专用量子计算机,可解决超级计算机无法解决的高复杂度特定问题,实现计算科学中的"量子计算优越性"。

第二阶段,通过对规模化多体量子体系的精确制备、操控与探测,研制可相干操纵数百个量子比特的量子模拟机,用于解决若干超级计算机无法胜任的工作,具有重大实用价值,其可用于量子化学、新材料设计、优化算法等。

第三阶段,通过积累在专用量子计算与模拟机的研制过程中发展起来的各种技术,提高量子比特的操纵精度使之达到能超越量子计算苛刻的容错阈值(大于 99.9%),大幅度提高可集成的量子比特数目至百万量级,实现容错量子逻辑门,研制可编程的通用量子计算原型机。

4. 量子计算机发展历史

1982 年,Feynman 提出了仿真模拟量子力学系统,其为最早量子计算机的思想框架。

1985 年,牛津大学的 David Deutsch 在发表的论文中,证明了任何物理过程原则上都能很好地被量子计算机模拟,并提出基于量子干涉的计算机模拟即"量子逻辑门"这一新概念,并指出量子计算机可以通用化、量子计算错误的产生和纠正等问题。

1994 年,AT&T 公司的 Perer Shor 博士发现了因子分解的有效量子算法。1996 年,S. Loyd 证明了 Feyrman 的猜想,他指出模拟量子系统的演化将成为量子计算机的一个重要用途。随后各国政府和各大公司纷纷制定了针对量子计算机的研究计划。

2007 年,加拿大 DWave 公司成功研制出一台具有 16 昆比特的"猎户星座"量子计算机。2009 年 11 月 15 日,美国国家标准技术研究院研制出可处理两个量子比特的量子计算机。

2019 年 10 月 23 日,谷歌量子团队设计出包含 53 个可用量子比特的可编程超导量子计算机。

2020 年 12 月 4 日,中国科学技术大学潘建伟团队成功构建 76 个光子的量子计算原型机"九章"。

16.3 软件开发新技术

16.3.1 第四代语言

第四代语言(Fourth Generation Language,4GL)是按计算机科学理论指导设计出来的结构化语言,如 ADA、MODULA-2、Smalltalk-80 等。

4GL 具有简单易学,用户界面良好,非过程化程度高,面向问题,只需告知计算机"做什么"而不必告知计算机"怎么做",用 4GL 编程使用的代码量较之 COBOL、PL/1 明显减少,并可成数量级地提高软件生产率等特点。许多 4GL 为了提高对问题的表达能力,也为了提高语言的效率,引入了过程化的语言成分,出现了过程化的语句与非过程化的语句交织并存的局面,如 LINC、NOMAD、IDEAL、FOCUS、NATURAL 等均是如此。

4GL 以数据库管理系统所提供的功能为核心,进一步构造了开发高层软件系统的开发环境,如报表生成、多窗口表格设计、菜单生成系统等,为用户提供了一个良好的应用开发环境。4GL 的代表性软件系统有 Power Builder、Delphi 和 INFORMIX-4GL 等。

4GL 的出现是出于商业需要。4GL 这个词最早是在 20 世纪 80 年代初期出现在软件厂商的广告和产品介绍中的,因此,这些厂商的 4GL 产品不论从形式上看还是从功能上看,差别都很大。1985 年,美国召开了全国性的 4GL 研讨会,也正是在这前后,许多著名的计算机科学家对 4GL 展开了全面研究,从而使 4GL 进入了计算机科学的研究范畴。

进入 20 世纪 90 年代,随着计算机软硬件技术的发展和应用水平的提高,大量基于数据库管理系统的 4GL 商品化软件已在计算机应用开发领域中获得广泛应用,成为面向数据库应用开发的主流工具,如 Oracle 应用开发环境、INFORMIX-4GL、SQL Windows、Power Builder 等。它们为缩短软件开发周期,提高软件质量发挥了巨大的作用,为软件开发注入了新的生机和活力。

16.3.2 敏捷设计

2001 年 2 月 11~13 日,在犹他州 Wasateh 山的滑雪胜地,17 位计算机专家在两天的聚会中,签署了"敏捷软件开发宣言"(The Manifesto for Agile Software Development),宣告:"我们通过实践寻找开发软件的更好方法,并帮助其他人使用这些方法。通过这一工作我们得到以下结论,'个体和交流胜于过程和工具;工作软件胜于综合文档;客户协作胜于洽谈协议;回应变革胜于照计划行事。'"

1. 方法类型

敏捷过程(Agile process)来源于敏捷开发。敏捷开发是一种应对快速变化需求的软件开发能力。相对于"非敏捷"更强调沟通、变化和产品效益,也更注重作为软件开发中人的作用。敏捷开发包括一系列的方法,主流的有如下 7 种。

(1) XP(极限编程)。XP 的思想源自 Kent Beck 和 Ward Cunningham 在软件项目中的

合作经历。XP 注重的核心是沟通、简明、反馈和勇气。因为知道计划永远赶不上变化,XP 无须开发人员在软件开始初期做出很多的文档,而是提倡测试先行,以便将以后出现 bug 的几率降到最低。

(2) SCRUM 方法。SCRUM 是一种迭代的增量化过程,用于产品开发或工作管理。它是一种可以集合各种开发实践的经验化过程框架。SCRUM 中发布产品的重要性高于一切。该方法由 Ken Schwaber 和 Jeff Sutherland 提出,旨在寻求充分发挥面向对象和构件技术的开发方法,是对迭代式面向对象方法的改进。

(3) Crystal Methods(水晶方法)。Crystal Methods 由 Alistair Cockburn 在 20 世纪 90 年代末提出。之所以是个系列,是因为他相信不同类型的项目需要不同的方法。虽然水晶系列不如 XP 那样的产出效率,但会有更多的人能够接受并遵循它。

(4) FDD。特性驱动开发(Feature Driven Development,FDD)由 Peter Coad,Jeff de Luca 和 Eric Lefebvre 共同开发,是一套针对中小型软件开发项目的开发模式。此外,FDD 是一个模型驱动的快速迭代开发过程,它强调的是简化、实用、易于被开发团队接受,适用于需求经常变动的项目。

(5) ASD。自适应软件开发(Adaptive Software Development,ASD)由 Jim Highsmith 在 1999 年正式提出。ASD 强调开发方法的适应性(Adaptive),这一思想来源于复杂系统的混沌理论。ASD 不像其他方法那样有很多具体的实践做法,它更侧重为 ASD 的重要性提供最根本的基础,并从更高的组织和管理层次来阐述开发方法为什么要具备适应性。

(6) DSDM。动态系统开发方法(DSDM)是众多敏捷开发方法中的一种,它倡导以业务为核心,快速而有效地进行系统开发。实践证明,DSDM 是成功的敏捷开发方法之一。在英国,由于其在各种规模的软件组织中的成功,已成为应用最为广泛的快速应用开发方法。DSDM 不但遵循了敏捷方法的原理,而且也适合那些成熟的传统开发方法有坚实基础的软件组织。

(7) 轻量型 RUP 框架。轻量型 RUP 其实是一个过程的框架,它可以包容许多不同类型的过程,Craig Larman 极力主张以敏捷型方式来使用 RUP。他的观点是:目前有如此众多的努力以推进敏捷型方法,只不过是在接受能被视为 RUP 的主流 OO 开发方法而已。

2. 敏捷开发的工作方式

前面提到的这 4 个核心价值观会导致高度迭代式的、增量式的软件开发过程,并在每次迭代结束时交付经过编码与测试的软件。敏捷开发小组的主要工作方式包括:增量与迭代式开发;作为一个整体工作;按短迭代周期工作;每次迭代交付一些成果;关注业务优先级;检查与调整。

(1) 增量与迭代。增量开发,意思是每次递增地添加软件功能。每一次增量都会添加更多的软件功能。迭代式开发允许在每次迭代过程中需求可能有变化,通过不断细化来加深对问题的理解。

(2) 敏捷小组的整体工作。项目取得成功的关键在于,所有的项目参与者都把自己看作朝向一个共同目标前进的团队的一员。一个成功的敏捷开发小组应该具有"我们一起参与其中"的思想。虽然敏捷开发小组是以小组整体进行工作,但是小组中仍然有一些特定的角色。有必要指出和阐明那些在敏捷估计和规划中承担一定任务的角色。

（3）敏捷小组的短迭代周期。迭代是受时间框限制的，意味着即使放弃一些功能，也必须按时结束迭代。时间框一般很短，大部分敏捷开发小组采用 2～4 周的迭代，但也有一些小组采用长达 3 个月的迭代周期仍能维持敏捷性。大多数小组采用相对稳定的迭代周期长度，但是也有一些小组在每次迭代开始的时候选择合适的周期长度。

（4）敏捷小组每次迭代交付。在每次迭代结束的时候让产品达到潜在可交付状态是很重要的。实际上，这并不是说小组必须全部完成发布所需的所有工作，因为他们通常并不会每次迭代都真的发布产品。由于单次迭代并不总能提供足够的时间来完成足够满足用户或客户需要的新功能，因此需要引入更广义的发布概念。一次发布由一次或以上（通常是以上）相互接续，完成一组相关功能的迭代组成。最常见的迭代一般是 2～4 周，一次发布通常是 2～6 个月。

（5）敏捷小组的优先级。敏捷开发小组从两个方面显示出他们对业务优先级的关注。首先，他们按照产品所有者所制定的顺序交付功能，而产品所有者一般会按照使机构在项目上的投资回报最大化的方式来确定功能的优先级，并将它们组织到产品发布中。要达到这一目的，需要根据开发小组的能力和所需新功能的优先级建立一个发布计划。其次，敏捷开发小组关注完成和交付具有用户价值的功能，而不是完成孤立的任务（任务最终组合成具有用户价值的功能）。

（6）敏捷小组的检查和调整。在每次新迭代开始的时候，敏捷开发小组都会结合在上一次迭代中获得的所有新知识做出相应的调整。如果小组认识到一些可能影响到计划的准确性或是价值的内容，他们就会调整计划。小组可能发现他们过高或过低地估计了自己的进展速度，或者发现某项工作比原来计划的更耗费时间，从而影响到计划的准确性。

16.3.3 软件产品线

1. 软件产品线概念

软件产品线是一组具有共同体系构架和可复用组件的软件系统，它们共同构建支持特定领域内产品开发的软件平台。一个软件产品线由一个产品线体系结构、一个可重用构件集合和一个源自共享资源的产品集合组成，是组织一组相关软件产品开发的方式。软件产品线的产品则是根据基本用户需求对产品线架构进行定制，将可复用部分和系统独特部分集成而得到。软件产品线方法集中体现了一种大规模、大力度软件复用实践，是软件工程领域中软件体系结构和软件重用技术发展的结果。

1997 年，由北京大学主持的国家重大科技攻关项目“青鸟工程”是软件产品线方法的原型平台。进入 21 世纪，为了适应 Internet 应用及信息技术方面的重大变革，软件系统开始呈现出一种柔性可演化、连续反应式、多目标自适应的新系统形态。从技术的角度看，在面向对象、软件构件等技术支持下的软件实体以主体化的软件服务形式存在于 Internet 的各个结点之上，各个软件实体相互间通过协同机制进行跨网络的互联、互通、协作和联盟，从而形成一种与 WWW 相类似的软件 Web（Software Web）。将这样一种 Internet 环境下的新的软件形态称为网构软件（Internetware）。

2. 软件产品线流程

软件产品线的开发有 4 个技术特点：过程驱动、特定领域、技术支持和架构为中心。与其他软件开发方法相比，选择软件产品线的宏观原因有：对产品线及其实现所需的专业知识领域清楚界定，对产品线的长期远景进行了策略性规划。软件生产线的概念和思想，将软件的生产过程分到三类不同的生产车间进行，即应用体系结构生产车间、构件生产车间和基于构件、体系结构复用的应用集成(组装)车间，从而形成软件产业内部的合理分厂，实现软件的工业化生产。软件生产线如图 16-24 所示。

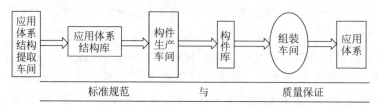

图 16-24　软件生产线

(1) 软件产品线工程。软件产品线是一种基于架构的软件复用技术，它的理论基础是：特定领域(产品线)内的相似产品具有大量的公共部分和特征，通过识别和描述这些公共部分和特征，可以开发需求规范、测试用例、软件组件等产品线的公共资源。而这些公共资源可以直接应用或适当调整后应用于产品线内产品的开发，从而不再从草图开始开发产品。因此，典型的产品线开发过程包括两个关键过程：领域工程和应用工程。

(2) 软件产品线的组织结构。软件产品线开发过程分为领域工程和应用工程，相应的软件开发的组织结构也有两个部分：负责核心资源的小组和负责产品的小组。在 EMS 开发过程中采用的产品线方法中，主要有三个关键小组：平台组、配置管理组和产品组。

(3) 软件产品线构件。产品线构件是用于支持产品线中产品开发的可复用资源的统称。这些构件远不是一般意义上的软件构件，它们包括：领域模型、领域知识、产品线构件、测试计划及过程、通信协议描述、需求描述、用户界面描述、配置管理计划及工具、代码构件、性能模型与度量、工作流结构、预算与调度、应用程序生成器、原型系统、过程构件(方法和工具)、产品说明、设计标准、设计决策和测试脚本等。在产品线系统的每个开发周期都可以对这些构件进行精化。

16.3.4　网构软件

1. 背景

2002—2007 年，在国家重点基础研究发展规划(973)的支持下，北京大学、南京大学、清华大学、中国科学院软件研究所、中国科学院数学研究所、华东师范大学、东南大学、大连理工大学、上海交通大学等单位的研究人员以我国软件产业需支持信息化建设和现代服务业为主要应用目标，提出了"Internet 环境下基于 Agent 的软件中间件理论和方法研究"，并形成了一套以体系结构为中心的网构软件技术体系。主要包括 3 个方面的成果：一种基本实体主体化和按需协同结构化的网构软件模型，一个实现网构软件模型的自治式网构软件中间件,以及一种以全生命周期体系结构为中心的网构软件开发方法。

在网构软件实体模型中,剥离了对开放环境以及其他实体的固化假设,以解除实体之间以及实体与环境之间的紧密耦合,进而引入自主决策机制来增强实体的主体化特性;在网构软件实体协同方面,针对面向对象方法调用受体固定、过程同步、实现单一等缺点,对其在开放网络环境下予以按需重新解释,即采用基于软件体系结构的显式的协同程序设计,为软件实体之间灵活、松耦合的交互提供可能;在网构软件运行平台(中间件)方面,通过容器和运行时软件体系结构分别具体化网构软件基本实体和按需协同,并通过构件化平台、全反射框架、自治回路等关键技术实现网构软件系统化的自治管理;在网构软件开发方法方面,提出了全生命周期软件体系结构以适应网构软件开发重心从软件交付前转移到交付后的重大变化,通过以体系结构为中心的组装方法支持网构软件基本实体和按需协同的开发,采用领域建模技术对无序的网构软件实体进行有序组织。

2. 网构软件

进入 21 世纪,以 Internet 为代表的网络逐渐融入人类社会的方方面面,极大地促进了全球化的广度和深度,为信息技术与应用扩展了发展空间。另一方面,Internet 正在成长为一台由数量巨大且日益增多的计算设备所组成的“统一的计算机”,与传统计算机系统相比,Internet 为应用领域问题求解所能提供的支持在量与质上均有飞跃。为了适应这些应用领域及信息技术方面的重大变革,软件系统开始呈现出一种柔性可演化、连续反应式、多目标自适应的新系统形态。

从技术的角度看,在面向对象、软件构件等技术支持下的软件实体以主体化的软件服务形式存在于 Internet 的各个结点之上,各个软件实体相互间通过协同机制进行跨网络的互连、互通、协作和联盟,从而形成一种与 WWW 相类似的软件 Web(Software Web)。将这样一种 Internet 环境下的新的软件形态称为网构软件(Internetware)。传统软件技术体系由于其本质上是一种静态和封闭的框架体系,难以适应 Internet 开放、动态和多变的特点。一种新的软件形态——网构软件适应 Internet 的基本特征,呈现出柔性、多目标和连续反应式的系统形态,将导致现有软件理论、方法、技术和平台的革命性进展。

网构软件包括一组分布于 Internet 环境下各个结点的、具有主体化特征的软件实体,以及一组用于支撑这些软件实体以各种交互方式进行协同的连接子。这些实体能够感知外部环境的变化,通过体系结构演化的方法(主要包括软件实体与连接子的增加、减少与演化,以及系统拓扑结构的变化等)来适应外部环境的变化,展示上下文适应的行为,从而使系统能够以足够满意度来满足用户的多样性目标。网构软件这种与传统软件迥异的形态,在微观上表现为实体之间按需协同的行为模式,在宏观上表现为实体自发形成应用领域的组织模式。相应地,网构软件的开发活动呈现为通过将原本“无序”的基础软件资源组合为“有序”的基本系统,随着时间推移,这些系统和资源在功能、质量、数量上的变化导致它们再次呈现出“无序”的状态,这种由“无序”到“有序”的过程往复循环,基本上是一种自底向上、由内向外的螺旋方式。

网构软件理论、方法、技术和平台的主要突破点在于实现如下转变,即从传统软件结构到网构软件结构的转变,从系统目标的确定性到多重不确定性的转变,从实体单元的被动性到主动自主性的转变,从协同方式的单一性到灵活多变性的转变,从系统演化的静态性到系统演化的动态性的转变,从基于实体的结构分解到基于协同的实体聚合的转变,从经验驱动的软件手工开发模式到知识驱动的软件自动生成模式的转变。建立这样一种新型的理论、方法、技术和平台体系具有两个方面的重要性,一方面,从计算机软件技术发展的角度,这种新型的理论、方法和技术将成为面向 Internet 计算环境的一套先进的软件工程方法学体系,为 21 世纪计算机软件的发展构造理论基础;另一方面,这种基于 Internet 计算环境上软件的核心理论、方法和技术,必将为我国在未来若干年建立面向 Internet 的软件产业打下坚实的基础,为我国软件产业的跨越式发展提供核心技术的支持。

3. 网构软件模型

基于面向对象模型,提出了一种基于 Agent、以软件体系结构为中心的网构软件模型,如图 16-25 所示。

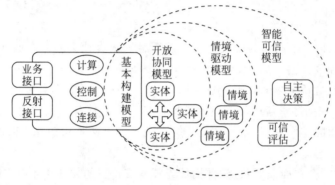

图 16-25　网构软件模型

图 16-26 为网构软件中间件模型。

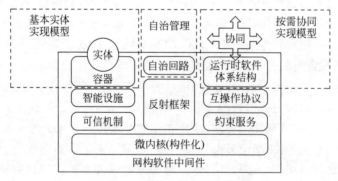

图 16-26　网构软件中间件模型

图 16-27 为网构软件开发方法体系。

进一步的工作主要是加强现有成果的深度和广度。在深度方面,完善以软件体系结构为中心的网构软件技术体系,重点突破网构软件智能可信模型、网构中间件自治管理技术,以及网构软件开发方法的自动化程度。在广度方面,多网融合的大趋势使得软件将运行在一个包含 Internet、无线网、电信网等多种异构网络的复杂网络环境,网构软件是否需要以及能否从 Internet 延伸到这种复杂网络环境,成为下一步的主要目标。

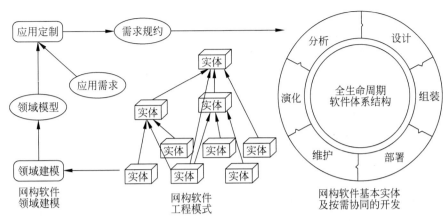

图 16-27 网构软件开发方法体系

习题

1. 名词解释

（1）全光网；（2）云计算；（3）网格计算；（4）普适计算；（5）信息材料；（6）SoC；（7）纳米器件；（8）第四代语言；（9）5G；（10）6G；（11）量子通信；（12）区块链；（13）软件产品线；（14）量子计算机。

2. 判断题

（1）云计算指通过网络连接强力计算资源，形成对用户透明的超级计算环境。（   ）

（2）网格是把整个 Internet 整合成一台巨大的超级计算机，实现计算资源、存储资源、数据资源、信息资源、知识资源、专家资源的全面共享。（   ）

（3）普适环境主要包括网络、设备和服务：网络环境包括 Internet、移动网络、电话网、电视网和各种无线网络等；普适计算设备更是多种多样，包括计算机、手机、汽车、家电等能够通过任意网络上网的设备；服务内容包括计算、管理、控制、资源浏览等。（   ）

（4）全光网就是线路和设备支持光通信的网络。（   ）

3. 填空题

（1）网格计算发展趋势：标准化趋势、_____和大型化趋势。

（2）综观计算机技术的发展历史，计算模式经历了第一代的主机（大型机）计算模式和第二代的 PC（桌面）计算模式，第三代计算为_____。

4. 选择题

（1）云计算可以认为包括以下几个层次的服务（   ）。

    A. 基础设施即服务   B. 平台即服务

    C. 软件即服务   D. 计算机即服务

（2）云计算的三级分层为（   ）。

    A. 云软件   B. 云平台

    C. 云设备   D. 云服务

5. 简答题

(1) 简述全光网的关键技术。

(2) 简述云计算的体系架构。

(3) 简述网格计算的"三要素"。

(4) 简述 Globus 的体系结构。

(5) 简述普适计算的技术。

(6) 信息材料怎样分类?

(7) 简述 SoC 设计的关键技术。

(8) 简述纳米器件的典型应用。

(9) 简述敏捷设计方法。

(10) 简述敏捷开发的工作方式。

(11) 简述软件产品线流程。

6. 论述题

哪些新技术最有可能在物联网领域得到较好的应用?

附录 A
APPENDIX A | 各章习题参考答案

第1章　习题参考答案

1. 名词解释

(1) 物联网。其英文名称是 The Internet of things,其含义就是物物相连的互联网。物联网的核心和基础仍然是互联网,是在互联网基础上延伸和扩展的网络。

(2) 工程素质。工程素质是指从事工程实践技术人员的一种能力,是针对工程实践活动所具有的潜能和适应性。

(3) 应用型人才。就是把成熟的技术和理论应用到实际的生产、生活中的技能型人才。

(4) 创新能力。指运用知识和理论,在科学、艺术、技术和各种实践活动领域中不断提供具有经济价值、社会价值、生态价值的新思想、新理论、新方法和新发明的能力。

(5) 研究型人才。指具有坚实的基础知识、系统的研究方法、高水平的研究能力和创新能力,在社会各个领域从事研究工作和创新工作的人才。

2. 判断题

(1) (×)　　(2) (×)　　(3) (√)　　(4) (×)

3. 填空题

(1) 根据教育部 2020 版《普通高等学校本科专业目录》,从计算机专业的视角看我国的信息学科,可将其划分为三大类:计算机专业、计算机相近专业和计算机交叉专业。

(2) 物联网工程本科专业的课程大致分为感知层、传输层、处理层和应用层 4 部分。

4. 选择题

(1) (A)　　(2) (A)　　(3) (D)　　(4) (A)(B)(C)(D)　　(5) (A)(B)(C)

5. 简答题

(1) 物联网工程专业本科的培养目标是什么?

答:本专业培养和造就适应社会主义现代化建设需要,德智体全面发展,基础扎实,知识面宽,能力强,素质高,具有创新精神,系统地掌握物联网的相关理论、方法和技能,具备通信技术、网络技术、传感技术等信息领域宽广的专业知识的高级工程技术人才。

(2) 物联网工程专业本科毕业生培养的知识和能力要求是什么?

答:本科毕业生应获得以下几方面的知识和能力:掌握物联网工程的基本理论、基本知识和基本技能;掌握物联网应用系统的分析和设计的基本方法;具有熟练地进行物联网系统设计和开发的基本能力;了解与物联网有关的法规和发展动态;具有创新意识、创新精神和良好的职业素养;具有与人合作共事的能力;掌握文献检索、资料查询的基本方法;具有独立获取专业知识和信息的能力。

(3) 答案略。

(4) 要成为一个工程应用型人才,应该在哪些方面加强自己的能力?

答:物联网工程专业"工程应用型"人才的素质应该是:敏捷的反应能力、学识和修养、身体状况良好、团队合作精神、有领导才能、高度敬业、创新观念强、求知欲望高、对人和蔼可亲、良好的生活习惯、能适应环境和改善环境。

(5) 答案略。

6. 论述题

答案略。

第 2 章　习题参考答案

1. 名词解释

(1) 中国学者对物联网的定义。物联网是一个基于互联网、传统电信网等信息承载体,让所有能够被独立寻址的普通物理对象实现互联互通的网络。它具有普通对象设备化、自治终端互联化和普适服务智能化三个重要特征。

(2) 欧盟学者对物联网的定义。物联网是一个动态的全球网络基础设施,它具有基于标准和互操作通信协议的自组织能力,其中物理的和虚拟的"物"具有身份标识、物理属性、虚拟的特性和智能的接口,并与信息网络无缝整合。物联网将与媒体互联网、服务互联网和企业互联网一道,构成未来互联网。

(3) 一般物联网的定义。是通过射频识别(RFID)、红外感应器、全球定位系统、激光扫描器等信息传感设备,按约定的协议,把物品与互联网相连接,进行信息交换和通信,以实现对物品的智能化识别、定位、跟踪、监控和管理的一种网络。

2. 判断题

(1) (×)　　(2) (×)　　(3) (√)　　(4) (√)

3. 填空题

(1) 物联网三层论的技术学派认为,从技术架构上来看,物联网可分为三层:感知层、网络层和<u>应用层</u>。

(2) 物联网四层论的技术学派认为,从物联网的体系结构看,物联网可大体分成四层:

感知层、传输层、处理层和应用层。

4. 选择题

（1）（A）（B）（C）（D）　　（2）（A）（B）（D）

5. 简答题

（1）物联网的本质是什么？

答：关于物联网的本质，很多专家、学者都提出了各自不同的看法。但是，大部分人认为，其一，物联网还是"网"；其二，物联网是互联网的延伸；其三，物联网本质上是国民经济和社会的深度信息化。

（2）和传统的互联网相比，物联网有什么鲜明的特征？

答：① 它是各种感知技术的广泛应用。物联网上部署了海量的多种类型的传感器，每个传感器都是一个信息源，不同类别的传感器所捕获的信息内容和信息格式不同。传感器获得的数据具有实时性，按一定的频率周期性地采集环境信息，不断更新数据。

② 它是一种建立在互联网上的泛在网络。物联网技术的重要基础和核心仍旧是互联网，通过各种有线和无线网络与互联网融合，将物体的信息实时准确地传递出去。物联网上的传感器定时采集的信息需要通过网络传输，由于其数量极其庞大，形成了海量信息，在传输过程中，为了保障数据的正确性和及时性，必须适应各种异构网络和协议。

③ 物联网不仅提供了传感器的连接，其本身也具有智能处理的能力，能够对物体实施智能控制。物联网将传感器和智能处理相结合，利用云计算、模式识别等各种智能技术，扩充其应用领域。从传感器获得的海量信息中分析、加工和处理出有意义的数据，以适应不同用户的不同需求，以及发现新的应用领域和应用模式。

（3）简述物联网的关键技术。

答：物联网技术的核心和基础仍然是互联网技术，是在互联网技术基础上的延伸和扩展的一种网络技术；其用户端延伸和扩展到了任何物品和物品之间，进行信息交换和通信。因此，物联网关键技术是通过射频识别、红外感应器、全球定位系统、激光扫描器等信息传感设备，按约定的协议，将物品与互联网相连接，进行信息交换和通信，以实现智能化识别、定位、追踪、监控和管理。

（4）简述物联网的支撑技术。

答：① RFID。射频识别技术，也称电子标签，在物联网中起重要的"使能"作用。

② 传感网。借助于各种传感器，探测和集成包括温度、湿度、压力、速度等物理现象的网络，也是温总理"感知中国"提法的主要依据之一。

③ M2M。侧重于末端设备的互联和集控管理，也称 X-Internet，中国三大通信营运商在推 M2M 这个理念。

④ 两化融合。工业信息化也是物联网产业主要推动力之一，自动化和控制行业是主力，但目前来自这个行业的呼声相对较少。

（5）简述物联网的技术发展阶段。

答：① 初级阶段。已存在的各行业基于其行业数据交换和传输标准的联网监测监控，两化融合等 MAI 应用系统。

② 中级阶段。在物联网理念推动下,基于局部统一的数据交换标准实现的跨行业、跨业务综合管理集成系统,包括一些基于 SaaS 模式和"私有云"的 M2M 营运系统。

③ 高级阶段。基于物联网统一数据标准,SOA,Web Service,云计算虚拟服务的 on Demand 系统,最终实现基于"共有云"的广泛物联网。

6. 论述题

答案略。

第 3 章 习题参考答案

1. 名词解释

(1) RFID。射频识别即 RFID(Radio Frequency IDentification)技术,又称电子标签、无线射频识别。它是一种通信技术,可通过无线电信号来识别特定目标并读写相关数据,而无须在识别系统与特定目标之间建立机械或光学接触。

(2) RFID 阅读器。读取(或写入)标签信息的设备。它通过天线与 RFID 电子标签进行无线通信,可以实现对标签识别码中内存数据的读出或写入操作。

2. 判断题

(1) (×)   (2) (×)   (3) (×)   (4) (√)

3. 填空题

(1) 电子标签依据频率的不同可分为低频电子标签、高频电子标签、超高频电子标签和微波电子标签。

(2) 根据射频识别系统作用距离的远近情况,射频标签天线与读写器天线之间的耦合可分为以下三类: 密耦合系统、遥耦合系统、远距离系统。

(3) 一套完整的 RFID 系统,是由阅读器(Reader)与电子标签(Tag)及应用软件系统三个部分所组成。

4. 选择题

(1) (A)(B)(C)   (2) (A)(B)(C)

5. 简答题

(1) 简述 RFID 的工作原理。

答: RFID 技术的基本工作原理并不复杂:标签进入磁场后,接收阅读器发出的射频信号,凭借感应电流所获得的能量发送出存储在芯片中的产品信息(Passive Tag,无源标签或被动标签),或者主动发送某一频率的信号(Active Tag,有源标签或主动标签)。阅读器读取信息并解码后,送至中央信息系统进行有关数据处理。

(2) 简述 RFID 的技术特点。

答: 数据的读写机能;形状容易小型化和多样化;耐环境性;可重复使用;穿透性;数

据的记忆容量大；系统安全和数据安全。

（3）简述 RFID 的历史。

答：20 世纪 40 年代末，科学家哈里·斯托克曼（Harry Stockman）发表了一篇关于无线射频识别的科学论文。20 世纪 60 年代晚期，RFID 在世界上首次被投入商业应用。在 20 世纪 80～90 年代，RFID 也开始了在其他领域的商业应用。20 世纪末期，在美国和其他国家，RFID 进入了数百万人的生活。21 世纪，RFID 越来越多地进入了人们的生活，RFID 被广泛应用。

（4）简述 RFID 的优点。

答：RFID 技术所具备的独特优越性是其他识别技术无法比拟的。主要体现在以下几个方面：读取方便快捷，识别速度快，数据容量大，使用寿命长，应用范围广，标签数据可动态更改，更好的安全性和动态实时通信。

（5）与条形码识别系统相比，无线射频识别技术具有哪些优势？

答：与条形码识别系统相比，无线射频识别技术具有很多优势：通过射频信号自动识别目标对象，无需可见光源；具有穿透性，可以透过外部材料直接读取数据，保护外部包装，节省开箱时间；射频产品可以在恶劣环境下工作，对环境要求低；读取距离远，无须与目标接触就可以得到数据；支持写入数据，无须重新制作新的标签；使用防冲突技术，能够同时处理多个射频标签，适用于批量识别场合；可以对 RFID 标签所附着的物体进行追踪定位，提供位置信息。

6. 论述题

答案略。

第 4 章　习题参考答案

1. 名词解释

（1）传感器。是一种检测装置，能感受到被测量的信息，并能将检测感受到的信息，按一定规律转换成为电信号或其他所需形式的信息输出，以满足信息的传输、处理、存储、显示、记录和控制等要求。

（2）电阻式传感器。是一种把位移、力、压力、加速度、扭矩等非电物理量转换为电阻值变化的传感器。

（3）电容式传感器。是一种把被测的机械量，如位移、压力等转换为电容量变化的传感器。

（4）电感式传感器。是一种传感器，它利用电磁感应把被测的物理量如位移、压力、流量、振动等转换成线圈的自感系数和互感系数的变化，再由电路转换为电压或电流的变化量输出，实现非电量到电量的转换。

（5）压电式传感器。是一种自发电式和机电转换式传感器。

（6）光电传感器。是采用光电元件作为检测元件的传感器。

（7）热电式传感器。是将温度变化转换为电量变化的装置。

（8）气敏传感器。是一种检测特定气体的传感器。

(9) 湿敏传感器。是一种将环境湿度转换为电信号的装置。

(10) 磁场传感器。是根据霍尔效应制作的一种磁场传感器。

(11) 数字式传感器。是把被测参量转换成数字量输出的传感器。

(12) 生物传感器。是对生物物质敏感并将其浓度转换为电信号进行检测的仪器。

(13) 微波传感器。是利用微波特性来检测一些物理量的器件。

(14) 超声波传感器。是利用超声波的特性研制而成的传感器。

(15) 自动化仪表。是由若干自动化元件构成的,具有较完善功能的自动化技术工具。

(16) 虚拟仪器。是基于计算机的仪器。

(17) 检测系统。是传感器与测量仪表、变换装置等的有机组合。

2. 判断题

(1) (√)　　(2) (√)

3. 填空题

虚拟仪器有两种形式,一种是将计算机装入仪器,另一种是将仪器装入计算机。

4. 简答题

(1) 什么是检测技术?

答:检测技术,就是利用各种物理化学效应,选择合适的方法和装置,将生产、科研和生活中的有关信息通过检查与测量的方法赋予定性或定量结果的过程。能够自动地完成整个检测处理过程的技术称为自动检测与转换技术。

(2) 简述虚拟仪器系统的结构原理。

答:虚拟仪器由硬件设备与接口、设备驱动软件和虚拟仪器面板组成。其中,硬件设备与接口可以是各种以 PC 为基础的内置功能插卡、通用接口总线接口卡、串行口、VXI 总线仪器接口等设备,或者是其他各种可程控的外置测试设备。设备驱动软件是直接控制各种硬件接口的驱动程序,虚拟仪器通过底层设备驱动软件与真实的仪器系统进行通信,并以虚拟仪器面板的形式在计算机屏幕上显示与真实仪器面板操作元素相对应的各种控件。用户用鼠标操作虚拟仪器的面板就如同操作真实仪器一样真实与方便。

(3) 简述虚拟仪器的应用。

答:在测量方面的应用;在电信方面的应用;在监控方面的应用;在检测方面的应用;在教育方面的应用。

5. 论述题

答案略。

第 5 章　习题参考答案

1. 名词解释

(1) 硬件系统。主要由中央处理器、存储器、输入/输出控制系统和各种外部设备组成。

(2) 软件。是计算机的运行程序和相应的文档。

(3) 中央处理器。CPU 是一台计算机的运算核心和控制核心。CPU、内部存储器和输入/输出设备是电子计算机三大核心部件。

(4) 存储器。是计算机系统中的记忆设备,用来存放程序和数据。

(5) 嵌入式系统。是以应用为中心,以计算机技术为基础,软件硬件可裁剪,适应应用系统对功能、可靠性、成本、体积、功耗严格要求的专用计算机系统。

(6) ARM 处理器。是一类嵌入式微处理器,同时也是一个公司的名字。

2. 判断题

(1)(√) (2)(×) (3)(×) (4)(√)

3. 填空题

(1) 硬件包括中央处理器、存储器和外部设备等。

(2) 系统总线包含三种不同功能的总线,即数据总线、地址总线和控制总线。

(3) CPU 包括运算逻辑部件、寄存器部件和控制部件。

(4) 为了解决对存储器要求容量大、速度快、成本低三者之间的矛盾,目前通常采用多级存储器体系结构,即使用高速缓冲存储器、主存储器和外存储器。

(5) 常用存储器包括:硬盘、光盘、U 盘、ROM 和 RAM 等。

(6) 输入/输出系统控制方式包括:程序查询方式、中断方式和直接存储器访问方式。

(7) 嵌入式系统特点是:内核小、专用性强、系统精简、高实时性、多任务和需开发环境。

4. 选择题

(1)(A)(B)(C) (2)(A)(B)(D) (3)(A)(B)(C)(D)

5. 简答题

(1) 简述系统总线的工作原理。

答:CPU 通过系统总线对存储器的内容进行读写,同样通过总线,实现将 CPU 内数据写入外设,或由外设读入 CPU。总线就是用来传送信息的一组通信线。

(2) 简述嵌入式系统的历史。

答:20 世纪 60 年代,嵌入式的概念出现。

20 世纪 70 年代,出现微处理器。

20 世纪 80 年代,制造出面向 I/O 设计的微控制器,俗称单片机。

20 世纪 90 年代,出现第三代 DSP 芯片。在应用方面,掌上电脑、手持 PC、机顶盒技术相对成熟,发展也较为迅速。

21 世纪,进入全面的网络时代,将嵌入式计算机系统应用到各类网络中去也必然是嵌入式系统发展的重要方向。

(3) 简述嵌入式系统的分类。

答:根据嵌入式系统的复杂程度,可以将嵌入式系统分为以下 4 类:单个微处理器;不带计时功能的微处理器装置；带计时功能的组件；在制造或过程控制中使用的计算机系统。

（4）简述嵌入式系统的结构。

答：嵌入式系统由软件系统和硬件系统两大部分组成。嵌入式系统硬件部分的核心部件就是嵌入式处理器。嵌入式系统软件部分一般是由嵌入式操作系统和应用软件两部分组成。

（5）简述嵌入式系统的应用。

答：包括工业控制、交通管理、信息家电、家庭智能管理系统、POS 网络及电子商务、环境工程与自然、机器人和机电产品方面应用。

（6）简述 ARM 微处理器结构。

答：包括三种结构。①体系结构：CISC(复杂指令集计算机)或 RISC(精简指令集计算机)；②寄存器结构：ARM 处理器共有 37 个寄存器；③指令结构：ARM 微处理器在较新的体系结构中支持两种指令集——ARM 指令集和 Thumb 指令集。

6. 论述题

答案略。

第 6 章　习题参考答案

1. 名词解释

（1）模拟调制系统。信道中传输模拟信号的系统称为模拟通信系统。

（2）数字频带传输通信系统。是用数字基带信号调制载波的一种传输系统。

（3）信道。指信号传输的通道。

（4）信道的容量。在特定约束下，给定信道从规定的源发送消息的能力度量。

（5）频分多路复用。是指将多路信号按频率的不同进行复接并传输的方法。

（6）正交频分复用。是多载波数字调制技术，它将数据经编码后调制为射频信号。

（7）GSM。全球移动通信系统是当前应用最为广泛的移动电话标准，是由欧洲电信标准组织 ETSI 制定的一个数字移动通信标准。它的空中接口采用时分多址技术。

（8）5G。第五代移动通信技术(5th Generation Mobile Communication Technology)是具有高速率、低时延和大连接特点的新一代宽带移动通信技术，是实现人机物互联的网络基础设施。

（9）卫星通信系统。是一种微波通信，它以卫星作为中继站转发微波信号，在多个地面站之间通信，卫星通信的主要目的是实现对地面的"无缝隙"覆盖。

2. 判断题

（1）（×）　　（2）（√）　　（3）（√）

3. 填空题

（1）按传输媒介，通信可分为两大类：一类称为有线通信，另一类称为无线通信。

（2）根据是否采用调制，可将通信系统分为基带传输和频带（调制）传输。

（3）通信还可按收发信者是否运动分为移动通信和固定通信。

（4）对于点对点之间的通信,按消息传送的方向与时间,通信方式可分为单工通信、半双工通信及全双工通信三种。

（5）通信的网络形式通常可分为三种：两点间直通方式、分支方式和交换方式。

（6）模拟调制分类：幅度调制和角度调制。

4. 选择题

（1）(A)(B)(C)　　　　（2）(A)(B)(C)　　　　（3）(A)(B)(C)(D)　　　　（4）(A)(B)(C)

（5）(A)(B)(C)

5. 简答题

（1）简述模拟信号的数字传输。

答：若要利用数字通信系统传输模拟信号,一般需要三个步骤：①把模拟信号数字化,即模数转换(A/D),将原始的模拟信号转换为时间离散和值离散的数字信号；②进行数字方式传输；③把数字信号还原为模拟信号,即数模转换(D/A)。

（2）分集接收的基本思想是什么？

答：分集接收是指接收端按照某种方式使收到的携带同一信息的多个信号衰落特性相互独立,并对多个信号进行特定的处理,以降低合成信号电平起伏,减小各种衰落对接收信号的影响。从广义信道的角度来看,分集接收可看作随参信道的一个组成部分,通过分集接收,使包括分集接收在内的随参信道衰落特性得到改善。分集接收包含两重含义：一是分散接收,使接收端得到多个携带同一信息的、统计独立的衰落信号；二是合并处理,即接收端把收到的多个统计独立的衰落信号进行适当的合并,从而降低衰落的影响,改善系统性能。

（3）有哪几种分集方式？

答：互相独立或基本独立的一些接收信号,一般可利用不同路径、不同频率、不同角度、不同极化等接收手段来获取。大致有以下几种分集方式：①空间分集是接收端在不同位置上接收同一信号,只要各位置间的距离足够大(一般在 100 个信号波长以上),所收到信号的衰落就是相互独立的。因此,空间分集的接收端至少架设两副间隔一定距离的天线；②频率分集是将发送信息分别调制到不同的载波频率上发送,只要载波频率之间的间隔足够大(大于相关带宽),则接收端所接收到信号的衰落是相互独立的。实际中,当载波频率间隔大于相关带宽则可认为接收到信号的衰落是相互独立的；③角度分集是利用指向不同的天线波束得到互不相关的衰落信号。例如,在微波面天线上设置若干个照射器,产生相关性很小的几个波束；④极化分集是分别接收水平极化和垂直极化波而构成的一种分集方式。一般认为,这两种波是相关性极小的(在短波电离层反射信道中)。

（4）有哪几种合并方式？

答：各分散的信号进行合并的方式通常有以下几种：①最佳选择式是从几个分散信号中设法选择其中信噪比最好的一个作为接收信号；②等增益相加式是将几个分散信号以相同的支路增益进行直接相加,相加后的信号作为接收信号；③最佳比例相加式是以各支路的信噪比为加权系数,将各支路信号相加后作为接收信号。

（5）什么是同步？怎么分类？

答：所谓同步,是指收发双方在时间上步调一致,故又称为定时。在数字通信中,按照同步的功能分为载波同步、位同步、群同步和网同步。①载波同步是指在相干解调时,接收端需要提供一个与接收信号中的调制载波同频同相的相干载波。这个载波的获取称为载波提取或载波同步;②位同步又称码元同步。在数字通信系统中,任何消息都是通过一连串码元序列传送的,所以接收需要知道每个码元的起始时刻,以便在恰当的时刻进行取样判决;③群同步包括字同步、句同步、分路同步,有时也称帧同步。在数据通信中,信息流是用于若干码元组成一个"字",用若干"字"组成"句"。在接收这些信息时必须知道这些"字""句"的起始时刻,否则接收端无法正确回复信息;④随着数字通信的发展,尤其是计算机通信的发展,多个用户之间的通信和数据交换,构成了数字通信网。显然,为了保证通信网络内各用户之间可靠的通信和数据交换,全网必须有统一的时钟标准,这就是网同步。

(6) 简述 GSM 技术。

答:①移动通信技术。GSM 属于第 2 代(2G)蜂窝移动通信技术。2 代的说法是相对应用于 20 世纪 80 年代的模拟蜂窝移动通信技术以及目前正逐渐进入商用的宽带 CDMA 技术而言的。模拟蜂窝技术被称为 1 代移动通信技术,宽带 CDMA 技术被称为 3 代移动通信技术,即 3G;②无线电接口。GSM 是一个蜂窝网络,也就是说,移动电话要连接到它能搜索到的最近的蜂窝单元区域。GSM 网络运行在多个不同的无线电频率上。它一共有 4 种不同的蜂窝单元尺寸:巨蜂窝、微蜂窝、微微蜂窝和伞蜂窝。覆盖面积因环境的不同而不同。

(7) 简述 5G 的特征。

答:①传输速率:其 5G 网络已成功在 28 千兆赫(GHz)波段下达到了 1Gbps,相比之下,当前的第四代长期演进(4G LTE)服务的传输速率仅为 75Mbps。而此前这一传输瓶颈被业界普遍认为是一个技术难题,而三星电子则利用 64 个天线单元的自适应阵列传输技术破解了这一难题;②智能设备:5G 网络中看到的最大改进之处是它能够灵活支持各种不同的设备。除了支持手机和平板电脑外,5G 网络还将支持可佩戴式设备。在一个给定的区域内支持无数台设备,这是设计的目标。在未来,每个人将拥有 10～100 台设备为其服务;③网络链接:5G 网络改善端到端性能将是另一个重大的课题。端到端性能是指智能手机的无线网络与搜索信息的服务器之间保持连接的状况。在发送短信或浏览网页的时候,在观看网络视频时,如果发现视频播放不流畅甚至停滞,这很可能就是因为端到端网络连接较差的缘故。

6. 论述题

答案略。

第 7 章 习题参考答案

1. 名词解释

(1) 计算机网络。是指将地理位置不同的具有独立功能的多台计算机及其外部设备,通过通信线路连接起来,在网络操作系统、网络管理软件及网络通信协议的管理和协调下,实现资源共享和信息传递的计算机系统。

(2) OSI 参考模型。7 层网络模型称为开放式系统互联参考模型,是一个逻辑上的定义,一个规范,它把网络从逻辑上分为 7 层。

（3）中继器。是局域网互联的最简单设备,它工作在 OSI 体系结构的物理层,接收并识别网络信号,然后再生信号并将其发送到网络的其他分支上。

（4）集线器。是一种以星状拓扑结构将通信线路集中在一起的设备,相当于总线,工作在物理层,是局域网中应用最广的连接设备。

（5）网桥。是一个局域网与另一个局域网之间建立连接的桥梁。

（6）协议。是用来描述进程之间信息交换数据时的规则术语。

（7）Internet。中文正式译名为因特网,又叫作国际互联网。它是由那些使用公用语言互相通信的计算机连接而成的全球网络。

（8）Internet 2。是第二代互联网,其传输速率可达每秒 2.4GB,比标准拨号调制解调器快 8.5 万倍。其应用将更为广泛,从医疗保健、国家安全、远程教学、能源研究、生物医学、环境监测、制造工程到紧急情况下的应急反应、危机管理等项目。

（9）IP 地址。就是给每个连接在 Internet 上的主机分配的一个 32b 地址。

2. 判断题

（1）（√）　　（2）（√）　　（3）（√）　　（4）（√）

3. 填空题

（1）网络拓扑结构主要类型包括星状、环状、总线型、树状和网状。

（2）网络互联设备根据不同层实现的机理不一样,又具体分为五类：网络传输介质互联设备、网络物理层互联设备、数据链路层互联设备、网络层互联设备、应用层互联设备。

4. 选择题

（1）（B）　　（2）（C）　　（3）（C）　　（4）（A）

5. 简答题

（1）计算机网络的主要功能是什么？

答：计算机网络的主要功能是硬件资源共享、软件资源共享和用户间信息交换三个方面。

① 硬件资源共享。可以在全网范围内提供对处理资源、存储资源、输入/输出资源等昂贵设备的共享,使用户节省投资,也便于集中管理和均衡分担负荷。

② 软件资源共享。允许互联网上的用户远程访问各类大型数据库,可以得到网络文件传送服务、远地进程管理服务和远程文件访问服务,从而避免软件研制上的重复劳动以及数据资源的重复存储,也便于集中管理。

③ 用户间信息交换。计算机网络为分布在各地的用户提供了强有力的通信手段。用户可以通过计算机网络传送电子邮件、发布新闻消息和进行电子商务活动。

（2）简述计算机网络技术的发展史。

答：第一,诞生阶段。20 世纪 60 年代中期之前的第一代计算机网络是以单个计算机为中心的远程联机系统。

第二,形成阶段。20 世纪 60 年代中期至 20 世纪 70 年代的第二代计算机网络是以多个主机通过通信线路互联起来,为用户提供服务,兴起于 20 世纪 60 年代后期。

第三,互联互通阶段。20 世纪 70 年代末至 20 世纪 90 年代的第三代计算机网络是具有统一的网络体系结构并遵循国际标准的开放式和标准化的网络。

第四,高速网络技术阶段。20 世纪 90 年代末至今的第四代计算机网络,由于局域网技术发展成熟,出现光纤及高速网络技术,多媒体网络、智能网络、整个网络就像一个对用户透明的大的计算机系统,发展为以 Internet 为代表的互联网。

(3) 简述 Internet 的功能。

答：WWW 服务；电子邮件 E-mail 服务；远程登录 Telnet 服务；文件传输 FTP 服务等。

(4) 简述 TCP/IP 各层的主要功能。

答：从协议分层模型方面来讲,TCP/IP 由 4 个层次组成：网络接口层、网络层、传输层、应用层。网络接口层包括物理层和数据链路层。网络层负责相邻计算机之间的通信。传输层提供应用程序间的通信。应用层向用户提供一组常用的应用程序。

(5) 简述互联网接入方式。

答：电话线拨号(PSTN)；ISDN,采用数字传输和数字交换技术,将电话、传真、数据、图像等多种业务综合在一个统一的数字网络中进行传输和处理；xDSL 接入,主要是以 ADSL/ADSL2＋接入方式为主；HFC 接入,是一种基于有线电视网络铜线资源的接入方式；光纤宽带接入,通过光纤接入到小区结点或楼道,再由网线连接到各个共享点上(一般不超过 100m),提供一定区域的高速互联接入,无源光网络(PON),是一种点对多点的光纤传输和接入技术；无线网络。

6. 论述题

答案略。

第 8 章　习题参考答案

1. 名词解释

(1) 无线传输媒体。是数据传输系统中发送器和接收器之间的物理路径。

(2) 无线个域网。是为了实现活动半径小、业务类型丰富、面向特定群体、无线无缝的连接而提出的新兴无线通信网络技术。

(3) 无线局域网。是相当便利的数据传输系统,它利用射频(Radio Frequency,RF)的技术,取代旧式的双绞铜线构成局域网络。

(4) 无线广域网。无线广域网代表移动联通的无线网络,其传输距离小于 15km,传输速率大概为 3Mb/s。

(5) 移动 Ad-Hoc 网络。Ad-Hoc 网是一种多跳的、无中心的、自组织的无线网络,又称为多跳网(Multi-hop Network)、无基础设施网(Infrastructureless Network)或自组织网(Self-organizing Network)。整个网络没有固定的基础设施,每个结点都是移动的,并且都能以任意方式动态地保持与其他结点的联系。

(6) 蓝牙技术。为固定设备或移动设备之间的通信环境建立通用的无线空中接口,将通信技术与计算机技术进一步结合起来,使各种 3C 设备(通信产品、计算机产品和消费类电子产品)在没有电线或电缆相互连接的情况下能近距离范围内实现相互通信或操作。

(7) 无线传感器网。无线传感器网络是由大量无处不在的,具有通信与计算能力的微小传感器结点密集布设在无人值守的监控区域,从而构成的能够根据环境自主完成指定任务的"智能"自治测控网络系统。

2. 判断题

(1) (√)　　(2) (√)　　(3) (√)　　(4) (√)

3. 填空题

(1) 无线传输媒体分类:地面微波、<u>卫星微波</u>、广播无线电波、红外线和光波。

(2) 无线传感器网络的应用主要集中在以下领域:环境的监测和保护、<u>医疗护理</u>、军事领域、目标跟踪。

4. 选择题

(1) (A)(B)(C)(D)　　(2) (A)(B)(C)(D)

5. 简答题

(1) 简述无线传感器网络的特点。

答:无线传感器网络的特点:大规模网络、自组织网络、动态性网络、可靠的网络、应用相关的网络和以数据为中心的网络。

(2) 简述无线传感器网的历史。

答:第一阶段最早可以追溯到 20 世纪 70 年代越战时期使用的传统传感器系统。

第二阶段在 20 世纪 80 年代至 20 世纪 90 年代之间。主要有美军研制的分布式传感器网络系统、海军协同交战能力系统、远程战场传感器系统等。

第三阶段于 21 世纪开始至今。911 事件发生之后,这个阶段的传感器网络技术特点在于网络传输自组织、结点设计低功耗。

(3) 简述无线局域网的优缺点。

答:无线局域网的优点:灵活性和移动性;安装便捷;易于进行网络规划和调整;故障定位容易;易于扩展。

无线局域网的不足之处:性能弱于有线网;速率比有线信道低得多;安全性比有线信道差。

(4) 简述 Ad-Hoc 网络的主要特征。

答:最小化的基础设施支持;自组织和自管理;大部分甚至所有结点都在移动,导致网络拓扑动态变化;无线链路;结点既是一个主机,又是一个路由器;多跳性;能量受限;异质性;有限的安全性。

(5) 如何建立 Ad-Hoc 无线连接?

答:从一台已经通过有线 Ethernet 宽带连接到 Internet 的独立计算机开始,按照三个步骤建立 Ad-Hoc 无线网络：第一步是在主计算机上安装 802.11b 无线网卡，并将其配置为一个计算机到计算机的无线连接；第二步是在第二台计算机上安装一个无线网卡，完成网络并提供与 Internet 的连接，在主机上激活 Internet 连接共享(ICS)；第三步是回到"网络属性"对话框配置 WEP 的设置，以此保证 Ad-Hoc 网络得到最佳的安全保护。

(6) 简述无线传感器网络的拓扑结构。

答：无线传感器网络拓扑结构是组织无线传感器结点的组网技术，有多种形态和组网方式。按照其组网形态和方式来看，有集中式、分布式和混合式。无线传感器网络的集中式结构类似移动通信的蜂窝结构，集中管理；无线传感器网络的分布式结构，类似 Ad-Hoc 网络结构，可自组织网络接入连接，分布管理；无线传感器网络的混合式结构包括集中式和分布式结构的组合。无线传感器网络的网状式结构，类似 Mesh 网络结构，网状分布连接和管理。

(7) 简述无线传感器网络的体系。

答：无线传感器网络的体系由分层的网络通信协议、网络管理平台以及应用支撑平台这三个部分组成。传感器网络体系结构具有二维结构，即横向的通信协议层和纵向的传感器网络管理面。通信协议层可以划分为物理层、链路层、网络层、传输层、应用层；而网络管理面则可以划分为能耗管理面、移动性管理面以及任务管理面。

6. 论述题

答案略。

第 9 章　习题参考答案

1. 名词解释

(1) 信息安全。是指信息网络的硬件、软件及其系统中的数据受到保护，不受偶然的或者恶意的原因而遭到破坏、更改和泄漏，系统连续可靠正常地运行，信息服务不中断。

(2) 信息安全策略。是指为保证提供一定级别的安全保护所必须遵守的规则。

(3) 保密性。是指阻止非授权的主体阅读信息。它是信息安全一诞生就具有的特性，也是信息安全主要的研究内容之一。更通俗地讲，就是说未授权的用户不能够获取敏感信息。

(4) 完整性。是指防止信息被未经授权地篡改。它是保护信息保持原始的状态，使信息保持其真实性。如果这些信息被蓄意地修改、插入、删除等，形成虚假信息将带来严重的后果。

(5) 可用性。是指授权主体在需要信息时能及时得到服务的能力。可用性是在信息安全保护阶段对信息安全提出的新要求，也是在网络化空间中必须满足的一项信息安全要求。

(6) 可控性。是指对信息和信息系统实施安全监控管理，防止非法利用信息和信息系统。

(7) 不可否认性。是指在网络环境中，信息交换的双方不能否认其在交换过程中发送信息或接收信息的行为。

(8) 计算机病毒。是指编制或者在计算机程序中插入的破坏计算机功能或者毁坏数据,影响计算机使用,并能自我复制的一组计算机指令或者程序代码。

（9）虚拟专用网。是在公共数据网络上,通过采用数据加密技术和访问控制技术,实现两个或多个可信内部网之间的互联。

（10）信息安全服务。是指为确保信息和信息系统的完整性、保密性和可用性所提供的信息技术专业服务,包括对信息系统安全的咨询、集成、监理、测评、认证、运维、审计、培训和风险评估、容灾备份、应急响应等工作。

（11）认证机制。是指通信的数据接收方能够确认数据发送方的真实身份,以及数据在传送过程中是否遭到篡改。

（12）黑客。指的是熟悉某种计算机系统,并具有极高的技术能力,长时间将心力投注在信息系统的研发,并且乐此不疲的人。

（13）木马。木马病毒和其他病毒一样都是一种人为的程序,属于计算机病毒。与以前的计算机病毒不同,木马病毒的作用是赤裸裸地偷偷监视别人的所有操作和盗窃别人的各种密码和数据等重要信息。

2. 判断题

（1）（√）　　　（2）（√）　　　（3）（√）　　　（4）（√）

3. 填空题

（1）计算机病毒从其传播方式上分为：引导型病毒、文件型病毒和混合型病毒。

（2）计算机病毒按其破坏程序分为：良性病毒和恶性病毒。

（3）按作用不同,数据加密技术主要分为数据传输、数据存储、数据完整性的鉴别以及密钥管理技术这四种。

（4）信息安全的原则：最小化原则、分权制衡原则和安全隔离原则。

（5）物联网安全属于信息安全的子集,通常将其分为 4 个层次,包括物理安全、运行安全、数据安全、内容安全。

（6）黑客大体有以下三种：业余计算机爱好者、职业的入侵者和计算机高手。

4. 选择题

（1）（A）（B）（C）（D）　　　（2）（A）（B）（C）（D）

5. 简答题

（1）简述信息安全的目标。

答：所有的信息安全技术都是为了达到一定的安全目标,其核心包括保密性、完整性、可用性、可控性和不可否认性 5 个安全目标。

（2）简述信息安全的对策。

答：应用先进的信息安全技术；建立严格的安全管理制度；制定严格的法律、法规；启用安全操作系统。

（3）简述信息安全技术。

答：用户身份认证；防火墙；网络安全隔离；安全路由器；虚拟专用网（VPN）；安全服

务器；电子签证机构；安全管理中心；入侵检测系统；入侵防御系统；安全数据库；安全操作系统；信息安全服务；数据加密。

(4) 怎样预防计算机病毒？

答：在使用计算机时，要采取一定的措施来预防病毒，从而最低限度地降低损失。例如，不使用来历不明的程序或软件；在使用移动存储设备之前应先杀毒，在确保安全的情况下再使用；安装防火墙，防止网络上的病毒入侵；安装最新的杀毒软件，并定期升级，实时监控；养成良好的计算机使用习惯，定期优化、整理磁盘，养成定期全面杀毒的习惯；对于重要的数据信息要经常备份，以便在机器遭到破坏后能及时得到恢复；在使用系统盘时，应对软盘进行写保护操作。

(5) 简述物联网的安全威胁。

答：物联网设备是先部署后连接网络，而物联网结点又无人看守，除了面对移动通信网络的传统网络安全问题之外，还存在着一些与已有移动网络安全不同的特殊安全问题。感知网络的传输与信息安全、核心网络的传输与信息安全等问题都是物联网发展过程中不容忽视的问题。这是因为：其一，物联网是一个存在严重不确定性因素的环境；其二，当物联网感知层主要采用 RFID 技术时，嵌入了 RFID 芯片的物品不仅能方便地被物品主人所感知，同时其他人也能进行感知；其三，在物联网的传输层和应用层也存在一系列的安全隐患，亟待出现相对应的、高效的安全防范策略和技术。

(6) 简述物联网的安全措施。

答：物联网中的加密机制；结点的认证机制；访问控制技术；网络态势感知与评估技术；RFID 安全技术标准。

(7) 简介 Hacker(黑客)与 Cracker(骇客)的区别。

答：它们是分属两个不同世界的族群，其基本差异在于，Hacker 是有建设性的，而 Cracker 则专门搞破坏。

(8) 简介黑客攻击的七种典型模式。

答：黑客攻击通常分为以下七种典型的模式：监听、密码破解、漏洞、扫描、恶意程序码、阻断服务和 Social engineering。

6. 论述题

答案略。

第 10 章　习题参考答案

1. 名词解释

(1) 数据采集。是指从传感器或其他待测设备等模拟和数字被测单元中自动采集非电量或者电量信号，送到上位机中进行分析、处理。

(2) 数据采集系统。是结合基于计算机(或微处理器)的测量软硬件产品来实现灵活的、用户自定义的测量系统。

(3) 测量放大器。是一种带有精密差动电压增益的器件，由于它具有高输入阻抗、低输出阻抗、强抗共模干扰能力、低温漂、低失调电压和高稳定增益等特点，使其在检测微弱信号的系统中被广泛用作前置放大器。

（4）滤波器。是一种用来消除干扰信号的器件，将输入或输出经过过滤而得到纯净的直流电。滤波器就是对特定频率的频点或该频点以外的频率进行有效滤除的电路，其功能就是得到一个特定频率或消除一个特定频率。

（5）模/数转换器。是一种将模拟信号量转换成数字量的器件，它把采集到的采样模拟信号量化和编码后，转换成数字信号并输出。因此在将模拟量转换成数字量的过程中，模/数转换器是核心器件，简称为 A/D 或 ADC。

（6）数/模转换器。是一种将数字量转换成模拟量的器件，简称 D/A 转换器或 DAC。它在数字控制系统中作为关键器件，用来把微处理器输出的数字信号转换成电压或电流等模拟信号，并送入执行机构进行控制或调节。在逐次逼近式 D/A 转换器中，数/模转换器将 SAR 中的数字量转换成模拟量，反馈至比较器供逐次比较、逼近，最后完成 D/A 转换。

（7）串口通信。是指外设和计算机间通过数据信号线、地线、控制线等，按位进行传输数据的一种通信方式。这种通信方式使用的数据线少，在远距离通信中可以节约通信成本，但其传输速度比并行传输低。

（8）干扰。是指对系统的正常工作产生不良影响的内部或外部因素。

（9）屏蔽。是利用导电或导磁材料制成的盒状或壳状屏蔽体，将干扰源或干扰对象包围起来从而割断或削弱干扰场的空间耦合通道，阻止其电磁能量的传输。

（10）隔离。是指把干扰源与接收系统隔离开来，使有用信号正常传输，而干扰耦合通道被切断，达到抑制干扰的目的。

2. 判断题

（1）（√）   （2）（√）   （3）（√）   （4）（√）   （5）（√）

3. 填空题

（1）A/D 转换器可分为两类：直接比较型和间接比较型。

（2）D/A 转换器主要有两大类型：并行 D/A 转换器和串行 D/A 转换器。

（3）D/A 转换器的基本组成可分为 4 个部分：电阻网络、模拟切换开关、基准电源和运算放大器。

（4）计算机与 I/O 接口类型指的是电子白板与计算机系统采用的连接方式。

（5）信号的调制方法主要有三种：调频、调幅和调相。

（6）干扰的形成包括三个要素：干扰源、传播途径和接受载体。三个要素缺少任何一项干扰都不会产生。

4. 选择题

（1）（A）（B）（C）   （2）（A）（B）   （3）（A）（B）（C）

5. 简答题

（1）简述数据采集系统的基本功能。

答：数据采集系统的基本功能包括：数据采集、数据处理、屏幕显示、数据存储、打印输出、人机交互。

（2）简述数据采集系统的结构形式。

答：数据采集系统主要由硬件和软件两部分组成。从硬件方向来看，目前数据采集系统的结构形式主要有两种：一种是微型计算机数据采集系统；另一种是集散型数据采集系统。计算机数据采集系统是由传感器、模拟多路开关、程控放大器、采样保持器、A/D 转换器、计算机及外设等部分组成。集散型数据采集系统是计算机网络技术的产物，它由若干个"数据采集站"和一台上位机及通信线路组成。

（3）简述数据采集系统需要的软件功能。

答：数据采集系统需要的软件功能包括：模拟信号采集与处理程序、数字信号采集与处理程序、脉冲信号处理程序、开关信号处理程序、运行参数设置程序、系统管理程序、通信程序。

（4）简述电磁干扰的种类。

答：按干扰的耦合模式分类，电磁干扰包括下列类型：静电干扰、磁场耦合干扰、漏电耦合干扰、共阻抗干扰、电磁辐射干扰。

（5）简述数据采集系统抗干扰的措施。

答：在产品开发和应用中，除了对一些重要的干扰源，主要是对被直接控制的对象上的一些干扰源进行抑制外，更多的则是在产品内设法抑制外来干扰的影响，以保证系统可靠地工作。抑制干扰的措施很多，主要包括屏蔽、隔离、滤波、接地和软件处理等方法。

6. 论述题

答案略。

第 11 章　习题参考答案

1. 名词解释

（1）数据结构。是指同一数据元素类中各数据元素之间存在的关系。

（2）线性表。是一个线性结构，它是一个含有 $n \geq 0$ 个结点的有限序列，对于其中的结点，有且仅有一个开始结点没有前驱但有一个后继结点，有且仅有一个终端结点没有后继但有一个前驱结点，其他的结点都有且仅有一个前驱和一个后继结点。

（3）栈。是允许在同一端进行插入和删除操作的特殊线性表。

（4）队列。是一种特殊的线性表，它只允许在表的前端（front）进行删除操作，而在表的后端（rear）进行插入操作。

（5）树。是由一个集合以及在该集合上定义的一种关系构成的。集合中的元素称为树的结点，所定义的关系称为父子关系。父子关系在树的结点之间建立了一个层次结构。在这种层次结构中有一个结点具有特殊的地位，这个结点称为该树的根结点，或简称为树根。

（6）图。由两个集合 V 和 E 组成，记为 $G=(V,E)$，这里，V 是顶点的有穷非空集合，E 是边（或弧）的集合，而边（或弧）是 V 中顶点的偶对。顶点（Vertex）：图中的结点又称为顶点。边（Edge）：相关顶点的偶对称为边。

（7）数据库。是一个长期存储在计算机内的、有组织的、可共享的、统一管理的数据集合。

（8）关系数据库。是建立在关系数据库模型基础上的数据库，借助于集合代数等概念和方法来处理数据库中的数据。

（9）数据仓库。是一个面向主题的、集成的、相对稳定的、反映历史变化的数据集合，用于支持管理决策。

（10）数据挖掘。是从大量的、不完全的、有噪声的、模糊的、随机的，存放在数据库、数据仓库或其他信息库中的数据，提取隐含在其中的、人们事先不知道的，但又是有效的、新颖的、潜在有用的信息和知识的过程。

（11）大数据。是一种规模大到在获取、存储、管理、分析方面大大超出了传统数据库软件工具能力范围的数据集合，具有海量的数据规模、快速的数据流转、多样的数据类型和价值密度低四大特征。

（12）大数据整合。就是把在不同数据源收集、整理、清洗、转换后的数据加载到一个新的数据源，为数据消费者提供统一数据视图的数据集成方式。

（13）大数据共享。就是让在不同地方使用不同计算机、不同软件的用户能够读取他人数据并进行各种操作运算和分析。

（14）大数据开放。一般指把个体、部门和单位掌握的数据提供给社会公众或他人使用。

2. 判断题

（1）（×）　　（2）（×）　　（3）（√）

3. 填空题

（1）目前比较流行的数据模型有三种，即层次结构模型、网状结构模型和<u>关系结构模型</u>。

（2）在关系数据库规范中建立了一个范式系列：1NF、2NF、<u>3NF</u>、BCNF、4NF 和 5NF。

（3）数据结构又分为数据的逻辑结构和数据的<u>物理结构</u>。

（4）大数据的 4V 特点是指<u>数据量巨大（Volume）</u>、数据类型多样（Variety）、数据流动快（Velocity）和数据潜在价值大（Value）。

（5）大数据技术有 4 个核心部分，它们是<u>大数据采集与预处理</u>、大数据存储与管理、大数据计算模式与系统及大数据分析与可视化。

4. 选择题

（1）（A）（B）（C）（D）　　（2）（A）（B）（C）

5. 简答题

(1) 数据库的历史有几个阶段？

答：数据库发展阶段大致划分为如下几个阶段。

人工管理阶段：20 世纪 50 年代中期之前，计算机的软硬件均不完善。

文件系统阶段：20 世纪 50 年代中期到 20 世纪 60 年代中期，由于计算机大容量存储设备（如硬盘）的出现，推动了软件技术的发展，而操作系统的出现标志着数据管理步入一个新的阶段(文件管理)。

数据库系统阶段：20世纪60年代后，随着计算机在数据管理领域的广泛应用，人们对数据管理技术提出了更高的要求，数据库技术正是在这样一个应用需求的基础上发展起来的。

未来发展趋势：随着信息管理内容的不断扩展，出现了丰富多样的数据模型(层次模型、网状模型、关系模型、面向对象模型、半结构化模型等)，新技术也层出不穷(数据流、Web数据管理、数据挖掘等)。

(2) 简述数据库和数据仓库的区别。

答：出发点不同：数据库是面向事务的设计；数据仓库是面向主题设计的。

存储的数据不同：数据库存储操作时的数据；数据仓库存储历史数据。

设计规则不同：数据库设计是尽量避免冗余，一般采用符合范式的规则来设计；数据仓库设计是有意引入冗余，采用反范式的方式来设计。

提供的功能不同：数据库是为捕获数据而设计，数据仓库是为分析数据而设计。

基本元素不同：数据库的基本元素是事实表，数据仓库的基本元素是维度表。

容量不同：数据库在基本容量上要比数据仓库小得多。

服务对象不同：数据库是为了高效的事务处理而设计的，服务对象为企业业务处理方面的工作人员；数据仓库是为了分析数据进行决策而设计的，服务对象为企业高层决策人员。

(3) 简述数据挖掘在物联网中的应用。

答：访问安全控制：用于门禁系统、智能卡、电子标签、电子护照、票务管理。

物流：用于货物追踪、信息采集、仓储管理、港口应用、邮政包裹、快递。

零售业：用于货架监控、销售数据统计、自动补货、盗窃检测。

制造业：用于生产数据实时监控、质量追踪、自动化生产、个性化生产。

医疗：用于医疗器械管理、病人身份识别、婴儿防盗。

动物识别：用于动物、畜牧、宠物的识别管理、疾病追踪、个性化养殖。

军事：用于弹药、枪支、物资、人员、卡车等识别与追踪。

(4) 如何理解数据仓库的含义？

答：数据仓库(Data Warehouse)是一个面向主题的、集成的、相对稳定的、反映历史变化的数据集合，用于支持管理决策。这里的主题指用户使用数据仓库进行决策时所关心的重点方面，如收入、客户、销售渠道等；所谓面向主题，是指数据仓库内的信息是按主题进行组织的，而不是像业务支撑系统那样是按照业务功能进行组织的。这里的集成指数据仓库中的信息不是从各个业务系统中简单抽取出来的，而是经过一系列加工、整理和汇总的过程，因此数据仓库中的信息是关于整个企业的一致的全局信息。这里的随时间变化指数据仓库内的信息并不只是反映企业当前的状态，而是记录了从过去某一时点到当前各个阶段的信息。通过这些信息，可以对企业的发展历程和未来趋势做出定量分析和预测。

(5) 简述大数据整合的必要性。

答：① 数据和信息系统相对分散。我国信息化经过多年的发展，已开发了很多信息系统，积累了大量的基础数据。然而，丰富的数据资源由于建设时期不同、开发部门不同、使用设备不同、技术发展阶段不同和能力水平的不同等，数据存储管理极为分散，造成了过量的数据冗余和数据不一致性，使得数据资源难于查询访问，管理层无法获得有效的决策数据支持。管理者要想了解所管辖不同部门的信息,需要进入多个不同的系统,而且数据不能直接比较分析。

② 信息资源利用程度较低。一些信息系统集成度低、互联性差、信息管理分散,数据的完整性、准确性、及时性等方面存在较大差距。有些单位已建立了内部网和互联网,但多年来分散开发或引进的信息系统,对于大量的数据不能提供统一的数据接口,不能采用一种通用的标准和规范,无法获得共享通用的数据源,这使得不同应用系统之间必然会形成彼此隔离和信息孤岛现象,其结果是信息资源利用程度较低。

③ 支持管理决策能力较弱。随着计算机业务数量的增加,管理人员的操作也越来越多,越来越复杂,许多日趋复杂的中间业务处理环节依然靠手工处理进行流转;信息加工分析手段差,无法直接从各级各类业务信息系统采集数据并加以综合利用,无法对外部信息进行及时、准确的收集反馈,业务系统产生的大量数据无法提炼升华为有用的信息,并及时提供给管理决策部门;已有的业务信息系统平台及开发工具互不兼容,无法在大范围内应用等。

(6) 简述大数据整合方案。

答:① 多个数据库整合。通过对各个数据源的数据交换格式进行一一映射,从而实现数据的流通与共享。对于有全局统一模式的多数据库系统,用户可以通过局部外模式访问本地库,通过建立局部概念模式、全局概念模式、全局外模式,用户可以访问集成系统中的其他数据库;对于联邦式数据库系统,各局部数据库通过定义输入、输出模式,进行各联邦式数据库系统之间的数据访问。基于异构数据源系统的数据整合有多种方式,所采用的体系结构也各不相同,但其最终目的是相同的,即实现数据的流通共享。

② 数据仓库整合。数据仓库是一个面向主题的、集成的、相对稳定的、反映历史变化的数据集合,用于支持管理决策。从数据仓库的建立过程来看,数据仓库是一种面向主题的整合方案,因此首先应该根据具体的主题进行建模,然后根据数据模型和需求从多个数据源加载数据。由于不同数据源的数据结构可能不同,因而在加载数据之前要进行数据转换和数据整合,使得加载的数据统一到需要的数据模型下,即根据匹配、留存等规则,实现多种数据类型的关联。

③ 中间件整合。中间件是位于用户与服务器之间的中介接口软件,是异构系统集成所需的黏结剂。现有的数据库中间件允许用户在异构数据库上调用 SQL 服务,解决异构数据库的互操作性问题。功能完善的数据库中间件,可以对用户屏蔽数据的分布地点、数据库管理平台、特殊的本地应用程序编程接口等差异。

④ Web 服务整合。Web 服务可理解为自包含的、模块化的应用程序,它可以在网络中被描述、发布、查找及调用;也可以把 Web 服务理解为是基于网络的、分布式的模块化组件,它执行特定的任务,遵守具体的技术规范,这些规范使得 Web 服务能与其他兼容的组件进行互操作。

⑤ 主数据管理整合。主数据管理通过一组规则、流程、技术和解决方案,实现对企业数据一致性、完整性、相关性和精确性的有效管理,从而为所有企业相关用户提供准确一致的数据。主数据管理提供了一种方法,通过该方法可以从现有系统中获取最新信息,并结合各类先进的技术和流程,使得用户可以准确、及时地分发和分析整个企业中的数据,并对数据进行有效性验证。

(7) 简述大数据开放的保障机制。

答：① 法律保障机制。完善法律体系是促进政府数据开放的必经之路,加快制定大数据管理制度、法规和标准规范是当务之急。数据开放原则、使用权限、开放领域、分级标准及安全隐私等问题都需细化。通过制度保障保证数据安全。

② 数据共享机制。首先,要加快国家数据库的建设,消除部门信息壁垒;其次,统筹数据管理,引导各部门发布社会公众所需的相关数据;第三,制定统一的数据开放标准和格式,方便数据上传和下载,满足不同群体的数据需求。

③ 技术保障机制。数据的有效性和正确性直接影响到数据汇聚和处理的成果,因此必须要保障数据的质量。一旦数据来源不纯、不可信或无法使用,就会影响科学决策。针对数据体量大、种类多的数据集,需要先进技术和人才的支撑,因此,既懂统计学,也懂计算机的分析型和复合型人才要加强培养。

6. 论述题

答案略。

第 12 章　习题参考答案

1. 名词解释

(1) 操作系统。是一种管理计算机硬件与软件资源的程序,同时也是计算机系统的内核与基石。

(2) 网络操作系统。是向网络计算机提供服务的特殊的操作系统。它在计算机操作系统下工作,使计算机操作系统增加了网络操作所需要的能力。网络操作系统运行在称为服务器的计算机上,并由联网的计算机用户共享。

(3) 嵌入式实时操作系统。当外界事件或数据产生时,能够接受并以足够快的速度予以处理,其处理的结果又能在规定的时间之内来控制生产过程或对处理系统做出快速响应,并控制所有实时任务协调一致运行的嵌入式操作系统。

2. 判断题

(1) (√)　　(2) (√)　　(3) (√)

3. 填空题

(1) 网络操作系统包括三类:集中模式、客户机/服务器模式和对等模式。
(2) 未来 RTOS 可能划分为三个不同的领域:系统级、板级和 SOC 级(即片上系统)。

4. 选择题

(1) (C)　　(2) (B)

5. 简答题

(1) 操作系统有哪些功能?
答:操作系统是一个庞大的管理控制程序,大致包括五个方面的管理功能:进程与处理机管理、作业管理、存储管理、设备管理、文件管理。处理器管理根据一定的策略将处理器交替地分配给系统内等待运行的程序。设备管理负责分配和回收外部设备,以及控制外部设备按用户程序的要求进行操作。文件管理向用户提供创建文件、撤销文件、读写文件、打开和关闭文件等功能。存储管理功能是管理内存资源,主要实现内存的分配与回收,存储保护以及内存扩充。作业管理功能是为用户提供一个使用系统的良好环境,使用户能有效地组织自己的工作流程,并使整个系统高效地运行。

(2) 简述操作系统的发展史。

答:20 世纪 80 年代前,第一部计算机并没有操作系统。1963 年,奇异公司与贝尔实验室合作以 PL/I 语言建立的 Multics 为 UNIX 系统奠定了良好的基础。

20 世纪 80 年代,早期最著名的操作系统是 CP/M。1980 年,微软公司与 IBM 签约,并且收购了一家公司出产的操作系统,修改后改名为 MS-DOS。Mac OS 是苹果计算机的操作系统,它采用的是图形用户界面,用户可以用下拉式菜单、桌面图标、拖曳式操作与双击等。

20 世纪 90 年代,开源操作系统 Linux 问世。Linux 内核是一个标准 POSIX 内核,其血缘可算是 UNIX 家族的一支。

21 世纪初,大型计算机与嵌入式系统可使用的操作系统日趋多样化。大型主机近期有许多开始支持 Java 及 Linux 以便共享其他平台的资源。嵌入式系统近期百家争鸣,从给 Sensor Networks 用的 Berkeley Tiny OS 到可以操作 Microsoft Office 的 Windows CE 都有。

(3) 简述批处理操作系统的工作方式。

答:批处理(Batch Processing)操作系统的工作方式是:用户将作业交给系统操作员,系统操作员将许多用户的作业组成一批作业,之后输入到计算机中,在系统中形成一个自动转接的连续的作业流,然后启动操作系统,系统自动、依次执行每个作业。最后由操作员将作业结果交给用户。

(4) 简述分时操作系统的工作方式。

答:分时(Time Sharing)操作系统的工作方式是:一台主机连接了若干个终端,每个终端有一个用户在使用。用户交互式地向系统提出命令请求,系统接受每个用户的命令,采用时间片轮转方式处理服务请求,并通过交互方式在终端上向用户显示结果。用户根据上步结果发出下道命令。分时操作系统将 CPU 的时间划分成若干个片段,称为时间片。操作系统以时间片为单位,轮流为每个终端用户服务。每个用户轮流使用一个时间片而使每个用户并不感到有别的用户存在。分时系统具有多路性、交互性、"独占"性和及时性的特征。

(5) 简述实时操作系统的工作方式。

答:实时操作系统(Real Time Operating System,RTOS)是指使计算机能及时响应外部事件的请求在严格规定的时间内完成对该事件的处理,并控制所有实时设备和实时任务协调一致地工作的操作系统。实时操作系统要追求的目标是:对外部请求在严格时间范围内做出反应,有高可靠性和完整性。其主要特点是资源的分配和调度首先要考虑实时性然后才是效率。此外,实时操作系统应有较强的容错能力。

(6) 简述网络操作系统的功能。

答:网络操作系统是基于计算机网络的,是在各种计算机操作系统上按网络体系结构协议标准开发的软件,包括网络管理、通信、安全、资源共享和各种网络应用。其目标是相互通信及资源共享。在其支持下,网络中的各台计算机能互相通信和共享资源。其主要特点是与网络的硬件相结合来完成网络的通信任务。

(7) 简述分布式操作系统的定义。

答:它是为分布计算系统配置的操作系统。大量的计算机通过网络被连接在一起,可以获得极高的运算能力及广泛的数据共享。这种系统被称作分布式系统(Distributed System)。它在资源管理、通信控制和操作系统的结构等方面都与其他操作系统有较大的区别。由于分布计算机系统的资源分布于系统的不同计算机上,操作系统对用户的资源需求不能像一般的操作系统那样等待有资源时直接分配的简单做法而是要在系统的各台计算机上搜索,找到所需资源后才可进行分配。分布操作系统的通信功能类似于网络操作系统。由于分布计算机系统不像网络分布得很广,同时分布操作系统还要支持并行处理,因此它提供的通信机制和网络操作系统提供的有所不同,它要求通信速度高。分布操作系统的结构也不同于其他操作系统,它分布于系统的各台计算机上,能并行地处理用户的各种需求,有较强的容错能力。

(8) 简述 UNIX 操作系统的结构。

答:内核:负责管理所有与硬件相关的功能。其中包括直接控制硬件的各模块,这也是系统中最重要的部分,用户当然不能直接访问内核。

常驻模块层:常驻模块层提供了执行我们请示的服务例程。它提供的服务包括输入/输出控制服务、文件/磁盘访问服务以及进程创建和中止服务。

工具层:是 UNIX 的用户接口,就是常用的 shell。它和其他 UNIX 命令和工具一样都是单独的程序,是 UNIX 系统软件的组成部分,但不是内核的组成部分。

虚拟计算机:是向系统中的每个用户指定一个执行环境。这个环境包括一个与用户进行交流的终端和共享的其他计算机资源,如最重要的 CPU。如果是多用户的操作系统,UNIX 视为一个虚拟计算机的集合。而对每一个用户都有一个自己的专用虚拟计算机。

进程:UNIX 通过进程向用户和程序分配资源。每个进程都有一个作为进程标识的整数和一组相关的资源。当然它也可以在虚拟计算机环境中执行。

(9) 简述 Linux 操作系统的特性。

答:① 完全免费。Linux 是一款免费的操作系统,用户可以通过网络或其他途径免费获得,并可以任意修改其源代码。

② 完全兼容 POSIX 1.0 标准。这使得可以在 Linux 下通过相应的模拟器运行常见的 DOS、Windows 的程序。这为用户从 Windows 转到 Linux 奠定了基础。

③ 多用户、多任务。Linux 支持多用户,各个用户对于自己的文件设备有自己特殊的权利,保证了各用户之间互不影响。

④ 良好的界面。Linux 同时具有字符界面和图形界面。

⑤ 丰富的网络功能。在 Linux 中,用户可以轻松实现网页浏览、文件传输、远程登录等网络工作。并且可以作为服务器提供 WWW、FTP、E-mail 等服务。

⑥ 可靠的安全、稳定性能。Linux 采取了许多安全技术措施,其中有对读、写进行权限控制、审计跟踪、核心授权等技术,这些都为安全提供了保障。

⑦ 支持多种平台。Linux 可以运行在多种硬件平台上,如具有 x86、680x0、SPARC、

Alpha 等处理器的平台。

（10）简单介绍当前三大操作系统。

答：Windows 操作系统是一款由美国微软公司开发的窗口化操作系统。采用了 GUI
图形化操作模式，比起从前的指令操作系统如 DOS 更为人性化。Windows 操作系统是目
前世界上使用最广泛的操作系统。

UNIX 操作系统是美国 AT&T 公司于 1971 年在 PDP-11 上运行的操作系统。具有多
用户、多任务的特点，支持多种处理器架构，最早由肯·汤普逊（Kenneth Lane Thompson）、
丹尼斯·里奇（Dennis MacAlistair Ritchie）和 Douglas McIlroy 于 1969 年在 AT&T 的贝
尔实验室开发。目前它的商标权由国际开放标准组织（The Open Group）所拥有。

Linux 是一类 UNIX 计算机操作系统的统称。Linux 操作系统是 UNIX 操作系统的一
种克隆系统。它诞生于 1991 年的 10 月 5 日（这是第一次正式向外公布的时间）。以后借助
于 Internet，并经过全世界各地计算机爱好者的共同努力下，现已成为今天世界上使用最多
的一种 UNIX 类操作系统，并且使用人数还在迅猛增长。Linux 操作系统也是自由软件和
开放源代码发展中最著名的例子。

（11）操作系统的发展趋势是什么？

答：操作系统内核将呈现出多平台统一的趋势；功能将不断增加，逐渐形成平台环境；
中间件发展趋势；嵌入式系统及软件技术发展趋势；网格操作系统。

6. 论述题

答案略。

第 13 章　习题参考答案

1. 名词解释

（1）软件工程。是一门研究用工程化方法构建和维护有效的、实用的和高质量的软件
的学科。

（2）生命周期。是软件从产生直到报废的生命周期。周期内有问题定义、可行性分析、
总体描述、系统设计、编码、调试和测试、验收与运行、维护升级到废弃等阶段，这种按时间分
程的思想方法是软件工程中的一种思想原则，即按部就班、逐步推进，每个阶段都要有定义、
工作、审查、形成文档以供交流或备查，以提高软件的质量。但随着新的面向对象的设计方
法和技术的成熟，软件生命周期设计方法的指导意义正在逐步减少。

（3）结构化方法。是一种传统的软件开发方法，它是由结构化分析、结构化设计和结构
化程序设计三部分有机组合而成的。

（4）面向对象方法。是一种把面向对象的思想应用于软件开发过程中，指导开发活动
的系统方法，简称 OO（Object-Oriented）方法，是建立在"对象"概念基础上的方法学。

（5）软件复用。是将已有的软件成分用于构造新的软件系统，以缩减软件开发和维护
的花费。

（6）构件。是面向软件体系架构的可复用软件模块。

（7）汇编语言。是面向机器的程序设计语言。

(8) 中间件。是一种独立的系统软件或服务程序,分布式应用软件借助这种软件在不同的技术之间共享资源。

(9) CORBA 分布计算技术。是 OMG 组织基于众多开放系统平台厂商提交的分布对象互操作内容的基础上制定的公共对象请求代理体系规范。

2. 判断题

(1)(×)　　(2)(×)　　(3)(×)

3. 填空题

(1) 软件过程可概括为三类:基本过程类、支持过程类和组织过程类。

(2) 软件生存周期包括:可行性分析与开发项计划、需求分析、设计(概要设计和详细设计)、编码、测试、维护等活动,可以将这些活动以适当的方式分配到不同的阶段去完成。

(3) 软件复用级别:代码复用、设计复用、分析复用和测试复用。

(4) 程序设计原则:自顶向下、逐步细化、模块化设计和限制使用 goto 语句。

(5) 程序设计的步骤:分析问题;设计算法;编写程序;对源程序进行编辑、编译和连接;运行程序,分析结果;编写程序文档。

(6) 计算机语言的演化:从最开始的机器语言,到汇编语言,到高级语言。

(7) 当前主流的分布计算技术平台有:OMG 的 CORBA、Sun 的 J2EE 和 Microsoft DNA 2000。

4. 选择题

(1)(A)(B)(C)(D)　　(2)(A)(B)(C)　　(3)(A)(B)(C)

5. 简答题

(1) 简述软件生命周期的几个阶段。

答:问题的定义及规划:此阶段主要确定软件的开发目标及其可行性。

需求分析:在确定软件开发可行的情况下,对软件需要实现的各个功能进行详细分析。

软件设计:此阶段主要对整个软件系统进行设计,如系统框架设计,数据库设计等。软件设计一般分为总体设计和详细设计。

程序编码:此阶段是将软件设计的结果转换成计算机可运行的程序代码。在程序编码中必须要制定统一、符合标准的编写规范。

软件测试:整个测试过程分为单元测试、组装测试以及系统测试三个阶段进行。

运行维护:软件维护是软件生命周期中持续时间最长的阶段。要延续软件的使用寿命,就必须对软件进行维护。软件的维护包括纠错性维护和改进性维护两个方面。

(2) 简述结构化的设计方法。

答:结构化方法的基本要点是:自顶向下、逐步求精、模块化设计。结构化分析方法是以自顶向下、逐步求精为基点,以一系列经过实践的考验的原理和技术为支撑,以数据流图、数据字典、结构化语言、判定表、判定树等图形表达为主要手段,强调开发方法的结构合理性和系统的结构合理性的软件分析方法。结构化设计方法是以自顶向下、逐步求精、模块化为基点、以模块化、抽象、逐层分解求精、信息隐蔽化局部化和保持模块独立为准则的设计软件的数据架构和模块架构的方法学。

（3）简述结构化分析的步骤。

答：①分析当前的情况，做出反映当前物理模型的 DFD；②推导出等价的逻辑模型的 DFD；③设计新的逻辑系统，生成数据字典和基元描述；④建立人机接口，提出可供选择的目标系统物理模型的 DFD；⑤确定各种方案的成本和风险等级，据此对各种方案进行分析；⑥选择一种方案；⑦建立完整的需求规约。

（4）简述结构化设计的步骤。

答：①评审和细化数据流图；②确定数据流图的类型；③把数据流图映射到软件模块结构，设计出模块结构的上层；④基于数据流图逐步分解高层模块，设计中下层模块；⑤对模块结构进行优化，得到更为合理的软件结构；⑥描述模块接口。

（5）简述面向对象的设计方法。

答：用计算机解决问题需要用程序设计语言对问题求解加以描述（即编程），实质上，软件是问题求解的一种表述形式。显然，假如软件能直接表现人求解问题的思维路径（即求解问题的方法），那么软件不仅容易被人理解，而且易于维护和修改，从而会保证软件的可靠性和可维护性，并能提高公共问题域中的软件模块和模块重用的可靠性。面向对象的机能和机制恰好可以使得按照人们通常的思维方式来建立问题域的模型，设计出尽可能自然地表现求解方法的软件。

（6）简述基于构件的软件开发。

答：它是一种基于分布对象技术、强调通过可复用构件设计与构造软件系统的软件复用途径。基于构件的软件系统中的构件可以是 COTS(Commercial Off The Shelf)构件，也可以是通过其他途径获得的构件（如自行开发）。它将软件开发的重点从程序编写转移到了基于已有构件的组装，以更快地构造系统，减轻用来支持和升级大型系统所需要的维护负担，从而降低软件开发的费用。

（7）简述物联网中间件的分类。

答：按照 IDC 的定义，中间件是一类软件，而非一种软件；中间件不仅实现互连，还要实现应用之间的互操作；中间件是基于分布式处理的软件，最突出的特点是其网络通信功能。主要类型包括：屏幕转换及仿真中间件；数据库访问中间件；消息中间件；交易中间件；应用服务器中间件；安全中间件。

（8）简述 CORBA 分布计算技术。

答：CORBA 分布计算技术，是由绝大多数分布计算平台厂商所支持和遵循的系统规范技术，具有模型完整、先进，独立于系统平台和开发语言，被支持程度广泛的特点，已逐渐成为分布计算技术的标准。COBRA 标准主要分为三个层次：对象请求代理、公共对象服务和公共设施。最底层是对象请求代理 ORB，规定了分布对象的定义（接口）和语言映射，实现对象间的通信和互操作，是分布对象系统中的"软总线"；在 ORB 之上定义了很多公共服务，可以提供诸如并发服务、名字服务、事务（交易）服务、安全服务等各种各样的服务；最上层的公共设施则定义了组件框架，提供可直接为业务对象使用的服务，规定业务对象有效协作所需的协定规则。

（9）简述 RFID 中间件原理。

答：RFID 中间件是一种面向消息的中间件（Message Oriented Middleware，MOM），信息（Information）是以消息（Message）的形式，从一个程序传送到另一个或多个程序。信息可以以异步（Asynchronous）的方式传送，所以传送者不必等待回应。面向消息的中间件包含的功能不仅是传递（Passing）信息，还必须包括解译数据、安全性、数据广播、错误恢复、定位网络资源、找出符合成本的路径、消息与要求的优先次序以及延伸的除错工具等服务。

RFID 中间件扮演 RFID 标签和应用程序之间的中介角色，从应用程序端使用中间件所提供一组通用的应用程序接口（API），即能连到 RFID 读写器，读取 RFID 标签数据。这样一来，即使存储 RFID 标签情报的数据库软件或后端应用程序增加或改由其他软件取代，或者读写 RFID 读写器种类增加等情况发生时，应用端不需要修改也能处理，省去多对多连接的维护复杂性问题。

（10）简述 RFID 中间件分类。

答：RFID 中间件可以从架构上分为两种。

① 以应用程序为中心。这种设计概念是通过 RFID Reader 厂商提供的 API，以 Hot Code 方式直接编写特定 Reader 读取数据的 Adapter，并传送至后端系统的应用程序或数据库，从而达成与后端系统或服务串接的目的。

② 以架构为中心。随着企业应用系统的复杂度增高，企业无法负荷以 Hot Code 方式为每个应用程序编写 Adapter，同时面对对象标准化等问题，企业可以考虑采用厂商所提供标准规格的 RFID 中间件。这样一来，即使存储 RFID 标签情报的数据库软件改由其他软件代替，或读写 RFID 标签的 RFID Reader 种类增加等情况发生时，应用端不做修改也能应付。

（11）简述 RFID 中间件的两个应用方向。

答：① 面向服务的架构 RFID 中间件。其目标就是建立沟通标准，突破应用程序对应用程序沟通的障碍，实现商业流程自动化，支持商业模式的创新，让 IT 变得更灵活，从而更快地响应需求。因此，RFID 中间件在未来发展上，将会以面向服务的架构为基础的趋势，提供企业更弹性灵活的服务。

② 安全架构的 RFID 中间件。RFID 应用最让外界质疑的是 RFID 后端系统所连接的大量厂商数据库可能引发的商业信息安全问题，尤其是消费者的信息隐私权。通过大量 RFID 读写器的布置，人类的生活与行为将因 RFID 而容易被追踪，沃尔玛、Tesco（英国最大零售商）初期 RFID 试点工程都因为用户隐私权问题而遭受过抵制与抗议。为此，飞利浦半导体等厂商已经开始在批量生产的 RFID 芯片上加入"屏蔽"功能。RSA 信息安全公司也发布了能成功干扰 RFID 信号的技术"RSA Blocker 标签"，通过发射无线射频扰乱 RFID 读写器，让 RFID 读写器误以为搜集到的是垃圾信息而错失数据，达到保护消费者隐私权的目的。

6. 论述题

答案略。

第 14 章   习题参考答案

1. 名词解释

（1）人工智能。是一门综合了计算机科学、生理学、哲学的交叉学科。

（2）智能控制。是在无人干预的情况下能自主地驱动智能机器实现控制目标的自动控制技术。

（3）机器学习。是研究计算机怎样模拟或实现人类的学习行为，以获取新的知识或技能，重新组织已有的知识结构使之不断改善自身的性能。

（4）模式识别。是指对表征事物或现象的各种形式的（数值的、文字的和逻辑关系的）信息进行处理和分析，以对事物或现象进行描述、辨认、分类和解释的过程，是信息科学和人工智能的重要组成部分。

（5）专家系统。是一个智能计算机程序系统，其内部含有大量的某个领域专家水平的知识与经验，能够利用人类专家的知识和解决问题的方法来处理该领域问题。

（6）智能物联网。就是对接入物联网的物品设备产生的信息能够实现自动识别和处理判断，并能将处理结果反馈给接入的物品设备，同时能根据处理结果对物品设备进行某种操作指令的下达使接入的物品设备做出某种动作响应，而整个处理过程无须人类的参与。

（7）物联网专家系统。是指在物联网上存在一类具有专门知识和经验的计算机智能程序系统或智能机器设备（服务器），通过网络化部署的专家系统来实现物联网数据的基本智能处理，以实现对物联网用户提供智能化专家服务功能。

（8）机器人。是具有一些类似人的功能的机械电子装置或者叫自动化装置。

2. 判断题

（1）（√）　　（2）（√）　　（3）（√）　　（4）（√）

3. 填空题

（1）专家系统通常由人机交互界面、知识库、推理机、解释器、综合数据库、知识获取 6个部分构成。

（2）智能物联网被分为 5 个层次：机器感知交互层、通信层、数据层、智能处理层、人机交互层。

4. 简答题

（1）简述人工智能的发展史。

答：人工智能的发展并非一帆风顺，它经历了以下几个阶段。

第一阶段：20 世纪 50 年代，人工智能从兴起走向冷落。

第二阶段：20 世纪 60 年代末到 20 世纪 70 年代，专家系统使人工智能研究出现新高潮。

第三阶段：20 世纪 80 年代，第 5 代计算机使人工智能得到了很大发展。

第四阶段：20 世纪 80 年代末，神经网络飞速发展。

第五阶段：20 世纪 90 年代，人工智能再次出现新的研究高潮。

（2）简述人工智能的几个学派。

答：符号主义，又称为逻辑主义、心理学派或计算机学派，其原理主要为物理符号系统假设和有限合理性原理。符号主义认为，人工智能源于数学逻辑，人的认知基元是符号，而且认知过程即符号操作过程，通过分析人类认知系统所具备的功能和机能，然后用计算机模拟这些功能,来实现人工智能。符号主义困难主要表现在机器博弈的困难;机器翻译不完善;人的基本常识问题表现得不足。

连接主义,又称为仿生学派或生理学派,其原理主要为神经网络及神经网络间的连接机制与学习算法。连接主义认为,人工智能源于仿生学,特别是人脑模型的研究,人的思维基元是神经元,而不是符号处理过程,因而人工智能应着重于结构模拟,也就是模拟人的生理神经网络结构,功能、结构和智能行为是密切相关的,不同的结构表现出不同的功能和行为。

行为主义,又称进化主义或控制论学派,他们认为,人工智能源于控制论,智能取决于感知和行动,提出了智能行为的"感知-动作"模式,智能不需要知识、表示和推理;人工智能可以像人类智能一样逐步进化;智能行为只能在现实世界中与周围环境交互作用而表现出来。

(3) 简述智能控制的历史。

答:控制理论发展至今已有一百多年的历史,经历了"经典控制理论"和"现代控制理论"的发展阶段,已进入"大系统理论"和"智能控制理论"阶段。

自 1932 年奈魁斯特(H. Nyquist)的有关反馈放大器稳定性论文发表以来,控制理论的发展已走过了七十多年的历程。

20 世纪 60 年代,计算机技术和人工智能技术迅速发展,为了提高控制系统的自学习能力,控制界学者开始将人工智能技术应用于控制系统。

20 世纪 70 年代初,傅京孙、Glofiso 和 Saridis 等学者提出了智能控制就是人工智能技术与控制理论的交叉的思想,并创立了人机交互式分级递阶智能控制的系统结构。

20 世纪 70 年代中期,以模糊集合论为基础,智能控制在规则控制研究上取得了重要进展。

20 世纪 80 年代,专家系统技术的逐渐成熟及计算机技术的迅速发展,使得智能控制和决策的研究也取得了较大进展。

近年来,智能控制技术在国内外已有了较大的发展,已进入工程化、实用化的阶段,但作为一门新兴的理论技术,它还处在一个发展时期。然而,随着人工智能技术、计算机技术的迅速发展,智能控制必将迎来它的发展新时期。

(4) 简述机器学习的发展史。

答:机器学习是人工智能研究较为年轻的分支,它的发展过程大体上可分为 4 个时期。

第一阶段是从 20 世纪 50 年代中叶到 20 世纪 60 年代中叶,属于热烈时期。

第二阶段是从 20 世纪 60 年代中叶至 20 世纪 70 年代中叶,被称为机器学习的冷静时期。

第三阶段是从 20 世纪 70 年代中叶至 20 世纪 80 年代中叶,称为复兴时期。

第四阶段是从 20 世纪 80 年代中叶开始,称为最新阶段。

(5) 简述专家系统的发展史。

答:专家系统的发展已经历了三个阶段,正向第 4 代过渡和发展。

第一代专家系统以高度专业化、求解专门问题的能力强为特点。但在体系结构的完整性、可移植性等方面存在缺陷,求解问题的能力弱。

第二代专家系统属单学科专业型、应用型系统,其体系结构较完整,移植性方面也有所改善,而且在系统的人机接口、解释机制、知识获取技术、不确定推理技术、增强专家系统的知识表示和推理方法的启发性、通用性等方面都有所改进。

第三代专家系统属多学科综合型系统,采用多种人工智能语言,综合采用各种知识表示方法和多种推理机制及控制策略,并开始运用各种知识工程语言、骨架系统及专家系统开发工具和环境来研制大型综合专家系统。

在总结前三代专家系统的设计方法和实现技术的基础上,已开始采用大型多专家协作系统、多种知识表示、综合知识库、自组织解题机制、多学科协同解题与并行推理、专家系统工具与环境、人工神经网络知识获取及学习机制等最新人工智能技术来实现具有多知识库、多主体的第 4 代专家系统。

5. 论述题

答案略。

第 15 章　习题参考答案

1. 名词解释

(1) M2M。是 Machine to Machine Man 的简称,是一种以机器终端智能交互为核心的、网络化的应用与服务。

(2) 智能交通。将传感器技术、RFID 技术、无线通信技术、数据处理技术、网络技术、自动控制技术、视频检测识别技术、GPS、信息发布技术等运用于整个交通运输管理体系中,从而建立起实时的、准确的、高效的交通运输综合管理控制系统。

(3) 智能电网。其核心在于构建具备智能判断与自适应调节能力的多种能源统一入网和分布式管理的智能化网络系统,可对电网与客户用电信息进行实时监控和采集,且采用最经济最安全的输配电方式将电能输送给终端用户,实现对电能的最优配置与利用,提高电网运行的可靠性和能源利用效率。

(4) 智能家居。是利用计算机、通信、网络、电力自动化、信息、结构化布线、无线等技术将所有不同的设备应用和综合功能互连于一体的系统。

2. 判断题

(1)(√)　　(2)(√)　　(3)(√)

3. 简答题

(1) 简述物联网的感知层设计。

答:感知层包括二维码标签和识读器、RFID 标签和读写器、摄像头、GPS、传感器、终端、传感器网络等,主要是识别物体,采集信息。如果传感器的单元简单唯一,直接能接上 TCP/IP 接口(如摄像头 Web 传感器),那问题就简单多了,可以直接写接口数据。实际工程中显然没那么简单,如果你购买到某一款装置,硬件接口往往是 RS-232、USB 接口,其电源电压、电流都不同,更何况传感器往往是多种装置的集合,需要在一定条件下整合。感知层设计需要在嵌入式智能平台上整合,也就是以 ARM 芯片控制单元为基础,实行软件硬件可裁剪,适度对不同种的接口、控制功能进行搭建。

(2) 简述物联网的网络层设计。

答：网络层包括通信与互联网的融合网络、网络管理中心、信息中心和智能处理中心等，其将感知层获取的信息进行传递和处理。总之，物联网的网络层设计需要软件设计人员熟悉传感网设计结构，保持数据不丢失并平衡两端设计工作量。物联网的网络层设计关键是端口信号获取，保证信号从传感器端流畅导入到 Web Service 中，这也就是移动、电信和互联网的数据融合。

(3) 简述物联网的应用层设计。

答：应用层是物联网与行业专业技术的深度融合，与行业需求相结合，实现行业智能化，这一部分必须建立一个适合行业的前端(ASP 或 JSP 界面)和后端(Web Service)，后端要考虑 SOA 架构及 Database 数据存放。

(4) 简述 M2M 系统的框架。

答：① M2M 硬件。实现 M2M 的第一步就是从机器/设备中获得数据，然后把它们通过网络发送出去。使机器具备"说话"能力的基本方法有两种：生产设备的时候嵌入 M2M 硬件；对已有机器进行改装，使其具备通信/联网能力。M2M 硬件是使机器获得远程通信和联网能力的部件，可以分为 5 种：嵌入式硬件、可组装硬件、调制解调器、传感器和识别标识。

② 通信网络。它主要负责将信息传送到目的地。随着 M2M 技术的出现，网络社会的内涵有了新的内容，网络社会的成员除了原有人、计算机、IT 设备之外，数以亿计的非 IT 机器/设备正要加入进来。同时，这些新成员的数量和其数据交换的网络流量将会迅速增加。

③ 中间件。中间件在通信网络和 IT 系统间起桥接作用，它包括两部分：M2M 网关、数据收集/集成部件。网关是 M2M 系统中的"翻译员"，它获取来自通信网络的数据，将数据传送给信息处理系统，主要的功能是完成不同通信协议之间的转换。数据收集/集成部件则是为了将数据变成有价值的信息。

④ 应用。对获得的数据进行加工分析，为决策和控制提供依据，对原始数据进行不同加工和处理，并将结果呈现给需要这些信息的观察者和决策者。

(5) 简述物联网智能交通的原理。

答：智能交通作为一个信息化系统，它的各个组成部分和各种功能都是以交通信息应用为中心展开的，因此，实时、全面、准确的交通信息是实现城市交通智能化的关键。

从系统功能上讲，这个系统必须将汽车、驾驶者、道路以及相关的服务部门相互连接起来，使道路与汽车的运行功能智能化，从而使公众能够高效地使用公路交通设施和能源。其具体的实现方式是：该系统采集到各种道路交通及各种服务信息，经过交通管理中心集中处理后，传送到公路交通系统的各个用户。出行者可以做实时的交通方式和交通路线选择，交通管理部门可以自动进行交通疏导、控制和事故处理；运输部门可以随时掌握所属车辆的动态情况，进行合理调度。这样，路网上的交通就能够处于较好的状态，改善交通拥挤，最大限度地提高路网的通行能力及机动性、安全性和生产效率。

(6) 简述物联网智能交通的子系统。

答：① 中心型子系统。该子系统包括交通管理子系统、突发事件管理子系统、收费管理子系统、商用车辆管理子系统、维护与工程管理子系统、信息服务提供子系统、尾气排放管理子系统、公共交通管理子系统、车队及货运管理子系统及存档数据管理子系统 10 个子系统。

② 区域型子系统。该子系统包括道路子系统、安全监控子系统、公路收费子系统、停车管理子系统和商用车辆核查子系统 5 个子系统。这类子系统通常需要进入路边的某些具体位置来安装或维护诸如检测器、信号灯、程控信息板等设施。区域型子系统一般要与一个或多个中心型子系统以有线的方式连接,同时还往往需要与通过其所部署路段的车辆进行信息交互。

③ 旅行者子系统。该类子系统以旅行者或旅行服务业经营者为服务对象,运用智能交通系统的有关功能实现一对多式联运旅行的有效支持。远程旅行支持子系统和个人信息访问子系统属于旅行者子系统。旅行者子系统还可以通过有线或无线方式与其他类型的子系统进行直接的信息传递。

④ 车辆型子系统。该类子系统一般安装在车辆上,根据载体车辆的种类,车辆型子系统又可细分为普通车辆子系统、紧急车辆子系统、商用车辆子系统、公交车辆子系统和维护与工程车辆子系统。这些子系统可根据需要与中心型子系统、区域型子系统及旅行者子系统进行无线通信,也可与其他载体车辆进行车辆间通信。

(7) 简述智能交通的关键技术。

答:① 先进的检测、感知、识别技术和车载设备。通过采用射频识别技术、传感器技术获取人与物的地理位置、身份信息等,实现物物相通,也包括新一代车载电子装置、车辆自动驾驶设备、驾驶员驾驶能力和精神状态自动检测仪表的研制与开发使用。

② 建立信息网络。信息网络需要收集的信息包括交通基础设施的现行自然状态,设计、施工、使用与维护档案,环境状况,有关的天气条件和预测的天气变化等信息。

③ 交通事故自动检测、预警应变技术。交通事故一旦发生,关键是要尽快地将救护人员召集到事故现场。要求车载装置能自动检测事故的发生,及时地通报事故发生地点、伤员人数及其伤情。

④ 先进的交通管理调度系统。需要具备"智能地"、自适应地管理各种地面交通的能力,实时地监视、探测区域性交通流运行状况,快速地收集各种交通流运行数据,及时地分析交通流运行特征,从而预测交通流的变化,并制定最佳应变措施和方案。

(8) 简述智能电网应用系统。

答:国家电网在物联网领域的切入可谓全面,从输电环节到最终到户的智能电表以及接入设备,甚至到达用电终端。下面是几种应用系统:智能用电信息采集系统;智能用电服务系统;智能电网输电线路可视化在线监测平台;智能巡检系统;电动汽车辅助管理系统;智能用能服务以及家庭传感局域网通用平台的开发;绿色智能机房管理中的应用。

(9) 简述传感网络在公共安全领域的应用。

答:在城市公共安全中,对典型风险源的监测监控是防灾减灾的重要手段。在化工厂尤其是危化品生产、存储和使用的区域,应该优先布置无线传感网络。作为采集终端的传感器包括有毒气体检测器、危化品浓度检测器、温湿度传感器、防爆压力传感器等,这些设备加装相关射频模块后,使用无线传输协议来组成网络,互通数据和指令,并通过网关与上位机相连。上位机中运行组态软件,工作人员通过监控界面能够直观地观察到整个传感网络的拓扑状态,设备的工作状况和实时数据,并能够查看历史数据以及向某个特定设备下达控制指令。

(10) 简述智能物联网技术在公共安全领域的应用。

答:智能技术在公共安全领域中的应用主要体现在智能人机交互和智能设备方面。其中,智能视频分析技术是高端监控技术,它是指运用计算机图像视觉分析技术,通过智能运算对视频内容进行实时分析,将场景中背景和目标分离进而锁定并追踪在摄像机场景内出现的目标。用户可以根据视频的内容分析功能,在不同摄像机场景中预设不同的报警规则,一旦目标在场景中出现了违反预定义规则的行为,系统会自动发出报警,监控工作站自动弹出报警信息并发出警示音。用户可以通过单击报警信息,实现报警的场景重组并采取相关措施。智能视频分析可广泛应用于机场、监狱、油田、隧道、海关、边防和军事重地等区域的监控,是一套完整的智能安防系统的解决方案。通过对涉及公共安全的相关领域场所进行实时监控、智能分析,对异常行为、突发事件进行监测,使社会治安动态防范系统具有智能判断能力,从而有效地提升了国家公共安全的防范能力。

(11) 简述智能家居系统体系结构。

答:智能家居控制系统的总体目标是通过采用计算机、网络、自动控制和集成技术建立一个由家庭到小区乃至整个城市的综合信息服务和管理系统。家居系统主要由智能灯光控制、智能家电控制、智能安防报警、智能娱乐系统、可视对讲系统、远程监控系统、远程医疗监护系统等组成。

4. 论述题

答案略。

第 16 章　习题参考答案

1. 名词解释

(1) 全光网。指光信息流在网中的传输及交换时始终以光的形式存在,而不需要经过光/电、电/光转换。

(2) 云计算。狭义云计算指 IT 基础设施的交付和使用模式,指通过网络以按需、易扩展的方式获得所需资源;广义云计算指服务的交付和使用模式,指通过网络以按需、易扩展的方式获得所需服务。

(3) 网格计算。指通过网络连接地理上分布的各类计算机(包括机群)、数据库、各类设备和存储设备等,形成对用户相对透明的虚拟的高性能计算环境,应用包括分布式计算、高吞吐量计算、协同工程和数据查询等诸多功能。

(4) 普适计算。指在普适环境下使人们能够使用任意设备、通过任意网络、在任意时间都可以获得一定质量的网络服务的技术。

(5) 信息材料。指在微电子、光电子技术和新型元器件基础产品领域中所用的材料。

(6) SoC。称为系统级芯片,也有称片上系统。从狭义角度讲,它是信息系统核心的芯片集成,是将系统关键部件集成在一块芯片上;从广义角度讲,SoC 是一个微小型系统。

(7) 纳米器件。在学术文献中的解释是器件和特征尺寸进入纳米范围后的电子器件。

(8) 第四代语言。是按计算机科学理论指导设计出来的结构化语言,如 ADA、MODULA-2、SMALLTALK-80 等。

(9) 5G。是第五代移动通信技术,是 4G 技术的延伸,理论下载速度达每秒 1GB。

(10) 6G。即第六代移动通信,传输能力可能比 5G 提升 100 倍。

（11）量子通信。是利用量子叠加态和纠缠效应进行信息传递的新型通信方式,基于量子力学中的不确定性、测量坍缩和不可克隆三大原理提供了无法被窃听和计算破解的绝对安全性保证,主要分为量子隐形传态和量子密钥分发两种。

（12）区块链。是分布式数据存储、点对点传输、共识机制、加密算法等计算机技术的新型应用模式。

（13）软件产品线。是一组具有共同体系构架和可复用组件的软件系统,它们共同构建支持特定领域内产品开发的软件平台。

（14）量子计算机。是一类遵循量子力学规律进行高速数学和逻辑运算、存储及处理信息的物理装置。

2. 判断题

(1)（√）　　(2)（√）　　(3)（√）　　(4)（×）

3. 填空题

（1）网格计算发展趋势：标准化趋势、技术融合趋势和大型化趋势。

（2）综观计算机技术的发展历史,计算模式经历了第一代的主机（大型机）计算模式和第二代的 PC（桌面）计算模式,第三代计算为普适计算。

4. 选择题

(1)（A）（B）（C）　　(2)（A）（B）（C）

5. 简答题

（1）简述全光网的关键技术。

答：光交叉连接（OXC）是全光网中的核心器件,它与光纤组成了一个全光网络；光分插复用；全光网的管理、控制和运作；光交换技术可以分成光路交换技术和分组交换技术；全光中继技术。

（2）简述云计算的体系架构。

答：① 上层分级。云软件打破以往大厂垄断的局面,所有人都可以在上面自由挥洒创意,提供各式各样的软件服务。

② 中层分级。云平台打造程序开发平台与操作系统平台,让开发人员可以通过网络撰写程序与服务,一般消费者也可以在上面运行程序。

③ 下层分级。云设备将基础设备（如 IT 系统、数据库等）集成起来,像旅馆一样,分隔成不同的房间供企业租用。

（3）简述网格计算的"三要素"。

答：① 任务管理。用户通过该功能向网格提交任务、为任务指定所需资源、删除任务并监测任务的运行状态。

② 任务调度。用户提交的任务由该功能按照任务的类型、所需资源、可用资源等情况安排运行日程和策略。

③ 资源管理。确定并监测网格资源状况,收集任务运行时的资源占用数据。

（4）简述 Globus 的体系结构。

答：Globus 网格计算协议建立在互联网协议之上，以互联网协议中的通信、路由、名字解析等功能为基础。Globus 的协议分为 5 层：构造层、连接层、资源层、汇集层和应用层。

（5）简述普适计算的技术。

答：普适计算的软件平台和中间件；新型的人与计算服务的交互通道；面向普适计算模式的新型应用模型；适合普适计算时代需求的新型服务。

（6）信息材料怎样分类？

答：按功能分，信息材料主要有以下几类：半导体微电子材料、光电子材料、电子陶瓷材料、磁性材料、光纤通信材料、磁存储和光盘存储为主的数据存储材料、压电晶体与薄膜材料、光伏材料。

（7）简述 SoC 设计的关键技术。

答：SoC 设计的关键技术主要包括总线架构技术、IP 核可复用技术、软硬件协同设计技术、SoC 验证技术、可测性设计技术、低功耗设计技术、超深亚微米电路实现技术等，此外还要做嵌入式软件移植、开发研究。

（8）简述纳米器件的典型应用。

答：血管纳米"潜水艇"；纳米机器人；未来战场纳米"小精灵"。

（9）简述敏捷设计方法。

答：敏捷开发包括一系列的方法，主流的有如下 7 种：XP 极限编程、SCRUM 方法、Crystal Methods 水晶方法、FDD 特性驱动开发、ASD 自适应软件开发、DSDM 动态系统开发方法、轻量型 RUP 框架。

（10）简述敏捷开发的工作方式。

答：前面提到的这 4 个核心价值观会导致高度迭代式的、增量式的软件开发过程，并在每次迭代结束时交付经过编码与测试的软件。敏捷开发小组的主要工作方式，包括增量与迭代式开发；作为一个整体工作；按短迭代周期工作；每次迭代交付一些成果；关注业务优先级；检查与调整。

（11）简述软件产品线流程。

答：软件生产线的概念和思想，将软件的生产过程别分到三类不同的生产车间进行，即应用体系结构生产车间、构件生产车间和基于构件、体系结构复用的应用集成（组装）车间，从而形成软件产业内部的合理分厂，实现软件的工业化生产。

6. 论述题

答案略。

<h1>期末考试模拟试题(一)</h1>

一、多项选择题(本大题共 10 题,每题 1 分,共 10 分。在每小题列出的四个选项中有二至四个选项是符合题目要求的,请将正确选项前的字母填在题后的括号内。多选、少选、错选均无分)

1. 物联网工程专业本科的个人发展方向与定位是( )。
   A. 工程应用型人才   B. 综合型人才
   C. 经验型人才   D. 理论型人才

2. 物联网发展经过了( )。
   A. 引入期   B. 预热期   C. 爆发期   D. 成熟期

3. 常用的输入设备有( )。
   A. 键盘   B. 鼠标   C. 扫描仪   D. 打印机

4. 数字通信系统可进一步细分为( )。
   A. 数字频带传输通信系统   B. 数字基带传输通信系统
   C. 模拟信号数字化传输通信系统   D. 模拟传输系统

5. 在网址 www.cpcw.com 中".com"是指( )。
   A. 公共类   B. 商业类   C. 政府类   D. 教育类

6. 几种典型的安全威胁包括( )。
   A. 信息泄漏   B. 完整性侵害   C. 拒绝服务   D. 非法使用

7. 数据处理的任务( )。
   A. 对采集到的电信号做物理量解释   B. 消除数据中的干扰信号
   C. 分析计算数据的内在特征   D. 采集数据

8. 数据库发展阶段大致划分为( )。
   A. 人工管理阶段   B. 文件系统阶段
   C. 数据库系统阶段   D. 高级数据库阶段

9. 操作系统的作用是( )。
   A. 把源程序编译成目标程序   B. 便于进行目录管理
   C. 控制和管理系统资源的使用   D. 高级语言

10. 以下属于软件生存周期范围的是(　　　)。

    A. 需求分析   B. 设计   C. 编码   D. 维护过程

二、填空题(本大题共5个空,每空2分,共10分。请在每小题的空格中填上正确答案。错填、不填均无分)

11. 物联网工程本科专业的课程大致分为感知层、传输层、处理层和_____4部分。

12. 硬件包括中央处理器、_____和外部设备等。

13. 按传输媒介,通信可分为两大类:一类称为有线通信,另一类称为_____。

14. 网络互联设备根据不同层实现的机理不一样,又具体分为5类:网络传输介质互联设备;网络物理层互联设备;_____;网络层互联设备;应用层互联设备。

15. 计算机病毒从其传播方式上分为:引导型病毒、_____和混合型病毒。

三、判断题(本大题共10小题,每题1分,共10分。判断下列各题,正确的在题后括号内打"√",错的打"×")

16. 物联网工程专业属于计算机相近专业。   (　　　)

17. 物联网就是互联网。   (　　　)

18. RFID标签有两种:有源标签和无源标签。   (　　　)

19. 计算机系统由计算机硬件和软件两部分组成。   (　　　)

20. 模/数转换(A/D)就是数/模转换(D/A)。   (　　　)

21. 网络终端可以是超级计算机、工作站、微机、笔记本电脑、平板电脑、掌上电脑、PDA、手机等固定或移动设备。   (　　　)

22. I/O接口电路也简称接口电路。它是主机和外围设备之间信息交换的连接部件。它在主机和外围设备之间的信息交换中起着桥梁和纽带作用。   (　　　)

23. 软件就是程序。   (　　　)

24. 人工智能学科是计算机科学中涉及研究、设计和应用智能机器的一个分支。

    (　　　)

25. 全光网就是线路和设备支持光通信的网络。   (　　　)

四、名词解释题(本大题共10题,每题3分,共30分)

26. 物联网——

27. 传感器——

28. 硬件系统——

29. 计算机网络——

30. 无线传输载体——

31. 数据结构——

32. 网络操作系统——

33. 生命周期——

34. 中间件——

35. 网格计算——

五、简答题(本大题共8小题,每题4分,共32分)

36. 物联网工程专业本科的培养目标是什么?

37. 物联网的本质是什么?

38. 简述 RFID 的工作原理。

39. 计算机网络的主要功能是什么？

40. 简述信息安全的目标。

41. 数据库的历史有几个阶段？

42. 操作系统有几个功能？

43. 简述结构化的设计方法。

六、论述题(本题 8 分)

44. 你认为物联网工程是一个有发展前途的专业吗？为什么？

期末考试模拟试题(二)

一、多项选择题(本大题共 10 题,每题 1 分,共 10 分。在每小题列出的四个选项中有二至四个选项是符合题目要求的,请将正确选项前的字母填在题后的括号内。多选、少选、错选均无分)

1. 物联网工程本科专业的课程大致分为( )个部分。

    A. 1   B. 2   C. 3   D. 4

2. 下列说法正确的是( )。

    A. 物联网就是物物相连的互联网

    B. 物联网的实践最早可以追溯到 1980 年施乐公司的网络可乐贩售机

    C. RFID,射频识别技术,也称电子标签

    D. 感知层由各种传感器以及传感器网关构成

3. 常用的输出设备有( )。

    A. 显示器   B. 打印机   C. 键盘   D. 手写笔

4. 常见的随机噪声可分为( )。

    A. 单频噪声   B. 脉冲噪声

    C. 起伏噪声   D. 人的噪声

5. 中国互联网络用户必须要先申请 E-mail 账户,才能( )。

    A. 网上浏览   B. 匿名文件下载

    C. 收发电子邮件   D. 使用国际互联网络

6. 计算机病毒的特性包括( )。

    A. 传染性   B. 潜伏性   C. 隐蔽性   D. 破坏性

7. 计算机和外部的通信方式分为( )。

    A. 并行通信   B. 串行通信

    C. 电话通信   D. 个人通信

8. 数据库的数据模型有( )。

    A. 层次结构模型   B. 网状结构模型

    C. 关系结构模型   D. 逻辑结构模型

9. 以下属于计算机语言的是( )。

    A. 机器语言   B. 汇编语言

    C. 高级语言   D. 自然语言

10. 目前比较流行的数据模型有( )。
    A. 层次结构   B. 网状结构   C. 关系结构   D. 平行结构

二、填空题(本大题共 5 个空,每空 2 分,共 10 分。请在每小题的空格中填上正确答案。错填、不填均无分)

11. 物联网三层论的技术学派认为,从技术架构上来看,物联网可分为三层:感知层、网络层和_____。

12. 系统总线包含三种不同功能的总线,即数据总线、地址总线和_____。

13. 网络拓扑结构主要类型包括星状、环状、_____、树状和网状。

14. 计算机病毒按其破坏程序可分为良性病毒和_____。

15. 在关系数据库规范中建立了一个范式系列:1NF、2NF、_____、BCNF、4NF 和 5NF。

三、判断题(本大题共 10 小题,每题 1 分,共 10 分。判断下列各题,正确的在题后括号内打"√",错的打"×")

16. 物联网工程专业本科培养经验很强的人才。   ( )

17. RFID 就是物联网。   ( )

18. 一个典型的射频识别系统由 RFID 标签、阅读器以及计算机系统等部分组成。

                                                              ( )

19. CPU 就是微处理器。   ( )

20. 无线局域网络用于不易铺设有线网的地方。   ( )

21. 关系数据库就是二维表。   ( )

22. 软件生存周期包括需求分析、设计、编码、测试、维护几个过程。   ( )

23. 人工智能自诞生以来,从符号主义、连接主义到行为主义变迁。   ( )

24. M2M 技术的目标就是使所有机器设备都具备联网和通信能力,其核心理念为网络就是一切(Network is Everything)。   ( )

25. 普适环境主要包括网络、设备和服务:网络环境包括 Internet、移动网络、电话网、电视网和各种无线网络等。普适计算设备更是多种多样,包括计算机、手机、汽车、家电等能够通过任意网络上网的设备;服务内容包括计算、管理、控制、资源浏览等。   ( )

四、名词解释题(本大题共 10 题,每题 3 分,共 30 分)

26. 自动化仪表——

27. 软件——

27. 协议——

28. 无线个域网

29. 信息安全——

30. 线性表

31. 操作系统——

32. 结构化方法——

33. 云计算——

34. 第四代语言——

35. 工程素质——

五、简答题(本大题共 8 小题,每题 4 分,共 32 分)

36. 物联网工程专业本科毕业生培养的知识和能力要求是什么?

37. 和传统的互联网相比,物联网有什么鲜明的特征?

38. 简述 RFID 的技术特点。

39. 简述计算机网络技术的发展史。

40. 怎样预防计算机病毒?

41. 简述数据库和数据仓库的区别。

42. 简述操作系统的发展史。

43. 简述结构化分析的步骤。

六、论述题(本题 8 分)

44. 规划你的人生,未来 5 年、10 年、20 年,你希望在此专业上如何发展?

期末考试模拟试题(三)

一、多项选择题(本大题共 10 题,每题 1 分,共 10 分。在每小题列出的四个选项中有二至四个选项是符合题目要求的,请将正确选项前的字母填在题后的括号内。多选、少选、错选均无分)

1. 物联网工程专业人才的"专业基本能力"归纳为(   )。
    A. 计算(信息)思维能力
    B. 识别、分析、设计电子器件的应用能力
    C. 网络实践的动手能力和工程素质
    D. 物联网应用系统总体的设计、开发和应用能力

2. 射频标签信息的写入方式大致可以分为(   )。
    A. 射频标签在出厂时,即已将完整的标签信息写入标签
    B. 射频标签信息的写入采用有线接触方式实现,一般称这种标签信息写入装置为编程器
    C. 射频标签在出厂后,允许用户通过专用设备以无接触的方式向射频标签中写入数据信息
    D. 直接在射频标签上写信息

3. I/O 的几种接口为(   )。
    A. 显示卡   B. 硬盘接口   C. 串行接口   D. 并行接口

4. 在数字通信中,按照同步的功能分为(   )。
    A. 载波同步   B. 位同步   C. 群同步   D. 网络同步

5. 下列不是计算机网络的系统结构为(   )。
    A. 星状结构   B. 总线结构   C. 单线结构   D. 环状结构

6. 物联网安全属于信息安全的子集。通常将之分为(   )。
    A. 物理安全   B. 运行安全   C. 数据安全   D. 内容安全

7. 抗干扰的常见隔离方法有(   )。
    A. 光电隔离   B. 变压器隔离
    C. 继电器隔离   D. 人为隔离

8. 物联网软件开发的方法可以是( )。

    A. 结构化的设计方法   B. 面向对象的设计方法

    C. 基于构件的软件开发   D. 同时用上述三种方法

9. 数据库的数据模型有( )。

    A. 层次结构模型   B. 网状结构模型

    C. 关系结构模型   D. 逻辑结构模型

10. 以下属于计算机语言的是( )。

    A. 机器语言   B. 汇编语言   C. 高级语言   D. 自然语言

二、**填空题**(本大题共 5 个空,每空 2 分,共 10 分。请在每小题的空格中填上正确答案。错填、不填均无分)

11. 电子标签依据频率的不同可分为低频电子标签、高频电子标签、超高频电子标签和_____。

12. CPU 包括运算逻辑部件、寄存器部件和_____。

13. 通信还可按收发信者是否运动分为移动通信和_____。

14. 作用不同,数据加密技术主要分为数据传输、_____、数据完整性的鉴别以及密钥管理技术 4 种。

15. 计算机与 I/O 接口类型指的是_____与计算机系统采用的连接方式。

三、**判断题**(本大题共 10 小题,每题 1 分,共 10 分。判断下列各题,正确的在题后括号内打"√",错的打"×")

16. 物联网工程专业本科培养的人才应该具有一定的创新性。   ( )

17. 物联网的定义是通过射频识别(RFID)、红外感应器、全球定位系统、激光扫描器等信息传感设备,按约定的协议,把物品与互联网相连接,进行信息交换和通信,以实现对物品的智能化识别、定位、跟踪、监控和管理的一种网络。   ( )

18. 每个标签都有一个全球唯一的 ID 号码——UID。   ( )

19. 嵌入式系统就是计算机机箱内的部分。   ( )

20. 无线传感器网应用支撑平台建立在分层网络通信协议和网络管理技术的基础之上,它包括一系列基于监测任务的应用层软件,通过应用服务接口和网络管理接口来为终端用户提供各种具体应用和支持。包括时间同步、定位、应用服务接口、网络管理接口。

    ( )

21. 串行接口,PC 一般有两个串行口 COM 1 和 COM 2。   ( )

22. 数据库就是数据的集合。   ( )

23. 软件复用就是把快报废的软件重新修改后再用。   ( )

24. M2M 是一种理念,也是所有增强机器设备通信和网络能力的技术总称。   ( )

25. 网格是把整个因特网整合成一台巨大的超级计算机,实现计算资源、存储资源、数据资源、信息资源、知识资源、专家资源的全面共享。   ( )

四、**名词解释题**(本大题共 10 题,每题 3 分,共 30 分)

26. 虚拟仪器——

27. 中央处理器——

28. Internet——

29. 计算机病毒——

30. 栈——

31. 网络操作系统——

32. 面向对象方法——

33. 普适计算——

34. 软件产品线——

35. 应用型人才——

五、简答题(本大题共 8 小题,每题 4 分,共 32 分)

36. 物联网会在哪些方面得到广泛的应用?

37. 简述物联网的关键技术。

38. 简述 RFID 的历史。

39. 简述 Internet 的功能。

40. 简述物联网的安全威胁。

41. 简述数据挖掘在物联网中的应用。

42. 简单介绍当前三大操作系统。

43. 简述结构化设计的步骤。

六、论述题(本题 8 分)

44. 根据专业课程的性质和要求,规划你 4 年本科课程的学习和方法。

期末考试模拟试题(四)

一、多项选择题(本大题共 10 题,每题 1 分,共 10 分。在每小题列出的四个选项中有二至四个选项是符合题目要求的,请将正确选项前的字母填在题后的括号内。多选、少选、错选均无分)

1. 除数学、英语、政治、体育和公共选修课外,物联网工程专业本科的课程大致可以分为(　　)。

   A. 理论性质的课程　　　　　　　　B. 动手实践性质的课程

   C. 理论结合实践的课程　　　　　　D. 讨论性质的课程

2. RFID 工作频率可以是(　　)。

   A. 低频段射频标签　　　　　　　　B. 中高频段射频标签

   C. 超高频与微波标签　　　　　　　D. 红外射频标签

3. 常用的输入设备有(　　)。

   A. 键盘　　　　B. 鼠标　　　　C. 扫描仪　　　　D. 打印机

4. 常用的输出设备有(　　)。

   A. 显示器　　　　B. 打印机　　　　C. 键盘　　　　D. 手写笔

5. I/O 的几种接口为(　　)。

   A. 显示卡　　　　B. 硬盘接口　　　　C. 串行接口　　　　D. 并行接口

6. 按照工作轨道区分,卫星通信可以分为(　　)。

   A. 低轨道卫星通信系统(距地面 500~2000km)

   B. 中轨道卫星通信系统(距地面 2000~20 000km)

C. 高轨道卫星通信系统(距地面35 800km)

D. 超低轨道卫星通信系统(距地面小于500km)

7. 因特网是一个( )。

A. 大型网络　　　　B. 国际购物平台　　　C. 计算机软件　　　D. 网络的集合

8. 操作系统的作用是( )。

A. 把源程序编译成目标程序　　　　　B. 便于进行目录管理

C. 控制和管理系统资源的使用　　　　D. 高级语言

9. 常用存储器包括( )。

A. 硬盘　　　　　　　　　　　　　　B. 光盘

C. U盘　　　　　　　　　　　　　　D. ROM和RAM

10. 以下属于软件生存周期范围的是( )。

A. 需求分析　　　　B. 设计　　　　　C. 编码　　　　　　D. 维护过程

二、填空题(本大题共5个空,每空2分,共10分。请在每小题的空格中填上正确答案。错填、不填均无分)

11. 一套完整的RFID系统,由阅读器(Reader)与_____及应用软件系统三个部分所组成。

12. 虚拟仪器有两种形式,一种是将计算机装入仪器,另一种是_____。

13. 按传输媒质,通信可分为两大类:一类称为有线通信,另一类称为_____。

14. 信息安全的原则:最小化原则、分权制衡原则、_____。

15. 干扰的形成包括三个要素:干扰源、_____和接受载体。三个要素缺少任何一项干扰都不会产生。

三、判断题(本大题共10小题,每题1分,共10分。判断下列各题,正确的在题后括号内打"√",错的打"×")

16. 每门课程的学习成绩到达60分,就能拿到毕业证和学士学位证。　( )

17. 物联网发展经过了引入期、预热期、爆发期和成熟期。　( )

18. RFID是一种计算机系统。　( )

19. 中断是主机在执行程序过程中,遇到突发事件而中断程序的正常执行,转去处理突发事件,待处理完成后返回原程序继续执行的过程。　( )

20. 域名可分为不同级别,包括顶级域名、二级域名等。　( )

21. 无线个域网只用于家庭。　( )

22. 入侵防御系统是信息安全发展过程中占据重要位置的计算机网络硬件。　( )

23. USB接口,也称为通用串行总线,支持热插拔以及连接多个设备的特点。目前已经在各类外部设备中广泛被采用。目前USB接口有3种:USB 1.1、USB 2.0和USB 3.0。

( )

24. 第三范式(3NF)是满足第二范式,而且各数据库表中不包含已在其他表中包含的非主关键字信息。简言之,第三范式就是属性不依赖于其他非主属性。　( )

25. 物联网智能,是利用人工智能技术服务于物联网络的一种技术,是将人工智能的理论方法和技术,通过具有智能处理功能的软件部署在网络服务器中去,服务于接入物联网的物品设备和人。

( )

四、名词解释题(本大题共 10 题,每题 3 分,共 30 分)

26. RFID——

27. 检测系统——

28. 嵌入式系统——

29. IP 地址——

30. 无线传感器网——

31. 虚拟专用网——

32. 树——

33. 嵌入式实时操作系统——

34. 软件复用——

35. 全光网——

五、简答题(本大题共 8 小题,每题 4 分,共 32 分)

36. 要成为一个工程应用型人才,你应该在哪些方面加强自己的能力?

37. 简述物联网的技术发展阶段。

38. 与条形码识别系统相比,无线射频识别技术具有哪些优势?

39. 简述 TCP/IP 各层的主要功能。

40. 简述物联网的安全措施。

41. 如何理解数据仓库的含义?

42. 操作系统的发展趋势是什么?

43. 简述面向对象的设计方法。

六、论述题(本题 8 分)

44. 本科 4 年中,你应该在哪些能力方面有所发展?并准备在哪一个具体的物联网工程领域有自己的特点?

注:模拟试题的参考答案略。

参 考 文 献

[1] 王志强等.计算机导论.北京:电子工业出版社,2007.

[2] 王志强等.计算机导论实验指导书.北京:电子工业出版社,2007.

[3] 王玉龙等.计算机导论(第2版).北京:电子工业出版社,2005.

[4] 陈明.计算机导论.北京:清华大学出版社,2009.

[5] 田原.计算机导论.北京:中国水利水电出版社,2007.

[6] 朱景福,刘彦忠.计算机导论.哈尔滨:哈尔滨工业大学出版社,2008.

[7] 吕云翔,王洋,胡斌.计算机导论实践教程.北京:人民邮电出版社,2008.

[8] 朱勇,孔维广.计算机导论.北京:中国铁道出版社,2008.

[9] 朱战立等.计算机导论.北京:电子工业出版社,2005.

[10] 张彦铎.计算机导论.北京:清华大学出版社,2004.

[11] 丁跃潮.计算机导论.北京:高等教育出版社,2010.

[12] 龚鸣敏,陈君.计算机导论.武汉:武汉大学出版社,2007.

[13] 董荣胜.计算机科学导论——思想与方法.北京:高等教育出版社,2007.

[14] BROOKSHEAR J G.计算机科学概论.刘艺,肖成海,马小会,译.北京:人民邮电出版社,2009.

[15] 瞿中,熊安萍,蒋溢.计算机科学导论(第3版).北京:清华大学出版社,2010.

[16] 陶树平.计算机科学技术导论.北京:高等教育出版社,2004.

[17] 冯博琴.大学计算机基础.北京:高等教育出版社,2004.

[18] 黄国兴.计算机导论.北京:清华大学出版社,2004.

[19] 王昆仑.计算机科学与技术导论.北京:中国林业出版社,2011.

[20] 张凯.软件过程演化与进化论.北京:清华大学出版社,2009.

[21] 刘云浩.物联网导论.北京:科学出版社,2010.

[22] 张飞舟,杨东凯,陈智.物联网技术导论.北京:电子工业出版社,2010.

[23] 王志良.物联网工程概论.北京:机械工业出版社,2011.

[24] 田景熙.物联网概论.南京:东南大学出版社,2010.

[25] 王汝传.物联网技术导论.北京:清华大学出版社,2011.

[26] 张凯,张雯婷.物联网导论.北京:清华大学出版社,2012.

[27] 张凯,张雯婷.物联网导论学习与实验指导.北京:清华大学出版社,2012.

图 书 资 源 支 持

感谢您一直以来对清华版图书的支持和爱护。为了配合本书的使用,本书提供配套的资源,有需求的读者请扫描下方的"书圈"微信公众号二维码,在图书专区下载,也可以拨打电话或发送电子邮件咨询。

如果您在使用本书的过程中遇到了什么问题,或者有相关图书出版计划,也请您发邮件告诉我们,以便我们更好地为您服务。

我们的联系方式:

地　　址:北京市海淀区双清路学研大厦 A 座 714

邮　　编:100084

电　　话:010-83470236　010-83470237

客服邮箱:2301891038@qq.com

QQ:2301891038(请写明您的单位和姓名)

资源下载:关注公众号"书圈"下载配套资源。

资源下载、样书申请

图书案例

书圈

清华计算机学堂

观看课程直播